Über den Autor

Gerald Durrell, 1925 in Jamshadpur/Indien geboren, ein Bruder von Lawrence Durrell, studierte in Europa Naturwissenschaften. Im Alter von zweiundzwanzig Jahren entschloß er sich, Tierfänger zu werden. Verschiedene Expeditionen führten ihn auf der Suche nach seltenen Tieren nach Britisch-Kamerun und Britisch-Guayana. Als er 1950 an Malaria erkrankte und einige Zeit aussetzen mußte, begann er zu schreiben und für den Rundfunk zu arbeiten. Seine Frau Jacqueline gab eine vielversprechende Karriere als Opernsängerin auf, um ihrem Mann überallhin folgen zu können. Von einer Expedition nach Paraguay brachten die beiden zweitausend südamerikanische Tiere heim. Gerald Durrell drehte in mehreren Ländern der Welt Dokumentarfilme für die BBC und war Direktor eines von ihm gegründeten Zoological Park. Gerald Durrell starb am 30. Januar 1995.

Gerald Durrell

Der Spottvogel

Das Fest der Tiere

rororo

Rowohlt

«Der Spottvogel»
Die englische Originalausgabe erschien 1981
unter dem Titel «The Mockery Bird»
bei William Collins Sons & Co. Ltd., London
«Das Fest der Tiere»
Die englische Originalausgabe erschien 1990
unter dem Titel «The Ark's Anniversary»
bei William Collins Sons & Co. Ltd., London

Umschlaggestaltung Barbara Hanke
(Foto: Joseph van Os / The Image Bank)

Einmalige Sonderausgabe Februar 1996

«Der Spottvogel»
Veröffentlicht im Rowohlt Taschenbuch Verlag GmbH,
Reinbek bei Hamburg, Februar 1987

«Das Fest der Tiere»
Deutsche Erstausgabe
Veröffentlicht im Rowohlt Taschenbuch Verlag GmbH,
Reinbek bei Hamburg, Juni 1992

Gesamtherstellung Clausen & Bosse, Leck
Printed in Germany
1200-ISBN 3 499 13845 x

Der Spottvogel

Roman

Deutsch von
Charlotte Franke

Für Lee

I

Zenkali: Vorhang auf

Weit draußen im Meer, etwa dort, wo die Gewässer des Indischen und des Pazifischen Ozeans zusammentreffen und sich vereinen, liegt Zenkali, eine grüne, heitere Insel, aber so abgeschieden, daß man glauben möchte, dies sei ein Ort, unberührt von allen äußeren Einflüssen und ohne jede Bedeutung für den Rest unserer Welt. Dennoch begab es sich einmal, zwei ganze Monate lang in ihrer Geschichte, daß die Insel Zenkali die gesamte zivilisierte Welt, sowie, in Gestalt von Zeitungsleuten, Fernsehkommentatoren und dergleichen, einen gehörigen Teil der unzivilisierten Welt in ihren Bann schlug. Überflüssig zu erwähnen, daß der Preis für diesen glänzenden Auftritt auf den Brettern der Weltbühne nicht gerade aus Pappe war, und sogar noch heute handelt man sich (auch wenn die meisten Wunden verheilt und nur ein paar empfindliche Narben zurückgeblieben sind) unten bei den «Sturmschwalben» garantiert ein blaues Auge – wenn nicht Schlimmeres – ein, falls man auf diese Sache zu sprechen kommt, und in dem neu errichteten Englischen Club wird jeder wie Luft behandelt, der einen so schlechten Geschmack besitzen sollte, den Spottvogel auch nur zu erwähnen.

Es begann alles im Januar. Die Inselbewohner hatten sich bei den Weihnachtsfeiern wie üblich mit dem Essen und Trinken übernommen und litten an den Leberbeschwerden, die mit dem patriotischen Verzehr von gebratenem Truthahn mit Plumpudding bei Temperaturen von über dreißig Grad im Schatten nun einmal verbunden sind. Verträumt dämmerte die Insel im gleißenden Sonnenlicht dahin, bewacht von den Zwillingskegeln ihrer beiden Vulkane, Timbalu und Matakama, und nicht ein einziger ihrer Bewohner (alle emsig mit Alkaseltzer und Natron hantierend) hätte sich träumen lassen, daß über die weiten Meere das Schicksal nahte, tödlicher als ein Wirbelsturm, lähmender als eine Flutwelle und zerrüttender als ein Erdbeben. Sein harmloses Aussehen machte es doppelt gefährlich – wie ein pekinesischer Schoßhund mit Tollwut. Es kam in Gestalt eines hochgewachsenen, charmanten blonden Mannes namens Peter Foxglove, neuernannter Assistent des politischen Beraters Ihrer Majestät, der Königin von England.

Bei seiner Ankunft in Djakarta hatte er erschrocken feststellen müssen, daß das Schiff, das ihn nach Zenkali bringen sollte, ein umfunktioniertes französisches Sardinenboot von ungewissem Alter und ungewisser Seetüchtigkeit war, das unter dem Kommando eines rundlichen, unrasierten Griechen namens Aristoteles Pappayatocopoulous stand. Ihm ging auf eine fröhliche, aber völlig unseemännische Art eine zenkalische Mannschaft an die Hand, die dem Gedanken, in einem höchst suspekten Fahrzeug die Meere zu durchqueren, die gleiche durch und durch unprofessionelle Begeisterung entgegenbrachte wie eine Gruppe Pfadfinder, die mit einem leckgeschlagenen Boot über einen Teich setzen will. Jeder schrie jedem Anweisungen zu, von denen keine befolgt wurde, und die ganze Angelegenheit war um so besorgniserregender, als sich die ‹Andromada III› so stark nach steuerbord neigte, daß eine Murmel oder jeder andere runde Gegenstand auf

Deck sofort gegen die Reling und in das schmutzige Hafenwasser gerollt wäre. Peter Foxgloves Kollektion cremefarbener Kalbslederkoffer, mit liebevoller Sorgfalt bei Assinders and Grope, Tropische Ausrüstungen, London, ausgesucht, verfehlten bei der unbekümmerten zenkalischen Schiffsmannschaft offenbar ihre Wirkung: Sie wurden hochgehoben, fallengelassen, zwischen braunen Händen hin und her geworfen, sie schrammten an der Reling oder sonstigen Hindernissen entlang und landeten schließlich höchst unsanft und unfeierlich auf einem gemütlich vor sich hindampfenden Haufen Guano auf dem Vorderdeck. Peter wurde sich zum erstenmal des Nachteils bewußt, keinen blassen Schimmer von dem Kauderwelsch zu haben, mit dem sich die Zenkalis verständigten.

«Hören Sie, Sie da», wandte er sich mit, wie er hoffte, fester Stimme an einen zenkalischen Jungen, der ein bißchen intelligenter aussah als die anderen, «sind Sie der Schiffsmaat?»

Der Zenkali war ein kräftiger, junger Mann mit ausgebeulten Hosen, den ausgefransten Resten eines Strohhuts und einer Kette aus Kronenkorken von Coca-Colaflaschen um den Hals. Mit übertriebener Höflichkeit nahm er den Hut ab und drückte ihn an seine Brust, während er eine Reihe prächtiger Zähne freilegte, die in einem gewaltigen, freundlichen Lächeln aufblitzten.

«Sind Sie der Schiffsmaat?» wiederholte Peter seine Frage.

«Sah?» fragte der Junge und brachte es fertig, zu lächeln und gleichzeitig besorgt die Stirn zu runzeln.

«Sind Sie der Maat von diesem Schiff?» fragte Peter zum drittenmal, wobei er sich bemühte, ganz langsam und deutlich zu sprechen.

«Schiff!» sagte der Junge strahlend. «Ja, Sah.»

«Sie *sind* also der Maat?»

«Ja, Sah ... Schiff», sagte der Junge und tippte an seinen Hut.

Der Schweiß rann Peter über Gesicht und Rücken. Seine weiße Segeltuchhose war jetzt schmutziggrau vor Feuchtigkeit, und die herrlichen Bügelfalten, die sie noch vor etwa zwei Stunden, als er sie anzog, so schmuck hatten aussehen lassen, waren verschwunden: Schlaff hing der Stoff an ihm herunter und sah aus, als habe soeben ein an Schlaflosigkeit leidender Dinosaurier darin genächtigt. Vor allem anderen wollte Peter unbedingt der Sonne entkommen, trockne Kleider anziehen und etwas Kühles trinken.

«Wie heißen Sie?» fragte er, einen neuen Vorstoß wagend.

«Andromada-Drei», sagte der junge Mann ohne Zögern.

«Andromada? Aber das ist ja ein Mädchenname ... Ach so, jetzt verstehe ich, Sie meinen, das *Schiff* heißt Andromada?» sagte Peter freundlich.

«Ja, Sah, Schiff», sagte der Junge glücklich. Damit waren sie wieder beim Ausgangspunkt ihrer Unterhaltung angelangt.

Peter wischte sich Gesicht und Hals mit einem triefenden Taschentuch ab und versuchte es noch einmal.

«Ich Passagier», sagte er und zeigte mit dem Finger auf sich, wobei er sich ziemlich albern vorkam. «Ich will Kabine ... ich will Koffer in Kabine ... ich will was Kaltes zu trinken ... ich Passagier, du verstehen?»

«Ich Andromada-Drei», wiederholte der Junge, offenbar besorgt, daß Peter diese überaus wichtige Tatsache nicht zur Kenntnis genommen hatte.

Bevor Peter jedoch dazu kam, den Allmächtigen um Beistand zu bitten, damit der Junge auf der Stelle vom Schlag getroffen werde, tauchte plötzlich der Kapitän neben ihm auf, in einer Wolke von Knoblauch, die sämtliche anderen Gerüche, ein Gemisch aus Copra, Guano und den Ausdünstungen der sechs äußerst störrischen Kühe, die die Matrosen jetzt mit lauten und melodischen Schreien an Bord zu treiben versuchten, in den Hintergrund drängte.

«Sir», sagte der Kapitän mit einer so unerwartet tiefen und vollen Stimme, daß sie vom Maschinenraum widerzuhallen schien, «ich bin Kapitän Aristoteles Pappayatocopoulous. Ich stehe zu Diensten. Alle sagen Kapitän Pappas, weil es schwierig ist, meinen Namen falsch auszusprechen.»

«Ihren Namen *falsch* auszusprechen?» fragte Peter, der glaubte, sich verhört zu haben.

«Ja, Sir», sagte der Kapitän, «sie haben immer Schwierigkeiten, weil sie meinen Namen nicht falsch aussprechen können.»

Peter hatte das Gefühl, daß eine Unterhaltung mit Kapitän Pappas genauso einträglich sein würde wie die, die er gerade mit dem angeblichen Schiffsmaat geführt hatte.

«Ich freue mich sehr, Sie kennenzulernen, Käpt'n», sagte er, «ich bin ...»

«Rumba, Tango, Walzer», unterbrach ihn der Kapitän polternd und legte sein Gesicht in tiefe Denkfalten, «Polka, Wechselschritt ... nein, nein ... *Quickstep* ... Quadrille, Menuett, Foxtrott!»

«Wie bitte?» sagte Peter und überlegte, ob der Kapitän wohl schon zu dieser frühen Stunde einen über den Durst getrunken hatte.

«Machen Sie nichts draus, Mr. Foxtrott», sagte der Kapitän und fügte mit einigem Stolz hinzu: «Ich merke Ihren Namen mit Mnemonik ... ist griechisch, verstehen Sie ... Stütze zum Erinnern.»

«Aber ich heiße nicht Foxtrott», sagte Peter verwirrt.

«Nicht?» sagte der Kapitän und rollte erstaunt mit den winzigen achatfarbenen Augen. «Wie heißen Sie dann? Heißen Sie vielleicht Paso doble, wie?»

«Nein», sagte Peter mit fester Stimme, «ich heiße *nicht* Paso doble, ich heiße Foxglove.»

«Foxglove ... *Foxglove*?» sagte Kapitän Pappas und starrte ihn ungläubig an. «Und wo tanzt man Foxglove?»

«Das ist kein Tanz ... das ist eine ... nun ja, es ist eine Blume ... eine Heilpflanze ... der Fingerhut», erklärte Peter und war sich zum erstenmal in seinem Leben der Unzulänglichkeiten seines Namens bewußt.

«*Blume* ... Sie meinen, eine Blume – wie im Garten?» fragte der Kapitän.

«Ja», sagte Peter.

Der Kapitän lehnte sich mit dem Hinterkopf gegen die Reling und schloß die Augen.

«Foxglove ... Fingerhut», tönte er mit tiefer herrischer Stimme, «Foxglove, Rose, Narzisse, Dahlie, Veilchen, Stiefmütterchen, *Fingerhut*!»

«Ich frage mich, ob ...» begann Peter.

«Bougainvillea, Tulpe, Aster, Sonnenblume», fuhr der Kapitän fort, der offenbar über umfassende botanische Kenntnisse verfügte und diese auch – wahrscheinlich endlos – vorzuführen gedachte. «Begonie, Zuckerbirne, Butterblume, Fingerhut – *Foxglove*!»

Er machte seine kleinen schwarzen Augen wieder auf und strahlte Peter an.

«Ich vergesse Ihren Namen nie wieder», versprach er triumphierend. «Jetzt ist er im Gedächtnis, immer. Sehr gute Methode, wenn man nicht vergessen will, nein? Ist griechisch ... sehr, sehr gut ... toll, wie?»

«Ausgezeichnet», sagte Peter aufrichtig, «und jetzt überlege ich, ob es wohl nicht allzuviel Mühe bereiten würde, mir meine Kabine zu zeigen, mein Gepäck dorthin bringen zu lassen und mir dann etwas Kaltes zu trinken zu besorgen?»

«Aber natürlich, natürlich», sagte der Kapitän und strahlte vor Gefälligkeit, «sofort ich hole Kalaki, damit er Kabine zeigt ... ich kümmere mich um alles ... machen Sie sich bloß keine Sorgen.»

Er brüllte eine ganze Serie von Anweisungen, und alles in einem solchen Kauderwelsch, daß Peter kein einziges Wort verstand, ganz im Gegensatz zu dem jungen Mann, der offenbar tatsächlich der Schiffsmaat zu sein schien. Er rannte sofort los und holte zwei Kameraden. Sie ergriffen die Koffer und verschwanden mit ihnen im Bauch des Schiffs.

«Folgen Sie freundlich, bitte, Sir», sagte der Kapitän mit einer großartigen Handbewegung, «sie zeigen Ihnen Kabine ... beste Kabine auf Schiff ... beste Kabine für neuen Assistenten.»

«Sie wissen, wer ich bin?» fragte Peter überrascht.

Der Kapitän lachte schallend, er warf den Kopf in den Nacken, und zwischen seinen vollen Lippen blitzte eine Zahnfestung in ihrer ganzen Pracht. Er fuhr sich mit einem seiner fetten Finger über die pockennarbige Nase und zeigte auf eines seiner glitzernden kleinen Augen.

«Ich weiß alles, was in Zenkali los ist. Ich weiß alles und kenne alle. Wie der Herr im Himmel, ich versäume nichts, und kein Kamel stürzt zu Boden, ohne daß ich es weiß. Ich besorge auf Zenkali alles, was Sie wollen, Sie brauchen nur zu sagen», verkündete Kapitän Pappas.

«Vielen Dank», sagte Peter, und dann schoben ihn die fetten Hände des Kapitäns in einen schmutzigen Gang, der in die dunklen und geräuschvollen Tiefen des kleinen Schiffes führte. Es roch nach Kielwasser, Farbe und aus unerfindlichen Gründen nach Veilchen.

Auf seiner dreitägigen Reise mit der ‹Andromada III› hatte Peter reichlich Gelegenheit, seinen Entschluß zu bereuen, nicht auf die ‹Kaiserin von Asien› gewartet zu haben, einen größeren Passagierdampfer, der die Insel einmal im Monat anlief. Und während die ‹Andromada III› schlingernd und stampfend übers Meer tuckerte, begann es ihm auch schon fast leid zu tun, diesen Posten überhaupt angenommen zu haben. Er lag in seiner sargähnlichen Koje und mußte daran denken, wie geschmeichelt er sich gefühlt hatte, als ihm sein Onkel die Nachricht überbracht hatte.

«Wir schicken dich nach Zenkali», hatte Sir Osbert gesagt und seinen einzigen lebenden Verwandten mit einem starren blauen Auge durchs Monokel hindurch betrachtet, «und ich will auf gar keinen Fall, daß du dort in irgendwelche Schwierigkeiten gerätst.»

«Großer Gott, Onkel, das ist ja phantastisch», hatte Peter begeistert gerufen. Hugo Charteris, ein Freund von ihm, hatte einmal einen Monat auf der Insel verbracht und andauernd davon geschwärmt – wie ein völlig aus dem Häuschen geratener Vertreter einer Reiseagentur.

«Wir schicken dich dort nicht auf Urlaub hin», sagte Sir Osbert etwas säuerlich. «Du sollst diesem albernen Oliphant zur Hand gehen.»

Er stand auf und begann in seinem Büro auf und ab zu schreiten. Draußen schneite es, und durch den Schneeflockenschleier hindurch dröhnte und röhrte es von den Straßen Londons zu ihnen herauf.

«Die Situation auf Zenkali ist ... eh ... also ... etwas schwierig», gestand Sir Osbert. «Wie du weißt, hat man ihnen die Selbstverwaltung versprochen ... oder – genau genommen ist es so, daß dieser lächerliche Monarch, den sie haben, an die Macht kommt, dieser König Tamalawala III.»

«Ich dachte, für einen König soll der ganz passabel sein», sagte Peter, «fortschrittlich und so.»

«Der Mann ist eine Witzfigur», stieß Sir Osbert hervor, «ein perfektes Beispiel für das, was dabei rauskommt, wenn man einen Kannibalen nach Eton schickt. Er ist – um es mal ganz deutlich zu sagen – ein Rabauke. Und wenn man es mit so einem indischen Scheich zu tun kriegt, der ein Rabauke ist, dann hat man es mit mehr als nur einem zu tun, das darfst du mir glauben. Solange wir das Zepter noch selbst in der Hand hielten auf Zenkali, mußte er kuschen, aber jetzt ... aber jetzt ...»

Er nahm ein Elfenbeinlineal von seinem Schreibtisch und schlug es sich mit unterdrückter Wut auf die Handfläche.

«Der Quacksalber sagt mir, ich darf mich nicht aufregen ... wegen der alten Pumpe hier drin. Ich hab ihm gesagt: Erwarten Sie etwa, daß ich ruhig bleibe, wenn ich zusehen muß, wie die Regierung das Empire zerstückelt?»

Er hielt einen Augenblick inne und holte tief Luft. Peter sagte nichts. Er sah die Dinge etwas anders als sein Onkel, eigentlich genau umgekehrt, darüber hatte es schon oft Streit gegeben zwischen ihnen. Und jetzt wollte er nichts riskieren, sonst wurde am Ende doch nichts aus seiner Reise nach Zenkali.

«Dasselbe Empire, wenn ich mal daran erinnern darf, für das wir Foxgloves gekämpft und unser Leben gelassen haben», fuhr sein Onkel fort. «Natürlich, du mit deinen leichtfertigen neumodischen Ideen hältst das vielleicht für unwichtig, aber ich kann dir versichern, daß es das nicht ist. Ist dir eigentlich klar, daß bei jedem wichtigen Ereignis in der Geschichte Englands und beim Aufbau unseres Weltreichs immer ein Foxglove mit dabei war?»

«Ja, Onkel», sagte Peter, «aber du solltest dich nicht so aufregen.»

«Agincourt hatte seinen Foxglove», knurrte Sir Osbert, der jetzt so richtig in Fahrt kam, «die Schlacht von Trafalgar hatte ihren Foxglove ... Waterloo hatte seinen Foxglove; Australien, Neuseeland, überall wimmelte es von Foxgloves ... Indien – voll davon ... die Nordwestfront praktisch allein von Foxgloves gehalten ... Afrika, geradezu überschwemmt von ihnen. Und dann kommt diese verdammte Labour-Regierung ans Ruder und fängt an, unser Empire wie einen ... wie einen Haufen alter Wäsche zu verteilen. Zustände könnte man kriegen, wenn man zusieht, wie sich diese unfähigen Sprößlinge von Gemüsehändlern, diese Gewerkschaftler und das ganze aufgeblasene Bauernpack, das in Whitehall herumstolziert, vermehren wie die Kaninchen und das Empire an einen Haufen Leute aushändigen, die noch nicht einmal damit aufgehört haben, ihre eigenen Großmütter zu verzehren.»

Er setzte sich an seinen Schreibtisch und betupfte sich das Gesicht mit dem Taschentuch.

«Also», fuhr er fort, als er sich etwas beruhigt hatte, «die Sache ist ein bißchen heikel. Folgendes: Genau in dem Augenblick, in dem wir dabei sind, diesen Leuten die Selbstverwaltung zu geben, kommen die Stabschefs auf die Idee, Zenkali militärische Bedeutung beizumessen. Wollen die Russen aus dem Indischen Ozean raushalten oder so. Verdammt lächerlich, wenn du mich fragst; ist doch nicht mehr als ein Klacks Fliegendreck auf der Landkarte. Jedenfalls ist da allerhand im Gange. Sie wollen eine Landebahn für Flugzeuge bauen und dann ein Loch ins Riff sprengen, damit sie einen Zerstörer in die Bucht reinkriegen. Aber das bedeutet auch, daß sie ein paar Täler überfluten und ein Elektrizitätswerk bauen müssen. Zuerst wollten sie dafür ja Aldabra haben, aber das ließ eine Meute schwachköpfiger Tierschützer nicht zu. Ich sage dir, die Welt ist *übergeschnappt* ... man stelle sich das mal vor: Die britische Armee muß zurückstecken, nur weil da so 'n paar verdammte Riesenschildkröten rumkriechen! Ich frage dich, was kommt als nächstes dran? Würde uns wohl ein Trupp Riesenschildkröten bei der Schlacht an der Somme geholfen haben? Oder bei der Schlacht um England? Ob sie uns wohl bei Trafalgar geholfen hätten, oder wären sie etwa bei Jütland gegen die Krauts anmarschiert? Ich will dir mal was sagen: Heutzutage haben die Leute einfach keinen Sinn für Proportionen.»

«Und was soll nun geschehen?» fragte Peter fasziniert.

«Verhandelt wird, aber der König ist ein ganz gerissener schwarzer Teufel, das kann ich dir sagen. So was bringen die denen in Eton bei», sagte Sir Osbert, ein ehemaliger Rugby-Schüler. «Der wird vor nichts zurückschrecken, denk an meine Worte. Der weiß genau, daß er uns hat, wo er uns haben will, nur wegen einem Haufen gottverdammter Reptilien. Sag doch mal selbst, die britische Regierung läßt sich wegen ein paar läppischer Schildkröten erpressen, bah!»

«Wäre der Flugplatz gut für Zenkali?» fragte Peter.

«Natürlich wäre er das. Genau das, was sie brauchen ... jede Menge Seeleute und Flugzeugbesatzungen würden sie kriegen, feine, aufrechte Burschen, die ihr Geld für Souvenirs ausgeben und ... eh ... eh ... na ja, und den ganzen Kram, für den Seeleute und Flieger nun mal ihr Geld ausgeben. Und dann das Elektrizitätswerk ... da werden Arbeitsplätze geschaffen. Das Ganze ist für die Insel eine ausgezeichnete Sache, denk an meine Worte, egal, was dieser idiotische Oliphant meint. Aber die Situation ist etwas heikel. Bis jetzt hat der König noch nicht zugestimmt. Da sind große Namen mit im Spiel, weißt du. Lord Hammer ... Hammerstein and Gallop ... die werden den Staudamm und so weiter bauen ... natürlich muß das Projekt wenigstens öffentlich ausgeschrieben werden, aber das ist im Grunde nur eine Formalität. Auf jeden Fall ist die ganze Angelegenheit, wie ich schon sagte, höchst delikat, und deshalb will ich nicht, daß du irgendwelchen Staub aufwirbelst, verstanden?»

«Jawohl», sagte Peter gehorsam.

«Ich will nur, daß du Augen und Ohren offenhältst», sagte Sir Osbert, «und daß du mich informierst, wenn sich irgendwas tut, was Gegenläufiges, verstehst du. Man kann nicht vorsichtig genug sein, wenn man es mit diesen asiatischen Strolchen zu tun hat.»

Und so kam es, daß sich Peter nun also auf hoher See befand, auf dem Weg nach Zenkali, und in seinem jammervollen Zustand überlegte, ob ihn Kapitän Pappas wohl im Meer bestatten und ob er ihm nachtrauern würde. Einstweilen jedoch war sein Magen erst einmal völlig leer, so daß er nichts mehr von sich geben konnte, und so fiel Peter in einen unruhigen Schlaf.

Als er am nächsten Morgen aufwachte, stellte er fest, daß der Sturm sich gelegt hatte. Das Schiff tuckerte jetzt durch azurblaues Wasser, das so glatt war wie ein Spiegel. Darüber ein wolkenloser, klarer Himmel. Von der glitzernden Wasserfläche schnellten fliegende Fische in die Höhe und glitten vor dem Bug dahin; am Heck hingen zwei Albatrosse bewegungslos in der Luft, hielten aber mühelos immer denselben Abstand, als wären sie durch unsichtbare Leinen mit dem Schiff verbunden. Da Peter sich wieder besser fühlte und das Wetter ihn froh stimmte, machte er sich auf den Weg in den winzigen Salon, auf der Suche nach einem Frühstück. Zu seinem Entsetzen fand er dort Kapitän Pappas vor, der es sich schon bequem gemacht hatte und sich voller Hingabe einem riesigen Teller mit einem außerordentlich fetten Gericht aus Schinken, Eiern, Würsten, Bohnen und geröstetem Brot widmete.

«Guten Morgen, guten Morgen», rief der Kapitän, fröhlich weiterkauend, «gut geschlafen, ja?»

«Ja, danke», log Peter und wandte schaudernd den Blick vom Frühstücksteller des Kapitäns.

«Gut, gut», sagte der Kapitän, «und jetzt nehmen Sie ein schönes Frühstück zu sich, wie? Jede Menge Schinken mit Eiern, wie? Ich hab verdammt guten Koch auf meinem Schiff, der kocht alles, was Sie wollen.»

«Danke, aber ich frühstücke nicht», sagte Peter hastig, «ich nehme nur Kaffee und Toast, wenn ich darf.»

Der Kapitän brüllte einen Befehl, und Kaffee und Toast wurden gebracht. Er stocherte mit einem Streichholzsplitter in seiner Goldmine aus Zähnen herum und sah Peter mit einem väterlichen Blick an.

«Sie sind also», sagte er schließlich, «noch nie auf Zenkali gewesen?»

«Nein, noch nie», sagte Peter. «Wie ich hörte, soll es eine entzückende Insel sein.»

«Sie ist schön, sehr, sehr schön», sagte der Kapitän voller Begeisterung, «sie ist so schön, daß sie fast griechische Insel sein könnte. Aber natürlich nicht wie Griechenland ... nein, nein ... überall diese Nigger, verstehen Sie? Sind in Ordnung, das schon, ja, aber sehr primitiv. Nicht zivilisiert wie Griechen, verstehen Sie?»

«Ja», sagte Peter und überlegte, was wohl die Eingeborenen von Zenkali dazu sagen würden, wenn sie erführen, daß man sie am Vorabend ihrer Selbstverwaltung als Nigger bezeichnete. «Wie ich hörte, sollen sie bald eine Selbstverwaltung bekommen?»

«Selbstverwaltung ... *Selbstverwaltung*?» dröhnte Kapitän Pappas. «Ist nicht Selbstverwaltung für die Leute von Zenkali. Nein, nein, Mr. Foxtrott, ist Selbstverwaltung für Kingy.»

«Kingy? Was ist das – Kingy?» fragte Peter, der es inzwischen aufgegeben hatte, den Kapitän an seinen richtigen Namen zu erinnern.

«Kingy ist King – König», sagte der Kapitän, sichtlich erstaunt über Peters Ahnungslosigkeit.

«Und da nennen Sie ihn einfach Kingy?» fragte Peter. «Ist das nicht ziemlich ... na ja ... eine ziemliche Majestätsbeleidigung?»

«Was denn?» fragte der Kapitän, dem dieser Ausdruck offenbar noch nie begegnet war.

«Na ja, ist es nicht etwas unhöflich, ihn Kingy zu nennen?»

«Nein», sagte der Kapitän hämisch, «ist nicht unhöflich. Er sagt selbst Kingy. Ist ... wie heißt das? ... ein Spatzname.»

«Ein Spitzname?»

«Vielleicht auch», sagte der Kapitän zweifelnd, «die alle sagen Kingy.»

«Verstehe», sagte Peter.

«Wissen Sie, Mr. Foxtrott», fuhr Kapitän Pappas fort, «auf Zenkali gibt es zwei Stämme, die Fangouas und die Ginkas, ja? Fangoua ist größter Stamm ... vielleicht fünfzigtausend Leute. Kingy ist König für Fangouas, müssen Sie wissen. Ginka-Stamm sehr klein ... vielleicht fünf- oder sechstausend Leute, ja? Sie haben Häuptling Gowsa Manalowoba. Weil Fangouas größter Stamm, sie regieren Zenkali, verstehen Sie? Fangouas nicht wie Ginkas, und Ginkas nicht wie Fangouas. Wenn Zenkali eigene Regierung kriegt, dann ist Kingy Regierung, verstehen Sie? Kingy ist sehr, sehr kluger Mann. Er will alle Leute regieren, die ganze Zeit. Wie Abraham Lincoln, verstehen Sie?»

«Aber haben sie denn kein Parlament ... eine Art gesetzgebende Versammlung, in der alle vertreten sind?» fragte Peter.

«Oh, ja, sie haben Parlament», sagte der Kapitän mit leichtem Spott, «aber Parlament tut, was Kingy sagt.»

«Hört sich sehr undemokratisch an.»

Der Kapitän leuchtete wie ein goldener Scheinwerfer.

«Ja», stimmte er zu, «in Zenkali wir haben Ein-Mann-Demokratie – ist Kingy.»

«Wissen Sie was über diesen Flugplatz?» fragte Peter vorsichtig und so beiläufig wie möglich.

«Ja. Ist großer Schwindel», sagte Kapitän Pappas kurz angebunden, mit einem winzigen Ansatz von griechischem Neid in der Stimme, «ist Schwindel von diesem schwarzen Schweinehund Looja. Er Minister für Entwicklung. Er größter Gauner auf Zenkali. Keiner wie Looja. Keiner kann ihn ausstehen. Nicht mal seine eigene Mutter kann ihn ausstehen, die hat er auch betrogen.»

«Aber wieso ist er Minister für Entwicklung, wenn er ein solcher Gauner ist?»

«Das weiß ich nicht – Kingy hat aus ihm Minister gemacht.»

«Und was ist das für ein Schwindel?» fragte Peter.

«Für Flugplatz braucht man viel Elektrizität. Jetzt hat Zenkali nur kleinen Generator, genug für Stadt. Aber ist sehr schlecht, bricht immer zusammen, ja? Also, sie brauchen mehr Elektrizität, darum bauen sie Staudamm, oben auf Matacama ... ist Vulkan. Sie bauen Damm in Tal, ja? Und welcher Schweinehund, glauben Sie, gehört Tal? Looja.»

«Aber wenn ihm das Tal gehört und man dort den Staudamm baut, dann ist das doch noch lange kein Schwindel», sagte Peter verwirrt.

«Früher hatte Looja Tal noch nicht», sagte der Kapitän, «erst als sie von Flugplatz reden, kauft er Tal. Er kauft Tal sehr billig, weil niemand Tal haben will. Jetzt müssen sie Tal haben, Looja wird für teuer an Regierung verkaufen. Das ist Schwindel für Minister.»

«Ja, ich verstehe, was Sie meinen», sagte Peter nachdenklich.

«Und jetzt», sagte Kapitän Pappas und kniff dabei ein Auge zu und fuhr mit seinem fetten Finger durch die Luft, «Schwindel Nummer zweitens. Wenn sie Damm bauen, müssen sie von viele verschiedene Firmen Preise fragen, Sie verstehen?»

«Öffentliche Ausschreibung?»

«So ähnlich», stimmte der Kapitän vage zu. «Und dann sucht Regierung billigste Firma aus, nein? Aber Looja hat Geschäft schon eine Firma versprochen. Folglich wird Looja so tun, als würden sie alle diese andere Firmen auch fragen, und dann wird Looja sagen, diese Firma ist am billigsten. Ist aber nicht so. Weiß ich. Meine Freunde in Djakarta haben es gesagt. Looja kriegt viel Geld dafür, viel, viel Geld von große Gesellschaft in England. Und so kriegt er Geld für Tal *und* Geld für Damm. Ist verdammt dreckiger Schwindler.»

Der Kapitän lehnte sich zurück und starrte Peter trübsinnig an. Dabei gab er sich Mühe – ziemlich erfolglos allerdings –, wie jemand auszusehen, der sich auf einen solchen Schwindel niemals einlassen würde.

«Aber wenn es Beweise gibt, warum sagt es dann niemand dem Kingy?» fragte Peter. «Schließlich ist der Mann Minister für Entwicklung, und wenn das stimmt, was Sie sagen, dann dient seine Entwicklung doch einzig seinem eigenen Bankkonto. Ein Beamter in dieser Position kann sich so etwas nicht leisten.»

«Ha!» sagte der Kapitän und stocherte mürrisch in seinen Zähnen. «Hat kein Sinn, es Kingy sagen. Vielleicht kriegt Kingy Geld von Looja. Wer weiß.»

«Und der Flugplatz, ist der überhaupt gut für Zenkali?» erkundigte sich Peter.

«Für *mich* ist gut», sagte der Kapitän. «Ich kriege viel, viel Arbeit. Ich bringe Zement, Ziegel, alles mögliche für Bau; ich bringe alle mögliche Konserven für Essen; ich bringe alle mögliche Musikboxen für Matrosen. Ich kaufe fünfzig Musikboxen in Djakarta, ganz billig. Ich verkaufe sie an die ‹Sturmschwalben›.»

«Sturmschwalben?» fragte Peter. «Was in aller Welt ist das?»

«Ist Bar», erklärte der Kapitän, «wie sagt man in England ... Pub, wie? Ist in Hafen von Zenkali. Alle Matrosen gehen hin – wegen Trinken und nette Mädchen, verstehen Sie?»

Er verstehe, antwortete Peter.

«Und wenn Zenkali Flugplatz kriegt und britische Flotte und Luftwaffe nach Zenkali kommt, gehen viel, viel Matrosen und Flieger zu ‹Sturmschwalben›, und dann hören sie meine Musikbox und trinken viel, viel Bier, das ich von Djakarta bringe, und haben viele, viele Mädchen, und ich? – ich bringe viel, viel Penicillin für Doktor. Flugplatz ist gut für meine Geschäfte, verstehen Sie?»

Peter sagte, er habe gar keine Ahnung gehabt, daß ein einfacher Flugplatz so viele Dinge nach sich ziehe.

«Tja», sagte der Kapitän, räkelte sich und gähnte herzhaft, «ich geh jetzt auf Brücke. Nachher trinken wir zusammen. Vor dem Mittagessen, ja?»

«Danke», sagte Peter, «mit Vergnügen.»

Nachdem der Kapitän ihn verlassen hatte, ging Peter aufs Deck, machte einen verrotteten Liegestuhl ausfindig und stellte ihn auf. Dann streckte er sich in der Sonne aus und begann, sein Wissen über Zenkali zu erweitern, indem er ein Buch las, das er kurz vor seiner Abreise in England erstanden hatte. Es war von der Red Dragon Press in Singapur und auf dünnem Reispapier gedruckt. Es hieß ‹*Zenkali – ein fragmentarischer Führer für zufällige Besucher*›. Der Autor verbarg sich, offenbar aus Bescheidenheit, hinter einem Pseudonym – «Steinbock» nannte er sich. Es war jedoch bald klar, warum er diese Vorsichtsmaßnahme getroffen hatte. Sofern Peter einen langweiligen, gewöhnlichen Reiseführer erwartet hatte, wurden seine Befürchtungen bereits durch den ersten Satz der Einleitung schnell zerstreut.

> «Zenkali», geruhte «Steinbock» dem Leser mitzuteilen, «ist eine der charmantesten, idiotischsten, frustrierendsten, langweiligsten und köstlichsten Inseln, die kennenzulernen ich das Vergnügen hatte. Ein ganzes Leben lang habe ich damit verbracht, idiotische Inseln zu sammeln, und ich muß gestehen, daß ich noch nie auf eine gestoßen bin, die derart viele Elemente des Irrsinns in sich vereint. Möge es genügen, wenn ich

erzähle, wie ich bei meiner Ankunft auf Zenkali entzückt feststellen durfte, daß fast die gesamte Bevölkerung der Hauptstadt auf dem Marktplatz versammelt war. Das hatte keine religiösen oder politischen Gründe. Vielmehr beobachteten die Menschen interessiert ein Schauspiel, das selbst mich mit Ehrfurcht erfüllte. Ein Trupp Feuerwehrleute in äußerst prunkvollen Uniformen und Helmen bemühte sich höchst planlos, ihren eigenen Löschwagen zu löschen, der unter irgendwelchen mysteriösen Umständen Feuer gefangen hatte und nun abzubrennen drohte. Seither sind über zwanzig Jahre vergangen, die ich alle auf dieser Insel verbracht habe, und obgleich sie sich nie wieder zu solchen Höhen wie der Feuersbrunst am Löschwagen aufzuschwingen vermochte, hat sie mich nie enttäuscht, vielmehr hat sie mir erstaunliche Einblicke in die menschliche Natur verschafft und durch so manches Ereignis meine Gedanken beflügelt.»

Das verspricht ja ein einigermaßen ungewöhnlicher Inselführer zu werden, dachte Peter, nachdem er diese Einführung gelesen hatte, und blätterte um.

«Die Insel Zenkali liegt in der Nähe des südlichen Wendekreises, an der gedachten Grenzlinie zwischen Indischem und Pazifischem Ozean, auf dem 77. Längen- und dem 20. Breitengrad. Glücklicherweise liegt sie nicht im Bereich der Wirbelstürme und erfreut sich daher, im Vergleich zu anderen Inseln in diesen Gewässern, eines ungestörten Daseins. Grob gesehen gibt es auf ihr nur zwei Jahreszeiten, eine heiße und eine sehr heiße. Normalerweise vermischen sie sich, je nach Stärke der Passatwinde, aber alles in allem kann man sagen, daß es von Januar bis Juni heiß und in den restlichen Monaten sehr heiß ist. Die Insel ist 100 Meilen lang und an ihrer breitesten Stelle 25 Meilen breit. Sie ist ungefähr wie ein großes umgekipptes C geformt. Ihre bergige Topographie wird von den beiden erloschenen Vulkanen Timbalu und Matacama beherrscht. Der Matacama ist der höhere von beiden. In seinem Kegel verbirgt sich ein ziemlich großer Kratersee. Infolge des allgemeinen sexuellen Notstands, unter dem seit den ersten Tagen der Welterforschung alle Seefahrer litten, gaben ihr die Araber (die die Insel 1224 als erste entdeckten) wegen dieser beiden herausragenden Hügelspitzen den Namen ‹Insel der Huri-Brüste›. Die Portugiesen, die die Araber 1464 ablösten, waren weniger poetisch und nannten sie einfach ‹Zwei-Brüste-Insel›. Die Holländer, die die Insel 1670 vereinnahmten, zeigten wenig Phantasie und nannten den Ort ‹Hausfrau Klingel›, was jedoch beweist, daß auch sie die an biologische Vorrichtungen erinnernde Form der Landschaft erkannt haben. Als die Holländer im Jahre 1700 die Insel aufgaben, wurde sie von den Franzosen übernommen, die offenbar zu dem Schluß kamen, daß sie die der weiblichen Anatomie entlehnte Nomenklatur, die bislang vorgeherrscht hatte, nicht zu verbessern vermochten, und sie schlicht und einfach ‹Isle de Poitrine› – ‹Busen-Insel› – nannten. Schließlich, als die Briten 1818 die Insel von den Franzosen übernahmen, tauften sie sie in ‹Welcome Island› um. Heute trägt die Insel wieder ihren ursprünglichen Namen, den ihr ihre eigentlichen Bewohner gegeben hatten: ‹Zenkali›, was so viel wie ‹heitere Insel› bedeutet und ganz genau der Wahrheit entspricht.»

Der Autor fuhr fort, indem er die verschiedenen Besetzungen der Insel mit beißendem Spott und knapper Schärfe beschrieb.

«Die unaufhörlichen Ausländerwellen, die sich über die Insel ergossen, ließen praktisch nichts zurück, was für die Einheimischen irgendwie von Nutzen gewesen wäre. Die Araber führten den Abakus ein, der für ein Volk, das weder lesen, schreiben noch weiter als bis fünf zählen konnte, ein Geschenk von recht zweifelhaftem Wert darstellte. Die Portugiesen ließen zwei Küstenbefestigungen zurück, die schnell zerbrökkelten, sowie ein Rezept zur Herstellung eines Weins (der heute Zenkali-Nektar heißt) aus einer heimischen Pflaumensorte. Dieser Wein ist fast ungenießbar, und es heißt, daß er sich, in genügenden Mengen genossen, sowohl auf das Augenlicht als auch auf die sexuelle Potenz verheerend auswirkt. Die Franzosen hinterließen die Hafenanlagen, die noch immer einigermaßen instand sind, sowie endlose Kochrezepte für die heimische Fauna, die sie dank ihrer ausschweifenden kulinarischen Aktivitäten zum größten Teil ausgerottet hatten, als sie die Insel wieder verließen. Von den Holländern blieben die schönen festen Bauten zurück, die jetzt als Gouverneurssitz, als Palast des Königs und als Verwaltungs- und Parlamentsgebäude dienen. Außerdem gibt es auf der Insel verstreut noch das eine oder andere hübsche Haus von holländischen Pflanzern. Natürlich sind sie höchstens für europäische Einwohner von Nutzen, da die Zenkalis selbst (wie sie es Jahrhunderte lang getan haben) lieber in ihren vorzüglichen Häusern aus Palmenstroh wohnen (die wie die langgestreckten Bauten auf Borneo aussehen) oder auch in recht reizvollen Häusern aus Amelaholzschindeln. Es steht zu befürchten, daß die Engländer – wie gewöhnlich, wenn sie eine Kolonie aufgeben – schließlich einige Verwirrung hinterlassen werden – Kricketfanatismus und die feste Entschlossenheit vieler Zenkalis, auch weiterhin den Geburtstag der Queen und *Burns Night* zu feiern, denn den Insulanern selbst mangelt es an derartigen feierlichen Anlässen, und außerdem hatten sie in der Vergangenheit immer viel Spaß daran, mitzuerleben, mit welch tierischem Ernst die Machthaber diese zwei merkwürdigen Festtage zu begehen pflegten.»

Nicht zum erstenmal in seiner beruflichen Laufbahn fragte sich Peter, woher es wohl kam, daß die Europäer nie etwas so belassen konnten, wie sie es vorfanden, woher es wohl kam, daß sie so entschlossen andere Rassen dazu zu bringen versuchten, sich genauso zu benehmen wie sie selbst. Warum – von allen trübsinnigen und unfaßbaren Feiern – den unglücklichen Zenkalis ausgerechnet *Burns Night* aufdrängen? Er nahm an, daß die Missionare alle anderen festlichen Bräuche abgewürgt hatten, da sie leichter zu unzüchtigem Verhalten verführten. Sicherlich war es zuviel verlangt, wenn man hoffte, daß in der Geschichte von Zenkali *keine* Missionare vorkämen. Er schlug den Abschnitt ‹Religion› auf und fand seine Befürchtungen bestätigt, aber gleichzeitig stellte er fest, daß der Autor seine Ansichten teilte und es nicht als ratsam erachtete, Missionare auf fremde Kulturkreise loszulassen.

> «Es ist schon immer das traurige Schicksal sogenannter Heiden gewesen, von den religiösen Überzeugungen ihrer Eroberer geplagt und verwirrt zu werden. Im Falle von Zenkali waren die Besetzer glücklicherweise meistens zu sehr damit beschäftigt, Kriege auszutragen oder die Insel zu erforschen, um sich über die unsterblichen Seelen der Einwohner allzu viele Gedanken zu machen. Die Araber glaubten offenbar, daß die Zenkalis für Mohammed wahrscheinlich mehr eine Verpflichtung als einen Aktivposten darstellten, so daß man (abgesehen von der Tatsache, daß sie ein paar attraktive Jungen und Mädchen mitnahmen, als sie wieder losfuhren) von ihnen nicht gerade behaupten kann, daß sie einen tiefgreifenden Einfluß ausgeübt haben. Die Portugiesen errichteten ziemlich planlos ein paar Kirchen, aber nichts deutet darauf hin, daß sich die zenkalische Bevölkerung darin eingefunden hätte. Die Holländer bauten mehr Kirchen als die Portugiesen, aber selbstverständlich verweigerten sie den Zenkalis den Zutritt. Das schien diese nicht weiter zu stören. Und so blieben die Einge-

borenen beider Stämme während dieser Zeit muntere Heidenkinder. Der kleinere Stamm, die Ginkas, betete zu Tambaca, dem Fisch-Gott, der vom Delphin verkörpert wird. Natürlich handelt es sich dabei um ein Säugetier, aber in anderen Religionen sind schon ganz andere Dinge vorgekommen. Vor dem Eintreffen der Franzosen betete der Fangoua-Stamm einen recht merkwürdigen, hier heimischen Vogel an, der Tio-Namala genannt wurde und den die Franzosen in *Oiseau Moquerie* umtauften, was sich vage mit Spottvogel übersetzen läßt. Da die Franzosen jedoch katholisch und daher auch etwas ungeduldige Naturen waren, wenn es um den Glauben anderer Völker ging, entdeckten sie schon bald, daß sich der Spottvogel ausgezeichnet zum Verzehr eignete, und so schafften sie es auch, bis zu dem Zeitpunkt, da sie von den Briten in die Flucht geschlagen wurden und die Insel aufgaben, den Spottvogel, trotz aller Proteste der Fangouas, praktisch auszurotten, so daß dieser Stamm für einige Zeit gezwungen war, seine religiösen Handlungen einzustellen. Aber als die Engländer die Insel einnahmen, vollzog sich ein Wandel. Europäische Nationen pflegen, wenn sie kleine Inseln überfallen, schädliche Vertraute mit sich zu führen – Hunde, Katzen, Ratten, Ziegen, Schweine usw., die sich sofort über die heimische Tierwelt hermachen und sie vernichten, sowie Missionare, die über die einheimische Bevölkerung herfallen. In diesem Falle erwiesen sich die Missionare jedoch als ein Geschenk Gottes (wenn ich das mal so sagen darf), jedenfalls für die Fangouas. Seitdem diese den Spottvogel verloren hatten (und mit ihm folglich auch ihren Vogel-Gott Tio-Namala), hatten sich die Ginkas außerordentlich unfreundlich benommen (wie es nur eine Minderheitengruppe fertigbringt) und sich damit gebrüstet, das einzige Volk auf der Insel zu sein, das einen richtigen Gott habe, und daß sie daher über den Fangouas stünden. Natürlich führte diese freche Angeberei zu unerfreulichen Vorfällen, und viele mutige Ginka- und Fangoua-Helden mußten ihr Dasein, kräftig gewürzt, auf dem Eßtisch ihrer Widersacher beenden. Aber als die Missionare kamen, konnten sich die Fangouas dem Christentum anschließen und sich dadurch über die Ginkas stellen. Zum heutigen Zeitpunkt, während ich diese Zeilen schreibe, ist der Fangoua-Stamm auf die katholische Kirche und die Kirche von England aufgeteilt, und nur eine Handvoll mutiger Seelen hat sich einer sonderbaren amerikanischen Religionsgruppe mit dem Namen ‹Wiederkunftskirche› angeschlossen.»

In diesem Augenblick tauchte Kapitän Pappas an Deck auf, gefolgt von zwei zenkalischen Matrosen, von denen der eine einen Liegestuhl brachte und der andere eine tragbare Bar, die, wie Peter mit einem Blick feststellte, eine umfassende Auswahl hochgeistiger Getränke enthielt.

«Ha, Mr. Foxtrott», sagte der Kapitän und hievte seinen Körper vorsichtig in den Liegestuhl, «und jetzt genehmigen wir uns einen vor dem Essen, wie? Genau wie auf der ‹Queen Elizabeth›, wie? Was trinken Sie? Ich habe alles, keine Hemmungen.»

«Oh ... danke», sagte Peter, «es ist noch ein bißchen früh für mich, fürchte ich ... aber ich werde einen kleinen Brandy mit Soda nehmen, bitte ... Nein! Nicht doch! ... Käpt'n!! Hui! ... einen *kleinen*, sagte ich.»

«Brandy ist gut für Magen», vertraute der Kapitän ihm mit der beruhigenden Würde eines Berufsmediziners an und händigte ihm ein Glas aus, das ungefähr fünf Fingerbreit mit Brandy und mit einem Teelöffel voll Sodawasser gefüllt war. «Brandy für Magen, Whisky für Lungen, Ouzo für Kopf und Champagner für Verführung.»

«*Wozu* Champagner?» fragte Peter erstaunt.

«Verführung», sagte der Kapitän stirnrunzelnd, «Sie wissen doch ... Verführung von hübsche kleine Mädchen ... man trinkt Champagner aus ihren Schlüpfern, wie es in Büchern steht.»

«Sie meinen wohl Slipper?»

«Die auch», stimmte der Kapitän gnädig zu und schenkte sich eine so große Portion Ouzo ein, daß es Peter den Atem verschlug, und dann goß er gerade so viel Wasser hinzu, daß er sich leicht verfärbte. «Auf Ihr Wohl und auf Ihren Job. Ich hoffe, Zenkali gefällt Ihnen.»

Sie tranken, und Peter überlegte, ob man in achtundvierzig Stunden einen Leberschaden davontragen konnte.

«Ich glaube bestimmt, Zenkali wird Ihnen gefallen», fuhr der Kapitän fort und lehnte sich bequem in seinem quietschenden Liegestuhl zurück. «Ist sehr feiner Ort ... feines Klima ... feine Leute. Sie angeln, ja? Viel Fische in Zenkali ... Haie, Barracudas, sogar Schwertfische. Sie jagen gern, ja? Viel wilde Tiere dort, wilde Rehe, wilde Ziegen, viel wilde Schweine. Da können Sie jagen und fischen, so viel Sie wollen.»

«Und was ist mit den Vulkanen?» fragte Peter. «Lohnt es sich, sie zu besteigen?»

«Besteigen?» fragte Kapitän Pappas und verzog erstaunt das Gesicht. «Wie besteigen?»

«Na ja, Bergsteigen ... das ist ein Hobby von mir», gestand Peter. «In den Ferien gehe ich immer zum Bergsteigen, in Schottland und Wales. Ich frage mich, ob sich die Vulkane lohnen.»

«Niemand steigt auf Vulkane. Sehr harte Arbeit», sagte der Kapitän, dem offensichtlich schon der Gedanke Entsetzen bereitete. «Sehr harte Arbeit, auf Vulkane steigen. Sehr heiße Arbeit. Nein, man geht fischen und jagen, wie ich schon sagte. Sie nehmen sich nettes Zenkali-Mädchen, und die kocht alles, was Sie fischen und jagen, nein?»

«Ich bin nicht sicher, ob ich ein nettes Zenkali-Mädchen will», protestierte Peter, aber sein Gesprächspartner beachtete seinen Einwand nicht.

«Ein nettes, junges Zenkali-Mädchen, wie? Sie kocht, wäscht, putzt Haus für Sie, wie? Und dann viele, viele kleine Babies, nein?» schwärmte der Kapitän und strahlte Peter väterlich an, als sähe er ihn schon inmitten einer ganzen Schar kreischender nußbrauner Sprößlinge vor sich. «Ich kenne viele, viele nette junge Zenkali-Mädchen ... manche sehr hübsch ... manche sogar Jungfrau. Wenn Sie wollen, beschaffe ich Ihnen nettes junges Zenkali-Mädchen aus gute Familie ... feines Mädchen, nicht schlecht, ja? Mit große Brüste, mit viel, viel Milch für Babies, wie?»

«Besten Dank», sagte Peter, den dieses verlockende Angebot ein bißchen aus der Fassung brachte. «Wir werden sehen. Bis jetzt bin ich noch nicht einmal dort. Man soll nichts überstürzen, wissen Sie.»

«Wenn Sie Babies wollen, müssen Sie Pläne machen», erklärte Kapitän Pappas. «Sie müssen feines Zenkali-Mädchen haben, um Babies zu machen, nein?»

«Ist natürlich etwas schwierig, alleine Babies zu machen

... das stimmt schon», stammelte Peter und beobachtete entsetzt, wie der Kapitän ihre Gläser neu füllte.

«Das mach ich schon für Sie, keine Angst», sagte der Kapitän zuversichtlich. «In Zenkali krieg ich alles zustande. Ich kenne alle Leute in Zenkali, und alle Leute kennen mich. Wenn Sie was brauchen, kommen Sie zu mir.»

Die warmen Strahlen der Sonne und die milde Luft hatten eine sehr einschläfernde Wirkung, und das Glitzern auf den Wellen blendete Peter. Er lehnte sich in seinem Stuhl zurück, entspannte sich und schloß die Augen, während er seinem neuen Freund zuhörte. Je länger der Kapitän mit dröhnender Stimme weitersprach, desto mehr ließ Peters Aufmerksamkeit nach. Trotz ihrer Lautstärke hatte die Stimme des Kapitäns etwas Beruhigendes, wie die tiefen Töne eines Cellos. Von der Sonne durchtränkt, bis an den Kragen vollgepumpt mit Brandy, fiel Peter in einen friedlichen Schlaf. Zwanzig Minuten später schreckte er hoch und stellte fest, daß der Kapitän immer noch unbeirrt weiterredete.

«... und da sage ich zu ihm, hör zu, du Schwein, zu mir sagt keiner Gauner, hörst du? Und ich hebe ihn hoch und schmeiße ihn ins Meer ... bis zur Küste war es über halbe Meile», erzählte der Kapitän gerade voller Genugtuung. «Aber zufällig war kein Hai da, und da hat er es geschafft.»

«Wie schade», sagte Peter, der das Gefühl hatte, auch etwas zur Unterhaltung beitragen zu müssen.

«Zu mir sagt keiner Gauner», vertraute der Kapitän ihm an. «Kommen Sie jetzt ... wir gehen essen.»

Nach einem gigantischen Mittagessen, während dem der Kapitän nicht aufgehört hatte, die Vorzüge der zenkalischen Mädchen zu preisen und dazwischen immer wieder grausige Geschichten einzustreuen, die einem das Blut in den Adern erstarren ließen – was er mit diversen Leuten auf Zenkali alles getan hatte, die versucht hätten, ihn übers Ohr zu hauen –, schleppte sich Peter hinunter in seine Kabine. Dort war es zwar stickig, aber es war die einzige Möglichkeit, dem Kapitän zu entkommen. Wie schon so viele vor ihm erfuhr er, daß die Herzlichkeit und Gastfreundschaft eines Griechen eine schier überwältigende Angelegenheit sein kann. Daher ließ er sich trotz der Hitze in die enge Koje fallen und versuchte zu schlafen, in der Überzeugung, daß das immer noch besser war, als den ganzen Nachmittag lang Wein zu trinken und Rommé zu spielen, wie der Kapitän es vorgeschlagen hatte.

Ein paar Stunden später erwachte er – mehr tot als lebendig – aus tiefem Schlaf. Er zog sich an und wankte an Deck. Dort sackte er in seinen Liegestuhl, starrte eine Weile in die untergehende Sonne und versuchte, seine Gedanken zu sammeln.

Im Westen war der Himmel orangefarben getönt, von roten Äderchen durchzogen, und das Wasser war indigoblau mit gelben, grünen und scharlachroten Flecken an der Oberfläche. Wie eine Aprikose hing die verglühende Sonne dicht über dem Horizont. In der Ferne stiegen Delphine aus dem Wasser auf und verschwanden wieder wie polierte schwarze Schaukelpferde in der aufspritzenden Gischt. Am Heck waren noch immer die beiden Albatrosse, trieben ohne Flügelschlag dahin. Der zenkalische Matrose (den Peter in Gedanken noch immer Andromada-Drei nannte) erschien mit einem breiten, fröhlichen Lächeln und brachte die tragbare Bar. Er schien die Arbeit eines Ersten Schiffsoffiziers, Bootsmanns, Steuermanns und Barkeepers zu verrichten, eine Stellung mit beträchtlicher Verantwortung, der er sich aber überhaupt nicht bewußt zu sein schien. Peter goß sich einen bescheidenen Brandy ein, gab Sodawasser und Eis dazu und lehnte sich zurück, während er vorsichtig daran nippte und die wechselnden Farben am Himmel beobachtete, die wie Öl aussahen, das sich über einen von der Sonne angestrahlten Tümpel ausbreitet. Die Delphine mit ihren glitzernden, muskulösen Rücken waren jetzt so dicht an das Schiff herangekommen, daß er sie schnaufen hören konnte, wenn sie an die Oberfläche kamen. Er schlug sein Buch auf, um zu sehen, ob es darin etwas über diese anmutigen und schönen Tiere nachzulesen gab. Er blätterte in dem Kapitel, das sich mit Naturgeschichte beschäftigte.

> «Vor der Ankunft der Araber», hieß es im Reiseführer, «lebten die beiden zenkalischen Stämme in – wenn auch unsicherem – Frieden miteinander. Das war vor allem der besonders reichen Fauna der Insel zu verdanken, die dafür sorgte, daß stets alle Kochtöpfe gefüllt waren. Im Vergleich zu heute waren die beiden Stämme klein, und während sich der eine auf den Osten der Insel beschränkte, lebte der andere zufrieden im Westen. Dazwischen lag eine Art Niemandsland, in dem die Tiere mehr oder weniger ungestört gediehen. Zum Beispiel gab es reichlich Riesenschildkröten, deren Zahl in die Zehntausende gegangen sein muß. Der Comte d'Armadeau, jener ausgezeichnete, wegen seiner Beobachtungsgabe gerühmte französische Naturforscher, wußte zu berichten, daß man ‹an manchen Stellen fast eine Meile weit auf den Rücken dieser gewaltigen Schildkröten dahinwandern konnte, ohne je den Fuß auf den Boden zu setzen›. Daß das durchaus keine Übertreibung war, bestätigen die Logbücher der ersten Segelschiffe, die an der zenkali-

schen Küste anlegten, weil sich die Seeleute mit Trinkwasser und neuen Nahrungsmitteln versorgen wollten. Sie nahmen Riesenschildkröten an Bord, die ihnen – ähnlich wie Konserven in modernen Schiffen – als Lebensmittelvorrat dienten. Und so fuhren zwischen Dezember 1759 und Dezember 1761 nicht weniger als 21600 Schildkröten mit den Schiffen davon. In Anbetracht dieser unglaublichen Plünderung ist es nicht verwunderlich, daß dieses interessante Reptil gegen Mitte der französischen Besatzungszeit ausgestorben war.

Sobald Araber und Europäer auftauchten, war es unvermeidlich, daß die meisten anderen interessanten heimischen Arten (meist harmlos, am Boden lebend und ohne Schutz) ebenfalls verschwanden – für Nahrungszwecke oder aus sportlichen Gründen von den Eindringlingen abgeschlachtet, von den Hunden, Schweinen und ähnlichen räuberischen Tieren, die sie mitgebracht hatten, gejagt und getötet und durch die Zerstörung der natürlichen Wälder, die Zukkerplantagen Platz machen mußten, in ihrem Lebensraum beeinträchtigt. Auf den früheren Zuckerplantagen – der Plan, sie zu errichten, hat sich zum Glück als undurchführbar erwiesen – wächst jetzt der Amelabaum, die biologische Hauptstütze der Insel (siehe Ökonomie) und die einzige Baumart, die den Ruf hat, die europäische Invasion mit der gleichzeitigen Schwemme fremder Pflanzen und Bäume, die die heimische Flora zu verdrängen drohten, überlebt zu haben.

So kam es, daß, zusammen mit den Riesenschildkröten, auch ein großer, prächtiger, am Boden lebender Nachtpapagei, größer noch als der größte uns bekannte Ara, verschwand; dazu fünf Rallenarten, ein kleiner, flugunfähiger Kormoran (ein Verwandter der Galapagos-Art) und zehn verschiedene Arten sehr bunter, sonderbarer honigfressender Vögel, die den Huias, den neuseeländischen Staren, ähnlich sehen. Aus anthropologischer Sicht war der betrüblichste Verlust der des Spottvogels, der, wie schon erwähnt, das Fundament der Religion der Fangouas darstellte. Sie glaubten, daß der Vogel-Gott Tio-Namala im Körper dieser seltsamen Vögel wohnte, und daher galten der Vogel, sein Nest und seine Eier als tabu. Für die Franzosen waren sie jedoch kein Tabu, und natürlich erfüllte es die Fangouas mit Verzweiflung, wenn sie sahen, wie ihre Oberherren den Spottvogel jagten und ihn in einer Vielfältigkeit sondergleichen köstlich zubereiteten und auftischten, vor allem auch, weil der Gott Tio-Namala nicht fähig schien, die Franzosen auf eine Weise zu verdammen, wie es sich für einen guten Gott gehört hätte. Als jedoch wiederholte Versuche, mit den Franzosen darüber zu reden, damit endeten, daß eine ganze Reihe von Häuptlingen, wegen Ungehorsam zum Tode verurteilt, aufgeknüpft wurden, gaben sich die Fangouas schließlich geschlagen, und innerhalb kürzester Zeit teilte der Spottvogel das Schicksal der Riesenschildkröte – er gehörte der Vergangenheit an –, und die untröstlichen Fangouas blieben allein zurück.

Seinem Aussehen nach war der Spottvogel wahrscheinlich der merkwürdigste Vogel, den es auf Zenkali gab. Er war, wie manche glauben, mit dem Solitaire auf der Insel Rodrigues in den Maskarenen verwandt, war ungefähr so groß wie eine Gans und hatte lange, kräftige Beine. Sein Schnabel war gebogen, lief vorne spitz zusammen (ungefähr wie bei einem Hornvogel) und hatte einen Höcker. Das Weibchen hatte eine dicke Platte auf der Stirn. Seine Flügel waren verkümmert und eigneten sich nicht zum Fliegen. Im übrigen aber war dieser Vogel offenbar sehr zutraulich, was ihn natürlich zur idealen Jagdbeute der Franzosen machte, denn er konnte weder davonfliegen noch weglaufen. In seinen besten Tagen kam er fast so zahlreich vor wie die Riesenschildkröte, aber bei Inseln läßt sich die Fauna schwer in genaue Zahlen fassen. Die Fangouas nannten diesen Vogel Tio-Namala, was soviel wie ‹Vogel des Gottes Tiomala› heißt. Die Franzosen nannten ihn *Oiseau Moquerie*, Spottvogel also, weil sich seine Rufe wie wildes spöttisches Gelächter anhörten. Alles, was von diesem faszinierenden Vogel übriggeblieben ist, sind ein paar ausgestopfte Exemplare in Paris, ein paar weitere in Antwerpen, fünf oder sechs ausgestopfte männliche Exemplare in verschiedenen anderen Museen, ein halbes Dutzend Skelette und eine Handvoll Knochen. Ein sehr schönes männliches Exemplar steht im Museum von Dzamandzar.

Merkwürdigerweise verschwand mit dem Aussterben des Spottvogels auch der Ombubaum. Dieser Baum war ziemlich ungewöhnlich. Er brachte in unregelmäßigen Abständen eine Frucht hervor, die für den Spottvogel offenbar einen wichtigen Bestandteil seiner Nahrung darstellte. Zum gegenwärtigen Zeitpunkt existiert nur noch ein einziger Ombubaum, der weit über dreihundert Jahre alt sein soll. Er steht im Botanischen Garten von Dzamandzar. Obgleich er schon ziemlich häufig Früchte getragen hat, scheint der Samen nie aufzugehen. Es scheint, als müßte dieser Baum – sicherlich der seltenste Baum auf der ganzen Erde – am Ende ohne Nachkommenschaft sterben.»

Peter legte das Buch beiseite, nahm einen Schluck aus seinem Glas, beobachtete den jetzt grün und purpurfarben über dem fast schwarzen Wasser leuchtenden Sonnenuntergang und dachte über den Ombubaum nach. Er hatte von Tieren gehört, die ausgestorben waren, und bis vor kurzem hatte er, wie die meisten Leute, angenommen, daß es sich dabei um einen ganz natürlichen Vorgang handle, so wie die Dinosaurier von der Erde verschwunden waren, und daß der Mensch nichts damit zu tun habe. Jetzt wußte er, daß das nicht stimmte, denn aus dem, was er eben gelesen hatte, wurde ihm plötzlich klar, daß es im allgemeinen der Mensch ist, der direkt oder indirekt seine Umwelt beeinflußt und für das Aussterben von Tieren und Pflanzen verantwortlich zeichnet. Merkwürdigerweise hatte er nie daran gedacht, daß Pflanzen das gleiche Schicksal erleiden können wie Tiere. Während er dasaß und in den Sonnenuntergang starrte, sah er zum erstenmal alles als ein Ganzes und nicht als eine Reihe voneinander unabhängiger Ereignisse. Wenn man Wälder zerstörte, dann zerstörte man auch die Lebewesen, die in diesem Wald oder um ihn herum oder auf den Bäumen lebten. Wenn man die Lebewesen zerstörte, zerstörte man gleichzeitig den Wald, der in vieler Hinsicht von ihnen abhängig war. Peter füllte sein Glas nach und las weiter.

> «Vom Standpunkt des Menschen aus (egal, welchen Glauben oder welche Hautfarbe er hat) ist die Amelamotte ganz sicher das wichtigste Tier, das auf Zenkali vorkommt. Dieses einzigartige Mitglied der Familie der Schwärmer sieht dem europäischen Kolibrischwärmer ziemlich ähnlich. Sie ist relativ groß, hat eine Flügelspannweite von zehn Zentimetern und einen plumpen Körper. Wie ihr europäisches Gegenstück fliegt sie mit unglaublicher Geschwindigkeit, und genau wie der Vogel, nach dem sie benannt ist, kann sie vorwärts und rückwärts fliegen. Ihre Flügel schwirren, und durch die federartigen Härchen an den Seiten sieht sie auf den ersten Blick eher wie ein Vogel aus und nicht wie ein Schmetterling. Ihre Ähnlichkeit mit den Kolibris oder Honigsaugern wird noch durch ihren überaus langen Rüssel (ausgestreckt zehn Zentimeter) verstärkt, der an einen gebogenen Schnabel erinnert. Die Oberflügel sind aschgrau, schwarz- und goldgefleckt. Die Unterflügel sind rot und haben eine breite schwarze Umrandung. Dieser Schmetterling ist das einzige Insekt auf Zenkali, dessen Rüssel lang genug ist, um in die trompetenförmige Blüte des Amelabaums zu gelangen und sie zu befruchten. Daher ist er für die Insel von entscheidender wirtschaftlicher Bedeu tung (siehe Okonomie). Sobald man seine enge

Verbindung zum Amelabaum erkannt hatte, wurde ein für die gesamte Insel geltendes Verbot für Insektenvertilgungsmittel ausgesprochen. Natürlich hat das zur Folge, daß alle anderen Insekten ebenfalls davon profitieren, was Zenkali zu einem wahren Paradies für Insekten gemacht hat – auch für Schädlinge.»

Wie empfohlen, wandte sich Peter jetzt dem Wirtschaftsteil zu, nicht weil er sich dafür besonders interessierte, sondern weil er es für seine Pflicht hielt, möglichst viel über die Insel in Erfahrung zu bringen. Er war sehr froh, als er feststellte, daß die Wirtschaft von Zenkali so begrenzt und überschaubar war, daß es selbst einem Wirtschaftsexperten schwergefallen wäre, sie zu komplizieren. Sie stützte sich direkt und einfach auf einen einzigen Baum, den Amelabaum.

«Angesichts dessen, was auf der ganzen übrigen Erde vor sich geht, kann sich Zenkali glücklich schätzen, daß es über keine nützlichen Mineralien oder gar Ölvorkommen verfügt. Dadurch gibt es hier keine Industrie, abgesehen von einigen kleineren Anlagen. Vielmehr könnte man Zenkali als eine Ein-Frucht-Insel bezeichnen. Es hat in der Vergangenheit zahlreiche Versuche gegeben, der Insel durch den Anbau von Zucker, Bananen, Ananas usw. zu wirtschaftlicher Autonomie zu verhelfen. Sie mißlangen alle. Dann traten die außergewöhnlichen Eigenschaften des Amelabaums zutage, und alsbald entstand der einzige Wirtschaftszweig, auf den sich die Insel stützte und immer noch stützt.

Zenkali hat das Glück, nicht im Bereich der Wirbelstürme zu liegen, und erfreut sich somit eines sehr stabilen Klimas, in dem der überaus wichtige Amelabaum wächst und gedeiht. Wie schon erwähnt, hat er als einziger heimischer Baum den europäischen Ansturm überlebt, und zudem ist er nirgendwo sonst auf der Welt anzutreffen (ja, er weigert sich geradezu störrisch, an anderer Stelle zu wachsen, da ihm dort die Amelamotte fehlt, die für seine Befruchtung sorgt), so daß Zenkali ein Monopol auf diesen höchst bemerkenswerten Baum besitzt, der mit seinen vielseitigen Eigenschaften wahrscheinlich sogar die Palme übertrifft. Der Baum selbst ist sechs bis sieben Meter hoch, und sein Stamm hat einen Durchmesser von über drei Metern. Der Stamm ist gerade und weich, und sein Holz ist gut und hart, es hat eine angenehme honiggelbe Farbe und eine sehr schöne Maserung. Wie die rote Zeder ist auch der Amelabaum gegen Insektenangriffe gefeit, selbst die mächtigen Termiten können ihm nichts anhaben. Daher hat das Holz eine äußerst gute Qualität und eignet sich vorzüglich als Baumaterial wie auch zur Möbelherstellung. Außerdem wächst der Baum unglaublich schnell und hat bereits nach fünf Jahren seine Maximalhöhe erreicht, doch wird behauptet, daß er nach sieben Jahren eine noch bessere Holzqualität aufweist. Aber das ist noch nicht alles. Die Blüten – lange, scharlachrote, trompetenförmige Blüten, die in Dolden wachsen – verbreiten einen schweren, würzigen, einzigartigen Duft (irgendwie eine Mischung aus Rosen und Nelken) und sind in der Parfumherstellung sehr gefragt. Der Saft seiner Früchte, die an reife Erdbeeren erinnern und in Dolden angeordnet sind, wird zu einem der feinsten und besten Öle verarbeitet, die auf dem Markt erhältlich sind. Es wird in den verschiedensten Industriezweigen verwendet – beim Bau von Präzisionsinstrumenten genauso wie in der Kosmetikindustrie. Und als wäre all dies noch nicht genug, entdeckte man vor kurzem, daß das herzförmige, ziemlich fleischige Blatt, getrocknet und chemisch behandelt, Amineaphron liefert, einen Wirkstoff, der in zahlreichen Medikamenten enthalten ist. Somit ist dieser einzigartige Baum Rohstofflieferant von vier verschiedenen, sehr wichtigen Produkten, die der Insel alle hohe Einkünfte bringen (tatsächlich ihre einzigen Einkünfte) und ihr, auch für die Zukunft, finanzielle Sicherheit garantieren, was bei derart kleinen tropischen Inseln nicht gerade häufig vorkommt.»

Ein lautes Schnaufen, begleitet von kräftigen Knoblauchdünsten, kündigte Peter das Eintreffen des Kapitäns an. Es dämmerte bereits. Pappas ließ sich in einen Stuhl sinken und füllte sofort sein Glas.

«Heute abend gibt es Spezialität, Mr. Foxtrott», verriet er mit Genugtuung in der Stimme. «Griechische Essen, ja? Wir feiern letzte Nacht bis Zenkali, ja? Erst trinken und dann tanzen.»

«Tanzen?» entfuhr es Peter entsetzt. Er sah sich, wie er, umklammert von den Bärenarmen des Kapitäns, übers Deck gewirbelt wurde.

«Tanzen», wiederholte Kapitän Pappas mit fester Stimme, «griechische Tanz, ja? Ich bringe Ihnen griechische Tanz bei . . . beste Tanz in Welt.»

«Danke», sagte Peter und fand sich damit ab, eine Nacht mit Trinken und athletischen Darbietungen verbringen zu müssen.

Er hatte sich nicht geirrt. Zugegeben, das Essen war ausgezeichnet, aber unglaublich umfangreich, und dazu flossen schier unerschöpfliche Ströme weißen und roten Weins, je nachdem, welche Köstlichkeiten gerade auf den Tisch kamen. Als all dies vorbei war, wurde das Deck buchstäblich leergefegt, und dann standen zu Peters Erstaunen drei zenkalische Matrosen auf und legten zu den Klängen einer Bazouki, die Kapitän Pappas mit viel Schwung und Gefühl spielte, einen griechischen Tanz aufs Parkett. Erstaunlich, welch zarte Weisen Kapitän Pappas mit seinen Würstchenfingern diesem Instrument entlockte. Und dann fand sich Peter, völlig benebelt von dem vielen guten Wein und der Geselligkeit, wieder, wie er die Arme um die schwitzenden Bronzehälse der grinsenden Zenkalis schlang und mit nicht ganz sicheren Schritten übers Deck tanzte, während die schluchzenden Klänge der Bazouki und der tiefe Baß des Kapitäns übers monderhellte Wasser schallten. Schließlich, nachdem er allen Zenkalis und Kapitän Pappas ewige Freundschaft geschworen hatte, wankte Peter, lauthals singend, in sein Bett. Als er sich auszog und in seine Koje kletterte, mußte er plötzlich an den Ombubaum denken. Und augenblicklich erfüllte ihn Kummer und Scham darüber, daß er sich amüsieren konnte, während der arme Baum ganz allein auf der Welt war und niemanden seinesgleichen hatte, der ihm Gesellschaft leistete.

«Niemand, mit dem er singen kann», überlegte Peter gramerfüllt, «niemand, mit dem er tanzen kann. Das ist zu grausam.»

Er zog sich aus, ließ die Sachen einfach auf den Boden fallen und sank splitternackt in seine Koje.

«Sei guter Dinge, lieber alter Ombubaum», murmelte er noch, bevor er in tiefen Schlaf fiel. «Peter Foxglove kommt, um dich zu retten.» Natürlich konnte er in diesem Augenblick nicht ahnen, daß er keinen Unsinn redete.

II

Zenkali aus der Nähe

Als er aufwachte, war es erst fünf Uhr früh, und erstaunt stellte er fest, daß er überhaupt nicht verkatert war. Ihm fiel ein, daß Zenkali jetzt schon in Sichtweite sein mußte, und der Gedanke versetzte ihn in Erregung. Schnell wusch er sich und zog sich an und lief nach oben. Die Luft war bewegungslos und kühl, denn die Sonne hatte sich gerade erst über den Horizont erhoben. Das Meer war dunkelblau und glatt wie ein Opal, wie Schneeflocken trieben die Seevögel in kleinen Scharen darüber hinweg. Der Himmel war fahl und blaß, ein sehr helles Blau mit orangefarbenen Tupfern rund um die aufgehende Sonne. Schräg vor Steuerbord lag die Insel Zenkali, noch ein paar Meilen entfernt, aber in der stillen Morgenluft kristallklar zu erkennen. Ihre Sichelform mit den beiden Vulkanen, jeder an einem Ende der Sichel, war deutlich zu sehen. In dem morgendlichen Licht war die ganze Insel dunkelgrün, darüber lagen die purpurschwarzen Schatten der Vulkane und Berge. Wo sich die Wellen an dem zum Teil unter Wasser liegenden Korallenriff brachen, war die Insel von der Brandung weiß eingerahmt, und die beiden Vulkane trugen kecke Wolkenmützen. Peter sah fasziniert zu, wie die höher steigende Sonne die Farben der Insel kräftiger und leuchtender erscheinen ließ und wie sich die Oberfläche des Wassers millionenfach in glitzernde Silbersplitter zerteilte.

Kapitän Pappas kam herzhaft gähnend auf die Brücke und kratzte sich unter dem offenen Hemd. Brust und Bauch waren wie mit einem Bärenpelz aus dicken schwarzen Haaren überzogen, und die Haare auf seinem Kopf waren wild zerzaust und standen nach allen Seiten ab. Offensichtlich kam er direkt aus seiner Koje, aber seine Laune war unvermindert gut.

«Guten Morgen», brüllte er Peter zu, «wie fühlen Sie sich?»

«Bestens», sagte Peter, «hab mich schon lange nicht mehr so wohl gefühlt.»

«Griechische Tanz ist gut», verkündete der Kapitän wie jemand, der ein wundersames Heilmittel verschreibt, «ist gut für Körper. Sehen Sie Zenkali, ja? Ist schöne Insel, nein? Wir erreichen Hafen in ungefähr zwei, drei Stunden.»

«Drei Stunden?» fragte Peter erstaunt. «Aber es sieht schon so nah aus.»

«Nein, ist nicht nah. Ist viel größer, wenn man näher rankommt», sagte der Kapitän. «Wollen Sie Frühstück, Mr. Foxtrott? Sie haben Hunger, wie?»

Peter stellte plötzlich fest, daß er einen gewaltigen Appetit hatte.

«Ein Frühstück wäre großartig», rief er zurück. «Ich habe einen Hunger, daß ich einen Ackergaul verzehren könnte, mit Haut und Haaren und allem.»

«Weiß nicht, ob wir das haben», sagte der Kapitän und zog bei dem Gedanken, daß es an seinem Schiff vielleicht etwas auszusetzen gäbe, die Stirn in Falten. «Fragen Sie Koch, ja?»

Eine Stunde später, nachdem er ein Frühstück von solchen Dimensionen verschlungen hatte, daß sogar der Kapitän beeindruckt gewesen war, hatte Peter schon fertig gepackt und stand wieder oben an Deck, um zuzusehen, wie das Schiff durch die Riffzone gesteuert wurde, was für jeden, der das noch nicht mitgemacht hat, ein ungemein aufregendes, haarsträubendes Erlebnis ist. Die Insel ragte jetzt hoch vor ihnen auf, über und über in Sonnenlicht getaucht, so daß das dichte Laubwerk, das von der Küste bis hinauf zu den Bergspitzen reichte, in grünen, goldenen, scharlachroten, blauen und gelben Farben schimmerte und das Land mit einem bunten Teppich bedeckte, wie ihn nur die Tropen hervorbringen können. Zu Halbkreisen gebogene Strände leuchteten weiß wie Elfenbein entlang der Küste, und das Wasser innerhalb des Riffs war fahl und durchsichtig, so daß die Form der Korallenbetten unter der Oberfläche deutlich zu sehen war. Das Riff selbst war zwischen sechs und fünfzehn Meter breit und lag ungefähr einen halben Meter unter Wasser. Über diese breite Stufe brandete das Wasser zuerst hoheitsvoll und mächtig hinweg und zerbrach dann zu zischendem, aufwirbelndem Schaum, wenn es über die Kante des rasiermesserscharfen Korallenbetts floß. Auf dieser wuchtigen Erhöhung schaukelte die ‹Andromada III›, von langen, rollenden Wellen emporgehoben und wieder hinuntergestoßen, fröhlich dahin, immer parallel zu dem aufschäumenden, fauchenden Riff, von dem es nur knapp fünfundzwanzig Meter entfernt war, was Peter für ihren sicheren Untergang hielt. Aber welche Fehler Kapitän Pappas auch sonst haben mochte, das Riff vor der Insel Zenkali kannte er wie seine eigene Westentasche; er steuerte sein Schiff immer weiter an der Stufe entlang, bis sie zu einer Lücke in dem wogenden Schaumteppich gelangten. Diese Lücke war kaum dreißig Meter breit, und hier krachten die riesigen Brecher mit einem fürchterlichen Brüllen gegen das Riff und lösten sich in seinem Innern zu einem brodelnden

Schaumbett aus lauter kleinen Wellen auf. Der Kapitän machte mit dem Schiff eine scharfe Wende und durchquerte die Lücke zügig. Die ‹Andromada III› schlingerte und erbebte in dem wirren Wellenspiel, doch sie ließ es hinter sich und glitt in das glatte, funkelnde helle Wasser der Lagune.

«Sehen Sie, ich bin verdammt guter Seefahrer», rief Kapitän Pappas von der Brücke herunter. Sein Gesicht strahlte triumphierend.

«Absolut richtig», rief Peter zurück.

«Alle Griechen gute Seefahrer. Beste auf der Welt», sagte der Kapitän mit aufkeimender Bescheidenheit. «In fünf Minuten lassen Anker fallen, ja?» Er winkte Peter mit einer Hand wie mit einem Schinken und verschwand in dem winzigen Ruderhaus auf der Brücke.

Die ‹Andromada III› bahnte sich ruckweise ihren Weg quer durch die klaren Gewässer der Lagune und erreichte schließlich die Moquerie Bay, in der Dzamandzar lag, Hafen und Hauptstadt von Zenkali. Sie umrundeten eine Landspitze (über der hoch oben ein imponierender Bau aus hellrosa Steinen aufragte, den Peter für den Palast hielt), und dann tat sich die Bucht vor ihnen auf, und er konnte die Mole sehen und dahinter, auf sanft gewellten Hügeln mit den beiden Vulkanen im Hintergrund, die bunten Häuser der Stadt. Es waren hübsche kleine Holzbauten mit Strohdächern, und dazwischen ein paar festere Gebäude aus Korallenblöcken, die wahrscheinlich wohlhabenden Familien gehörten. Jedes Haus war in einer anderen Grundfarbe gestrichen, so daß sie wie bunte Spielzeugklötze aussahen, die zwischen die Wolken tomatenroter Bougainvillea-Büsche und das intensive Blau der Jakarandabäume gefallen waren, zwischen denen hier und da Sträucher in blutroter Blüte standen. Die berauschende

Wirkung, die der Glanz und die Üppigkeit der Tropen ausübt, wurde hier noch durch die bezaubernde, kunterbunte Spielzeugstadt verstärkt.

Peter war außer sich vor Entzücken. Was er sah, übertraf seine kühnsten Träume. Hier war eine Stadt, dachte er, die diese Bezeichnung wirklich *verdiente*, eine Stadt, auf die man stolz sein konnte, eine Stadt, die so besonders war, daß man sie unmöglich mit irgendeinem anderen Ort auf dieser Erde verwechseln konnte. Er fühlte sich bereits jetzt zu ihr hingezogen, und dabei hatte er sie – wie er sich in Erinnerung rief – noch nicht einmal *gerochen*, und er wußte sehr gut, wie wichtig Gerüche waren, wenn es darum ging, eine Stadt zu beurteilen. Aber auch der Geruch enttäuschte ihn nicht. Die ‹Andromada III› ging rasselnd vor Anker, wendete noch einmal, und dann war sie auch schon fest vertäut, und die milde Luft trug Peter den Duft von Zenkali entgegen. Es war ein betäubender Duft, so vielfältig wie der Farbengeruch eines persischen Teppichs. Da waren die Düfte von Palmenöl, Kokosnußöl, einer Million Blumen, der Geruch von Sonne auf getrockneten Blättern, der beißende Geruch von brennendem Holz, Gerüche von Ananas, Papaufrüchten, Mangos, Zitronen, der Geruch von Meersalz und frischem Fisch, der Geruch von Brot und Abwässern und Eseln und blauem Himmel und frühem Morgentau und unzählige andere Düfte, die er gar nicht so schnell zu definieren vermochte, denn in diesem Augenblick des Schwelgens wurde er von einem sehr großen, elegant aussehenden Zenkali unterbrochen, der auf Deck vor ihm auftauchte. Der Mann war offenbar Beamter in gehobener Position, denn er trug einen scharlachroten Tarbusch, eine dunkelblaue Uniformjacke mit weißen Schnüren, weiße Shorts, blaue, knielange Strümpfe und braune Schuhe, die genauso blank poliert aussahen wie sein Gesicht. In den Händen hielt er, was irgendwie gar nicht paßte, einen langen, dünnen, an seiner Spitze gespaltenen Stecken, in dem ein zusammengefaltetes Blatt Papier festgeklemmt war.

«Sah, Mr. Foxglove, Sah, willkommen, Sah», sagte der Kurier und salutierte forsch.

«Vielen Dank», sagte Peter hingerissen und deutete seinerseits einen soldatischen Gruß an. Der Botschafter hielt ihm das eine Ende des Holzsteckens hin.

«Hier Buch für Sah, von Massa Hannibal, Sah», erklärte der Bote.

Vorsichtig zog Peter das Blatt aus dem Stab und faltete es auseinander. Es war ein einzelner Bogen aus dickem, elfenbeinfarbenem Papier, auf dem mit eleganter, gestochener Schrift stand:

«Willkommen, lieber Foxglove. Sie brauchen sich um nichts zu kümmern. Folgen Sie einfach diesem Mann. H.»

Der Bote sah Peter mit einem breiten Grinsen an.

«Massa kommen mit», sagte er. «Wir gehen Massa Hannibals Haus in Kingy-Kart. Massas Koffer bleiben hier. Fahren extra.»

Etwas verwirrt folgte Peter dem Mann, der ihn von der ‹Andromada III› auf die Docks führte, wo schon zwei geräumige Korbrikschas, die fast wie Bambusliegen aussahen, für sie bereitstanden, mit je einem kräftigen Zenkali zwischen den Deichseln. Peter setzte sich in die eine und der Bote in die andere, und dann rollten sie durch die Straßen der Stadt. Als sie die Außenbezirke erreichten, fuhren die Rikschas eine breite Kiesauffahrt hinauf und hielten schließlich vor einem langen, flachen Gebäude an. Es stand mitten in einem Wald aus mächtigen Banyanbäumen, deren Stämme wie dicke schwarze Kerzen aussahen, die aneinandergeschmolzen waren. Der Bote führte Peter die Vordertreppe hinauf und über eine große, helle Veranda, die vom schweren Duft unzähliger Blumen erfüllt war, die in Betonkästen von Badewannengröße oder in herabhängenden Körben blühten. An der Haustür, die aus zwei großen, reich verzierten javanesischen Schutzblenden bestand, blieb der Bote stehen und zog eine glänzende Silberpfeife aus der Tasche. Auf diesem Instrument blies er eine kurze, aber komplizierte Fanfare. Während sie warteten, beobachtete Peter voller Bewunderung etwa zwanzig große blaue Schmetterlinge, die auf- und abflatterten, wie verlorene Himmelsstückchen die Blumen umkreisten und nur ab und zu Halt machten, um an den Blüten zu nippen.

Schließlich wurde die Tür von einem zenkalischen Diener in flotter schneeweißer Uniform und purpurroter Schärpe geöffnet. Er strahlte Peter an und machte eine leichte Verbeugung.

«Guten Morgen, Sah, Mr. Foxglove», sagte er, «kommen Sie mit, bitte, hier lang ... Massa warten schon.»

Er drehte sich um und führte Peter durch einen breiten Gang, dessen Wände mit langen chinesischen Seidenbildern geschmückt waren, die in dem leichten Luftzug sanft hin- und herschaukelten. Darunter standen einige große chinesische Schalen mit herrlichen Orchideen, deren zarte Farben zu den Bildern paßten. Der Diener blieb an einer Tür stehen, klopfte respektvoll an und reckte den Kopf vor, um zu lauschen.

«Hau ab!» brüllte von innen eine fürchterliche Stimme. «Hau ab, du ungebildeter Heide ... entferne deinen gottlosen Kadaver aus diesem Haus des Kummers und des Grams und komm mir nie wieder mit deinem abscheulichen schwarzen Affenleib unter die Augen.»

«Scin Massa Hannibal», sagte der Diener mit einigem Stolz. Ungerührt von der Lautstärke der Stimme und ihren Anweisungen machte er die Tür einen Spalt auf und steckte den Kopf hinein.

«Mach, daß du rauskommst ... *hinaus*!» knurrte die Stimme. «Raus mit dir, du wimmernder Elendswurm. Glaub ja nicht, wenn du vor mir kriechst, wäre deine Schuld getilgt. Wenn ich nicht ein so freundlicher und sanfter Mensch wäre, würde ich es als meine Pflicht ansehen, dir zwanzig Jahre Schwerarbeit wegen versuchten Mordes aufzubrummen, du schlimmstes aller Ungeziefer, du.»

Ob das, überlegte Peter verwundert, die Stimme von Hannibal Oliphant war?

«Bitte, Sah, Mr. Foxglove, er sein da.»

Es trat eine kurze Pause ein, und dann bellte die Stimme: «Warum stehst du da noch rum, du meuchelmörderischer Analphabet, bring den neuen Massa sofort herein, hast du verstanden?»

Der Diener stieß die Tür auf und schob Peter in einen großen, prächtigen Raum, wie er ihn nicht erwartet hatte. Er war an die zwanzig Meter lang und zehn Meter breit, mit einer hohen Decke, unter der sich breitflächige Flügel drehten – wie schwarze Windmühlen vor einem weißen Hintergrund. Der gebohnerte Holzboden war mit zahlreichen bunten Perserteppichen belegt, so wertvoll, daß man mit ihnen einen König hätte auslösen können. Die Möbel waren zum größten Teil aus geschnitztem dunklem Kaschmir-Holz; es waren tiefe Sofas und Sessel, in denen sich Kissen aus bunter Thai-Seide türmten. An den Wänden waren eine Sammlung seltsamer Masken, herrliche impressionistische Gemälde, weitere chinesische Bilder auf Seide, tibetanische Gebetsräder, alte Schießprügel und andere archaische Waffen, Speere und Schilder aufgehängt, und in mehreren Schränken standen Elfenbeinschnitzereien und feinste Keramik hinter den Glastüren. Überall sah Peter Regale mit bunten Reihen von Büchern, und auch der Fußboden war mit Bücherstapeln übersät. Am einen Ende des Raums stand ein großer Tisch, der über und über mit wackligen Papierstößen, Zeitschriften und wissenschaftlichen Publikationen bedeckt war. An der einen Wand führten fünf hohe Glastüren nach draußen auf eine Veranda, und dahinter erstreckten sich grüne Rasenflächen und ein Teppich blühender Büsche, bis hinunter zu einem oval geformten Schwimmbecken, das mit Terrakotte-Fliesen ausgelegt war und in dessen Mitte sich ein über fünf Meter hoher Springbrunnen befand, der wie ein silbernes Lilienwappen in die Höhe ragte und Regenbogen in die Luft malte.

Dicht bei den offenen Verandafenstern stand ein wuchtiger, herrlich geschnitzter Schaukelstuhl aus blassem Ambabaumholz. Die Armlehnen stellten zwei aus Holz geschnitzte Pfauen dar, deren aufgerichtete Federfächer sich hinten vereinigten und die breite Rückenlehne bildeten. In diesem atemberaubenden Stuhl, an einen Wulst bunter Seidenkissen gelehnt, saß Hannibal Hubert Hildebrand Oliphant, der politische Berater des Königs von Zenkali und seiner Regierung, in einem weißen Baumwollhemd mit weiten Ärmeln. Um die Hüften hatte er ein prächtig gemustertes Batik-Tuch geschlungen, an den Füßen trug er reich verzierte javanesische Slipper in Rot und Gold mit nach oben gebogenen Spitzen. Er war klein und sehr kräftig, sein wuchtiger Kopf war mit einer Mähne aus stahlgrauem Haar gekrönt. Sein braungebranntes Gesicht war durch und durch zerfurcht und wirkte sehr lebendig. Unter der großen Adlernase saß, sinnlich und spöttisch, der breite, ausdrucksvolle Mund. Unter buschigen Augenbrauen funkelten die strahlenden schwarzen Augen eines Zigeuners voll launischer Arroganz. Die Persönlichkeit dieses Mannes schlug einem entgegen wie die Hitze eines großen Feuers in einer kalten Nacht. Neben ihm stand ein Tisch mit diversen Flaschen und einem großen silbernen Eiskübel. Zu seinen Füßen und rund um den Stuhl lag eine Schar Hunde – eine Bulldogge, ein Dalmatiner, ein irischer Wolfshund, zwei Pekinesen, vier Spaniels und eine tibetanische Dogge, die so riesig war, daß Peter zuerst glaubte, es mit einem zahmen Bären zu tun zu haben.

Mitten unter den Hunden saß auf einem großen aprikosenfarbenen Kissen, die Arme um die Knie geschlungen, eines der schönsten Mädchen, das Peter je gesehen hatte. Mit seinen achtundzwanzig Jahren und einem ansehnlichen Äußeren, dazu mit einer gehörigen Portion Charme ausgerüstet, hatte Peter keineswegs auf seinen fairen Anteil weiblicher Bekanntschaften verzichten müssen. Das Mädchen, das er jetzt anstarrte, verschlug ihm den Atem. Sie war schlank und hatte eine Pfirsichhaut, die von der Sonne goldbraun getönt war. Ihre dunklen, bis zu den Hüften herabfallenden Haare, die von einer schlichten goldenen Spange zusammengehalten wurden, waren leicht gewellt und schimmerten wie Wasserwirbel in einem mondbeschienenen Fluß. Ihre Nase war klein, leicht aufgestülpt und mit einem Schimmer Sommersprossen überzogen. Sie hatte einen großzügig geformten und wie zum Lachen geschaffenen Mund. Aber am meisten fesselten ihn ihre großen, mandelförmigen Augen. Ihre Farbe, ein unglaublich rauchiges Blau, war von einer solchen Intensität, daß sie fast violett wirkten; die winzigen schwarzen Flecken darin ließen sie nur noch größer erscheinen. Darunter lagen ziemlich hohe Backenknochen und darüber dunkle Augenbrauen, so anmutig wie die Flügel eines Albatros. Jetzt fehlte nur, überlegte er, daß sie entweder mit irgendeinem griesgrämigen, geistig minderbemittelten Schwachkopf verheiratet war, ihrer absolut unwürdig, oder aber, daß sie eine Stimme wie ein Fischweib hatte und aus dem Mund roch. Plötzlich wurde er von Hannibal Oliphants spöttischer Stimme aus seiner Trance gerissen.

«Wenn Sie endlich damit fertig sind, wie ein umnachteter Tollpatsch rumzustehen und sich an Miss Damiens zweifellos vorhandenen Reizen zu ergötzen, könnten Sie mir vielleicht auch einmal einen flüchtigen Blick gönnen», schlug er vor. «Kommen Sie doch ein bißchen näher, falls es Ihnen gelingt, sich von der Stelle zu bewegen, damit ich meine Stimmbänder nicht so strapazieren muß, wenn ich mit Ihnen rede.»

Mit einiger Mühe raffte sich Peter zusammen und ging quer durch den Raum zu dem Schaukelstuhl, der sanft hin und her wippte.

«Also, Sie sind», sagte Hannibal Oliphant und streckte seine linke Hand zur Begrüßung aus, denn seine rechte war in Bandagen verpackt, «Sie sind also Foxglove? Sir Osberts Neffe?»

Die Art und Weise, wie Hannibal den Namen beim Aussprechen dehnte, machte Peter stutzig. Er mußte an die zornige Beschreibung seines Onkels denken – «dieser lächerliche Oliphant» – und beschloß, Vorsicht walten zu lassen.

«Ja, Sir», sagte er. «Ich hoffe, daß Sie mir das nicht verübeln.»

Hannibal warf ihm einen scharfen Blick zu, dann trat ein Funkeln in seine Augen.

«Sagen Sie Hannibal zu mir», befahl er, «alle tun das.»

«Danke», sagte Peter.

«Setzen Sie sich, setzen Sie sich. Audrey, gib dem jungen Mann was zu trinken», befahl Hannibal und rückte sich noch bequemer in seinen Kissen zurecht.

Das Mädchen stand auf, und nachdem sie von Peter erfahren hatte, daß er Rum mit Cola bevorzuge, füllte sie ein Glas und händigte es ihm mit einem so hinreißenden Lächeln aus, daß er es fast fallen gelassen hätte. Hannibal beobachtete die Szene mit hämischem Grinsen und schaukelte in seinem großen Stuhl vor und zurück.

«Also», sagte er und nippte an seinem Glas, «aus welchem Grund hat Sie Sir Osbert, Gott sei mit ihm, zu uns geschickt?»

Peter sah ihn erstaunt an.

«Na, um Ihnen bei der Arbeit zu helfen», sagte er verwirrt. «Ich dachte, Sie hätten einen Assistenten angefordert.»

Hannibals Augenbrauen schoben sich wie zerknitterte weiße Fahnen nach oben.

Er wandte sich an Audrey: «Sehe ich etwa wie ein Mann aus, der Hilfe benötigt?»

«Na ja, vorhin brauchten Sie welche», sagte Audrey. Peter war entzückt, als er hörte, daß sie einen leichten irischen Akzent hatte. Hannibal wedelte mit seiner bandagierten Hand durch die Luft.

«Dank eines lächerlichen Erlasses, der den Gebrauch von Insektenvertilgern verbietet, sind wir überall von Schwärmen dieser bösartigen Viecher umringt, die ihre Immunität ausnutzen und keine Mühe scheuen, uns zu unterjochen. Eine Situation, wie sie sich H. G. Wells nicht besser hätte ausdenken können. Er wäre entzückt. Erst heute früh kommt eine Hornisse hier hereingeschwirrt, mindestens doppelt so groß wie der Geist von St. Louis, mit Mordgelüsten! Ich rufe nach meinem Diener, diesem Neandertaler, damit er kommt und seinen Massa beschützt, und der Idiot schlägt mir dieses beutegierige Insekt mit Hilfe eines Tennisschlägers direkt auf die Brust. In meiner entsetzlichen Angst, mitten ins Herz gestochen zu werden, schlage ich wie wild um mich, um es loszuwerden, aber es geht auf mich los und bohrt sich wie eine Harpune in meine Hand. Und wäre dieses Mädchen hier nicht zufällig vorbeigekommen und hätte mir erste Hilfe geleistet, hätte der halbe Arm amputiert werden müssen!»

«Hören Sie nicht auf ihn», sagte das Mädchen, während sie einen der Pekinesen aufhob und so sanft liebkoste, daß er vor Wonne schnaubte. «Hannibal ist einer der gräßlichsten Menschen auf der ganzen Insel, und was er redet, ist maßlos übertrieben.»

«Das irische Landvolk ist schon immer widerborstig gewesen», sagte Hannibal und starrte das Mädchen mit bekümmertem Blick an. Dann wandte er sich wieder Peter zu.

«Und jetzt sagen Sie mir mal, ob Ihr gräßlicher Onkel Sie nicht nur geschickt hat, um hier herumzuspionieren ...»

«Also, wirklich», unterbrach ihn Peter, «ich bin doch kein Spion! Wenn mein Onkel so etwas von mir verlangt hätte, dann säße ich jetzt nicht hier.»

«Nichts für ungut, nichts für ungut», sagte Hannibal besänftigend, «aber immerhin hatten wir hier schon drei von der Sorte, die uns Ihr Onkel auf den Hals geschickt hatte, sogenannte ‹Assistenten› für mich. Leider mußte ich sie allesamt rausschmeißen, weil ich nämlich nicht auf den Kopf gefallen bin.»

Es entstand eine Pause.

«Das ist leider wahr», sagte Audrey mit sanfter Stimme. Peter sah sie an und stieß einen Seufzer aus.

«Na, schön, von mir aus. Ich weiß, daß mein Onkel ein

alter Schurke ist, aber ich kann Ihnen versichern, daß ich weder in seinen Diensten stehe noch seine Ansichten teile.» Peter sah Hannibal an, und Hannibal grinste.

«Verstehen Sie mich nicht falsch, mein Junge. Aber Ihr Onkel haßt alles, was farbig ist. *Ich* liebe diese Kaffer.»

Peter mußte an die Flut von Schimpfworten denken, die Hannibal über den Kopf seines Dieners ausgeschüttet hatte, und wie gelassen sie der Zenkali aufgenommen hatte. Offenbar hatte Hannibal seine eigene Methode, seine Liebe zu diesen Kaffern, wie er sie nannte, auszudrücken.

«Nun denn», sagte Hannibal zufrieden, «nachdem *das* aus dem Weg geräumt ist, können wir uns unterhalten. Sagen Sie mal, hatten Sie irgendwelche besonderen Gründe, warum Sie in dieses gottverlassene, miserabel regierte, niggerverpestete Nest kommen wollten?»

«Ja», antwortete Peter, «ich habe einen Freund – Hugo Charteris. Er war mal einen Monat lang hier und erzählte ganz begeistert davon. Es hörte sich interessant an. Es hörte sich so an, als sei es eine Art tropisches Paradies, von dem man schon so oft gehört hat und das sich dann meist als Märchen herausstellt. Aber hier scheint es Wahrheit zu sein.»

«Ach ja, ach, du liebe Güte», sagte Hannibal bekümmert. «Ich weiß genau, was Sie meinen. Ich habe auch mein ganzes Leben lang nach dem idealen Fleckchen Erde gesucht, nach einem Garten Eden, und was mußte dann passieren? Ich lande in diesen gottverdammten, rückständigen Gewässern und bleibe hier hängen, mehr Jahre, als ich zurückdenken kann, eingesperrt wie ein Schmetterling in Bernstein.»

«Das ist doch alles Quatsch mit Soße», meinte Audrey, «das wissen Sie so gut wie ich.»

«Quatsch mit Soße?» fragte Hannibal. «Woher nehmen

Sie bloß solche Ausdrücke ... Und was soll das überhaupt heißen – Quatsch mit Soße?»

«Solche Ausdrücke hab ich von Ihnen», sagte Audrey lächelnd, «und was ich meine, ist, daß Sie in diese triste Gegend absolut verknallt sind, nebst allem, was darin kreucht und fleugt, und um nichts in der Welt würden Sie woanders leben wollen, nicht einmal, wenn man Sie dafür bezahlen würde.»

«Ha, bezahlen! Wenn sie das nur täten! Statt dessen friste ich hier ein Betteldasein und muß mich abrackern, um grade so über die Runden zu kommen», klagte Hannibal und ließ seinen Blick durch den großen Raum schweifen, der alle Anzeichen höchster Wohlhabenheit trug.

«Und *was* ist hier nicht in Ordnung?» fragte Peter interessiert.

«Nichts», antwortete Hannibal pauschal.

«Unsinn! Glauben Sie ihm kein Wort», rief Audrey dazwischen. «Er betet diesen Ort und alles, was damit zu tun hat, förmlich an. Er ist reich wie ein Krösus, und arbeiten tut er auch nicht, außer daß er bei jeder Intrige und Manipulation seine Finger im Spiel hat ... Intrigen liegen ihm im Blut wie einem levantinischen Geldverleiher. Und außerdem muß er pausenlos jammern. Erst, wenn er mal aufhören sollte mit Jammern, wäre es an der Zeit, sich Sorgen um ihn zu machen.»

«Sehen Sie nun, womit ich mich hier herumschlagen muß?» stöhnte Hannibal. «Glauben Sie mir, mein Lieber, das hier ist wirklich und wahrhaftig das Allerletzte, wo man hingeraten kann, eine Hölle, wie sie sich Dante nicht hätte träumen lassen. Die Eingeborenen leben auf der Stufe von Steinzeitmenschen, und was hier an Europäern rumläuft, da kann man sich nur an den Kopf greifen. Ich rate Ihnen nur: Glauben Sie ja nicht, daß Sie hier irgendwelche kulturellen Bedürfnisse befriedigen könnten. Dieser Ort bietet nicht mehr intellektuellen Anreiz als der Friedhof von Highgate, außer daß er doppelt soviel Einwohner hat.»

«Da ich nun einmal hier arbeiten soll», sagte Peter, «ist es besser, wenn ich gleich alles erfahre. Zuerst einmal: Was werde ich hier eigentlich zu tun haben?»

«Nicht besonders viel», sagte Hannibal trübsinnig. Er stand auf, füllte sein Glas und ging ein paarmal auf und ab; manchmal blieb er stehen und stieß einen der vor sich hindösenden Hunde mit den Zehen an.

«Nachher fahren wir erst mal zu Kingy und danach schnell zum Gouverneurssitz, damit Sie Seiner Exzellenz Ihre Aufwartung machen können. Reiner Höflichkeitsbesuch, wirklich. Die wollen nur wissen, wie Sie aussehen, ob Sie nicht vielleicht drei Augen haben oder so. Alles ganz harmlos. Aber ansonsten haben wir es hier mit einer Situation zu tun, die ganz und gar nicht harmlos ist.»

Er setzte sich wieder in seinen Schaukelstuhl und zog die Stirn in Falten. Schließlich sprach er weiter:

«Zenkali wird unabhängig und bekommt eine Selbstverwaltung, daran gibt es nichts zu rütteln. Auch wenn es Leute gibt, die das gar nicht so gern sehen, lassen sich die Dinge nicht mehr aufhalten – sollten sie auch gar nicht. Bis vor ein paar Monaten hatten sie diese Selbstverwaltung im großen und ganzen auch schon: Eigentlich war schon alles gelaufen, ohne großes Drum und Dran. Und ich konnte die Füße auf den Tisch legen und brauchte bloß noch hier und da einen kleinen Rat zu erteilen, wenn man mich fragte, und konnte gelassen dem großen Tag entgegensehen. Und dann muß irgend so ein verdammter Idiot in White Hall hingehen und sich diesen blödsinnigen Luftlandestützpunkt einfallen lassen. Haben Sie schon davon gehört?»

«Nur von Kapitän Pappas», sagte Peter, «und was er erzählte, klang irgendwie ziemlich parteiisch.»

«Kann ich mir denken», schnaubte Hannibal, «also, um es kurz zu machen: Nachdem die Insel jahrelang als absolut unbrauchbar für militärische Zwecke angesehen worden ist, fällt denen plötzlich ein, daß sie der ideale Standort für einen verdammt großen Flugplatz ist, um – reichlich spät, finde ich – die Russen aus dem Indischen Ozean fernzuhalten. Mal abgesehen von der Tatsache, daß die Jungs vom Militär mal wieder die Tür zuknallen, nachdem der Gaul längst auf und davon ist, kann ich persönlich auch nicht gerade glauben, daß der Flugplatz und alles, was damit zusammenhängt, der Insel besonderen Segen bereiten würde.»

«Das haben Sie schon oft gesagt, aber Sie erklären nicht, warum», sagte Audrey.

«Das ist auch nicht leicht zu erklären, wenn man nicht will, daß einen die Leute für einen rückständigen alten Dickschädel halten, der sich gegen jeden Fortschritt und jede Veränderung stemmt. Ich versichere Ihnen, daß das nicht der Fall ist. Ich gebe zu, ich habe das Gefühl, daß es auf der Welt zuviel scheinheiliges Gerede vom ‹Fortschritt› gibt, ohne daß sich je einer die Zeit nehmen würde, einmal festzustellen, ob dieser Fortschritt nicht eher einen Rückschritt bedeutet. Lassen wir doch einfach mal die übrige Welt aus dem Spiel und konzentrieren wir uns auf die einzigartige Stellung, die Zenkali in der Welt einnimmt – und gebt euch keiner Täuschung hin: Zenkali *ist* einzigartig. Nennt mir nur ein anderes Land, das folgende Eigenschaften vorzuweisen hat: Erstens ist es so abgelegen, daß sich selbst heutzutage keiner darum kümmert; zweitens gibt es keine Rassenprobleme, jedenfalls keine nennenswerten, wenn man mal von den gelegentlichen Speeren absieht, die zwischen den Fangouas und den Ginkas hin- und herfliegen und die wohl eher Ausdruck ihres männlichen Stolzes sind als sonst was und oft auch nur aus Langeweile angezettelt werden. Drittens gibt es hier zum Glück kein Öl oder andere Bodenschätze, folglich ist auch keine der sogenannten Großmächte daran interessiert, uns zu ‹bemuttern›. Viertens haben wir die Vollbeschäftigung, mal abgesehen von den chronischen Säufern und den Alten, die nicht arbeiten können. Fünftens gibt es keine Schwerindustrie und nur sehr wenig Leichtindustrie, so daß die Leute nicht in Versuchung gekommen sind, vom Land in die Stadt abzuwandern, und wir es im wesentlichen noch mit einer Agrargesellschaft zu tun haben, die nicht nur genügend Nahrung für den Eigenbedarf produziert (mit ein oder zwei geringfügigen Ausnahmen), sondern sogar noch in bescheidenem Rahmen exportiert. Und sechstens, das wichtigste überhaupt, hat der liebe Gott uns, und nur uns allein, den Amelabaum geschenkt, von dem der gesamte Wohlstand auf dieser Insel herrührt.»

Hannibal stand wieder von seinem Stuhl auf und begann, ruhelos auf und ab zu gehen. Schließlich blieb er stehen, trank einen großen Schluck aus seinem Glas und stellte einen Fuß auf den breiten Rücken der tibetanischen Dogge.

«Täuschen Sie sich nicht, mein Junge, auf dieser Insel gibt es nur eine einzige Sache, die wirklich wichtig ist, und das ist der Amelabaum. Er liefert uns unseren wertvollsten Exportartikel, ihm verdanken wir es, daß unsere Bilanzen stimmen, er sorgt dafür, daß jeder auf Zenkali – um mit Ludwig XIV. zu sprechen – ein Huhn in seinem Kochtopf hat. Dank dieses bemerkenswerten Baumes ist Einkommenssteuer bei uns so gut wie unbekannt und die Besteuerung von importierten Waren so gering, daß man sie vergessen kann. Dieser Baum gestattet es uns jedes Jahr, unseren Staatshaushalt auszugleichen und die Insel so zu erhalten, wie es für das Wohl ihrer Bewohner am besten ist.»

«Alles schön und gut», sagte Peter, dem sein zweites Glas Mut gemacht hatte, «aber glauben Sie, daß es sehr klug ist, wenn man die gesamte Zukunft der Insel von dieser einen Frucht abhängig macht?»

«Warum nicht?» entgegnete Hannibal. «Sehen Sie sich Mauritius an, das fast ausschließlich auf Zucker setzt. Ein anständiger Zyklon – und die gesamte Wirtschaft dieser Insel ist zugrunde gerichtet. Hier gibt es keine Zyklone, und falls sich die Erde nicht plötzlich andersrum dreht, können wir auch keine kriegen. Deshalb sage ich, daß diese Insel einzigartig ist. Und wenn man sie in Ruhe läßt, wird sie blühen und gedeihen wie bisher. Aber wenn wir zulassen, daß man diesen blödsinnigen Flugplatz baut, sehen wir schlimmen Zeiten entgegen.»

«Aber warum?» fragte Audrey wieder. «Sie haben uns noch immer nicht gesagt, warum.»

«Meine Liebe», erwiderte Hannibal, «es ist nicht nur, wie Sie vielleicht glauben, ein simpler Flugplatz, der es Ihnen ermöglichen wird, am Wochenende in Djakarta einen Einkaufsbummel zu machen. Sondern es ist eine militärische Einrichtung. Um den verdammten Flugplatz überhaupt bauen zu können, ist zuerst einmal ein ziemlich großes Kraftwerk erforderlich. Sobald wir aber erst mal genügend Strom haben, wird sofort das Geschrei nach industriellen Anlagen losgehen – mit all den Nachteilen, die damit zusammenhängen. Der Flugplatz müßte dann natürlich auch unterhalten und versorgt werden, und wie, glauben Sie wohl, wird man das bewerkstelligen? Indem man ein verdammt großes Loch ins Riff reißt, damit die klotzigen Schiffe durchkommen und vor Anker gehen können. Sozusagen über Nacht haben wir hier ein zweites Plymouth – mit einer großen Landebahn, auf der es von Jagdbombern nur so wimmelt und die uns, wenn es Ärger gibt, zum direkten Angriffsziel des Feindes macht. Und dann – ganz abgesehen von allem anderen – stellen Sie sich doch, bitte, einmal vor, was fünf- oder sechstausend kräftige junge Matrosen und Flieger, die auf dieser Insel eingesperrt sind und sich langweilen, wohl alles treiben werden. Bei dieser Vorstellung sträuben sich einem die Haare. Nein, nein, ich bin gegen die ganze Sache, von vorn bis hinten, aber ich fürchte, daß niemand auf mich hören wird. Und nachdem nun auch noch dieser Widerling Looja seine dreckigen Finger im Spiel hat, wage ich gar nicht mehr, an die Folgen zu denken.»

«Ist es wahr, daß er sich das einzige Tal unter den Nagel gerissen hat, in dem man das Kraftwerk bauen kann?» fragte Peter.

«Leider ja», sagte Hannibal grimmig, «und das war meine Schuld. Ich hatte die ganze Zeit nichts anderes im Kopf, als Kingy klarzumachen, daß diese ganze Flugplatzidee nichts taugt, und darüber habe ich ganz vergessen, Abwehrmaßnahmen zu treffen. Ich hätte Kingy dazu bringen müssen, den Verkauf von Land zu verbieten, wenigstens so lange, bis die Angelegenheit auf die eine oder andere Weise entschieden ist. Aber inzwischen hatte diese durch und durch räudige Pestbeule Looja schon seine eigenen cleveren Spekulationen angestellt. Natürlich hat er das ganze Gebiet zu einem Spottpreis gekriegt. Niemand wollte diese verdammten Täler haben. Man konnte nichts mit ihnen anfangen; vor allem sind sie nur schwer zugänglich. Looja kaufte sie also billig auf. Aber darüber ist das letzte Wort noch nicht gesprochen, darauf können Sie sich verlassen.»

«Wieso?» fragte Peter. «Ich meine: abgesehen von den offensichtlichen Gründen.»

«Na ja. Wie Sie vielleicht wissen, gibt es zwischen den Ginkas und den Fangouas gewisse Spannungen. Unser Freund Looja gehört zum Fangoua-Stamm, und die verdammten Täler hat er von Gowsa Manalowoba, dem Häuptling der Ginkas, gekauft. Wenn der alte Gowsa – der auf seine Art ein netter alter Knabe ist – feststellt, daß Looja ihn um mehrere hunderttausend Pfund betrogen hat, wird er nicht gerade erfreut sein. In keinem Fall, egal, mit *wem* ihm das passiert wäre. Aber daß es ausgerechnet Looja war, wird ihm den Rest geben. Bei einer Meinungsumfrage nach der unbeliebtesten Person auf ganz Zenkali würden, glaub ich, nicht nur die Ginkas, sondern auch die Fangouas Looja an erster Stelle nennen. Natürlich nur bei einer anonymen Abstimmung. Der Mann hat so was Abstoßendes an sich, daß ihm jede Leprakolonie den Zutritt verwehren würde. Für mich ist er ein wandelndes Argument für die Bejahung des Kindsmordes, und die meisten, wenn nicht alle Zenkalis, teilen meine Ansicht.»

«Kapitän Pappas sagte etwas von Schmiergeldern, die er von der Firma kriegen soll, die das Kraftwerk bauen wird», sagte Peter. «Ob da was dran ist?»

«Mehr als wahrscheinlich», erwiderte Hannibal. «Allerdings ist dieses Gerücht noch relativ neu, und bis jetzt hat noch niemand geprüft, ob es wahr ist. Aber Looja ist alles zuzutrauen. Der kriegt es sogar fertig, Judas Ischariot als einen Franz von Assisi hinzustellen.»

«Sagen Sie, wieso konnte er es zum Minister bringen, wenn er so wenig vertrauenswürdig ist?» fragte Peter.

«Kingys Idee», erklärte Hannibal finster. «Sonst ist er

für einen Monarchen erstaunlich geschickt, wenn es um politische Manipulationen geht, aber in letzter Zeit macht er Sachen, daß es mir kalt den Rücken runterläuft. Nachdem er – zum Entsetzen aller, darf man wohl sagen – Looja zum Minister ernannt hatte, fragte ich ihn nach dem Grund, und er erklärte mir, daß er seine Schurken lieber da hat, wo er sie sehen kann, und daß er ihnen lieber genügend Macht gibt, damit es ihnen keine Schwindelei wert ist, ihren Posten zu verlieren. Ich muß zugeben, daß sich Looja bis jetzt immer daran gehalten hat, aber ich schätze, die Möglichkeit, zum Millionär aufzusteigen, war einfach eine zu große Versuchung für ihn. Auf jeden Fall sehen wir stürmischen Zeiten entgegen, und ich habe Kingy gewarnt, aber ich glaube nicht, daß er auf mich hört. Aus irgendwelchen unerklärlichen Gründen scheint er der Ansicht zu sein, daß dieser Flugplatz und das ganze damit verbundene Elend der Insel guttun würden und daß er es seinem Volk schuldig sei. Manchmal nimmt er seine Rolle sehr ernst, und immer gerade dann macht er Fehler.»

«Aber noch viel schlimmer wird es, wenn sein Sinn für Humor durchbricht», sagte Audrey. «Wissen Sie noch, was los war, als er die Buchläufer einführte?»

«Buchläufer ... was ist das denn?» fragte Peter.

«Sie wurden heute morgen von einem abgeholt», sagte Hannibal, «eine Art Bote des Königs. Es fing alles damit an, daß Kingy ein Buch über die ersten Forschungsreisen durch Afrika zu lesen bekam, Sie wissen schon, Stanley und Johnstone und so. Die scheinen eine Menge Zeit damit verbracht zu haben, Botschaften hin und her zu schikken, die in einem vorne gespaltenen Holzstecken festgeklemmt waren, und daran fand unser guter Kingy so großen Gefallen, daß er diese Laufburschen erfand, jeder, wie Sie vielleicht bemerkt haben, mit einem solchen Stecken bewaffnet, um Nachrichten zu überbringen und Leute herumzuführen. Sie werden Kingys Buchläufer genannt, weil im Englischen der Eingeborenen alles Geschriebene Buch heißt. Unter den gebildeteren Zenkalis rief das natürlich einigen Aufruhr hervor. Sie meinten, das sei ein Rückfall ins Steinzeitalter, die ganze Sache wäre eine Schande für jeden zivilisierten Inselbewohner und so weiter. Sie kennen ja das alte Lied. Kingy hatte darauf eine, wie ich finde, geradezu meisterhafte Antwort parat. Er sagte, daß die Europäer sich gegenüber den farbigen Völkern immer damit brüsteten, das Rad erfunden zu haben. Immerhin aber hätten sie die ‹Buchklemme› erfunden, und deshalb sei er der Meinung, daß sie stolz sein sollten auf ihr Erbe, statt sich dessen zu schämen. Allerdings kann sein Humor – so faszinierend und schelmisch er auch sein mag – manchmal erhebliche Probleme verursachen. Erst neulich waren die Ginkas wegen irgendeiner Grundsteuersache außer sich. Wie Sie wissen, sind Ginkas und Fangouas nicht immer ganz einer Meinung. Also, ich muß sagen, mich hat's direkt aus dem Sessel gerissen, als ich hörte, daß Kingy allen Ernstes vorgeschlagen hatte, als Strafe für Steuerhinterziehung den Kannibalismus wiedereinzuführen.»

Audrey warf den Kopf in den Nacken und brach in schallendes Gelächter aus.

«Und was haben Sie da getan, um Gottes willen?» fragte Peter entsetzt.

«Na ja, leicht war's nicht», gestand Hannibal und hob einen King Charles-Spaniel hoch, um ihm einen Kuß auf die Nase zu drücken. «Ich mußte Kingy von seiner eigenen Medizin zu schmecken geben. Sehen Sie, ich wußte natürlich, daß das ein Witz sein sollte, aber alle anderen nahmen es für bare Münze . . . da hätten Sie mal sehen sollen, was im Regierungshaus los war ... ein Tumult ist gar nichts dagegen ... Seine Exzellenz kriegte Zustände. Jedenfalls ging ich runter zum Palast und hatte meinen berühmten Auftritt als Kolonialbeamter.»

Er steckte die Daumen in imaginäre Westentaschen, tat so, als rücke er seinen Kneifer zurecht, und ahmte jenes schrille, nörgelnde Meckern nach, wie es nur jemand kann, der in England aufgewachsen ist und eine Erziehung an einer untadeligen Schule und Universität genossen hat.

«Die Dinge», näselte er, «gerieten außer Kontrolle, die Mohren wurden aufsässig. Verdammt unangenehme Sache, mein ich, wie? Mohren werfen Steine und so weiter ... so 'n netter alter Niggi kriegt was mit der Sichel ab, mit der er selbst rumfuchtelt. Will sagen, eine Meuterei war im Gange, fast wie anno 57/58 in Indien. Kingy tat so, als steigere er sich in eine Wut hinein ... eine gewaltige Wut – für seine Größe ... und drohte damit, den Kannibalismus wiedereinzuführen. Also, will sagen, daß es für meine Wenigkeit höchste Zeit war, den Lauf der Dinge umzulenken. Mußte den Niggerkönig über moralische Grundsätze aufklären. Machte ihm klar, daß nichts dabei ist, wenn man so 'n Bürschchen im fairen Kampf umlegt oder ihm einen kleinen Giftbecher mischt, falls sich die Gelegenheit ergibt, wie? Aber seinen Gegner *verspeisen* ... du lieber Gott, nein ... vollkommen unmoralisch ... will sagen, ganz und gar nicht britisch.»

Hannibal warf den Kopf zurück und brach aus Spaß an seinem Auftritt in fröhliches Gelächter aus. Und sein Lachen war so ansteckend und sein Stolz so kindlich, daß auch Peter unwillkürlich lachen mußte, über Hannibal und mit ihm. Allmählich begann er sich für ihn zu erwärmen. Er war in seinem Wesen so wechselhaft, daß man nie genau wußte, ob er etwas ernst meinte oder ob er sich nur wieder in einen neuen Schwall übertriebener Rhetorik stürzte, an der er so viel Gefallen zu finden schien.

«Und wie hat Kingy das aufgenommen?» fragte Audrey.

«Er war begeistert», rief Hannibal voller Genugtuung. «Er sagte, daß er seit seiner Eton-Zeit keine so gelungene Parodie auf einen Kolonialherrn mehr gehört habe.»

«Und was wurde aus seiner Kannibalen-Idee?» fragte Peter.

«Am Ende gab er sie – wenn auch widerstrebend – auf. Ich glaube, der wahre Grund für diese Idee war, daß ihm ein Kochrezept in die Hände gefallen war, das von seiner Ururgroßmutter stammte und ungefähr so anfing: ‹Man nehme fünf umgelegte Gegner, die noch nicht ganz kalt sind ...› Natürlich machte ich ihn darauf aufmerksam, daß so was Mord ist, aber er widersprach mir – schließlich könnten doch hinterher gar keine Leichen als Beweisstükke sichergestellt werden. Manchmal kann er einen ganz schön irritieren.»

«Es ging also noch mal gut aus?» fragte Audrey.

«Ja», sagte Hannibal, «nachdem der alte Schurke seinen Spaß gehabt hatte. Aber ich würde mich nicht wundern, wenn er zu gegebener Zeit noch mal darauf zurückkäme, dazu hat ihm die Sache viel zu gut gefallen. Wahrscheinlich, wenn sie erst mal ihre Selbstverwaltung haben. Vielleicht macht er es gleich zu einem seiner ersten Erlasse, damit die Regierung das Zittern kriegt. Kingy kann den Gouverneur gut leiden, aber es macht ihm ungeheuren Spaß, ihm Angst einzujagen. Der arme alte Kerl ist ja auch der perfekte Prügelknabe. Wer ihn kennt, hat nur noch den einen Wunsch im Leben – ihm einmal ein Bein zu stellen. Darum kann man es Kingy eigentlich nicht übelnehmen, finde ich.»

«Wenn Sie noch zum Palast wollen, müssen Sie jetzt aber bald los», mahnte Audrey.

«Ja, ja, schon gut», sagte Hannibal gereizt. «Wo ist denn dieser verdammte Meuchelmörder jetzt schon wieder? ... Tomba! ... Tomba! ... TOMBA! ... Ah, da bist du ja.»

Tomba war beim Klang seines Namens mit der Plötzlichkeit eines Flaschengeistes zwischen den Möbeln aufgetaucht.

«Massa rufen?» fragte er.

«Was denn sonst?» fuhr Hannibal ihn an. «Massa Foxglove und ich schnell schnell zu Kingys Palast, du hören? Du laufen und Kingy-Kart holen. Aber plötzlich.»

«Ja, Sah», erwiderte Tomba und verschwand.

«Kommen Sie, mein Lieber», sagte Hannibal und zündete sich eine lange, dünne Zigarre an, «wir müssen los ... wo ist mein Hut? ... Warum verstecken die Leute bloß immer meine Sachen? ... Ah, da ist er ja.»

Er förderte unter einem Stuhl einen riesigen zerbeulten Tropenhelm zutage, der wie ein verfärbter Mandelpudding aussah, und stülpte ihn sich über seine wilde Mähne.

«Alle kleinen Wauwaus mitkommen», brüllte er plötzlich, «der liebe Onkel Hannibal will Gassi-Gassi gehen.»

Auf dieses Signal hin erhoben sich alle Hunde gleichzeitig und umringten ihn mit wüstem Gebell und wedelnden Schwänzen.

«Haben Sie morgen schon was vor?» schrie Hannibal, um den allgemeinen Lärm zu übertönen.

«Ich?» fragte Audrey erstaunt. «Nein, warum?»

«Tun Sie mir einen Gefallen», sagte Hannibal ernst, «ich habe furchtbar viel zu tun. Kümmern Sie sich morgen um den jungen Foxglove ... zeigen Sie ihm ein bißchen die Insel ... machen Sie ihn mit den Leuten bekannt ... Sie wissen ja, wie das geht ... der Arme, so fremd ... braucht ein bißchen Fürsorge ... eine liebende Frauenhand und so.»

«Ich weiß gar nicht, ob Peter das möchte ...» begann sie unsicher.

«Das wäre einfach toll», rief Peter hastig. «Ich wüßte nicht, was ich mir lieber wünsche. Und ich verspreche auch, nicht andauernd dumme Fragen zu stellen.»

«Wenn Sie sich wirklich nicht lieber allein umsehen ...?» sagte sie.

«Nein, nein, bestimmt nicht», entgegnete Peter lächelnd. «Es geht nichts über einen guten Fremdenführer, wenn man sich irgendwo nicht auskennt, und ich bin davon überzeugt, daß Sie genau die Richtige sind, um mir alles zu zeigen und mich ins Bild zu setzen.»

«Ich weiß nicht recht», meinte Audrey zweifelnd. «Also gut, dann hol ich Sie morgen früh um acht Uhr ab. Würde Ihnen das passen?»

«Ausgezeichnet», sagte Peter.

Die Meute aufgeregter Hunde jagte hinter Hannibal her, als er durch die Halle und über die Verandatreppe nach draußen stakste, wo schon zwei Rikschas mit kräftigen Zenkalis zwischen den Deichseln warteten.

«Wir gehen Kingys Haus», wies Hannibal sie an, während er in eine der Rikschas kletterte. «Ihr laufen schnell schnell, ihr hören, sonst neue Massa euch umbringen.»

«Ja, Sah, wir hören», sagten die beiden grinsend.

Peter kletterte in seine Rikscha, und dann fuhren sie auch schon los, umringt von der keuchenden, kläffenden Hundemeute. Nur der Dalmatiner saß auf dem Boden von Hannibals Rikscha. Die beiden Zenkali waren so gut aufeinander eingespielt, daß die Rikschas sanft nebeneinander herschaukelten, als wären sie zusammengeschweißt.

«Warum werden diese Dinger Kingy-Karts genannt?» fragte Peter.

«Sie stellen das einzige Transportmittel dar, das innerhalb der Stadtgrenzen erlaubt ist», erklärte Hannibal. «Sehr vernünftig, sage ich Ihnen. Zum einen schafft es Arbeitsplätze, und zweitens sind sie billig im Unterhalt, außerdem mehr oder weniger geräuschlos, und sie verursachen keine Umweltverschmutzung.»

«Phantastische Idee», stimmte Peter begeistert zu, «tausendmal besser als diese gottverdammten Autos.»

«Genau», sagte Hannibal, «und sie haben noch einen unschätzbaren Vorteil: Sie gehören alle Kingy persönlich. Denn er ist ihr Erfinder. Er hat das Monopol auf ihre Herstellung – ein Onkel von ihm unterhält eine Rikscha-Fabrik –, und die Männer, die sie ziehen, müssen Kingy dafür Abgaben zahlen. Sie heißen Kingyfahrer, und ihr Job ist genauso angesehen wie der eines Buchläufers, weil er unmittelbar mit dem König zu tun hat. Zum Beispiel müssen diese Männer eine sehr strenge Prüfung ablegen, bevor sie ein Kingy-Kart erwerben und mit der Arbeit beginnen dürfen. Sie müssen in der größten Tageshitze drei Meilen in Rekordzeit zurücklegen, einen ganzen Zentner Kartoffeln oder ähnliches schleppen, und schließlich noch mit den bloßen Händen einen Bullen in die Knie zwingen. Daneben ist die Fahrprüfung bei uns in England das reinste Kinderspiel.»

Die Kingyfahrer waren in einen gleichmäßigen Trott verfallen, und die Rikschas rollten mit leisem Räderknirschen ruhig über die staubigen Straßen durch die Landschaft. Zur Linken konnte Peter zwischen den Bäumen und Büschen, die bis tief zu den Wurzeln in scharlachroter Blüte standen, das dunkelblaue, glatte Wasser der Lagune und dahinter, wie eine vom Wind bewegte weiße Blumengirlande, den Gischtstreifen sehen, der das Riff markierte. Rechts breitete sich eine sanfte Hügellandschaft aus, in der – wie bunte Farbtupfer – zahlreiche kleine Holzhäuser standen, alle in ihrem eigenen mit Bambus eingezäunten Garten. In diesen kleinen Gärten wuchsen dichtgedrängt Zuckerrohr, Kokusnußpalmen, der federartige Maniokstrauch, Süßkartoffeln mit ihren großen, glänzenden Blättern und überall die riesigen schattenspendenden Brotfruchtbäume. Die Ziegen, die unter den Bäumen angebunden waren, starrten sie aus farblosen, wilden Augen an und blökten entrüstet, und ganze Scharen Hühner, Enten und Truthähne kamen aus ihren behaglichen Kuhlen, die sie sich im Straßenstaub gewühlt hatten, hervor und rannten kreischend und aufgeregt und schnatternd unter die Büsche.

«Hübsches Mädchen, was?» sagte Hannibal träumerisch.

«Hinreißend», stimmte Peter begeistert zu. «Ich kann gar nicht verstehen, warum sie nicht verheiratet ist.»

«Zu viel gesunder Menschenverstand, und natürlich der irische Dickschädel ... und dann, wen sollte sie hier wohl heiraten – hier gibt es keinen, um den es sich lohnen würde, außer mir natürlich. Aber klug, wie sie ist, will sie mich nicht haben», gestand Hannibal und kicherte vor sich hin. «Ihr Vater ist ein verrückter Ire von altem Schrot und Korn. Er ist Herausgeber der *Zenkalischen Stimme*, unserer Lokalzeitung, die für ihre ätzenden Leitartikel berühmt ist und die gewöhnlich mehr Druckfehler pro Seite aufweist als irgendein anderes Druckwerk seit der Originalausgabe der ‹*Canterbury Tales*›. Auf ihre Art ist sie so etwas wie ein unfreiwilliges *Punch*. Erst neulich war auf der Titelseite das Bild unseres edlen Königs zusammen mit zwei wilden Ebern, die er geschossen hatte, abgebildet, und als Bildunterschrift war zu lesen: ‹Mrs. Amazouga, die heute 105 Jahre alt wird, mit ihren beiden Söhnen›. Auf der Innenseite war ein Bild der unglücklichen Dame mit ihren Söhnen und dazu der Text: ‹Ein Teufelsjäger, dem seine Beute sicher ist›. Hoffentlich erlebt sie nach diesem Schock noch ihren 106. Geburtstag! Gottlob hat unser Monarch Sinn für Humor. Aber ein derartiges Chaos ist bei dem armen alten Damien keine Seltenheit. Vor einiger Zeit stürzte er die fromme Schwesternschaft in eine ganz ungewohnte Verwirrung, als er seinem Artikel über Florence Nightingale die Überschrift ‹Die Dame mit dem Höcker› gab.»

Peter mußte lachen.

«Hilft Audrey ihm?» fragte er.

«Ja und nein, sie versucht, ihn dazu zu bringen, etwas zu essen anstatt zu trinken. Ist bemüht, die Fehler in der Zeitung auf einem Minimum zu halten. Aber bei einem irischen Vater und zenkalischen Mitarbeitern und Drukkern ist das wirklich etwas viel verlangt», sagte Hannibal, und dann sah er, daß ihnen eine Rikscha entgegenkam, und brummte: «Aufgepaßt, hier kommt der einzige schwarze Fleck auf der weißen Weste Zenkalis – unser lieber Looja.»

Als die Rikschas auf gleicher Höhe waren, hielten sie an, und Peter betrachtete neugierig diesen Mann, der es fertigbrachte, einen solchen Haß auf sich zu ziehen. Er wußte nicht genau, was er erwartet hatte – einen großen Kessel mit siedendem Öl vielleicht. Statt dessen wirkte Looja fast winzig, war kaum ein Meter fünfzig groß und sehr dünn. Er sah aus, als wäre er aus Hühnerknöchelchen und braunem Pergamentpapier zusammengesetzt. Die hervorstechendsten Merkmale seines Kopfes waren die große, gekrümmte Nase, die beeindruckenden, sorgfältig frisierten schneeweißen Haare und die großen und ausdruckslosen schwarzen Augen, die wie Kohlestückchen in dem braunen Gesicht saßen. Er trug einen hellgrauen Anzug und ein weißes Seidenhemd, mit fünf Zentimeter breiten weißen Stulpen an den Ärmeln, die sich schützend um die schmalen Handgelenke legten. Am linken Arm funkelte dort eine goldene Uhr. Seine Schuhe, so blank poliert wie Muschelschalen, schienen mit der gleichen liebevollen Sorgfalt angefertigt zu sein wie sein Anzug. Und den letzten Schliff verlieh ihm seine alte Schulkrawatte aus Rugby. Er beugte sich in seiner Rikscha nach vorn, seine Augen waren so flach und ausdruckslos wie die einer Kobra, seine Lippen teilten sich einen knappen Millimeter oder zwei, so daß kleine weiße Zähne zum Vorschein kamen, wie von einem Schoßhündchen.

«Hannibal, alter Junge», säuselte er ungeheuer herzlich und mit eiskaltem Blick, «alter Junge, wohin so eilig, durch Sturm und Wind?»

«Guten Morgen, Looja», rief Hannibal und grinste höhnisch. «Wir sind auf dem Weg zu Kingy. Aber haben Sie nicht die falsche Richtung eingeschlagen? Wie ich hörte, soll um zwölf eine Sondersitzung sein. Wie sollen die ohne Sie auskommen?»

«Niemand ist unersetzlich, mein lieber Hannibal. Das wissen Sie ja besser als jeder andere. Doch keine Angst, ich werde dort sein. Ich hole nur ein paar Akten, die ich vergessen habe», erklärte Looja, und dann sah er Peter an. «Sie müssen Mr. Foxglove sein, Hannibals neuer Assistent. Ich bin Muramana Looja. Ich kenne Ihren verehrten Herrn Onkel gut. Ich freue mich, Sie kennenzulernen. Verzeihen Sie bitte, aber die lächerlichen Ausmaße dieser sonderbaren Fahrzeuge – eine Ausgeburt des boshaften Humors unseres Herrschers – hindern mich daran, Ihnen die Hand zu schütteln und Sie gebührend zu begrüßen. Aber das nächste Mal, das nächste Mal.»

Er winkte ihnen mit seiner zierlichen Hand zu, und seine Rikscha rollte davon.

«Großer Gott», sagte Peter mit scheuer Bewunderung, «was für ein widerlicher Kerl. Selbst wenn ich noch nichts von ihm wüßte, fände ich ihn abstoßend. Er hat so etwas Böses, Giftiges an sich; und wie reglos er ist – als würde man einen Stein umdrehen, und darunter säße ein kleiner schwarzer Skorpion.»

«Ein guter Vergleich», sagte Hannibal. «Jetzt kennen Sie also unsern Wolf unter den Schafen, unsern Fuchs im Hühnerstall, unsern Holzwurm im Gebälk. Stimmt es, daß er Ihren Onkel kennt?»

«Mein Onkel hat ihn mir gegenüber nie erwähnt», sagte Peter.

«Hm, merkwürdig, sehr merkwürdig», sagte Hannibal und lehnte sich zurück, zog sich seinen absurden Hut über die Augen und schien einzuschlafen.

Die Straße schlängelte sich in großen Schleifen rund um Dzamandzar und kletterte schließlich die Landzunge hinauf, die die Moquerie Bay an der einen Seite begrenzte. Dann gelangten sie zu einem Paar eindrucksvoller Torpfosten aus Korallenblöcken, zwischen denen herrlich verzierte Eisentore mit dem Wappen von Zenkali hingen – ein Amelabaum mit einem Delphin und einem Spottvogel auf jeder Seite. Rechts und links vom Tor stand ein Wachthäuschen mit zwei riesigen zenkalischen Soldaten, die atemberaubende Uniformen trugen – gelbe Jacken mit goldenen Litzen, dazu schwarze Hosen und große weiße Tropenhelme, auf denen majestätisch gelbe Straußenfedern in die Luft ragten. Die ganze militärische Wirkung kam jedoch irgendwie nicht zum Tragen, weil der eine Wachtposten am Boden hockte und mit Würfeln spielte, während ihm der andere nachdenklich zusah und sich dabei in der Nase bohrte. Ihre Gewehre, die im Augenblick von keinem direkten Nutzen sein konnten, lehnten in den Wachthäuschen. Als die Rikschas plötzlich um die Ecke kamen, ging es etwas unrühmlich drunter und drüber, die Posten holten hastig ihre Gewehre hervor und nahmen Haltung an, hoben die Hand zum Gruß und stampften mit größter Tüchtigkeit die Füße in den Staub.

«Wir kommen Kingy besuchen», erklärte Hannibal, «macht auf, Jungs.»

Auf diesen Anruf hin öffneten die Wachen die Tore, und die Rikschas eilten die gewundene Auffahrt hinauf, die von wuchtigen Mango- und Banyanbäumen begrenzt war. Sie kamen zum Palast, einem großen, flachen und sehr eleganten Bauwerk aus massiven Korallenblöcken, die mit einer freundlichen hellrosa Farbe angestrichen waren, so daß das Ganze wie die exotische und wunderschöne Geburtstagstorte eines Meisterkonditors aussah. Als die Träger schwer atmend und schweißglänzend anhielten, öffneten sich die Vordertore des Palastes, und heraus trat der Haushofmeister in scharlachroter Uniform, mit einem Tarbusch auf dem Kopf, gefolgt von drei gewöhnlichen Sterblichen in weißen Uniformen.

«Guten Morgen, Sah, Mr. Hannibal», sagte der Haushofmeister und grinste von einem Ohr zum anderen, «wie geht's, Sah?»

«Danke, mir geht's gut, Malapi», sagte Hannibal, während er ausstieg. «Sei ein netter Mensch und bring diese verdammten Hunde rüber in die Küche, ja? Aber gib ihnen nicht zuviel zu fressen, sonst spucken sie mir wieder meine ganzen Teppiche voll. Wo ist Kingy? Ich hab Mr. Foxglove mitgebracht, den neuen Massa.»

«Willkommen, Massa, willkommen», rief Malapi und verbeugte sich vor Peter. «Kingy in Garten, Sah, Mr. Hannibal, kommen hier lang, bitte.»

Er führte sie in die große, dämmrige Halle des Palastes, die mit sonderbaren verstaubten Porträts vollgehängt war, und dann hinaus in den sonnenüberfluteten Garten, dem Innenhof des Gebäudes. Hier wurde der Rasen, weich wie Samt, von etwa zwanzig oder dreißig kleinen Springbrunnen besprüht; feinste Schleier aus zerstäubtem Wasser hingen in der unbeweglichen Luft, die von dem vielfältigen Duft unzähliger ringsum in den Beeten blühender Blumen und Büsche erfüllt war. Eine Schar weißer Tauben pickte im Gras, und in der einen Ecke des Rasens ließen zwei Pfauen in ekstatischer Selbstgefälligkeit ihre Federpracht in der Sonne schillern. In der Mitte des Gartens stand eine Pagode. Ihre Säulen bestanden aus Korallenblöcken, auf denen gitterartig dicke Holzbalken befestigt waren. Darüber hing eine üppige Daunendecke aus roter Bougainvillea, die unter den Angriffen unzähliger Schwärme von Schmetterlingen, Bienen, Käfern und anderen Insekten erzitterte und glitzerte. Im Schatten dieses Gewirrs aus Blättern und Ranken war eine Hängematte von erstaunlicher Größe aufgespannt, in der bequem vier ausgewachsene Männer Platz gehabt hätten. Aber in diesem Moment diente sie nur dem Körper von King Tamalawa Umber III. als Ruheplatz.

Der König war aufrechtstehend einen Meter achtzig groß, sah aber erheblich größer aus, wenn er sich wie jetzt zurücklehnte. Mit seinen hundertfünfzehn Kilo sah er aus wie ein kräftiger, schokoladenbrauner Ackergaul. Sein großes gütiges Gesicht hatte eher polynesische als afrikanische Züge – breite, aber nicht fleischige Lippen und eine schnurgerade Nase. Seine Augen waren so groß wie Walnüsse, und durch die strahlend weißen Augäpfel wirkten sie noch größer. Er trug ein scharlachrotes Käppchen, das mit Goldblumen bestickt war, und ein langes, fließendes, weißes Gewand, mit einer Spitzenrüsche am Kragen und Stulpenärmeln und einer Bordüre aus Lochstickerei. Seine Füße steckten in schlichten roten Ledersandalen, und sein einziger Schmuck bestand aus einem dünnen Goldreifen am Handgelenk und einem einfachen goldenen Ring mit einem Saphir von der Größe eines Zuckerstückchens. Er lag zurückgelehnt in dem breiten Schoß der Hängematte und schlenkerte lässig mit einem Bein, das er an der Seite heraushängen ließ. Auf seiner Nasenspitze thronte eine Brille mit dicker Hornfassung, er war gerade damit beschäftigt, in einer Ausgabe der *Times* zu lesen. Wie Schneewehen waren überall um ihn herum Zeitungen in allen möglichen Sprachen verstreut. Auf einem kleinen Tisch neben der Hängematte lagen ein Atlas, fünf Wörterbücher, Scheren, Bleistifte und ein großes Sammelalbum.

«Halli-hallo, Kingy!» rief Hannibal ungezwungen, als sie über den weichen, feuchten Rasen auf die Bougainvillea-Laube zugingen.

Kingy legte seine Zeitung weg und schob seine Hornbrille nach oben auf die Stirn. Ein strahlendes Lächeln erschien auf seinem Gesicht, während er sich, die flatternden Zeitungsblätter beiseitelegend, aus der Hängematte hievte.

«Hannibal, Sie Schurke, Sie kommen spät. Ich dachte schon, Sie kommen überhaupt nicht mehr», rief er mit einer tiefen, vollen Stimme. Seine riesige Pranke packte eine von Hannibals Händen und schüttelte sie behutsam.

«Tut mir leid, daß wir uns ein bißchen verspätet haben», entschuldigte sich Hannibal, «aber daran ist Foxglove schuld ... weil er mir von seinem Liebesleben berichtet hat.»

Kingy drehte sich mit breitem Grinsen zu dem etwas verlegen dastehenden Peter um.

«Mr. Foxglove», dröhnte er und streckte die Hand aus. «Willkommen auf Zenkali.»

«Ich bin sehr froh, hier sein zu dürfen, Eure Majestät», sagte Peter, «und Ihr Reich wird mir bestimmt sehr gut gefallen, das weiß ich schon jetzt.»

«Ich fürchte allerdings», fuhr Kingy fort, «daß Sie es hier, was das Sexuelle betrifft, etwas langweilig finden werden, was, Hannibal?»

«Nun möchte ich aber doch klarstellen», entgegnete Peter schnell, «daß ich nicht – wie es Mr. Oliphant anzudeuten beliebte – meine Tage in einer Art sexuellem Rausch zu verbringen pflege.»

«Wie schade», sagte Kingy ernst, aber mit einem leichten Zwinkern in den braunen Augen, «manchmal glaube ich fast, daß unserem geruhsamen Leben, das wir hier führen, diese Würze fehlt. Aber kommen Sie, setzen Sie sich und trinken Sie einen Schluck mit mir.»

Kingy zauberte Gläser hervor und füllte sie jetzt aus einer großen Thermosflasche mit einem zähflüssigen Getränk, das fast wie Milch aussah.

«Was halten Sie davon?» fragte er besorgt, als Peter einen Schluck nahm und dann die Luft anhielt.

«Ausgezeichnet», krächzte Peter.

«Eine kleine Erfindung von mir», erklärte Kingy stolz, «eine delikate Mischung aus weißem Rum, Kümmel, Kokosnuß, Sahne und Milch. Egal, wieviel ich von ihr trinke, immer hat sie eine derart verheerende Wirkung auf mich, daß ich sie ‹Majestätsbeleidigung› getauft habe.»

Er lehnte sich zurück, schob sich die Brille wieder auf

die Nase, trank einen Schluck aus seinem Glas und verteilte ihn im ganzen Mund.

«Und nun zu Ihnen, Mr. Foxglove. Wie ich hoffe, haben Sie uns Neuigkeiten von draußen mitgebracht?»

«Leider nein, Sir», erwiderte Peter. «Bevor man mich hierher geschickt hat, war ich in Barbados, und das ist nicht gerade der Nabel der Welt.»

«Schade», sagte Kingy mit einem Seufzer, «wie Sie sehen, versuche ich mich mit Hilfe der Zeitungen auf dem laufenden zu halten, was sich so tut in der Welt, aber da sie immer erst einen Monat nach Erscheinen hier eintreffen, erfahre ich immer als letzter vom neuesten Meuchelmord oder wer wen gestürzt hat. Wie Sie sich denken können, ist es natürlich ziemlich peinlich, wenn man irgendeinem Staatsoberhaupt eine freundschaftliche Note übersendet, die dann mit dem Vermerk ‹unbekannt verzogen› zurückkommt. Da glaubt doch jeder, man hätte kein ernsthaftes Interesse an den großen Dingen dieser Welt.»

Hannibal stieß ein kurzes Lachen aus, sagte aber nichts.

«Wissen Sie, manchmal wundere ich mich über die Weltpresse, Mr. Foxglove, Sie nicht? Wenn man diese Dokumente des menschlichen Geistes durchblättert, kann man sich manchmal einfach nicht des Gefühls erwehren, daß es sich – wenn ich mal Mr. Lincoln falsch zitieren darf – um Informationen des Schwachsinns handelt, von Schwachsinnigen für Schwachsinnige. Wirklich, die einzige Befriedigung, die mir die Weltpresse noch verschafft, ist gelegentlich was Hübsches für mein Sammelalbum. Erst letzten Monat stand eine herrliche Sache von einem Mann in Surbiton drin, wo ich mal eine Bude hatte, als ich in London Wirtschaft studierte. Also, dieser Kerl ging auf der Straße, da fiel ihm ein Block aus grünlichem Eis auf den Kopf, und er verlor das Bewußtsein. Jetzt frage ich Sie, mein Lieber: Wer würde schon erwarten, ausgerechnet mitten im sicheren, ruhigen, betulichen Surbiton von einem grünen Eisblock bewußtlos geschlagen zu werden? Aber es kam noch schlimmer. Die Polizei entdeckte – nach der normalen, gebührend langen Zeit, versteht sich –, daß der Eisblock gefrorener Urin war, der versehentlich von einem Überschallflugzeug abgeworfen worden war. Ich frage Sie: Wo soll das noch alles hinführen in dieser Welt, wenn man jetzt schon von menschlichen Abfallprodukten in Surbiton ermordet werden kann? Dann las ich in der *Singapore Times*, es ginge ein Gerücht um, daß der Prince of Snails bald heiraten würde. Majestäten einfach in rückgratlose Wesen umzuwandeln, müßte nun wirklich mit ausgedehnten Gefängnisstrafen geahndet werden, finden Sie nicht?» fragte Kingy.

«Dann säße ja der arme Simon Damien ständig im Knast», überlegte Hannibal. «Ich nehme an, Sie haben Ihr Porträt auf der Titelseite gesehen?»

«Ja, das habe ich», sagte Kingy strahlend, «einfach köstlich. Ich habe der armen Mrs. Amazouga als Entschädigung einen großen Korb mit Früchten und Blumen geschickt, und ich habe die günstige Gelegenheit benutzt, Simon einen wüsten Brief zu schreiben. Er war derart mit Siegeln vollgepappt, daß man ihn kaum lesen konnte. Ich habe ihm sogar mit Verbannung gedroht. Ich frage mich bloß, warum er eigentlich nie Notiz nimmt von meinen Briefen?»

«Sie können sich glücklich schätzen, daß er keinen abdruckt», meinte Hannibal.

«Ach, wenn er das doch täte», seufzte Kingy sehnsüchtig. «Ich habe mir schon immer gewünscht, daß mal was von mir abgedruckt wird.»

«Er richtet auch so schon genug Schaden an, mit seinen Druckfehlern», sagte Hannibal düster.

«Aber nein!» rief Kingy. «Ohne die Späße in der *Zenkalischen Stimme* würde ich sofort abdanken. Vor ein paar Wochen habe ich zum Beispiel gelesen, daß ‹der König in einem pfirsichfarbenen Satinkleid mit einem Schleier aus Brüsseler Spitze und einem cremefarbenen Eibisch-Bukett im Arm die Ehrengarde inspizierte. Die Brautjungfern waren Korporal Ammibo Allim und Oberfeldwebel Goola Masufa, der auch noch für seinen Mut bestraft wurde›.»

Der König lachte schallend, sein ganzer Körper schüttelte sich vor Lachen.

«Hören Sie auf mich, Mr. Foxglove», sagte er und wischte sich die Augen trocken, «falls Sie je in die Verlegenheit kommen, eine Machtposition einzunehmen, dann engagieren Sie sich für Ihren Pressedienst einen Iren mit einem zenkalischen Drucker. Das macht das Leben erst richtig lebenswert, wirklich.»

«Um wieviel Uhr tritt Ihr Regierungsrat zusammen?» fragte Hannibal und warf dabei einen Blick auf seine Uhr.

«Ach, Hannibal, Hannibal», rief Kingy betrübt, «warum müssen Sie mir immer mit Geschäften kommen, wenn ich mich gerade so gut unterhalte?»

«Wird über den Flugplatz abgestimmt?»

«Ja, dazu wird es wohl kommen», antwortete Kingy und sah Hannibal verlegen an. «Verdammt noch mal, Hannibal, ich weiß, daß Sie was gegen die Sache haben, aber allen andern gefällt sie, was kann ich denn dafür? Wenn alles gesagt und vorbei ist, muß ich mir über die Zukunft von Zenkali Gedanken machen, und alle sind davon überzeugt, daß es für die Insel gut sein wird. Na, kommen Sie schon, geben Sie zu, daß die Sache Vorteile haben könnte, mein Lieber. So schlecht kann sie nun auch wieder nicht sein.»

«Es ist eine durch und durch schlechte Sache», sagte Hannibal dickköpfig. «Sie wollen doch nicht *wirklich* einen verdammten Flugplatz haben, Sie wollen doch nicht *wirklich*, daß hier eine Horde Soldaten herumlungert, die vor Langeweile nichts mit sich anzufangen wissen, Sie wollen doch nicht *wirklich*, daß die Moquerie Bay mit Schlachtschiffen vollgestopft wird, aber vor allem wollen Sie doch nicht, daß aus ihrer glücklichen, unschuldigen, autonomen Insel ein wichtiger militärischer Stützpunkt gemacht wird. Für mich ist das Ganze einfach absurd.»

«Ich gebe zu, daß manche Ihrer Argumente etwas für sich haben», erwiderte Kingy, «aber meine private Meinung spielt sowieso keine Rolle, weil eine sehr starke Lobby hinter dem Plan steht, und darüber kann ich mich nicht so einfach hinwegsetzen. Das wissen Sie genauso gut wie ich.»

«Ja, eine Lobby, die von diesem Mistkerl Looja angeführt wird», schnaubte Hannibal ärgerlich. «Schon allein die Tatsache, daß er dafür ist, genügt mir, um die ganze Angelegenheit in Grund und Boden zu verdammen.»

«Sie kennen meinen Minister Looja noch nicht, Mr. Foxglove?» fragte Kingy.

«Nur flüchtig», sagte Peter.

«Nun, dann steht Ihnen noch allerhand bevor. Leider muß ich Sie schon jetzt warnen: Er ist überall verhaßt, und ihm fehlt es sowohl an Charme als auch an Vertrauenswürdigkeit, und wenn man schon ein Gauner sein muß, dann sollte man zumindest Charme besitzen. Nein, ich fürchte, daß Looja alles in allem kein angenehmer Mensch ist. Im Gegenteil, ich würde sogar noch weitergehen und sagen, daß er ganz genau zu der Sorte Landsleuten gehört, die uns Eingeborenen den guten Ruf verderben.»

«Hat er sich wirklich dieses verdammte Tal unter den Nagel gerissen?» fragte Hannibal.

«Ja, leider», bestätigte Kingy betrübt, «und zwar direkt vor unserer Nase. Ich habe die Befürchtung, daß wir die Dinge nicht mehr recht im Griff haben, Hannibal. Was glauben Sie wohl, was dieser kleine Gauner sagte, als ich ihn darauf angesprochen habe? Er sagte, er hätte von dem Kauf gar nichts gewußt, seine Frau habe ihn ohne sein Wissen getätigt. Eins muß man ihm lassen: Dreist ist er wie kein anderer.»

«Also, wirklich, das ist alles sehr deprimierend», sagte Hannibal.

«Ich weiß, ich weiß», stimmte Kingy zu und stand auf, «aber ich kann wirklich nicht viel dagegen tun. Und schließlich können wir doch darüber wachen, wie sich die Dinge entwickeln, Hannibal, und wenn wir auf der Hut sind, passiert der Insel schon nichts. Sie wissen, daß mir genausoviel daran gelegen ist wie Ihnen, daß Zenkali keinen Schaden davonträgt.»

«Natürlich weiß ich das», sagte Hannibal und lächelte Kingy an. «Um ehrlich zu sein, Sie sind meine einzige Hoffnung.»

«Na ja, manchmal haben wir beide schon unseren Spaß bei diesem langweiligen Regierungsjob, nicht?» sagte Kingy grinsend. «Auf Wiedersehen, Mr. Foxglove. Ich hoffe, daß Sie sich hier gut einleben und daß Hannibal Sie ordentlich behandelt. Ich sollte Sie warnen: Der vorige Assistent, den er hier hatte, kriegte einen Nervenzusammenbruch. Kommen Sie mich bald wieder besuchen.»

«Mit Vergnügen», antwortete Peter.

Kingy lächelte und winkte ihnen zum Abschied mit seiner großen Hand.

«Und jetzt», verkündete Hannibal, «ein kurzer Besuch beim Gouverneur, dann haben Sie Ihrer Pflicht Genüge getan und können sich ausruhen. Der Gov und seine bessere Hälfte werden Ihnen gefallen, glaube ich, wenn sie Ihnen vielleicht auch ein bißchen komisch vorkommen.»

Seine Exzellenz, Sir Adrian Blythe-Warick, war ein untersetzter, ziemlich zurückgeblieben wirkender kleiner Mann. Er machte den Eindruck, als wäre er im Verlauf seiner Karriere schon frühzeitig in eine Starre verfallen, aus der er sich nie wieder hatte befreien können. Er stellte ein breites, eingefrorenes Lächeln zur Schau.

«Foxglove ... Foxglove ... ja, ja», wisperte er und schüttelte Peters Hand. Er räusperte sich mehrmals. Er hatte eine schwache, flüsternde Stimme, die an den Paarungsruf einer sehr kleinen Spitzmaus erinnerte. «Bin froh, Sie an Bord zu haben, mein Junge ... wirklich froh ... ja, ja, verdammt heikel, ja ... wir brauchen jeden Mann für die ... hm ... ja ... Diplomatie ... Takt ... Diskretion und so weiter, unbedingt ... aber ich bin sicher, Sie besitzen den Takt, mein Junge ... Sie sehen mir wie ein feiner, aufrechter junger ... hm ... ja ... genau, was wir brauchen ... Salz der Erde ... und so weiter ... hm ... ja. Froh, Sie an Bord zu haben.»

«Vielen Dank, Sir», sagte Peter.

«Ja, also, Hannibal, mein lieber Alter, bitte, besorgen Sie uns allen was zu trinken ... hm ... ja ... begießen ... zum Wohle von ... spielen Sie Bridge, Foxglove?»

«Nein, Sir, leider nicht», erwiderte Peter.

«Ah ... ja ... nun ... schade», murmelte Sir Adrian bedauernd, «aber auf jeden Fall müssen Sie mal zum Essen kommen.»

«Vielen Dank, Sir», sagte Peter. Er hatte das Gefühl, daß er den Drink, den Hannibal ihm gemixt hatte, dringend benötigte.

«Hoffe, daß Ihnen Zenkali gefällt...» flüsterte der Gouverneur. «Tropisches Paradies ... geben ihm Selbstverwaltung, wissen Sie ... mußte ja kommen ... alles im Wandel ... hm, ja ... feiner, aufrechter König ... Salz der ... trotzdem ... nun, ja, er kann nichts dafür, armer Kerl ... Eton, wissen Sie ... ja ... trotzdem, Salz der Erde ... schmerzlich ... dennoch ... wichtige Sache ... die Königin, Reich und Commonwealth ... nur nicht verzweifeln, was?»

«Genau, Eure Exzellenz», bestätigte Hannibal betont ruhig, «ich habe Foxglove schon alles erklärt.»

«Gut ... gut ...» sagte Sir Adrian. «Sie müssen ihn mal zum Essen mitbringen.»

In diesem Augenblick ging die Tür auf, und wie ein kleines aufziehbares Spielzeug kam Lady Emerald Blythe-Warick hereingetrippelt. Beim ersten ungläubigen Hinsehen dachte Peter, sie habe sich kostümiert, denn sie war von Kopf bis Fuß in Grün gekleidet. Nicht nur ihre Kleider, Strümpfe und Schuhe waren grün, sogar ihre Haare hatten einen grünlichen Schimmer. Sie war mit Ketten, Halsbändern, Broschen und Medaillons behängt. Es klimperte und klirrte und wippte, wenn sie sich bewegte. Wie ein Vogel den Kopf ruckartig hin und her bewegend blickte sie nach allen Seiten. Mit einer Hand umklammerte sie ein zierliches, herrlich gearbeitetes Hörrohr aus Schildpatt.

«Ah ... Emmy ... ja ... das ist der junge Foxglove, meine Liebe ... fein, aufrecht ... Salz der ... meine Frau», stammelte Sir Adrian, während er mit einer vagen Geste zu ihr hindeutete, wie jemand, der versucht, sich aus einer Zwangsjacke zu befreien.

«Wer ist das, mein Lieber?» fragte Lady Emerald und

strahlte Peter an. Dann steckte sie sich ihr Hörrohr ins Ohr, das sie nur mit Mühe fand, da es hinter einem pompösen Smaragdohrring verborgen war.

«Foxglove, meine Liebe, Foxglove», sagte Sir Adrian, der seine Stimme zu einem tonlosen Piepsen hochgeschraubt hatte. «Fein ... aufrecht ... gerade angekommen ... froh.»

«Pockendohle? Was für ein interessanter Name», rief Ihre Ladyschaft entzückt. «Sehr merkwürdig ... zweifellos sehr alt. Es heißt ja, daß es hier früher eine Menge Pokken gegeben hat. Wenn Sie Pockenhuhn heißen würden, würde mir das nicht so komisch vorkommen, da wüßte man, woher der Name stammt. Aber ich nehme an, wenn Hühner die Pocken kriegen, können das Dohlen auch. Krankheiten machen ja bekanntlich keinen Unterschied zwischen Glauben, Klasse oder Hautfarbe. Allerdings heißt es doch, daß Eskimos daran sterben, nicht wahr? Oder waren es Indianer? Auf jeden Fall weiß ich genau, daß Perlhühner sie nicht bekommen. Mögen Sie Perlhühner?»

«Ich bete Perlhühner geradezu an, Eure Ladyschaft», versicherte Peter.

«Ihre Ladyschaft züchtet Perlhühner», erklärte Hannibal gequält.

«Ich habe eine Menge Perlhühner, Mr. Pockendohle», fuhr Ihre Ladyschaft fort. «Ich züchte sie. Ich finde, daß es sehr intelligente Vögel sind, fast wie Hunde mit Federn. Sie müssen einmal kommen und mir beim Füttern helfen, dann werden Sie es sehen – es ist einfach unheimlich, wie sie einen verstehen. Du mußt diesen netten jungen Mann zum Essen einladen, Adrian», verkündete sie, «damit wir ihn öfters sehen.»

«Ich habe ihn schon eingeladen, meine Liebe», sagte

Adrian, «ja, ja ... aber er spielt kein Bridge ... macht nichts ... trotzdem willkommen ... höchst willkommen.»

Die Konversation mit Sir Adrian und Lady Emerald drohte ins Unendliche auszuufern, und so war Peter sehr erleichtert, als er bemerkte, daß Hannibal sein Glas austrank.

«Muß Foxglove noch einquartieren, Sir», erklärte er dem Gouverneur, «will sehen, daß er alles hat, was er braucht.»

«Ja, ja, alles tipptopp geschniegelt und gebügelt ... hm ...» sagte der Gouverneur. «Erfreut ... ja ... Hannibal kennt alle ... hm ... hm ... Schliche, ja. Sie müssen zum Essen kommen, wenn Sie Anker geworfen haben ... ja.»

«Sie müssen unbedingt zum Essen kommen, Mr. Pokkendohle», fügte Ihre Ladyschaft hinzu. «Ich werde meinen Mann veranlassen, Sie einzuladen. Dann können Sie meine Perlhühner füttern. Und vergessen Sie nicht, Ihre reizende kleine Frau mitzubringen – wir bekommen sie viel zu wenig zu Gesicht.»

Wieder setzten sie sich inmitten eines Hunderudels mit ihren Rikschas in Bewegung. Hannibal steckte sich eine von seinen langen Zigarren an und schien es vorzuziehen, die Fahrt schweigend zu verbringen. Peter lehnte sich in seinem Sitz zurück und genoß die Landschaft, die genau im richtigen Tempo an ihnen vorüberzog. Bald hatten sie die wogenden, grünen Hügel verlassen und gelangten hinunter auf die Küstenstraße, die an der Bucht entlangführte. Sie kamen durch die fichtenartigen Keulenbaumhaine, die einen zarten, durchbrochenen Schatten spendeten, und dahinter erstreckten sich die weite weiße Küste und die klaren, einladenden Gewässer der Lagune. Ab und zu führte die Straße über kleine Brücken, unter denen flache

Bäche hindurchflossen, die so schwarz und schimmernd wie Teer zwischen den Felsen glitzerten. Hier und da waren Frauen am Ufer, die ihre bunte Wäsche wie ein großes Blumenbeet auf den grünen Wiesen ausbreiteten. Wenn die Rikschas näherkamen, richteten sie sich auf und winkten mit ihren schlanken braunen Armen, und in ihren bronzefarbenen Gesichtern blitzte ein weißes Lächeln auf. Ihre Stimmen klangen schrill wie von Sittichen, wenn sie den Vorbeifahrenden ihre Grüße zuriefen. Am Strand lagen vereinzelt schwarze Boote, lang und schmal wie gestrandete Tümmler, und um sie herum hockten die Fischer im glitzernden Sand und flickten ihre Netze. Grüne Eidechsen mit orangegelben Köpfen schossen vor ihnen über die Straße, und die kühlen Keulenbaumhaine waren von dem Gezwitscher und Gegirre der Vögel erfüllt. Peter nahm alles tief in sich auf. In seinem ganzen Leben war er noch keinem Ort begegnet, an dem er sich so glücklich gefühlt hatte. Die Farben, die Düfte, die Stimmung, die Menschen, alles paßte irgendwie zusammen.

«Da drüben – das ist Ihr Haus», sagte Hannibal plötzlich und deutete mit seiner Zigarre die Straße hinauf. «Es ist klein, aber es liegt direkt am Strand, und ich dachte mir, daß es Ihnen vielleicht besser gefällt als das andere in der Stadt.»

Zwischen den Bäumen konnte Peter nur die Umrisse eines flachen weißen Bungalows erkennen, der direkt am Strand lag.

«Einfach herrlich», rief er. «So etwas hatte ich nie erwartet. Ich hatte mir eine Art Holzhütte mitten in der Stadt vorgestellt, ohne fließendes Wasser und mit Stallgerüchen.»

«Sie haben fließendes Wasser, irgendeine Art elektrischen Strom, falls es funktioniert, ein Telefon und drei

Diener, die sich um Sie kümmern. Ich denke, Sie werden sich wohl fühlen», sagte Hannibal, während die Rikschas vor dem Bungalow vorfuhren. Auf der großen, schattigen Veranda erschienen die drei Diener. Der eine, ein kleiner, dickleibiger Mann, dessen Gesicht wie ein brauner Plumpudding aussah und zu einem breiten Grinsen verzogen war, trug eine rote Schärpe über der Uniform.

«Willkommen, Sah, willkommen», sagte er und wippte dabei aufgeregt auf den Zehenspitzen auf und ab, wie Tennisspieler vor dem Match. «Ich Amos, Sah, ich Steward.»

Er verbeugte sich eifrig über Peters ausgestreckter Hand.

«Das da kleiner Junge, Sah. Heißen Tulip, Sah», erklärte er und deutete auf einen etwa vierzehnjährigen Jungen, der einen Augenfehler hatte und dessen Zähne so stark vorstanden, daß ihn jeder Schimpanse darum beneidet hätte. Der Junge bohrte schüchtern mit den Zehen im Sand, starrte zu Boden und nickte nur leicht mit dem Kopf, als Peter ihn begrüßte.

«Das, Sah, sein Koch, Sah», fuhr Amos fort, «er sehr gut Koch, Sah. Sein Samson. Sein verdammt gut Koch, Sah.»

Samson, der groß, außerordentlich dürr und sehr bekümmert aussah, eher wie ein ausgemergelter Bluthund, starrte Peter ausdruckslos an.

«Guten Tag, Samson», sagte Peter und dachte, daß Samson eine wahrhaft schlechte Werbung für seine kulinarischen Künste war.

«Willkommen, Mr. Foxglove, Sah», bellte Samson heiser. Es klang wie die Stimme eines Hauptfeldwebels mit einer Kehlkopfentzündung. «Ich Samson – ich Koch.»

«Eh ... ja, also, es ist schön, daß ich euch alle kennengelernt habe», sagte Peter. «Und jetzt, Amos, haben wir was zu trinken im Haus?»

«Jawohl, Sah», sagte Amos grinsend, «Missy Audley bringen hier.»

«Missy Audley ... meint er damit Miss Damien?» fragte Peter Hannibal.

«Ja», sagte Hannibal, «Audrey kümmert sich um die Wohnungen der Junggesellen.»

«Kommen Sie auf ein Glas mit herein», schlug Peter vor. «Sie sind mein erster Gast.»

«Ich schätze, ein winziges Gläschen würde mir nicht schaden», erwiderte Hannibal und hievte sich aus seiner Rikscha, «zur Einweihung ... schätze, das bin ich Ihnen schuldig.»

Amos führte sie über die große, schattige Veranda in einen langgestreckten, kühlen Raum. Große Glastüren, die bis unter die Decke reichten, führten an der einen Seite hinaus auf die hintere Veranda, wo im Garten Keulenbäume rauschten und scharlachrote Kannastauden wie Wachen in einer Reihe standen. Dahinter lagen der flirrende Sandstrand und das hellblaue Wasser der Lagune. Amos verschwand und kam kurz darauf mit zwei voluminösen Krügen zurück.

«Also, dann viel Glück», sagte Hannibal.

«Prost», rief Peter und trank mit Genuß.

«Ja», sagte Hannibal, während er zu den hohen Glastüren ging und hinaussah, «gar nicht so schlecht, die kleine Hütte ... ich glaube, Sie werden sich bald wie zu Hause fühlen.»

Zu Hause? Schon jetzt kam es Peter so vor, als hätte er sein Leben lang in diesem kleinen Haus gewohnt.

III

Zenkali – für gut befunden

Tulip, dessen Zähne vor gespannter Aufmerksamkeit noch weiter als sonst vorstanden, weckte ihn früh morgens mit einem Tablett mit Tee und einer Mangofrucht. Amos stolzierte hinter ihm her und überwachte jede seiner Bewegungen mit Adleraugen. Ihr friedliches «Guten Morgen» und das schlurfende Geräusch ihrer nackten Füße auf dem Fliesenboden, als sie sich im Zimmer umherbewegten, Jalousien öffneten und Sachen zum Anziehen bereitlegten, wirkten beruhigend. Der Himmel hatte eine blattgrüne Farbe, und jeder Vogel in Zenkali begrüßte den neuen Tag. Peter aß und trank geruhsam, und eine halbe Stunde später ließ er sich in das warme Meereswasser gleiten und blieb mit dem Gesicht nach unten liegen, um das Spiel der Fische zu beobachten, die in dem glasklaren Wasser unter seiner Tauchermaske hin und her schwammen. Die Farben und Formen waren so hinreißend schön, das bunte Flechtwerk des Lebens unter ihm so vielfältig, daß er darüber jedes Zeitgefühl verlor. Plötzlich hörte er, wie jemand seinen Namen rief, und als er sich ganz benommen aufrichtete, sah er Audrey am Strand stehen. Eilig schwamm er ans Ufer zurück und watete an Land.

«Tut mir leid», sagte er zerknirscht und trocknete sich schnell ab. «Ich habe gar nicht gemerkt, wie die Zeit vergeht. Etwas so ungeheuer Sagenhaftes wie dieses Stückchen Riff habe ich in meinem ganzen Leben noch nicht gesehen.»

«Wirklich toll, nicht?» stimmte Audrey zu, während sie sich in den Sand setzte. «Und das Unglaubliche daran ist, daß man offenbar nie damit fertig wird. Jedesmal entdeckt man etwas Neues. Das ist wie eine Droge für mich. Einmal ist es mir sogar schon passiert, daß ich deswegen ein Mittagessen beim Gouverneur versäumt habe, nur weil ich mit meinem Schnorchel draußen war und gar nicht mehr an die Zeit gedacht habe.»

«Das kann man wohl kaum ein Verbrechen nennen, eher Selbstschutz, oder?» sagte Peter.

«Oh, nein, so ist das nicht», widersprach Audrey. «Ich gehe sehr gern zum Lunch ins Gouverneurshaus. Ich finde Seine Exzellenz und seine Gattin hinreißend, und es ist immer alles so schön verrückt. Die Lunchparties dort können sehr aufregend sein. Um nichts in der Welt würde ich eine versäumen wollen. Waren Sie schon dort, um Seiner Exzellenz Ihre Aufwartung zu machen?»

«Ja, gestern nachmittag. Mit Hannibal. Es war ein Erlebnis. Ich bin an sehr viel verstaubtere Gouverneurshäuser und Gouverneure gewöhnt. Das hier war wie ein Besuch bei einem Haselmauspärchen in der Puppenstube.»

Audrey lächelte. «Erzählen Sie.»

Er schilderte ihr seinen Besuch im Haus des Gouverneurs vom Anfang bis zum Ende, und als er zu Lady Emeralds letzter Bemerkung kam, wollte sich Audrey vor Lachen fast ausschütten.

«Die gute Lady Emerald», rief sie. «Sie lebt wirklich in einer anderen Welt. Und was haben Sie darauf gesagt?»

«Nichts», antwortete Peter. «Ich wollte ihr gerade von meinem traurigen Junggesellendasein berichten, als ich sah, wie Hannibal den Kopf schüttelte.»

«Trotzdem», sagte Audrey, «sie ist so süß und durcheinander, daß man sie einfach gern haben muß. Haben Sie auch den Adjutanten Diggory kennengelernt? Hannibal bezeichnet ihn als primitives australisches Werkzeug. Er ist fast so schlimm wie Seine Exzellenz nebst Gattin. Sie geben ein herrliches Trio ab.»

«Nein, Diggory ist mir erspart geblieben», lachte Peter, «aber ich nehme an, daß ich ihm bei der Ausübung meiner Pflichten bestimmt noch begegnen werde. Sagen Sie, steckt hier auf Zenkali eigentlich hinter jedem Busch irgend etwas Absonderliches?»

«Sie meinen Menschen?» fragte Audrey.

«Ja», sagte Peter, «schließlich kann man weder Hannibal noch Kingy noch die Insassen des Gouverneurshauses wohl kaum als normal bezeichnen.»

«Na ja», gab sie zu, «wenn man normale Maßstäbe anlegt, sind sie vielleicht alle ein bißchen exzentrisch. Ich glaube aber, das ist typisch für Inseln – und für Zenkali ganz besonders. So was wie eine Inselkrankheit, die die Leute befällt. Sie kommen völlig normal auf einer Insel an, als geistig gesunde und rundum intakte Mitglieder der menschlichen Rasse, und dann scheint sich innerhalb eines halben Jahres jeder verschrobene Zug ihres Charakters, jede Schwäche derart auszuprägen und zu verstärken, daß sie sich in die absonderlichsten, verrücktesten Typen verwandeln, die frei herumlaufen. Und Zenkali scheint auf diese Art Menschen eine ganz besondere Anziehungskraft auszuüben und dann wie ein Treibhaus zu funktionieren, in dem seltene und merkwürdige Pflanzen heranwachsen.»

Audrey stand auf und wischte den Sand von ihren Händen.

«Heute möchte ich Ihnen noch ein paar von unseren

exzentrischen Züchtungen zeigen», verkündete sie. «Schließlich sind sie es, von denen die Insel lebt.»

«Ich kann es gar nicht erwarten», antwortete Peter, «aber Sie müssen mir auch den Ombubaum zeigen.»

«Selbstverständlich», sagte Audrey.

Sie fuhr einen zerbeulten, aber sehr praktischen Mini, auf dessen Rücksitz Peter einen Korb mit Essen und eine kleine Eisbox mit Getränken entdeckte.

«Ich dachte mir, wir machen ein Picknick», erklärte Audrey und deutete auf den Proviant. «Oben beim Matacamafluß gibt es einen hübschen Platz.»

«Was, etwa bei dem Tal von diesem Looja?»

«Ja. Es ist ein wunderschönes Gebiet, wahrscheinlich eines der schönsten auf der ganzen Insel. Aber es wird nicht mehr lange schön sein, wenn die Täler erst mal überflutet sind, und mit dem riesigen Damm und dem Flugplatz», sagte Audrey traurig.

«Ich nehme an, daß Sie gegen diesen ganzen Plan sind?» fragte er.

«Ja, das bin ich. Wissen Sie, im Grunde sind hier alle ganz einfach, ganz glücklich, und im großen und ganzen auch gut.»

«Selbst Looja?»

«Jedes Eden hat seine Schlange. Ich versuche nicht, so zu tun, als gebe es auf dieser Insel lauter Heilige. Aber im wesentlichen sind sie liebenswürdig, ein bißchen verrückt und – ja, wenn Sie so wollen, vielleicht auch kindisch. Diese Sache mit dem Flugplatz – das ist fast so, als würde man eine Packung Knallkörper mitsamt Streichhölzern in ein Kinderzimmer legen. Mir schwant Böses. Ich glaube, Hannibal hat recht. Aber das hat der alte Teufel ja meistens. Aber jetzt wollen wir nicht mehr daran denken, sondern die Fahrt genießen.»

Sie fuhren durch die schillernde Landschaft, und da in Dzamandzar Markttag war, wimmelte es draußen vor Menschen, die mit ihren Waren und ihrem Vieh unterwegs waren. Da watschelten dicke alte Frauen, in glitzernde Batiktücher gehüllt, die Straßen entlang. Auf dem Kopf balancierten sie riesige Körbe mit Mangos, Ananas und Papaufrüchten – mit einer solchen Sicherheit, daß man glauben konnte, sie wären mit ihnen verwachsen. Da gab es junge Männer, die lange Zuckerrohrstöcke trugen, oder Stangen, an denen – wie seltsame Früchte – Hühner baumelten. Holzkarren, die von buckligen, langhörnigen Zebus gezogen wurden, holperten, quietschten und klapperten durch die aufgewühlten Wolken aus rosa Staub, hoch beladen mit Körben, Süßkartoffeln, Korbsesseln, Säcken mit Reis und Zucker, Kochtöpfen aus rotem Lehm und vielen anderen Dingen. Alte weißhaarige Schäfer mit scharlachroten Decken um die Schultern trieben mit ihren Speeren Rinder und Ziegen vor sich her, und flinke kleine Jungen mit Stöcken und Meuten bernsteinfarbener, pfeilschneller, wütend bellender Hunde mit weich glänzendem Fell sorgten dafür, daß sie nicht von der Straße abkamen und in die üppige, saftiggrüne Landschaft ausscherten. Es herrschte eine fröhliche und glückliche Stimmung. Alle riefen durcheinander und erzählten sich was und machten Scherze. Manche zogen singend in Gruppen vorbei, und wenn ihre braunen Hände nicht anderweitig beschäftigt waren, spielten sie auf schmalen Bambusflöten oder zupften auf zwölfsaitigen Valihas oder schlugen auf winzigen, runden Trommeln schnelle Rhythmen. Dicke alte Frauen tauschten schlüpfrige Witze und zweifellos anrüchige Geschichten aus, über die sie lachten, bis ihr Fett am ganzen Körper wippte und wabbelte und sie mit ihren großen Körben in den Graben zu purzeln drohten. Schlanke

Mädchen, graziös wie Fohlen unter ihrer schweren Last, schienen mehr zu schweben als zu gehen. Sie riefen den jungen Burschen scharfe, schlagfertige Antworten zu und musterten sie aus unerschrockenen Maulbeeraugen. Überall war das Glitzern von Farben und Gesang und Musik von Instrumenten, während Tiere und Menschen im fahlen Dunst des rosa Staubs die Straße entlang nach Dzamandzar strömten.

«Heute ist der große Markt, der einmal im Monat abgehalten wird», erklärte Audrey und lenkte den Wagen geschickt mit einer Hand, während sie mit der anderen nach draußen winkte. Alle winkten, alle lächelten, alle riefen: «Tag, Missy Audley ... alles okay, Missy Audley? ... Missy Audley gehen Markt? ... Wiedersehen, Wiedersehen.»

«Ist das der einzige Markt?» fragte Peter, der fasziniert die Menschenströme betrachtete, die an ihnen vorbeizogen.

«Oh, nein. In den Dörfern ist jeden Tag Markt, und in Dzamandzar auch, aber nur ein kleiner», sagte Audrey. «Aber der heute ist der eigentlich wichtige, der einmal im Monat stattfindet, auf dem man alles kaufen kann, von der Kuh bis zur Erdnuß und vom Messingbett bis zum Liebestrank.»

«Sie sehen alle so sauber und ordentlich und gut genährt und irgendwie blankpoliert aus – wie Roßkastanien, finde ich.»

Audrey lachte und drückte auf die Hupe, um zwei Herden Rinder und Ziegen aufzuscheuchen, die mitten auf der Straße durcheinandergeraten waren.

«Im Grunde genommen geht es ihnen recht gut», sagte sie. «Fast jeder hat seine eigene kleine Farm oder irgendein Geschäft. Natürlich sind sie nicht reich, aber arm bestimmt nicht – im Vergleich zu anderen Inseln dieser Art. Und das ist alles nur dem Amelabaum zu verdanken, der die Wirtschaft im Gleichmaß hält. Ich wage gar nicht daran zu denken, was ohne ihn passieren würde. Ich glaube, die Insel würde verfallen. Wir sind viel zu weit entfernt von allem, als daß sich irgend jemand auf der Welt für uns interessieren würde. Das ist gut und schön, solange man für sich selbst aufkommen kann. Nur wenn man dann plötzlich Hilfe braucht, will davon niemand was wissen.»

In der braunen Flut aus Ziegen und Kühen tat sich plötzlich ein schmaler Spalt auf, und sofort steuerte Audrey darauf zu und schob sich geschickt zwischen den Tieren durch, bis sie es – mit Lungen voller rosa Staub und dem beißenden Geruch von Ziegen und dem süßen Duft der Rinder in der Nase – geschafft hatten. Kurz danach bog Audrey von der Hauptstraße in einen schmalen Weg ein, auf dem nur noch wenige Menschen und Tiere zum Markt zogen, so daß sie wieder schneller vorankamen. Die junge Frau fuhr schnell, aber sicher, ihre eleganten braunen Hände ruhten nachlässig, fast sorglos auf dem Lenkrad. Sie hatte ein blaukariertes Hemd, Jeans und Sandalen an, und ihre Haare hingen ihr lose über den Rücken. Peter betrachtete ihr einnehmendes Profil und machte sich seine Gedanken über sie.

«Mit neunzehn machte ich an der Universität von Dublin mein Abschlußexamen in Kunst», begann Audrey plötzlich zu erzählen und lächelte dabei spöttisch, weil sie ahnte, daß sie damit auf seine Gedanken einging. «Ich hielt mich für eine Mischung aus Leonardo da Vinci und Picasso. Eigentlich war ich ganz gut. Aber für einen so überlaufenen Beruf ist ganz gut eben nicht gut genug. Jedenfalls habe ich mich dann im zarten Alter von zwanzig bis zum vergangenen Jahr damit beschäftigt, das Erbe meiner

Großmutter durchzubringen. Es war nicht viel, aber es reichte aus. Damit trampte ich quer durch Europa, dann durch Afrika und noch ein Stückchen durch Asien. Es war herrlich. Aber je mehr ich sah von der Welt, um so klarer wurde mir, daß ich nie ein Picasso sein würde, und allmählich lernte ich, mich mit den Talenten zufriedenzugeben, die ich wirklich besaß. War ein ganz schöner Schlag, feststellen zu müssen, daß man die Welt nicht aus den Angeln heben würde, aber immer noch besser, den Tatsachen ins Gesicht zu sehen, als sich was vorzumachen.»

«Und warum sind Sie hierher zurückgekommen?» fragte Peter.

«Es ist mein Zuhause. Aber der wahre Grund ist, daß meine Mutter starb, und da bin ich gekommen, um darauf zu achten, daß Daddy sich nicht zu Tode trinkt oder verhungert, nur weil er sich mehr um die verdammte Zeitung kümmert als um seinen Magen.»

«Haben Sie es bereut?»

«Großer Gott, nein. Ich liebe Zenkali. Früher, als ich noch ein Kind war, habe ich es auch gemocht, aber es war für mich etwas völlig Normales. Erst als ich zurückkam, wurde mir klar, wie wunderbar und exzentrisch und frei alles ist. Jetzt müßte man mich, glaube ich, rausprügeln, um mich hier wieder wegzukriegen.»

«Helfen Sie Ihrem Vater bei der Arbeit?»

«Ein bißchen, aber daneben gebe ich an der Schule noch Kunstunterricht, ich sammle zenkalische Volksmusik und gebe Gitarren- und Klavierstunden, und mit Hannibals Unterstützung habe ich ein kleines, aber ziemlich einträgliches Unternehmen gestartet: Ich übersetze wissenschaftliche Aufsätze, die kein Mensch versteht. Ich spreche sechs Sprachen.»

«Alle Achtung, Sie verstehen aber wirklich, Ihre Talente zu nutzen», sagte Peter anerkennend.

«In der Hinsicht ist mein Vater der reinste Fanatiker. Er sagt, man hat die Pflicht, alle Talente, die in einem stecken, zu erforschen. Wissen Sie, es gibt so viele untalentierte Leute auf dieser Welt, daß man seine Begabungen nutzen sollte, wenn man welche hat, sonst ist das kriminell, so als würde man in einem Land mit lauter Blinden sein und seine Augen nicht benutzen. Wenn man etwas nicht kann oder nicht mag, dann ist das was anderes, aber wenigstens sollte man es probieren. Ich bringe Sie jetzt zu einer Dame, die nicht nur von all ihren Talenten Gebrauch macht, sondern noch dazu jede Gelegenheit wahrnimmt, um sich neue anzueignen.»

«Wen meinen Sie?»

«Reverend Judith Longnecker von der Wiederkunftskirche. Hauptsitz: Ploughkeepsie, Virginia. Natürlich ist sie für den gottlosen Hannibal nur die alte Knickerbocker, Pluderhose und was ihm sonst noch an Respektlosigkeiten einfällt. Aber sie mag diese Spitznamen. Wir anderen nennen sie einfach die Rev.»

Sie waren von der Straße in ein sauberes, eingezäuntes Grundstück eingebogen, auf dem ein kleiner Bungalow und gleich daneben eine winzige Kirche standen, die nur an drei Seiten Wände hatte, so daß die Gläubigen von ihren Plätzen aus die Aussicht genießen konnten, die atemberaubend war. Das Grundstück lag am Rand eines steilen Abgrunds, und man überblickte von hier aus ein weites Gelände mit grünem Ackerland und Amela-Plantagen, die sich zum Meer hin erstreckten. Weit draußen war das breite, faltige, unruhige weiße Band des umschäumten Riffs zu erkennen, und dahinter die tiefe, dunkelblaue, fast schwarz wirkende See. Das Grundstück, auf dem der

Bungalow und die Kirche standen, sah makellos aus, fand Peter, so als wäre es gerade gekämmt und gebürstet worden. Überall standen Blumen in voller Blüte, und mehreren herrlichen Schlingpflanzen war man bei ihren begeisterten, überschwenglichen Kletterversuchen am Haus und an der Kirche behilflich gewesen. Eine große, seltsame, kranichartige Gestalt in einem weiten, königlich purpurroten Satingewand war gerade damit beschäftigt, an einem blühenden Busch eine Art Lobotomie vorzunehmen.

«Guten Morgen, Rev», rief Audrey, als sie gehalten hatten. Die große, eckige Gestalt drehte sich um. Sie trug einen riesigen Strohhut, der mit einem Chiffonband und einer Anzahl altmodischer Hutnadeln auf einer stahlgrauen Haarmähne befestigt war. Es sah aus, als wären die Nadeln in Reverend Longneckers Schädel gebohrt, damit der Hut an Ort und Stelle blieb. Im Hutband steckten unzählige zusammengefaltete Stückchen Papier, die mit Stecknadeln festgemacht waren. Das Gesicht der Frau Reverend war lang, ernst und nachdenklich wie das einer Giraffe, mit zarter biskuitbrauner Tönung und voller Runzeln. Es sah aus, als wäre sie an ein feines Spinnennetz gekommen, das an ihrem Gesicht hängengeblieben war. Eingebettet in dieses Filigranmuster lagen zwei große, kluge, funkelnde schwarze Augen, eine kräftige, gebogene Nase und ein breiter, lebhafter Mund.

«Hallo, seid gegrüßt!» rief Reverend Longnecker mit einer angenehmen, etwas heiseren Stimme. «Gottverdammich, gerade habe ich an Sie gedacht, und schon sind Sie da. Und wer ist dieser schöne Mann? Na los, machen Sie schon, erzählen Sie's mir. Sie wissen doch, daß ich Geheimnisse nicht ausstehen kann – kann sie nicht für mich behalten. Das ist auch ein Grund, warum ich nie Katholikin sein könnte. Nein, das wäre nichts für Judy. Bevor so ein armer Mensch aus seinem schnuckligen kleinen Beichtkasten raus wäre, hätten seine sündhaften Geheimnisse schon auf der Insel die Runde gemacht. Nicht, daß ich was gegen die Katholiken hätte, die Armen. Nein, nein, ist schon ein toller Plan, den sie haben – es fehlen ihnen nur leider ein paar wichtige Bauteile. Allerdings finde ich es nicht richtig, einen Priester derart mit den Geheimnissen anderer Leute zu belasten – ich meine, in der Gemeinde rumzugehen, und den ganzen Müll zu kennen, ohne ihn weitererzählen zu dürfen – du lieber Himmel, das ist doch nicht menschlich – das muß doch zu religiösen Verdauungsstörungen führen.»

Sie umarmte Audrey, zerquetschte mit ihren schwieligen Händen fast Peters Finger und dirigierte sie zum Bungalow, ohne ihnen auch nur die Chance zu geben, etwas zu sagen. Peter fragte sich, wie ihre Predigten wohl sein mochten.

«Leonardo da Vinci», schrie sie einem zenkalischen Gärtner zu, der den Rasen mähte, «komm her und putz diesen Busch fertig aus, sei so lieb.» Sie stampfte die Verandatreppe hinauf und machte dabei wilde Verrenkungen.

«Kommen Sie rein, kommen Sie rein», sagte sie. «Kommen Sie rein und setzen Sie sich hin. Ich hole was zu trinken. Beethoven, *Beethoven*, wo bist du? Beethoven!»

Sie eilte in die Küche und kam nach wenigen Minuten mit einem sehr kleinen, sehr dicken Zenkali zurück, der hinter dem riesigen Tablett mit Gläsern und Getränken, das er anschleppte, fast nicht zu sehen war.

«Das Zeug heißt Rum-Punsch», erklärte sie und machte sich an dem Tablett zu schaffen. «Es gibt nichts Besseres, nichts, was auch nur annähernd so gut ist. Davon kriegt man Haare auf der Brust.»

«Ich nicht», sagte Audrey.

«So schnell dürfen Sie die Hoffnung nicht aufgeben», sagte Reverend Longnecker und sah sie über den Rand ihrer Brille an. Sie füllte die Gläser bis zum Rand und setzte sich dann, wobei sie die langen knochigen Arme auf die Knie stützte und sich vorlehnte.

«Und jetzt», sagte sie, «erzählen Sie ... Sie müssen der Neue sein.»

«Peter Foxglove, ein neues Lamm für die Schlachtbank», sagte Audrey.

«Sieht nicht aus, als würde er sich so leicht abschlachten lassen», sagte die Rev und sah Peter scharf an. «Nein, Schätzchen, das glaube ich nicht.»

«Wir machen gerade eine Inselrundfahrt, und Sie sind der erste Hafen, den wir anlaufen.»

«Soll das etwa heißen, daß Sie ihn hergebracht haben, bevor die Kirche von England und die Katholiken ihn korrumpieren konnten?» fragte sie. «Das finde ich aber sehr nachbarschaftlich von Ihnen, Audrey, wirklich, Schätzchen. Das gibt es nicht oft in meiner Branche, daß man einen potentiellen Konvertiten auf dem Tablett serviert bekommt, noch ehe man seinen Frühschoppen hinter sich hat.»

Peter mußte lachen. «Sie könnten mich bestimmt zu allem möglichen bekehren», sagte er.

«Wir könnten es ja probieren», sagte sie und kippte ihren Drink runter.

«Sagen Sie, wie gefällt Ihnen Zenkali? Sie kommen gerade noch zur rechten Zeit, bevor es damit vorbei ist.»

«Vorbei – wieso?» fragte Peter erstaunt. «Was meinen Sie damit?»

Sie hob ihren langen, knochigen Zeigefinger.

«Die Insel ist zum Tode verurteilt», sagte sie mit Grabesstimme. «Dem Untergang geweiht, verdammt in alle

Ewigkeit, und wie es aussieht, führt kein Weg daran vorbei.»

«Sie meinen den Flugplatz?» fragte Peter, der sich allmählich mit dem Gedanken vertraut machte, daß es in Zenkali nur das eine Gesprächsthema gab.

«Fürwahr, den meine ich», bestätigte Reverend Longnecker und nickte mit unheilvollem Blick. «Wenn die damit durchkommen, sind wir dem Untergang geweiht.»

«Aber nicht doch, Rev, Sie sind ja noch schlimmer als Hannibal», sagte Audrey.

«In dieser Angelegenheit sind Hannibal und ich uns ausnahmsweise mal einig. Sehen Sie, da es sich bei dieser verheerenden Sache ja im Grunde um ein Fait accompli handelt, hab ich mal über letzte Gegenmaßnahmen nachgedacht, und ich will Ihnen eins sagen, Audrey, ich bin davon überzeugt, daß der liebe Gott auch nicht dafür sein kann, denn er hat mir die verflixtesten Ideen eingegeben. Wie Sie wissen, ist meine Gemeinde zwar klein, aber sehr ergeben. Ich habe mir jetzt überlegt, ob ich mit ihnen vielleicht eine kleine Guerillabande gründen soll, dann könnten wir die Arbeiten an dem Flugplatz und dem Damm sabotieren. Daraufhin hab ich mir erst mal ein paar Bücher schicken lassen, um mir Anregungen zu holen, und da habe ich ein paar ganz ausgezeichnete Sachen entdeckt.»

Reverend Longnecker stand auf, sauste in eine Zimmerecke und kam mit einem Arm voller Bücher zurück. «Seht mal hier, da stehen ausgezeichnete Anregungen drin. ‹*Geheimagent im Hitler-Deutschland*› enthält einige nützliche Instruktionen über Brückensprengungen. Und hier, noch eins – ‹*Rossignol der französischen Widerstandsbewegung*›. Wußten Sie schon, daß ein Teelöffel Zucker im Benzintank einem Fahrzeug mehr schadet als eine Frau am Steuer? Oder das hier: ‹*Fünfzig Jahre Spionage und*

Sabotage› vom Comte Marvrofalcon. Da steht eine Menge über unsichtbare Schrift drin, aber das können wir nicht gebrauchen. Dafür gibt er ein erstklassiges Rezept für Molotow-Cocktails und eine ausgezeichnete Skizze von einer Haftmine. Kapitän Pappas hat mir versprochen, alles Nötige für ein gutes Schießpulver zu besorgen, und ich glaube, daß wir ihnen, mit dem Beistand des Herrn, ganz schön Beine machen werden.»

Peter starrte sie an. Sie schien es durchaus ernst zu meinen.

«Hm, haben Sie das schon mit Hannibal besprochen?» fragte er.

«Nein, nein, noch nicht. Aber ich habe ihm ein paar Notizen gemacht», sagte sie aufgeregt und blickte wild um sich. «Wo hab ich denn meine Aktenablage – wo, zum Teufel, ist sie nur?»

«Da drüben, auf dem Stuhl», sagte Audrey, die das alles, für Peters Gefühl, bemerkenswert gelassen hinnahm.

«Ah, ja», rief Reverend Longnecker. Mit einem Satz war sie bei dem Stuhl, hob ihren riesigen Hut auf und wirbelte ihn wie ein Karussell durch die Luft. «Wollen doch mal sehen ... ah, da ist ja das Marmeladenrezept, das Lady Emerald haben wollte ... Einkaufslisten ... und was ist das? Ah, ja, meine Predigt für morgen ... hier haben wir's ja: ‹Plan für einen Aufstand auf Zenkali›.» Sie zog ein Blatt Papier unter dem Hutband hervor und händigte es Peter aus.

«Geben Sie das Hannibal», befahl sie, «und sagen Sie ihm, daß meine Guerillaarmee in einem Monat einsatzbereit ist. Und wenn er eine gute Quelle für billige Handgranaten kennt, dann soll er es mich wissen lassen.»

«Werd ich ihm ausrichten», versprach Peter mit völlig ernstem Gesicht und steckte die Nachricht in seine Tasche.

Schließlich saßen sie wieder im Wagen und fuhren unter heftigem Abschiedswinken von Reverend Longnecker davon. Peter sah Audrey an, die lauthals zu lachen begann.

«Hören Sie, Miss Damien ...» begann er ernst.

«Tut mir leid», sagte sie. «Aber Sie haben so verdattert geguckt. Sie hätten sich mal sehen sollen!»

«Was hatten Sie denn erwartet?» fragte Peter gekränkt. «Ich bin es nicht gewohnt, daß Prediger des Evangeliums mit Hilfe von Guerillakriegen Probleme lösen wollen. Das hat sie doch wohl nicht ernst gemeint, oder?»

«Oh, doch, Reverend Longnecker meint immer alles ernst. Das heißt noch lange nicht, daß sie es auch tun wird, aber sie plant es bestimmt bis ins letzte Detail durch und wird dafür alle Informationen verwenden, die sie bekommen kann. Wenn es in Zenkali je Probleme mit einer Sprengung geben sollte, wird sie mit Rat und Tat an der vordersten Front stehen, und sie wird genau sagen können, wieviel Dynamit gebraucht wird, um das Haus des Gouverneurs oder sonst was in die Luft zu jagen. Reverend Longnecker vergeudet nie etwas. Wissen Sie, wenn sie alle zwei Jahre Urlaub macht, dann fährt sie nicht etwa heim wie andere Missionare. Nein. Sie geht irgendwohin, wo sie etwas lernen kann, und wenn sie zurückkommt, bringt sie es den Zenkalis bei.»

«Was sind denn das für Dinge?» fragte Peter neugierig.

«Alles, von dem sie glaubt, daß es von Nutzen sein könnte. Sie hatte die Idee, daß man mit dem Sand hier eigentlich ziemlich hübsches grünliches Glas machen könnte, also zog sie los und lernte, wie man Glas herstellt, blasen und alles, und jetzt unterhalten ein paar aus ihrer Gemeinde eine kleine Glasfabrik. Daß man die Häuser hier so planlos baute, wie es gerade kam, gefiel ihr nicht, deshalb ging sie nach Skandinavien und sah sich die modernste Art der Holzverarbeitung an, die ganze Vorfabrikation und so. Jetzt wohnen die Mitglieder ihrer Gemeinde in den besten Häusern und haben die schönsten Möbel von ganz Zenkali. Sie hat sich die ungewöhnlichsten Dinge angeeignet – sie kann ein Auto oder einen Lastwagen in alle Einzelteile zerlegen und wieder zusammensetzen; sie verbrachte ein ganzes Jahr damit, sich über neue landwirtschaftliche Methoden zu informieren. Sie zog los und lernte, wie man Körbe und Rohrsessel macht, und begründete dann einen weiteren Industriezweig auf der Insel. Ihre Pfarrkinder verehren sie alle, und eigentlich kann ich gar nicht verstehen, warum sie im Vergleich zu den anderen Kirchen auf der Insel nur so wenig hat. Die Katholiken haben die meisten, dann kommen die Anglikaner, und die gute alte Rev muß sich mit dem Bodensatz zufriedengeben.»

«Und die anderen, wie sind die?»

«Schrecklich. Die Katholiken werden von Father O'Mally vertreten, der von der Kanzel herab Feuer und Schwefel und Ewige Verdammung eines alles liebenden Gottes verkündet, wenn einer die Regeln der Kirche nicht befolgt. Die Kirche von England wird von Mr. und Mrs. Bradstitch repräsentiert, die beide zusammen soviel Hirn und Persönlichkeit besitzen wie ein Paar Meerschweinchen. Er ist pompös und oberpriesterhaft, weil er von Gott höchstpersönlich auf die Insel gesandt wurde. Er ist ein ziemlicher Snob, kann die Zenkalis im Grunde nicht leiden, riecht nach Anisschnaps und verprügelt seine Frau. Sie ist pausenlos am Stricken und widmet sich hingebungsvoll unglaublich guten Taten. Zum Beispiel bringt sie ihren Zöglingen in der Sonntagsschule bei, wie man Sofaschoner strickt. – Aber jetzt will ich nichts mehr von den Missionaren hören, jetzt wird die Aussicht bewundert. Wir sind jetzt über neunhundert Meter hoch auf dem Matacama, und wir werden unser Picknick in dem Tal einnehmen, um das es bei dem ganzen Hickhack geht. Ich glaube fast, das ist Ihre letzte Chance, es noch einmal zu sehen, bevor es überflutet wird.»

Seit sie Reverend Longneckers Haus verlassen hatten, waren sie auf der gewundenen Straße durch Amelabaum-Plantagen und verstreut dazwischenliegendes Ackerland gefahren. Jetzt ging es über ziemlich enge Schleifen immer höher hinauf, und je höher sie kamen, um so wildwüchsiger wurde der Wald, dicht und eng verflochten, und dazwischen standen vereinzelt kleine Holzhäuser mit winzigen Obst- und Gemüsegärten. Aber schließlich wurden auch sie immer weniger und weniger und verschwanden schließlich ganz.

«In meinem Inselbuch steht, daß das alles gar kein ursprünglicher Wald ist», sagte Peter.

«Nein, von dem ursprünglichen Wald ist nichts übrig, außer ein paar Buscharten und dem Amelabaum. Dieses ganze Zeug hier ist eingeführt – Banyan, Mango, Palmen und der verdammte chinesische Guavabaum, der überall wächst und alles andere erstickt. Die Frucht ist herrlich, aber der Strauch selbst ist eine Plage.»

Nach einer Kurve lag plötzlich eine breite Brücke vor ihnen. Audrey hielt den Wagen an. Zur Linken ragte ein rot und gold gefärbter Felsen auf, der über fünfzig, wenn nicht hundert Meter hoch war, und von seiner Spitze stürzte ein Wasserfall in die Tiefe, ein dicker weißer Wasserstrahl, der wie eine glitzernde breite Matte über die obere Hälfte der Klippe fiel, dort auf einem Vorsprung aufprallte, in einer riesigen Schaumrose, einer Regenbogengirlande, auseinanderstäubte und dann seinen Weg über die Klippe als schäumendes Wasserknäuel fortsetzte.

Unten, am Fuß der Klippe, klatschte es auf einen wirren Haufen vom Wasser glänzender Felsblöcke, die mit saftigem Grün überzogen waren. Das Wasser brüllte und tobte zwischen den Felsen, die Luft war erfüllt von feinem Dunst und Dutzenden kleinen, aber vollkommenen Regenbogen. Dann rumpelte das Wasser wie tausend Gäule unter der Brücke hindurch und stürzte mit einem großen Satz über eine weitere hohe Felswand krachend ins darunterliegende Tal.

«Das ist der Matacamafluß», sagte Audrey und mußte sich anstrengen, mit ihrer Stimme das Brüllen des Wassers zu übertönen. «Oben beim Wasserfall wollen sie ihn eindämmen.»

Sie fuhren weiter. Die Straße führte nun geradeaus, direkt am Fluß entlang, ins Tal hinunter. Nach einer Weile bog Audrey von der Straße ab und parkte das Auto unter den Bäumen am Fluß. Sie packten ihren Proviant aus und setzten sich ans Ufer des Flusses, der an dieser Stelle breit und tief war und gemächlich an Felsplatten vorbeifloß, die sich wie gigantische, mit Moos und gelben Wildbegonien geschmückte Grabsteine vor ihnen auftürmten. Kleine leuchtende Eisvögel hockten wie blaue und scharlachrote Flammen auf den dunklen Zweigen, die übers Ufer hinausragten, und die Luft war von Vogelgezwitscher, dem Zirpen und Summen von Insekten und dem klagenden Quaken und Trällern der Frösche erfüllt. Im Gras um sie herum leuchteten kleine Blumen wie Sterne.

«Was für ein herrlicher Flecken Erde», rief Peter und streifte eine grüne Libelle von seinem Sandwich. «Wirklich unglaublich, daß jemand auf die Idee kommen kann, all dies zu zerstören.»

«Das ist der Fortschritt», meinte Audrey, während sie ein Hühnchen zerlegte. «Es ist wichtig, all dies zu zerstören, damit wir mehr elektrischen Strom haben für Farbfernseher, die uns zeigen, wie die Welt wirklich ist.»

«Mir ist noch nicht ganz klar, wo wir uns befinden», sagte Peter. «Wie verläuft dieses Tal weiter?»

Audrey nahm eine Handvoll Erde und ließ sie durch die Finger rinnen, so daß sie am Boden einen Kegel bildete.

«Das ist der Matacama», erklärte sie. Sie nahm einen Stock und zog rund um die eine Seite eine geschlängelte Linie. «Das ist das Tal, in dem wir uns befinden. Und wenn man es sich jetzt als eine Art Wirbelsäule vorstellt, dann kriegt man eine Menge kleinerer Täler, die wie Rippen von ihr wegführen.» Sie zog von jeder Seite der Hauptlinie aus eine Reihe kleinerer Linien. Das Ganze ähnelte einem leichten gekrümmten Fischgerippe. «Wenn sie das hier überfluten», sagte sie und deutete auf die Wirbelsäule, «dann überfluten sie gleichzeitig auch all diese Rippen. So daß am Ende ein riesengroßes schönes Stück Bergland verschwunden sein wird.»

«Was ist denn in all diesen Nebentälern?» fragte Peter.

«Nichts – ich meine, sie sind nicht bewohnt. In manche kommt man gar nicht hinein, außer mit dem Hubschrauber, nehme ich an, und in die meisten gelangt man nur über sehr beschwerliche Kletterpfade. Außerdem ist der Boden nicht besonders gut. Wenn sie die Bäume gefällt haben, gibt es keinen Humus mehr. Landwirtschaftlich ist also mit dem Gebiet nichts anzufangen. Das gibt den Leuten, die für den Damm sind, natürlich ein gutes Argument in die Hand. Sie überfluten doch nur ‹nutzloses› Land – das heißt, für den Ackerbau nutzloses Land. Das Tier- und Pflanzenleben und die Schönheit der Natur wurden gar nicht erst in Betracht gezogen.»

Als sie mit Essen fertig waren, lehnten sie sich zurück und starrten durch das schimmernde Netzwerk aus Blättern in den blauen Himmel. Gelegentlich fuhren warme Windstöße durch die Bäume, und die Blütenblätter zarter, unsichtbarer Blumen hoch oben im Baldachin schwebten zu Boden.

Eine halbe Stunde später stellten sie den Wagen in einem Vorort von Dzamandzar ab und fuhren in einem Kingy-Kart zu einem kleinen Gebäude in der Nähe des Hauptplatzes, auf dem eine eindrucksvolle Inschrift prangte: «*Zenkalische Stimme* – die einzige aufrichtige Zeitung der Insel». Ein etwas merkwürdiger Anspruch, dachte Peter, denn schließlich gab es ja außer ihr keine andere Zeitung auf der Insel. In einem winzigen überquellenden Büro trafen sie Simon Damien an. Er war groß und ziemlich beleibt, hatte die gleichen ungewöhnlichen Augen wie seine Tochter und eine wilde Haarmähne, so rot wie das Winterfell eines Fuchses. Es war ganz offensichtlich, daß er in seinem Leben lange und mit Genuß, aber nicht gerade mit Bedacht, getrunken hatte.

«Ich bin außerordentlich erfreut, Sie kennenzulernen», sagte er mit breitem irischen Akzent und drückte Peters Hand. «Jeder, der mir diese Teufelsbrut einen ganzen Tag lang vom Hals schafft und mir dadurch paradiesischen Frieden beschert, frei von spitzer Kritik, ist ein Mensch, in dessen Schuld ich stehe.»

«Diesen Dienst erweise ich Ihnen jederzeit gern», erwiderte Peter.

Damien grinste. Er hatte eine flache Bulldoggennase, die sich runzelte, wenn er das Gesicht zu einem Lächeln verzog.

«Trinken wir einen Schluck», schlug er vor. Er fuhr sich mit den Fingern durch die Haare, wodurch er sie nur noch mehr durcheinanderbrachte. «Was wollen wir trinken? Haben Sie schon mal die ‹Blinddarmoperation› probiert?

Drei Teile Zenkali-Nektar, ein Teil Curaçao, ein Teil weißer Rum, ein Teil Wodka und ein Spritzer Sodawasser, um ihn in Form zu bringen. Setzen Sie sich doch – es dauert nur einen winzigen Moment, und schon ist das Gebräu fertig.»

«Nein», sagte Audrey, «wir müssen weiter, Vater, wir haben noch eine Menge zu erledigen. Wir wollten nur mal kurz vorbeischauen, um guten Tag zu sagen.»

«Habt ihr euch das auch gut überlegt?» fragte Damien, und die Enttäuschung war ihm vom Gesicht abzulesen. «Könnt ihr wirklich nicht bleiben, nur auf ein winziges Gläschen, einen halben Fingerhut, ganz bestimmt nicht?»

«Ganz bestimmt nicht», antwortete Audrey mit fester Stimme. «Ich kenne deine winzigen Gläschen.»

«Daß meine eigene Tochter so mit mir spricht», sagte er verletzt. Er drehte sich zu Peter um: «Möge Gott mir vergeben, aber es muß gesagt werden: was für eine harte und grausame Welt das ist, in der eine Tochter ihrem eigenen Vater nicht den winzigsten Schluck gönnt, auch wenn er vor ihr steht und ihm die Zunge zwischen aufgesprungenen Lippen aus dem Hals hängt. Das ist eine harte, grausame Welt, ja, das kann man nicht anders sagen.»

«Mir kannst du nichts vormachen», sagte Audrey. «Du hattest heute bestimmt schon mehr als einen Fingerhut voll.»

«Ich schwöre dir», beteuerte Damien, «beim großen Zeh des heiligen Apostels Paulus, daß die Flüssigkeit, die über meine Lippen geronnen ist, nicht einmal ausreichen würde, die Zahnbürste eines Gnoms zu benetzen.»

«Lügner», sagte Audrey grinsend.

«Lügner ... *Lügner*?» rief Damien, als traue er seinen Ohren nicht. Er drehte sich zu Peter um. «Es muß schmerzhaft sein, so etwas mitzuerleben. Heilige Maria,

Mutter Gottes, eine Tochter, die ihren Vater einen Lügner nennt! Dabei muß er der ehrlichste und aufrichtigste Ire sein, der je die grüne Insel verließ, um Kultur und Wahrheit in die Welt hinauszutragen.»

«Hast du deine Zeitung schon ins Bett geschickt?» fragte Audrey.

«Frag nicht so dumm. Natürlich hab ich», sagte Damien, der die Rolle des mißverstandenen Vaters wieder abgelegt hatte.

«Dann wirst du jetzt auch ins Bett geschickt», bestimmte Audrey.

«Ideen hat das Mädchen, einfach phantastisch», sagte Damien grinsend. «Was glaubst du wohl, was ich gerade tun wollte, als ihr reinkamt?»

Das Mädchen ging zu ihm, gab ihm einen Kuß und tätschelte ihm die Wange.

«Mach, daß du nach Hause kommst, du alter Schurke», sagte sie. «Ich fahr mit Peter nur schnell zu Carmen und dann den Ombu ansehen – ich schätze, daß ich gegen acht zu Hause bin. Und daß du dir ja nicht mehr als einen Fingerhut voll genehmigst, sonst kracht's, das schwör ich dir.»

«Immer diese Versprechungen», murmelte Damien, dann runzelte er die Stirn. «Ach ja, was ich noch sagen wollte, dieser Droom war hier und hat nach dir gefragt.»

«Was wollte er denn?»

«Ich weiß nicht genau – du kennst ihn ja, der redet und redet. Sagt, er hätte eine wichtige Entdeckung gemacht und muß unbedingt Hannibal oder Kingy sprechen. Aber offenbar wollen die ihn beide nicht sehen.»

«Der Arme. Die flüchten, wenn sie nur seinen Namen hören. Sie finden ihn schrecklich langweilig. Angenehm ist er ja wirklich nicht, das muß man zugeben, aber dafür kann er nichts, der arme alte Kerl. Eigentlich ist er nämlich gar nicht so übel – das sieht nur so aus.»

«Jedenfalls will er, daß du ihm hilfst, zu Hannibal vorzudringen. Sagt, es wäre sehr wichtig, und nur für Hannibals oder Kingys Ohren bestimmt. Ich habe ihm gesagt, daß ich es dir bestellen werde.»

«Okay. Ich will sehen, was sich machen läßt», versprach Audrey. «Wiedersehen, geehrter Herr Vater.»

«Möge der Bart des guten Königs Wenzel mit dir sein, meine Tochter», sagte Damien langsam, «und mit allen, die dich begleiten.»

Als sie in den Kingy-Kart stiegen, stieß Audrey einen tiefen Seufzer aus und lachte.

«Armer Vater», rief sie, «seit Mutters Tod hat er die Flasche nicht wieder aus der Hand gelegt. Ich gebe mir Mühe, auf ihn aufzupassen, aber er ist ein hoffnungsloser Fall.»

«Aber er ist außerordentlich charmant, wenn er getrunken hat», entgegnete Peter.

«Das ist ja das schlimme», sagte Audrey bedauernd, «er ist so verdammt charmant, daß er immer alles kriegt, was er will. Naja. Als nächstes werde ich Sie mit Carmen beglücken, und danach gehen wir den Ombu streicheln. Es ist Ihnen doch nicht langweilig, oder?»

«Wie sollte es einem Mann langweilig werden, wenn er mit Ihnen zusammen ist?» fragte Peter. «Aber Ihre Gesellschaft genießen zu dürfen und dazu auch noch die Bekanntschaft derart atemberaubender Exzentriker zu machen – also, wirklich, wer sich dabei langweilt, hat selbst schuld.»

«Na schön. Wenn Sie sich nun aber doch einmal lang weilen sollten, dann brauchen Sie es mir nur zu sagen», erwiderte Audrey und fügte hinzu: «Dann würde ich Sie nämlich – gehässig, wie ich bin – in den Englischen Club bringen.»

Sie eilten in ihrem Kingy-Kart durch die engen Straßen, in denen ein buntes Gewimmel herrschte und wo sich Millionen Düfte vereinten – neben den ganz speziellen Gerüchen des Marktes duftete es nach frisch gewaschenen «Sonntags»-Kleidern, nach Honig und Gewürzen und tausend glitzernden, klebrigen Süßigkeiten; und dann die Gerüche der Tiere: der beißende, kämpferische Geruch der Ziege, der süße Duft der Rinder, das freibeuterische Aroma des Schweins, der trockene, muffige Geruch von Hühnerfedern, der geduckte, feuchte Geruch von Enten. Und erst das Obst und das Gemüse, die wie ein ganzes Orchester die Sinne einnahmen – die zarte Geige der Litschipflaume, das Cello der Mangos, das Piano der Trauben, die mächtige Orgelmusik einer Ananasfrucht und die dröhnenden Trommelwirbel von behaarten Kokosnüssen. Peter dachte unwillkürlich, daß es nichts Schöneres gab, als sich in diesem lächerlichen Verkehrsmittel (dem die Leute sofort Platz machten wie andernorts einer Ambulanz) durch die Straßen ziehen zu lassen, neben sich ein schönes Mädchen und ganz Zenkali sozusagen durch die Nase aufzunehmen.

Schließlich kamen sie an die Küste und näherten sich, ganz am Ende des Hafens, einem Gebäude, das quasi über dem Wasser hing. Es war ein flaches, in zwei Schichten übereinandergebautes Haus aus unverwüstlichen Amelaholz-Balken. Aber nur die Balken waren unverwüstlich, nicht das restliche Material, so daß das Gebäude wie eine gebrechliche alte Frau, der ihr Korsett zu groß geworden war, am Boden kauerte. Bei seiner Fertigstellung, um achtzehnhundert herum, mußte ihm jemand einen freundschaftlichen Stoß versetzt haben, der es etwas aus dem

Gleichgewicht gebracht hatte, so daß es sich seither weit über das klare, von Meeresalgen helle, fischgesprenkelte Wasser lehnte. Neben der Tür hing ein Schild in bunten Farben mit der Aufschrift «Die Sturmschwalben – gegr. 1925». Peter und Audrey gingen auf die große, unförmige schwarze Tür zu, die aussah, als führte sie in den dunkelsten aller Kerker. Auf einem kleinen roten Schild war zu lesen: «Willkommen in echt britischer Atmosphäre – Herren links, Damen rechts. Spucken verboten.»

«Ich hoffe, Carmen ist da», sagte Audrey, als sie die Tür aufstießen. Sie betraten einen großen Raum, der als Bar eingerichtet war und – mit seinem seltsamen Dekor aus Spiegeln, Vasen mit Straußenfedern, roten Lampen und etwas unscharfen und mit Fliegenschmutz befleckten Bildern von koketten Damen in Reifröcken – eher wie ein ordinärer, etwas gewagter Nachtclub aus den zwanziger Jahren aussah, der seine besten Tage schon hinter sich hatte. Etwa zehn verschiedenfarbige Katzen strichen wie Rauch um die Tische; fünf weiße Kaninchen mit rosa Augen und mehrere langhaarige Meerschweinchen huschten umher; vier gescheckte Hunde räkelten sich, leise schniefend, lässig am Boden. Auf einem halben Dutzend Sitzstangen kreischten und schimpften verschiedene Papageien, Kakadus und ein lebhafter königsblauer Ara mit gelb umrandeten Augen vor sich hin. In einer Ecke stand ein großer Käfig, in dem sich ein grünäugiges Meerkatzenpärchen um sein Futter zankte.

An einem der Tische bot sich ein höchst merkwürdiges Bild. An der einen Seite saß Kapitän Pappas, unbeweglich, mit finster gerunzelter Stirn und einem großen Bierkrug vor sich. Ihm gegenüber saß Carmen. Sie war klein und ungeheuer dick und hatte glänzende schwarze Haarlokken, riesige, vorstehende blaue Augen und einen Mund, der so vollendet geformt war wie ein Amorbogen. Er sah aus, als sei er ihr auf das Gesicht gemalt worden. Auf ihrer Nasenspitze klemmte ein Kneifer, der mit einer Kette an ihrem mächtigen Busen befestigt war. Um den Hals trug sie eine Kette aus Perlen, die so groß waren, daß keine den Menschen bekannte Auster sie hätte hervorbringen können, ohne dabei in die Brüche zu gehen, und an ihren fleischigen, kleinen Händen grub sich ein halbes Dutzend Ringe tief in die Finger ein. Sie war in ein zartrosa Seidenkleid mit flatternden Spitzenrüschen gezwängt. Ihre Haut war so weich und makellos wie ein Sahnepudding, und bevor sie von dieser Fettlawine erfaßt worden war, mußte sie einmal eine sehr hübsche Frau gewesen sein. Dafür strahlte sie jetzt einen so köstlichen Humor aus, daß sie trotz ihrer übermäßigen Leibesfülle wie eine sehr attraktive und außerordentlich feminine Frau wirkte. In diesem Augenblick funkelte Kapitän Pappas sie böse an, während sie mit vor Wut getrübten blauen Augen vor sich hinschmollte. Vor ihr stand ein kleines Glas Pfefferminzlikör. Ihre blaßrosa angemalten Fingernägel klopften schnell, irritiert, dann hielten sie inne. Unbeweglich saß sie da und starrte Kapitän Pappas an, und genauso unbeweglich starrte dieser zurück – wie zwei Schachspieler, die über einem unlösbaren Zug brüten. Tief und stockend sog sie die Luft ein, ihre Brust blähte sich auf wie ein Luftballon.

«Und isch sage», hauchte sie honigsüß und vornehm, «isch sage Ihnen, Kapitän Pappas, daß Sie nischts weiter sind als ein verdammter Griesche.»

Kapitän Pappas schraubte seine kleinen schwarzen Vogelbeeraugen etwas höher.

«Grieche bin ich», gab er zu, «verdammt ist Ansichtssache.»

«Oh, keiner, außer ein Griesche würde es wagen, für

den Transport von junge Damen einen solschen Preis zu verlangen, darauf käme keiner», sagte Carmen, während sie die dicken Hände faltete. «Das ist Räuberei.»

«Wenn Sie wollen, daß ich eine Ladung Nutten bringe», begann Kapitän Pappas gekränkt, «dann kostet das ...»

Carmen wurde krebsrot im Gesicht, auf ihren Wangen erschienen dunkle Flecken, was ihr puppenhaftes Aussehen noch verstärkte.

«Entschuldigen Sie, Kapitän Pappas», sagte sie mit derart aristokratischer Kälte, daß sogar der Kapitän berührt war und ein zerknirschtes Gesicht machte, «meine jungen Damen sind keine Nutten, merken Sie sisch das bitte.»

«Na, wenn schon», sagte der Kapitän ruhig, «wenn keine Nutten, was dann, ha?»

«Es sind Damen für die Unterhaltung von Erren», sagte Carmen.

«Für mich ist eine Nutte eine Nutte und bleibt auch, basta», rief der Kapitän, der anscheinend keine Lust hatte, sich auf Wortklaubereien einzulassen, mit einem Schulterzucken. «Und Preis ist derselbe.»

Carmen zog ihr kleines, mit einem Grübchen verziertes Kinn zurück in ihr daunenweiches Doppelkinn.

«Kapitän, isch abe nischt den Wunsch, sie zu beleidigen», versicherte sie mit sonorer Stimme, «aber isch finde, Sie sind nischt besser als ein Schuft. Auch ein Griesche muß wissen, daß sisch Unehrlischkeit nischt bezahlt macht. Aben Sie noch nie etwas von ‹Rabatt› geört?»

«Klar hab ich das», erwiderte der Kapitän, «aber nicht für Transport von Nutten.»

Wieder setzte ein Schweigen ein, und sie beäugten einander wie zwei Ringer, die auf den magischen Augenblick warten, in dem eine schnelle Bewegung aus dem Handgelenk den Gegner auf die Matte legt. Aus dem Augenwinkel heraus erspähte Carmen plötzlich Peter und Audrey, die dicht bei der Tür stehen geblieben waren, und stieß einen spitzen Freudenschrei aus.

«Miss Audrey», rief sie, «Miss Audrey, wie schön. Das ist aber wirklisch eine Überraschung.»

Sie stand auf und lief, sich pausenlos verbeugend und wie eine Taube gurrend, mit lächelndem Gesicht zu ihnen.

«Das ist aber nett von Ihnen, daß Sie misch besuchen kommen», sagte sie, «isch abe Sie schon eine Ewigkeit nischt gesehen.»

«Ich hoffe, wir stören nicht, Carmen», sagte Audrey. «Ich wollte Ihnen nur schnell Peter Foxglove vorstellen.»

«Oh, wie schön, wie isch misch freue», flötete Carmen und hielt ihm die Hand hin, den kleinen Finger ein wenig abgespreizt. «Isch versischere Ihnen, daß Sie keineswegs stören. Isch atte gerade eine Meinungsverschiedenheit mit dem Kapitän. Er will von mir einen viel zu ohen Fahrpreis für meine neuen Mädschen aus Dschakarta.»

«Neue Mädchen?» fragte Audrey. «Und was ist mit Ihren alten Mädchen?»

«Oh, die sind ier, aber isch brauche ein paar neue, meine Liebe, jetzt, wo sie den Flugplatz bauen. Oh ja, da kommen viele Matrosen und Piloten, und die ganzen Soldaten, da bin isch sischer. Meine Mädschen aben jetzt schon alle Ände voll zu tun – Sie wissen schon. Wir werden Ilfe brauchen, das ist sischer. Isch will nischt, daß jemand sagt, bei den ‹Sturmschwalben› würde man nischt gut bedient. Schließlisch muß isch an meinen Ruf denken.»

Sie lief hinter die Bar, ihre kleinen Füße trippelten so schnell unter dem langen Kleid, daß es aussah, als würde sie über den Boden gleiten. «Darf isch Ihnen etwas zur Erfrischung geben, meine Liebe?» fragte sie. «Einen Pfefferminzlikör und für den Errn etwas Kräftiges?»

«Zwei Bier, bitte», sagte Audrey. «Wir können uns wirklich nicht lange aufhalten. Wir sind nur vorbeigekommen, weil ich Peter gerade die Insel zeige, und da dachte ich mir, daß er Sie unbedingt kennenlernen muß.»

«Aber natürlisch, meine Liebe», rief Carmen stolz und wurde ganz rot. «Was wäre wohl eine kulturelle Inselbesischtigung ohne einen Besuch ier bei mir. Und isch offe, daß Sie, Mr. Foxglove, jederzeit kommen, wenn Sie Lust aben, und sisch ier wie zu Ause fühlen und Ihre Sorgen in lustiger Gesellschaft vergessen.»

«Vielen Dank», sagte Peter, «das tue ich bestimmt.»

Carmen goß die Gläser voll, und da sie von all den Anstrengungen ins Schwitzen gekommen war, griff sie in den süßen duftenden Spalt zwischen ihren gewaltigen Brüsten und holte ein Spitzentüchlein hervor, mit dem sie sich abwesend die Oberlippe betupfte.

«Also», meldete sich Kapitän Pappas, «ich muß jetzt gehen.» Er trank sein Glas aus und wischte sich den Schaum von den Lippen. Carmen beobachtete ihn abwägend.

«Trinken Sie noch ein Glässchen, bevor Sie gehen», schlug sie vor, «schließlisch aben wir noch nischts ausgeandelt.»

«Dreißig Pfund pro Kopf», forderte der Kapitän und schlug mit der Hand auf den Tisch.

«Zehn, und keinen Pfennig mehr», fuhr Carmen ihn an, ihre blauen Augen blitzten kämpferisch.

«Achtundzwanzig, bei zehn Stück Garantie», knurrte Pappas.

Als wäre von Sklaven die Rede, dachte Peter.

«Isch werde Ihnen zehn garantieren, aber zu zwölf Pfund pro Kopf», sagte Carmen. «Sie brauchen ihnen nischts zu essen geben. Sie bringen das selbst mit.»

«Nicht unter fünfundzwanzig pro Kopf», erwiderte Pappas.

«Warum nehmen Sie denn keine zenkalischen Mädchen?» fragte Audrey.

«Ach, meine Liebe, die zenkalischen Mädschen sind wirklisch reizend, das gebe isch zu», sagte Carmen, «gut zum Eiraten und so weiter. Aber leider aben sie keine gute Körperygiene, du lieber Immel! – Das ist nischt, was wir uns darunter vorstellen, und es ist auch nischt, was meine Erren erwarten würden. Feuschte Achselöhlen und so weiter ist für die Errschaften, die isch abe, anstößig. Glauben Sie mir, isch abe nischts gegen sie. Es sind übsche Mädschen, und sie arbeiten schwer, aber sauber sind sie weiß Gott nischt, die armen Seelen. Und bei einem Etablissement, wie isch es abe, lernt man schnell, daß Sauberkeit und Frömmigkeit nischt weit auseinanderliegen, wie es eißt. Erscht neulisch mußte isch eine wegschicken – eine nettes junges Ding war sie, große Augen und so zutraulisch. Aber schon der erste Err sagte zu mir: ‹Carmen›, sagte er, ‹isch finde, sie ist wirklisch eine kleine Schöneit, aber sie kann es nischt lassen, sisch ihre Nase am Kissen zu putzen.› Und das störte ihn, wissen Sie, er ist ein sehr sensibler Mensch. Ja. Da muß man alles berücksischtigen, in meiner Branche.»

Kapitän Pappas leerte sein Glas in einem einzigen Zug. «Zwanzig Pfund pro Kopf», fauchte er, «und kein Penny weniger.»

«Topp!» rief Carmen. Sie füllte einen winzigen Kupferbecher mit Rum und kippte ihn in das leere Bierglas des Kapitäns.

«Abgemacht, mein Schatz», sagte sie.

«Abgemacht», sagte Kapitän Pappas und rülpste selbstzufrieden.

«Aber jetzt, nachdem wir uns vergewissert haben, daß

das Militär gut versorgt ist, müssen wir weiter», verkündete Audrey und trank ihr Glas aus.

«Müssen Sie wirklisch, meine Liebe? Na schön, wenn Sie müssen, dann kann man nischts ändern. Ören Sie, können Sie und Ihr netter Err nächsten Freitag zum Dinner kommen? Da abe isch Geburtstag und gebe eine kleine Soiree. Nischts Besonderes – nur ein paar Gäste, Essen und Trinken, und übsche Musik. Der Kapitän bringt eine Bazouki mit, nischt wahr, mein Lieber?»

«Für gute Party muß griechische Musik sein», murmelte Pappas.

«Danke. Wir kommen gern», sagte Audrey.

Durch die bunte Versammlung von Katzen, Hunden, Meerschweinchen und Kaninchen bahnten sie sich einen Weg nach draußen, und als sie in ihre Rikscha stiegen, kreischten die Papageien ihnen ein mißtönendes Lebewohl nach.

«Jetzt bin ich direkt in Verlegenheit», sagte Peter. «Ich dachte schon, ich hätte mein Herz an Reverend Longnekker verloren, aber nun bin ich ganz durcheinander, nachdem Sie mich mit Carmen bekannt gemacht haben, dem Mädchen meiner Träume.»

«Carmen ist etwas Besonderes», stimmte Audrey zu. «Außerdem gehört sie zu den nettesten Menschen, die ich kenne. Wenn irgendwo Not am Mann ist, sind sie und ihre Mädchen sofort zur Stelle. Sogar als wir vor ein paar Jahren einmal eine schlimme Pockenepidemie hatten, arbeiteten sie Tag und Nacht, sie pflegten die Kranken, ohne auch nur eine Sekunde an sich selbst zu denken.»

«Ja, ich glaube, sie ist sehr stur, aber auf eine nette Art», sagte Peter. «Und wohin soll's jetzt gehen?»

«Zum Ombubaum», erwiderte Audrey, «und danach bringe ich Sie nach Hause.»

«Ich würde gern mal da hinaufsteigen und mir die Täler ansehen, bevor es sie nicht mehr gibt. Sind Sie überhaupt schon richtig erforscht?»

«Ich glaube nicht. Der einzige, der bis zu ihnen raufkommt, ist Droom.»

«Wer ist das?» fragte Peter.

«Ein Professor, den das Landwirtschaftsministerium in England geschickt hat, um eine umfassende biologische Untersuchung auf Zenkali durchzuführen. Er war es, der die Bedeutung der Amelamotte entdeckt hat. Jetzt versucht er rauszukriegen, wo das verdammte Ding seine Brutstätten hat, deshalb grast er die ganze Insel ab. Er ist ein sonderbarer Kauz, aber hochintelligent.»

«Wenn ich meine Campingausrüstung und alles zusammen habe, würden Sie mich dann einmal übers Wochenende begleiten?» fragte Peter.

Sie schwieg einen Moment lang. Dann sagte sie langsam: «Ja. Das würde ich gern.»

«Ich werde alles vorbereiten und Ihnen dann Bescheid geben», verkündete Peter. Er lehnte sich zurück und fühlte sich plötzlich sehr zufrieden.

Eine halbe Stunde später waren sie am botanischen Garten angelangt, der außerhalb von Dzamandzar lag. Die Anlage stammte von den Holländern. Sie war nicht sehr groß, aber gut geführt und beherbergte eine große Anzahl von Pflanzen und Bäumen aus Asien und Afrika. Die Bäume und Büsche waren in Reihen oder Gruppen angepflanzt, die von Teichen mit bunten Wasserlilien und Papyrus umgeben waren. Inmitten dieser üppigen und exotischen Vegetation stand ein niedriges, langgestrecktes Gebäude, die Verwaltung des botanischen Gartens. Sie gingen hinein, und als Audrey an eine Tür klopfte, forderte sie eine fröhliche, sehr hohe Stimme auf, einzutreten. In dem Zimmer saß – hinter einem Schreibtisch, auf dem ganze Stöße getrockneter Pflanzen, Samen verschiedener Art und stapelweise wissenschaftliche Publikationen lagen – ein sehr kleiner, sehr dicker Mann mit spiegelglatter Glatze, die von einem Kranz flauschiger, dunkler Haare umgeben war. Er trug die größte Brille, die Peter je gesehen hatte, ihre Gläser waren so dick, daß er fast blind sein mußte.

«Audrey! Audrey! Wie schön, daß Sie mich besuchen kommen», quiekte der kleine Mann. Er kam hinter dem Tisch hervorgekugelt und ergriff ihre Hände. «Wie schön, daß Sie sich mal wieder sehen lassen. Was kann ich für Sie tun?» Er stellte sich auf die Zehenspitzen, sein dicker Körper zitterte, seine Brillengläser funkelten.

«Peter, das ist Dr. Mali Fellugona ... und das ist Peter Foxglove. Wir sind gekommen, um uns den Ombubaum anzusehen, wenn wir dürfen», erklärte Audrey.

«Ich freue mich, Sie kennenzulernen», sagte Fellugona und schüttelte Peter herzlich die Hand, «eine solche Ehre, ich bin erfreut, ja sehr erfreut. Selbstverständlich müssen Sie den Ombu besuchen. Armes, liebes Ding. Steht ganz allein da auf der Welt, wissen Sie, und hat so gern Besucher.»

Fellugona meinte, was er sagte, völlig ernst, und Peter begann sich für den kleinen Mann zu erwärmen. Fellugona bewaffnete sich mit einem riesigen Schlüssel, und sie gingen hinaus und einen breiten Weg entlang, neben dem Königspalmen aufragten.

«Ja, Sie können sich gar nicht vorstellen, wie sehr sich dieser Baum über alles freut, was man für ihn tut», fuhr Fellugona fort. «Natürlich tun das alle Bäume, aber dieser ganz besonders. Er mag zum Beispiel Musik sehr gern, und zum Glück kann ich Flöte spielen. Jeden Morgen sehe ich es als meine erste Arbeit, meine erste Aufgabe – meine erste

Pflicht, könnte man sagen – an, dem armen Ombu ein oder zwei Melodien vorzuspielen. Mozart und Vivaldi scheint er am liebsten zu mögen. Bach findet er, glaube ich, zu kompliziert.»

Er führte sie in einen Teil des Gartens, in dem ein Gebilde errichtet war, das wie ein riesiger Vogelkäfig aussah. Es bestand aus einem Stahlgerüst, das mit einem feinmaschigen Moskitonetz bespannt war. Fellugona öffnete eine Tür an der Seite, und sie gingen hinein.

«Hier ist er, Mr. Foxglove», rief Fellugona mit beinahe schluchzender Stimme, «der einsamste Baum auf der ganzen Erde.»

Der Ombubaum sah tatsächlich merkwürdig aus. Er hatte einen niedrigen Stamm, der an die drei Meter hoch war und einen Durchmesser von ungefähr zweieinhalb Metern hatte. Seine kräftigen, spiralförmig gewundenen Wurzeln streckten sich wie die Krallen eines absonderlichen Fabeltieres aus, um den Boden zu umschlingen. Seine Rinde war grau und silber gestreift und mit Löchern und Rissen durchsetzt, wie ein großer Bimsstein. Die kleinen, glänzenden Blätter hingen an dicken, verschlungenen, kurzen Zweigen, die alle genau gleich lang waren, so daß es aussah, als sei der Ombu früher einmal gestutzt worden. Alles in allem, entschied Peter, ähnelte er einem zerfledderten, grünen, überdimensionalen Sonnenschirm auf einem zu großen Ständer.

«Ist er nicht schön!» flüsterte Fellugona ehrfürchtig.

«Ja», sagte Peter, obgleich schön eigentlich nicht das richtige Wort war. Er war nicht schön, aber er strahlte Persönlichkeit aus, fast so, als sei er ein lebendes Säugetier oder ein Vogel. Er war eine faszinierende Erscheinung, und in einem Wald mit Bäumen würde er schon allein durch seine Persönlichkeit herausragen. Peter fuhr mit der

Hand über die rauhe, rissige, löchrige Rinde, die so warm und rauh war wie Elefantenhaut.

«Oh, das mag er gern: gekratzt, massiert, gerubbelt zu werden», sagte Fellugona. «Leider habe ich nicht genügend Zeit, um ihm die Aufmerksamkeit zuteil werden zu lassen, die er verdient. Bei all den anderen Dingen schaff ich es leider nur, ihn drei- oder viermal am Tag zu besuchen, und dabei fehlt ihm die geistige Anregung und der Gedankenaustausch so sehr.»

«Hat es einen bestimmten Grund, daß er in diesem Käfig steht?» fragte Peter.

«Insektenschädlinge», erwiderte Fellugona, und seine Brille funkelte, als er dieses Wort ausspie, als sei es ein Fluch.

Nervös sah er sich um und hob den Zeigefinger.

«Sie sind überall, immer auf dem Sprung, sitzen in ihren Startlöchern, könnte man fast sagen, allzeit gerüstet, und warten nur darauf, zuzuschlagen. Man räume ihnen nur einen einzigen Zentimeter ein, öffne diese Tür nur einen winzigen Spalt, eine Spur, eine Ritze, könnte man sagen, und sie kämen hereingeströmt, rücksichtslos und alles zerstörend, schlimmer als die wilden Horden von Dschingis Khan, fürchterlicher als die Armeen von Attila, dem Hunnen, könnte man sagen, wilder, skrupelloser und zorniger als die römischen Legionen. Seit wir die Bedeutung der Amelamotte entdeckt haben und gezwungen waren, die Insektizide zu verbannen, sind uns die Hände gebunden. Wir sind jedem Insekt, das da kreucht oder fleugt, hilflos ausgeliefert.»

Er hielt inne, nahm seine Brille ab und polierte sie aufgeregt. Seine Augen, plötzlich ihrer Vergrößerung beraubt, sahen aus wie kleine Muttermale, bis er die Brille wieder aufsetzte.

«Darum, Mr. Foxglove, mußten wir Stella da drin einschließen», fuhr er fort und deutete mit einer Handbewegung auf den Baum. «Wir bemühen uns, nicht von einem Käfig zu sprechen, um all die unglücklichen Assoziationen mit Gefangenschaft, Zwang, könnte man sagen, mit Schloß und Riegel zu vermeiden. Nein, Stella ist es lieber, wenn wir es ihr Boudoir nennen.»

«Verstehe», sagte Peter ernst und vermied es, Audrey anzusehen.

«Die letzte ihrer Art», rief Fellugona, «die letzte ihrer Art ... wenn sie geht, dahinscheidet, könnte man sagen, uns verläßt, wird die Welt einen botanischen Verlust von unvorstellbarem Wert erleiden.»

«Ja», sagte Peter, «und es ist für mich ein großes Privileg, Dr. Fellugona, daß ich Gelegenheit habe, Stella kennenzulernen, ein wirklich großes Privileg.»

«Sehr freundlich, sehr freundlich», strahlte Fellugona. «Ich bin sicher, daß sich Stella sehr gefreut hat, Sie kennenzulernen. Neue Gesichter, Mr. Foxglove, wissen Sie. Es muß für sie sehr langweilig sein – immer mit denselben alten Besuchern. Sie müssen wiederkommen, ja, ja das müssen Sie unbedingt.»

Auf dem Weg zum Wagen führte Dr. Fellugona seine Ansichten über den therapeutischen Wert von Besuchern für Stellas Gesundheit und Wohlergehen noch weiter aus. Als sie losfuhren, winkte er ihnen zum Abschied. Er hatte sich wieder auf die Zehenspitzen gestellt. Seine Brille funkelte in der Sonne. Peter lehnte sich zurück und schloß die Augen.

«Ich gebe es auf», sagte er. «Nach Stellas Boudoir kann mich nichts mehr erschüttern.»

Audrey lachte.

«Ich dachte mir schon, daß es Ihnen gefallen wird. Neben Stella, für die ich sehr viel übrig habe, ist Fellugona einer meiner Lieblinge auf der Insel.»

«Wie Sie es fertigbringen, ein solches Sammelsurium liebenswerter, verrückter Typen um sich zu scharen, ist mir einfach schleierhaft.»

«Das liegt an Zenkali. Ich glaube, sie irren durch die Welt und passen nirgendwo hin, und wenn sie schließlich hier landen, stellen sie fest, daß es genau das Richtige für sie ist. Sehen Sie sich den Gouverneur an, den Guten. Jahrelang hat man ihn in der ganzen Welt herumgeschubst, er ist von einem Mißgeschick zum andern geraten, bis jemand den brillanten Einfall hatte, ihn hierherzuschicken.»

«Und die Zenkalis kriegten den Gouverneur ihrer Träume.»

«Ja, sie lieben ihn über alles. Und er werkelt herum wie besessen, eröffnet hier eine Gemüseausstellung, streicht da einem Baby über den Kopf, und alle finden ihn großartig. Sie lauschen seinen Reden mit größter Ehrerbietung.»

«Großer Gott, er hält doch nicht etwa Reden, oder?» fragte Peter entsetzt.

«Natürlich tut er das – jedes Jahr mehrere Dutzend –, sie ermutigen ihn dazu. Hannibal nennt sie Worteisberge, weil nur ein Zehntel davon verständlich ist. Aber die Zenkalis halten den Gouverneur für das Größte seit Shakespeare.»

Sie fuhren über die Küstenstraße zurück zu Peters Haus. Der Himmel wurde von der untergehenden Sonne in grüne, rote und aprikosenfarbene Streifen geteilt, und die Luft war nach der Hitze des Tages angenehm kühl. Frauen mit Waschkörben auf den Köpfen kamen von den Flüssen zurück. Andere kehrten mit Hacken unter dem

Arm und Körben mit Obst und Gemüse auf dem Kopf von den Feldern heim.

«Kommen Sie noch auf ein Glas mit hinein?» fragte Peter, als sie vor dem Bungalow angekommen waren.

«Nur ganz kurz», sagte Audrey, «ich muß unbedingt nach Hause und dafür sorgen, daß Daddy ein ordentliches Essen bekommt.»

Sie gingen in das hellerleuchtete Wohnzimmer, wo ihnen Amos in strahlendem Weiß und mit breitem Lächeln entgegenkam. Er hielt einen Stecken mit einer Nachricht in der Hand.

«Guten Abend, Sah, guten Abend, Miss Audley», sagte er. «Massa kriegen Buch von Massa Hannibal, Sah.»

«Gut, vielen Dank.» Peter zog den Brief heraus. «Bring uns bitte etwas zu trinken, Amos.»

«Ja, Sah», sagte Amos und verschwand.

Peter faltete das Blatt auseinander:

«Peter –

habe leider schlechte Nachrichten. Sie haben ihr Flugplatzprojekt durchgeboxt, diese Idioten. Aber man sollte keine Schlüsse ziehen, warum und wieso. Bitte, kommen Sie morgen um acht zu mir, um Kriegsrat zu halten. Es gibt viel zu tun.

H.»

Peter las es Audrey vor.

«Diese verdammten Idioten!» rief sie. Tränen traten ihr in die Augen. «Diese gottverdammten blöden Idioten!»

«Vielleicht wird es gar nicht so schlimm, wie Hannibal und Sie und alle denken», sagte Peter, der nicht wußte, wie er sie trösten sollte, unbeholfen. Audrey trank ihr Glas in einem Zug aus und stellte es auf den Tisch.

«Es wird alles noch viel schlimmer sein, als wir es uns

vorstellen können», entgegnete sie heftig. «Ich muß jetzt gehen. Auf Wiedersehen.» Sie lief schnell hinaus, und bevor Peter sie eingeholt hatte, war sie schon in ihr Auto gestiegen und davongefahren.

IV

Zenkalische Überraschungen

Am nächsten Tag und die folgenden zwei Wochen konnte sich Peter vor Arbeit nicht mehr retten. Pausenlos rannte er zwischen dem Palast, Hannibals Haus und der Residenz des Gouverneurs hin und her und traf die Vorbereitungen für die Feierlichkeiten, die anläßlich der Unterzeichnung des Vertrages zwischen der zenkalischen und der britischen Regierung vorgesehen waren. Diese Abmachung würde die Insel zu einer wichtigen militärischen Einrichtung machen. Die Sache wurde immer komplizierter: Kingy bestand auf äußerstem Pomp und ausgedehnten Zeremonien. Er sagte, er habe so selten Anlaß, seine prächtigen Paradeuniformen zu tragen, daß er sich diese Gelegenheit auf gar keinen Fall entgehen ließe. Die britische Regierung schickte von Singapur ein ganzes Bataillon Soldaten, eine Militärkapelle und ein ziemlich unbedeutendes Trio, das die drei militärischen Disziplinen vertreten sollte – einen Brigadier, einen ältlichen Admiral und einen fast senilen Luftwaffenkommandeur. Zu Peters Erstaunen hatte sein Onkel, Sir Osbert, beschlossen, in Begleitung von Lord Hammer of Hammerstein and Gallop die Repräsentation der Queen zu übernehmen. Hammerstein and Gallop war ein weltweites Bauunternehmen, das – wie es schien – den Auftrag für den Bau des Staudamms, des Flughafens und aller Einrichtungen für die Marine offenbar schon so gut wie in der Tasche hatte. Was von außen wie ein recht unkomplizierter feierlicher Akt aussah, bedurfte so vieler protokollarischer und organisatorischer Vorbereitungen, daß die Arbeit kaum zu schaffen war, und sie wurde Peter durch Diggory Finn, den Adjutanten des Gouverneurs, nicht gerade erleichtert. Finn war ein schlanker junger Mann mit rotgeränderten Augen und rotblonden Haaren, der entsetzlich stotterte, überhaupt kein Gedächtnis besaß und schon bei den geringsten Schwierigkeiten vollkommen die Nerven verlor.

Vierzehn Tage lang konzentrierte sich Peter voll und ganz auf seine Arbeit, und dann war alles bestens vorbereitet: Unterkünfte waren bereitgestellt, Dinner- und Tanzpartys und Paraden arrangiert; der Gouverneur hatte die diversen Reden, die er würde halten müssen, niedergeschrieben und vor dem Spiegel geübt; Fahnen und Flaggen waren gewaschen und erneuert, die zenkalische Musikkapelle hielt schauderhafte Proben ab, und ein Wachposten des Königs löste aus Versehen einen Kanonenschuß aus und blies in eine Seitenwand des Palasts ein großes Loch, worüber sich Kingy schrecklich ärgerte. In ganz Zenkali hatte sich Hysterie ausgebreitet. Der Hauptgenerator wurde von einer selbstmörderischen Kobra heimgesucht, die vierundzwanzig Stunden lang dafür sorgte, daß die Insel im Dunkeln lag, bevor sich ein Elektriker fand, der den Mut hatte, sie rauszuholen. Inzwischen waren Speiseeis und die vielen anderen Nahrungsmittel, die für das Staatsbankett bereitlagen, aufgetaut, zerflossen und verdorben, so daß man Kapitän Pappas bitten mußte, eine Extrafahrt nach Djakarta anzutreten, um frische Vorräte herbeizuschaffen. Während des Lichtausfalls war eine Herde Kühe auf ihrem Weg zum Markt in Dzamandzar ausgebrochen und hatte eines der Sonnendächer, die für die Prominenz errichtet worden waren, niedergerissen und mitgeschleift und es schließlich in einem solchen Zustand zurückgelassen, daß fünfundzwanzig Waschfrauen fünf Tage lang damit zu tun hatten, es sauberzuschrubben und wieder in einen wenigstens einigermaßen ansehnlichen Zustand zu bringen. Als endlich all dies überstanden war, hatte Peter das dringende Bedürfnis, sich auf irgendeine Weise zu erholen, und deshalb rief er Audrey an.

«Haben Sie Lust, mit mir zum Zelten zu fahren und ein paar Täler auszukundschaften?» fragte er. «Ich habe das Gefühl, daß ich drauf und dran bin, durchzudrehen, wenn ich hier nicht sofort rauskomme und mich für eine Weile in den Bergen verstecke.»

«Gut», sagte sie. «Wann wollen Sie los?»

«Ich hole Sie morgen früh ab. Ich bin gegen acht bei Ihnen, okay? Wir können einen Tag lang von Konserven leben und ordentlich Obst mitnehmen.»

«Ich werde eine große Pastete machen. Ich bin – auch wenn Eigenlob stinkt – für meine Pasteten berühmt.»

Peter hatte gerade aufgelegt und wollte es sich mit einem Drink gemütlich machen, als Amos auftauchte.

«Bitte, Sah», sagte er, «Massa Droom kommen hier.»

Peter stöhnte. Nachdem Droom herausgefunden hatte, daß weder Kingy noch Hannibal ihn empfangen würde, weil sie von den bevorstehenden Feierlichkeiten zu sehr in Anspruch genommen waren, hatte er sich auf Peter konzentriert, und es war kein Tag vergangen, an dem er nicht eine Nachricht mit der Bitte, ihn sprechen zu dürfen, geschickt oder aus dem gleichen Grund angerufen hätte.

«Verdammter Mist», ächzte Peter, «na schön, wenn's nicht anders geht. Hol Mr. Droom rein, Amos.»

Als Droom sich ins Zimmer schob, sah Peter ihn neugierig an. Er hatte eine Figur wie ein etwas verwachsener vierzehnjähriger Schuljunge und einen eingefallenen Brustkorb und dürre Stelzenbeine, als hätte er als Kind nicht genügend zu essen gekriegt. Seine Wirbelsäule war gekrümmt, so daß sein Kopf wie bei einem Geier nach vorn ragte. Seine Haare waren dünn und strähnig und voller Schuppen. Seine Augen standen vor und hatten eine sehr blasse, wässrigblaue Farbe und krustige Ränder. In regelmäßigen Abständen ließ er ein lautes Schniefen ertönen. Mit ruckartigen Bewegungen wie ein Taschenkrebs und unter ständigem Katzbuckeln kam er auf Peter zu. Sein Mund war zu einer scheußlichen Karikatur eines Lächelns verzerrt. Hinter den blutlosen Lippen kamen vergilbte stockige Zähne zum Vorschein. Der größte Teil seiner abstoßenden Beine steckte in viel zu langen Bermuda-Shorts. Am Oberkörper trug er ein schmuddliges Trikothemd und darüber eine gräuliche Tropenjacke, die früher einmal weiß gewesen sein mußte. Ihre Taschen, die wie Schwalbennester ausgebeult waren, dienten als Behälter für eine kuriose Sammlung von Dosen, Schachteln, Vergrößerungsgläsern, einem kleinen Netz und aufgerollten Bindfäden. Peter konnte sich nicht erinnern, jemals so viele unangenehme Eigenschaften an einem Menschen gleichzeitig gesehen zu haben. Er mußte sich überwinden, die breite, etwas feuchte Hand mit den schmutzigen Fingernägeln zu ergreifen, die Droom ihm hinhielt.

«Mr. Foxglove, ich freue mich», sagte er. «Es ist wirklich sehr freundlich von Ihnen, mich zu empfangen.» Wieder schniefte er und wischte sich die Nase mit dem Handrücken ab. Seine Stimme war schrill und nasal, und seine Ausdrucksweise, so pedantisch und langweilig wie die eines Hochschulprofessors.

«Erfreut, Sie kennenzulernen, ganz meinerseits», erwiderte Peter, der durch den ekelhaften Charme seines Gastes verunsichert war. Angesichts der äußeren Erscheinung hatte er einen gereizten, unfreundlichen Umgangston erwartet.

«Wollen Sie sich nicht setzen und etwas trinken?»

«Sehr freundlich von Ihnen», sagte Droom und hockte sich in einen Sessel, wobei er seine Beine mehrmals umeinanderzuschlingen schien. «Ich halte nichts von alkoholischen Erfrischungen. Nein. Aber lassen Sie sich durch mich nicht abhalten, Mr. Foxglove. Nein. Trinken Sie ruhig, ich nehme einen Obstsaft.»

Etwas irritiert nahm sich Peter eine überaus kühne Portion Whisky mit Soda und goß seinem Gast einen Zitronensaft ein.

«Ich muß mich entschuldigen, daß wir alle so unzugänglich waren», log Peter, «aber wir konnten uns vor Arbeit kaum noch retten.»

«Sie brauchen sich nicht zu entschuldigen, Mr. Foxglove», sagte Droom und fuhr mit seinem langen, schmutzverkrusteten Finger durch die Luft, «ganz und gar nicht. Nein. Ich sehe ein, daß auch die Alten und Erfahrenen die Sorgen der Regierung tragen helfen müssen. Ja.»

«Und worüber wollten Sie mit mir sprechen?» fragte Peter schroffer, als er beabsichtigt hatte, weil er sich über die ironische Anspielung auf seine Jugend und Unerfahrenheit ärgerte. Droom schlürfte seinen Zitronensaft und wischte sich mit dem Handrücken den Mund ab. Er lächelte Peter mit seiner Leichenbittermiene an.

«Mein Anliegen, mein lieber Mr. Foxglove, ist das Einfachste auf der Welt. Ja. Alles was Sie zu tun haben – und ich weiß, daß Sie ein junger Mann mit Einfluß sind, einer, der wie es heißt, bei der Regierung Gehör findet –, Sie brauchen nichts weiter zu tun, als bei Seiner Majestät oder Oliphant ein kurzes Gespräch für mich zu arrangieren. Ja.

Es ist, wie ich bereits anzudeuten versucht habe, von größter Wichtigkeit, daß ich mit ihnen spreche. Ja. Tatsächlich kann ich nicht nachdrücklich genug betonen und darauf hinweisen, Mr. Foxglove, wie ernst die Angelegenheit ist, um die es geht. Nein.»

«Wie Sie wissen, sind die beiden sehr beschäftigt», antwortete Peter geduldig. «Wenn Sie mir vielleicht sagen wollen, worum es Ihnen geht, dann könnte ich mit einem von ihnen reden. Denn ich komme täglich mit ihnen zusammen.»

Ein merkwürdig durchtriebener Ausdruck machte sich auf dem Gesicht Professor Drooms breit. Wieder hob er seinen schmutzigen Zeigefinger in die Luft.

«Mr. Foxglove, wovon ich zu berichten habe, ist derartig wichtig und von einer solchen Bedeutung, daß ich es unmöglich jemandem anvertrauen kann, der eine – eh – untergeordnete Stellung einnimmt. Das verbietet mir meine wissenschaftliche Verantwortung. Nein. Es ist einzig und allein für die Ohren des Königs oder Oliphants bestimmt. Ich kann nicht riskieren – meine Verantwortung als Wissenschaftler läßt dieses Risiko nicht zu –, daß diese Information in die Hände von Unkundigen gerät.»

Peter hatte einen langen, schweren Tag hinter sich, und obwohl er ein überaus geduldiger Mensch war, ging ihm Droom auf die Nerven. Er konnte jetzt verstehen, warum keiner ihn mochte und alle ihn mieden.

«Na schön, Professor Droom», sagte er, «da Sie mich offenbar als nicht vertrauenswürdig betrachten, schlage ich vor, Sie schreiben auf, worum es sich handelt, und setzen sich mit Kingy oder Hannibal direkt in Verbindung. Und jetzt entschuldigen Sie mich bitte, ich habe einen anstrengenden Tag hinter mir und würde jetzt gern etwas essen und zu Bett gehen.»

Er stand entschlossen auf, aber Droom stellte sein Glas ab und streckte flehend die geöffneten Hände aus.

«Mr. Foxglove, Mr. Foxglove», winselte er, «bitte hören Sie mich an. Ich muß eine Audienz bekommen. Ich darf mich nicht dem Papier anvertrauen, meine Verantwortung als Wissenschaftler läßt nicht zu, daß ich mich dem Papier anvertraue – nicht bevor meine Untersuchung abgeschlossen und meine Hypothese bewiesen ist.»

«Nun, dann warten Sie eben, bis Ihre Untersuchung abgeschlossen ist», sagte Peter kurz angebunden, «und dann vertrauen Sie sich dem Papier an und geben es jemandem, der keine untergeordnete Stellung einnimmt.»

«Ich stelle fest, daß Sie keine wissenschaftliche Bildung besitzen», schnaubte Droom.

«Nein, ich besitze nur gute Manieren», erwiderte Peter. «Gute Nacht, Professor.»

Droom schraubte seine behaarten Beine auseinander, hob mehrere Röhrchen und Schächtelchen auf, die ihm aus der Tasche gefallen waren, und stand auf.

«Das wird Ihnen noch leid tun», zeterte er.

«Ich kann nur wiederholen: Teilen Sie mir Ihr Problem mit oder schreiben Sie es auf, dann werde ich dafür sorgen, daß es an die entsprechenden Stellen weitergeleitet wird. Mehr kann ich nicht tun.»

«Wenn sich in den nächsten Tagen etwas tut – wenn meine Untersuchungen abgeschlossen sind –, darf ich dann noch mal zu Ihnen kommen?» fragte Droom mit verzerrtem Lächeln und klammerte sich krampfhaft an seine vollgestopften Taschen.

«Natürlich», sagte Peter nach kurzem Zögern.

«Dann kann ich nur hoffen, daß es nicht zu spät sein wird», drohte Droom. Wieder wischte er sich mit der Hand die Nase ab und streckte sie dann Peter hin.

«Ich muß Ihnen für Ihre Freundlichkeit und die Zeit, die Sie mir zur Verfügung gestellt haben, danken», sagte er und schlich sich davon.

Als erstes wusch sich Peter die Hände, dann goß er sich einen Whisky ein, der noch größer war als der erste. Er überlegte, daß es vielleicht besser war, Hannibal von Drooms Besuch zu unterrichten. Er griff zum Telefon und machte seine erste Bekanntschaft mit den extravaganten Marotten des zenkalischen Telefonsystems. Als er den Hörer abhob, ging zuerst etwas los, das sich wie ein Pistolenschuß anhörte, darauf folgte ein merkwürdiges, summendes Geräusch wie von einem Bienenschwarm, der in einen Wasserkübel getaucht wird. Er wählte Hannibals Nummer, und dann ertönte eine feierliche Stimme: «Ja, Sah, Mr. Foxglove, mit welcher Seite wollen Sie sprechen?»

«Wer ist da?» fragte Peter verblüfft.

«Napoleon Waterloo, Sah.»

«Ist Mr. Hannibal da?» fragte Peter.

Daraufhin entstand eine lange Pause. Peter hörte, wie Napoleon Waterloo mit jemandem flüsterte.

«Jesus sagen, Mr. Hannibal nicht da, nicht Haus, Sah», sagte Napoleon Waterloo unerwartet.

«Jesus?» fragte Peter, der sich noch immer nicht recht an die Namen gewöhnen konnte, mit denen die Zenkalis getauft waren.

«Ja, Sah. Jesus sagen, Mr. Hannibal gehen zu Gouverneurshaus, Sah. Wollen Sie Gouverneurshaus?» fragte Napoleon Waterloo.

Peter wurde plötzlich klar, daß die Wählscheibe an seinem Telefon wahrscheinlich keinen praktischen Wert hatte, sondern nur zur Verzierung diente.

«Ja», sagte er resigniert, «gib mir das Gouverneurshaus.»

Mit viel Getöse, aber doch immerhin erstaunlich schnell

wurde er nacheinander mit der Polizeizentrale, dem Fischmarkt und schließlich – welch Triumph! – mit dem Gouverneurshaus verbunden, wo er Hannibal ans Telefon bekam. Peter erzählte ihm von Droom.

«Ach, dieser ekelhafte Kerl», stöhnte Hannibal, «ich würde ja nichts sagen, wenn er nicht so widerlich wäre, denn er ist wirklich ein kluger Kopf, wenn man sich mit ihm über sein eigenes Gebiet unterhält. Aber er tut immer so geheimnisvoll, wissen Sie. Das letzte Mal, als er mit einer seiner streng geheimen Dolchstoßlegenden ankam und Kingy und mich fast zu Tode erschreckte, stellte sich heraus, daß er nichts weiter zu enthüllen hatte als die welterschütternde Neuigkeit von einer Quallenart, die er gefunden hatte und die der Wissenschaft noch nicht bekannt war, und daß er sie nach Kingy benennen wollte. Ich würde mir seinetwegen nicht allzu große Sorgen machen. Tut mir leid, daß er unhöflich war. Aber nachdem er bei der einen oder anderen Gelegenheit schon zu jedem von uns einmal unhöflich gewesen ist, sehe ich andererseits nicht ein, warum Sie davon verschont bleiben sollen.»

«Ich dachte mir nur, daß ich Sie davon unterrichten sollte.»

«Ja, schön. Aber ich befinde mich hier gerade mitten in einer Haushaltskrise und kann mich jetzt nicht mit Droom befassen.»

«Kann ich irgend etwas tun?»

«Nein. Ich glaube nicht. Lady Emerald hat gerade entdeckt, daß sie für die Hautevolee nicht genügend Bettücher besitzt. Ich sehe uns schon alle in Wolldecken schlafen und Hitzepickel kriegen. Ich wünschte, die britische Regierung wäre nicht gar so knausrig, wenn sie ihre Gouverneurshäuser einrichtet.»

«Übrigens, ich werde in den nächsten beiden Tagen

nicht da sein. Audrey und ich wollen uns ein bißchen in den Hügeln von Matacama umsehen.»

«Sehr gut. Am liebsten würde ich mitkommen, allerdings hege ich den seltsamen, wahrscheinlich unbegründeten Verdacht, daß Sie beide lieber allein sind.»

Peter lachte in sich hinein.

«Verlaufen Sie sich nicht in den Tälern», sagte Hannibal. «Die Karten sind nicht genau, wissen Sie, und es wäre ein teuflischer Job, sie wiederzufinden.»

«Ich passe schon auf», versprach Peter.

Am nächsten Morgen fuhr er mit Audrey hinauf in die Berge. Das Wetter war so herrlich, daß sie gar kein Zelt benötigten. Sie nahmen nur warme Schlafsäcke mit, denn die Nächte waren doch, im Vergleich zu den Tagestemperaturen, recht kühl. Audrey war zu der Überzeugung gelangt, daß vier kleine Pasteten leichter zu handhaben waren als eine große, und Peters Rucksack war mit verschiedenen Konservendosen, Streichhölzern, Tee und anderen Ausrüstungsgegenständen gefüllt, die ihnen das Leben in den nächsten zwei Tagen erträglich machen sollten. Peter hatte auch dünne Nylonseile und seinen Fotoapparat mitgebracht. Es war ein strahlend blauer, typisch zenkalischer Tag; Audrey sah besonders hinreißend aus und war glänzend gelaunt. Als sie die rote Straße hinauffuhren, die sich an der breiten Flanke des Matacama entlangschlängelte, kamen ihnen die grünen Wälder besonders schön vor. Neben der Straße schreckten Mungos hoch, die, mit ihren listigen kleinen Gesichtern, neugierig das Auto beobachteten, bevor sie, schlangengleich, unter die Büsche glitten. An einer Stelle überquerte ein kleines Rudel Wildschweine die Straße, klein, rundlich und schwarz, mit dicken Bäuchen und Hängeohren. Sie quiekten und grunzten und drängelten sich vor Furcht, als das Auto näherkam.

Dann kamen sie in das unwegsame Gebiet, in dem kleine Seitentäler vom Matacamatal und dem Fluß abzweigten. Hier berieten sie anhand der Karten, die Peter mitgebracht hatte, welchen Weg sie einschlagen sollten. Sie beschlossen, das Haupttal zu durchqueren und zuerst die drei kleinen nördlichen Seitentäler auszukundschaften. Sie überquerten, von einem Felsbrocken zum anderen springend, den Matacamafluß. Das war nicht ganz ungefährlich, denn das Gestein war glitschig und mit Moos überzogen, das sich leicht von der feuchten Oberfläche löste. Die roten und blauen Eisvögel stießen vor Aufregung ein lautes Trillern aus, als die beiden in ihr Territorium eindrangen, und eilten hin und her, so daß sie vor dem dunklen Hintergrund der überhängenden Bäume wie glitzernde Juwelen aussahen. Nachdem sie das gegenüberliegende Ufer erreicht hatten, kamen sie etwas leichter voran, obgleich sie sich ab und zu zwischen den dicken, geraden Stämmen der chinesischen Guavabäume, die ihnen den Weg versperrten, erst mit einem Buschmesser Platz verschaffen mußten. Peter markierte den Weg sorgfältig, damit sie wieder zurückfanden. An manchen Stellen wurde der Wald dünner. Hier war der Boden mit blassen roten Blumen bedeckt, und wie riesenhafte ausgefranste Körbe wuchsen wilde Himbeerstauden in Gruppen, die rubinroten Früchte waren so groß wie Pflaumen, sehr saftig, aber fast ohne Geschmack. Kleine Taubenpärchen, grau mit braunen Flecken auf den Flügeln, pickten ruhig zwischen den Blättern im Gras und waren so zahm, daß sie ihre Nahrungssuche fortführten, bis Peter und Audrey unmittelbar neben ihnen standen, erst dann flogen sie zögernd fort. Hier und da ragten Palmenbäume auf, giftgrün und nicht in die Umgebung passend, wie halb geöffnete Damenfächer, die mitten im Wald in den Boden gesteckt worden sind. Ihre langen, zerfransten Blätter gaben weiche, sonnendurchtränkte Betten für die Eidechsen ab, die, drachengrün mit roten und blauen Punkten an den Seiten, träge dalagen, zierlich und schön, und aus goldenen Augen in den leicht gebogenen Köpfen ihre Umgebung beobachteten. Während sich Audrey und Peter durch den dichteren Wald vorarbeiteten, regneten Schauer winziger Fruchthülsen auf sie herab, die die Langschwanzpapageien fallen ließen, die in den höheren Zweigen zeternd und kreischend nach Nahrung suchten.

Gegen Abend hatten sie das erste Tal erforscht und machten auf halbem Weg zu dem zweiten Tal Rast. Sie wählten einen kleinen Felsvorsprung aus, auf dem sie die Nacht verbringen wollten. Von hier aus – einer kleinen Lichtung, die an drei Seiten von riesigen, alten Bäumen umgeben war, die in voller Blüte standen – hatten sie eine über die Wipfel des Waldes herrliche Aussicht auf das dahinterliegende tiefblaue Meer. Sie machten ein Feuer und aßen, während die Sonne allmählich immer tiefer sank. Am Himmel erschienen große Schwärme Fledermäuse, die mit weiten, dunklen ledrigen Flügeln dahinglitten und irgendwo im Wald untertauchten, um sich mit schrillem, lautem Geschrei an wilden Mangofrüchten zu laben. Etwas später ging der Mond auf. Zuerst war er goldgelb, dann wurde er blasser und blasser, und schließlich stand er weiß wie Eis am samtschwarzen Himmel.

Früh am nächsten Morgen wurden sie unsanft von den heiseren, wilden Schreien und dem Gekreisch und Gezänk einer Herde Makaken mit schlauen Augen und rosa Hinterteilen geweckt. Peter kroch aus seinem Schlafsack, gähnte und streckte sich.

«Guten Morgen», begrüßte ihn Audrey. «Machst du Tee?»

«Ja», sagte Peter und beugte sich über die Glut der Feuerstelle, blies hinein und entfachte sie mit einer Handvoll Zweigen zu neuem Leben. «Außerdem habe ich vor, ein paar Würstchen zu braten, die ich, klug wie ich bin, eingepackt habe.»

«Was für ein bewundernswerter Mann das doch ist», flötete Audrey, «und neben allem anderen schnarcht er nicht mal.»

«Ich bin der Inbegriff der Tugend, falls du das noch nicht gewußt hast», verkündete Peter und winkte ihr mit dem Dosenöffner.

«Vielleicht stimme ich dir zu, wenn ich weiß, wie du eine Wurst brätst», sagte sie und kam aus ihrem Schlafsack gekrochen.

«Von Istanbul bis Bangkok, von Peru bis Katmandu bin ich für meine untadeligen Bratwürstchen berühmt», rief er. «Du kannst ja meckern, wenn du willst.»

Gesättigt und zufrieden verließen sie bald die herrliche Lichtung und machten sich auf den Weg zum zweiten Tal. Gegen Mittag hatten sie es noch immer nicht gefunden und überlegten, ob es auf der Karte vielleicht falsch eingezeichnet war, oder ob sie es verpaßt hatten. Aber dann, plötzlich, als sie sich gerade quer durch ein Guajava-Gebüsch gekämpft hatten, kamen sie an den Rand einer etwa fünfzehn Meter hohen Felswand. So weit sie sehen konnten, verlief sie nach beiden Seiten in gleichbleibender Höhe.

«Gut, daß ich die Seile mitgebracht habe», sagte Peter. «Es ist bestimmt nicht weiter schwer, da runterzukommen – es gibt eine Menge Einkerbungen, in denen man Halt findet.»

«Aber das geht gar nicht gerade runter, das wölbt sich richtig nach vorn», sagte Audrey zweifelnd.

«Nein, es ist bestimmt nicht schwer, das verspreche

ich.» Peter befestigte das eine Ende des Seils an einem kräftigen jungen Baum und ließ das andere über die Felswand hängen. Es reichte bis kurz über den Boden und verschwand in einem Gebüsch.

«Ich gehe zuerst», bestimmte Peter, «dann läßt du das Gepäck runter und folgst mir. Keine Angst, und paß auf, wo du hintrittst, okay?»

«Okay», sagte Audrey und bemühte sich, ihrer Stimme einen zuversichtlichen Klang zu geben. Insgeheim war sie froh, daß Peter ihr zutraute, all dies ohne hysterisches Kleinmädchengetue zu bewältigen.

Peter schwang sich über die Kante und stieg langsam die Klippe hinunter. Es gab viele Stellen, an denen man mit den Füßen Halt fand, aber der Fels war bröcklig, und er mußte sich vorsehen. Er war noch etwa sechs Meter vom Boden entfernt, als ein großer Teil des Felsstücks, dem er gerade sein Gewicht anvertraut hatte, mit einem splitternden Krachen unter ihm nachgab. Es kam so unerwartet, daß er durch den Ruck das Seil losließ. Audrey, die ihm zugesehen hatte, beobachtete erschrocken, wie er abstürzte und kopfüber in den Büschen landete und verschwand.

«Peter», rief sie, «ist dir was passiert?» Aber sie erhielt keine Antwort.

Zum Glück gab das Guajava-Gebüsch, in das er gefallen war, federnd nach, so daß sein Sturz gedämpft wurde. Die einzige Wunde, die er davontrug, war ein tiefer Kratzer an der Stirn, ein verstauchter Knöchel und ein paar gequetschte Rippen. Atemlos lag er da und konnte Audrey von oben rufen hören, aber er bekam noch keine Luft und konnte nicht antworten. Dann endlich gelang es ihm stöhnend, sich aufzurichten, aber gerade als er Audrey etwas zurufen und ihr sagen wollte, daß alles in Ordnung war, hörte er im Unterholz ganz in seiner Nähe ein Rascheln, und dann tauchte zwischen den Blättern und Zweigen ein großer Vogel auf. Peter starrte ihn ungläubig an und wollte seinen Augen nicht trauen: Vor ihm stand ein quicklebendiger, quietschvergnügter Spottvogel.

Peter starrte ihn völlig perplex an. Der Spottvogel beobachtete ihn mit verschmitzten Augen, den Kopf auf die Seite gelegt, und machte ein paar Schritte auf ihn zu. Dann blieb er wieder stehen. Wie er so dastand, mit schiefem Kopf und auf nur einem Bein – das andere hatte er angezogen –, sah er wie ein fremdartiger, etwas schlaksiger Vogel-Tanzlehrer aus. Mit einer zierlichen Eleganz trat er zwischen den Guajava-Stämmen hervor und bewegte die Flügel nachlässig hin und her – wie jemand, der einen Stoß Karten durchblättert. Peter sah, daß er sehr lange Wimpern hatte, die sich über seinen großen, fröhlich funkelnden Augen hoben und senkten. Er schien nicht halb so überrascht wie Peter zu sein. Einen Augenblick starrten sie einander an , dann war im Unterholz heftiges Rascheln und Scharren zu hören, und auf der kleinen Lichtung erschien mit nervösem Eifer ein Spottvogelweibchen. Es gab merkwürdige, gereizte Geräusche von sich, die sich aber zu einem friedlichen Plappern beruhigten, als sie ihren Partner sah. Sie ging zu ihm und putzte ihm die Federn an der Kehle, wie eine übereifrige Ehefrau, die ihrem Mann den Schlips zurechtrückt. Peter richtete sich auf und sah ihnen zu. Sein Herz schlug ihm bis zum Hals vor Aufregung. Hier, direkt vor ihm, einander liebkosend, standen zwei Vögel, die angeblich ausgestorben waren.

Das Spottvogelmännchen stieß einen ungewöhnlich tiefen, vibrierenden Laut aus. Das Weibchen, das seine Federn verdrossen zurechtzupfte, antwortete mit einigen vagen, gurrenden Lauten. Die beiden Vögel sahen einander freundlich an, und genauso freundlich sahen sie Peter an.

Dann gingen sie aufeinander zu, kreuzten behutsam ihre Schnäbel und rasselten sie plötzlich so schnell gegeneinander, daß es sich anhörte, als liefe jemand mit einem Stock an einem Zaun entlang. Danach hoben sie beide den Schnabel zum Himmel, machten die Augen zu und stießen einen melodischen und spöttischen Schrei aus.

«Ha! Ha! *Ha!*» riefen sie mit bebenden Kehlen.

Sie hielten einen Augenblick inne und senkten die Köpfe, und dann vollführte das Weibchen ein kleines, kompliziertes Menuett vor ihrem Gefährten, das damit endete, daß sie fast auf den Schnabel gefallen wäre. Nach diesem Ritual starrten sich die Vögel wieder mit offenkundiger Zuneigung an, rasselten kurz mit den Schnäbeln und begannen dann piepsend in der Lichtung herumzuspazieren und in den Blättern nach Insekten zu stochern.

Peter klopfte sich die Erde und das Moos ab. Die Vögel betrachteten ihn verschmitzt und kamen näher. Sie standen kaum einen halben Meter entfernt vor ihm und starrten ihn mit großem Interesse an. Dann beugte sich das Männchen in der Art eines Feinschmeckers, der ein neues Gericht ausprobiert, nach vorn und pickte zaghaft an Peters Hose. Peter streckte die Hand aus, und die Vögel stolzierten um ihn herum und nahmen seine Finger in den Schnabel und knabberten vorsichtig daran. Dann sahen sie sich an und ließen wieder ein weiches, melodisches «Ha *ha* ... ha *ha*!» ertönen, als wollten sie ihre Meinung über Peter zum Ausdruck bringen. Sie untersuchten seine Hose und sein Hemd und starrten ihm ins Gesicht, während sie eifrig mit den langen Wimpern über den dunklen Augen blinkten. Nachdem sie sich überzeugt hatten, daß er harmlos und in ihrem Reich willkommen war, stolzierten sie durchs Dickicht davon, wobei sie mit tiefen vibrierenden Lauten miteinander Kontakt hielten.

Peter lehnte sich zurück, um dieses unglaubliche Erlebnis ganz in sich aufzunehmen. Er hörte Audreys Stimme oben auf der Klippe, die wieder nach ihm rief, aber er konnte sich nicht vom Fleck rühren und starrte nur in den Himmel. Er kam sich vor wie jemand, der auf dem Weg zum nächsten Kiosk, wo er sich eine Postkarte kaufen will, plötzlich eine Gutenberg-Bibel findet. Er kam sich vor wie jemand, der in einer Mülltonne eine Stradivari findet. Aber dies hier war in Wirklichkeit noch viel mehr. Es war möglich, daß jemand im Verlauf der Menschheitsgeschichte eine weitere Bibel von solcher Herrlichkeit schaffen konnte, aber die Vögel, die er gerade gesehen hatte, waren einmalig. Wenn sie erst einmal verschwunden waren, würde sie nichts wieder zurückbringen können.

«Peter, Peter ... ist alles in Ordnung?» Audreys Stimme klang inzwischen ganz verzweifelt. Peter richtete sich auf, in seinem Kopf ging noch immer alles durcheinander.

«Audrey ... kannst du mich hören?» rief er.

«Ja ... ist dir was passiert?»

«Nein, mir ist nichts passiert. Hör zu, nimm das Seil und mach es ordentlich an einem Baum fest, und dann komm sofort runter. Ich habe eine unglaubliche Entdekkung gemacht.»

«Du hörst dich so komisch an. Ist auch wirklich alles in Ordnung?»

«Ja, ja», rief er ungeduldig. «Komm jetzt runter.»

Kurz darauf schwang sie sich aus den Lüften zu ihm herab und landete direkt neben ihm.

«Du hast mich vielleicht erschreckt», beklagte sie sich. «Warum hast du nicht geantwortet, als ich dich gerufen habe? Ich dachte, du hättest dir das Genick gebrochen.»

«Ich mußte mich erst mit ein paar Vögeln unterhalten», sagte er.

Sie starrte ihn an.

«Mit ein paar *Vögeln*?» fragte sie.

«Ja. Mit Spottvögeln.»

Ihre lebhaften blauen Augen weiteten sich ungläubig.

«*Spott*vögel?» wiederholte sie.

«Ja», sagte Peter, «echte, lebendige, mit Federn versehene Spottvögel. Die an meiner Hose gepickt haben.»

Das Mädchen sah ihn betroffen an.

«Bist du auch wirklich nicht auf den Kopf gefallen?» fragte sie ängstlich.

«Natürlich nicht», sagte Peter. «Komm mit, dann werd ich's dir zeigen.»

Er nahm ihre Hand und zog sie durch das Gebüsch in die Richtung, in der die Vögel verschwunden waren. Sie fanden sie ungefähr fünfzehn Meter weiter. Sie stolzierten in einer kleinen Lichtung umher, suchten nach Insekten, klimperten sich traulich zu. Audrey starrte sie fassungslos an.

«Heiliger Apostel Paulus und alle anderen», sagte sie schließlich. «Du hast es dir gar nicht eingebildet.»

«Hab ich doch gesagt», entgegnete Peter stolz. «Ein waschechtes Spottvogelpärchen.»

«Peter, das ist nicht zu fassen», sagte sie.

Die Spottvögel zeigten sich entzückt, sie wiederzusehen, und waren vor allem an Audrey interessiert. Schließlich hatten sie Peter schon ziemlich sorgfältig unter die Lupe genommen. Nun mußte Audrey mit schiefem Kopf gemustert werden, ihre Jeans und ihre Finger, an denen vorsichtig herumgepickt wurde, um festzustellen, ob sie eßbar waren, und als sie sie schließlich zur Genüge begutachtet hatten, rasselten sie wieder ihre Schnäbel aneinander, starrten hinauf in den Himmel und sangen im Chor: «Ha *ha* ... ha *ha*.» Audrey hockte sich auf den Boden und schnalzte mit den Fingern, und die Vögel kamen näher. Sie blieben still neben ihr stehen, während sie ihnen die Köpfe kraulte; die Augen hatten sie halb geschlossen, und mit den Wimpern gaben sie leise klimpernde Laute von sich, um ihr Wohlbehagen auszudrücken.

«Sind sie nicht bezaubernd», flüsterte Audrey und lächelte Peter entzückt an. «Sie sind so zahm ... wie Haushühner.»

«Darum sind sie ja auch als erste abgeknallt worden», sagte Peter. «Wieviel es wohl noch von ihnen gibt?»

«Das Tal ist ziemlich klein. Ich glaube nicht, daß hier sehr viele leben können. Vielleicht sind es sogar die beiden letzten, die noch übrig sind.»

«Ich hoffe nicht», sagte Peter und blickte sich um.

«Komm, wir sehen mal nach», schlug Audrey vor.

«Großer Gott, sieh dir das an!» rief Peter plötzlich mit einer solchen Heftigkeit, daß Audrey und die Spottvögel erschrocken zusammenzuckten.

«Was ist los?» fragte Audrey.

«Die Bäume da», rief Peter aufgeregt, «das sind doch Ombubäume.»

«Tatsächlich», staunte Audrey. «Das ist ja phantastisch, Peter. Sieh doch bloß mal ... das sind ja Dutzende. Das ganze Tal ist voll. Fellugona wird außer sich sein.»

«Und Stella erst. Das gibt einen Wirbel, sag ich dir.»

«Ich glaube, wir sollten es zuerst Hannibal erzählen», sagte Audrey. «Komm, wir suchen das ganze Tal ab, vielleicht finden wir noch mehr Vögel.»

Das Tal war ungefähr zweieinhalb Kilometer lang und einen knappen Kilometer breit. In seiner Längsrichtung schlängelte sich ein Fluß, der sich an einer Stelle verbreiterte und einen kleinen See bildete. In dem sumpfigen Uferboden waren unzählige Fußabdrücke von Spottvögeln, aber es dauerte eine ganze Weile, bis sie noch andere

Vögel fanden. Sie brauchten fast drei Stunden, um das Tal gründlich zu durchsuchen, aber am Ende hatten sie vierhundert Ombubäume und fünfzehn Spottvogelpaare gezählt. Sie fanden auch einen zweiten Zugang zum Tal. Das Tal selbst war lang und schmal wie eine Messerklinge und an beiden Seiten von senkrechten, etwa fünfzehn Meter hohen Felswänden begrenzt. Peter und Audrey folgten dem Fluß und gelangten zu einem Felseinschnitt, durch den das Wasser floß. Sie wateten durch einen Spalt, der immer enger und enger wurde, bis sie sich gerade noch hindurchzwängen konnten. Dann wurde es hell vor ihnen, und sie hörten einen Wasserfall rauschen. Sie mußten sich durch einen dikken Vorhang aus Schlingpflanzen kämpfen, und dann konnten sie sehen, daß der Fluß in mehreren Wasserfällen in das große Matacamatal stürzte. Von hier aus war deutlich zu erkennen, daß zusammen mit dem Haupttal auch das Tal der Spottvögel überflutet werden würde.

«Und was soll jetzt geschehen?» fragte Audrey, als sie wieder ins Tal und zu der Felswand zurückgingen, die sie hinabgestiegen waren. «Ich nehme an, sie werden die Vögel einfangen und woandershin transportieren müssen, oder?»

«Möglich. Mir ist nur nicht klar, wohin sie sie bringen sollen. Aber vermutlich können sie auch in jedem anderen Tal leben. Allerdings werden die Leute einige Dinge beachten müssen, sonst haben sie jede Menge religiöse Streitigkeiten am Hals.»

«Religiös? Wieso religiös?»

«Na, schließlich handelt es sich doch um den verlorenen Gott der Fangouas – natürlich nur, falls die inzwischen nicht schon so verdammt christlich und zivilisiert sind, daß sie gar nichts mehr mit ihm zu tun haben wollen.»

«Ich habe das Gefühl, daß diese Entdeckung ganz schönen Aufruhr auslösen wird», sagte Audrey nachdenklich.

Sie sollten recht behalten, aber keiner von beiden konnte sich in diesem Augenblick das volle Ausmaß des Aufruhrs vorstellen, den die Auferstehung der Spottvögel in Gang setzen sollte.

Sie erreichten Hannibals Haus gegen Abend, als er gerade bei einem üppigen Curry-Mahl saß. Als sie verschmutzt und total aufgelöst ins Eßzimmer gestürmt kamen, legte er Löffel und Gabel hin und starrte sie verwundert an.

«Aus eurem entsetzlich ungepflegten Zustand schließe ich, daß ihr geradewegs von eurem rustikalen Pfadfinderunternehmen hierhergekommen seid», sagte er. «Ihr seht aus, als könntet ihr was Ordentliches zu essen gebrauchen. Zum Glück macht mein Koch immer genug Curry, damit er nicht nur mich, sondern, wie mir schwant, auch seine sämtlichen vierundachtzig lebenden Verwandten verköstigen kann. Es reicht also bestimmt auch noch für euch. Tomba, leg bitte noch zwei Gedecke auf.»

«Hannibal, wir haben eine äußerst wichtige Entdekkung gemacht», sagte Peter.

«Wir haben am Matacama ein Tal gefunden ...» begann Audrey aufgeregt.

«Voll von Ombubäumen und Spottvögeln ...» sagte Peter.

«*Voll* davon ... einfach herrlich», bestätigte Audrey.

Hannibal starrte sie an.

«Ihr habt doch wohl keinen Zenkali-Nektar getrunken?» fragte Hannibal. «Ihr wißt wohl nicht, was der mit euch anstellen kann, wenn ihr nicht maßhaltet!»

«Wir sind völlig nüchtern, Hannibal», sagte Peter. «Es ist wahr ... wir haben über vierhundert Ombubäume und fünfzehn Spottvogelpaare gefunden.»

Hannibal sah sie an und merkte, daß sie es völlig ernst meinten.

«Jesus, Tröster meiner Seele», rief er. «Erzählt. Ich will alles ganz genau wissen.»

Während das Curry-Gericht auf ihren Tellern langsam zu kaltem Gallert erstarrte, erzählten sie Hannibal, was sie erlebt hatten. Als sie fertig waren, ging er mit ihnen ins Wohnzimmer und breitete eine Karte in großem Maßstab auf dem Boden aus. Sie vertieften sich darin, und dem aufgeregten Paar gelang es tatsächlich, das Gebiet ausfindig zu machen, das sie von nun an Tal der Spottvögel nennen wollten.

Hannibal sah sich die Gegend durch ein riesiges Vergrößerungsglas an.

«Das Dumme ist nur, daß es schon so lange her ist, seit sie die Vermessungen auf der Insel gemacht haben, und wahrscheinlich sind sie noch dazu reichlich ungenau», sagte er, «und von einem Haufen betrunkener Vermessungsingenieure kann man sowieso nicht erwarten, daß sie einen Spottvogel oder einen Ombu erkennen. Aber wenn ihr die Stelle richtig angegeben habt, dann bedeutet das auch, daß dieses Tal mit draufgeht, wenn das große Matacamatal überflutet wird. Oje, oje, wie Reverend Pluderhose sagen würde, da habt ihr aber wirklich eine Lawine ins Rollen gebracht. Ich glaube, zuerst einmal sollten wir Kingy informieren.»

Er ging zum Telefon.

«Ach, du meine Güte», stöhnte er. «Bist du das, Napoleon Waterloo?»

«Ja, Sah, Massa Hannibal», antwortete ihm eine heisere, durchdringende Stimme.

«Du geben mir sofort Kingy-Haus, du hören», brüllte Hannibal.

«Ja, Sah», sagte Napoleon Waterloo unsicher. Durch das Telefon hörte er sich an wie ein quakender Frosch im

Brunnen. Er verband Hannibal in rasender Eile mit dem Hafen, dem Gouverneurshaus, der Feuerwehr und wieder mit dem Hafen.

«Großer Gott!» klagte Hannibal. «Braucht man sich da noch zu wundern, daß Kingy seine Buchläufer erfunden hat?»

Schließlich – mit einem Gedonner, das ihm fast den Hörer aus der Hand riß – hatte er den Palast in der Leitung, und nach einer Weile kam Kingy ans Telefon.

«Tut mir leid, Sie noch zu so später Stunde stören zu müssen», sagte Hannibal, «aber Foxglove und Audrey Damien haben einen außergewöhnliche Entdeckung gemacht, und ich glaube, daß Sie als erster davon erfahren sollten. Können wir rüberkommen?»

«Selbstverständlich», erwiderte Kingy, «wenn es so wichtig ist.»

«Ich glaube, es ist der reinste Sprengstoff, und zwar in jeder Hinsicht», sagte Hannibal ernst. «Aber ich will nicht am Telefon davon sprechen. Wir kommen sofort.»

Als sie am Palast ankamen, war alles hell erleuchtet. Sie eilten durch lange Marmorkorridore, bis sich schließlich große Doppeltüren auftaten und sie in einen riesigen Salon geschoben wurden, der mit Sofas und merkwürdig geformten viktorianischen Möbeln vollgestopft war. Auf einem der Sofas lag Kingy mit seinem Sohn und Erben, dem zweijährigen Prinz Talibut, der auf seinem Bauch herumsprang und wilde Freudenschreie ausstieß, wenn sein Vater ihn zu kitzeln versuchte. Auf einem der anderen Sofas saß Kingys Frau, Prinzessin Matissa, eine hochgewachsene, schlanke und sehr schöne Zenkali. Sie erhob sich und begrüßte sie, besorgte ihnen etwas zu trinken, und dann nahm sie ihren aufgeregten Sohn an die Hand und verließ hoheitsvoll den Raum.

«Also», sagte Kingy, «was sind das für Neuigkeiten? Erzählen Sie. Ich hoffe nur, daß es sich um keine neue Quallenart handelt, die Sie entdeckt haben. Ich kann meinen Namen leider nur für eine hergeben.»

«Nein, keine Qualle», entgegnete Hannibal, «etwas viel Wichtigeres. Die beiden waren auf dem Matacama, um die Täler auszukundschaften, und da haben sie eins gefunden, in dem es vor Ombubäumen und Spottvögeln nur so wimmelt.»

Lange Zeit starrte Kingy sie mit großen Augen an. «Das soll wohl ein Witz sein», sagte er schließlich.

«Nein, es ist wahr. Ich weiß, daß es sich unglaublich anhört, aber ... es ist wahr.»

«Fünfzehn Pärchen», rief Audrey. «Und sie sind unheimlich lieb, so zahm. Sie werden Ihnen gefallen, Kingy.»

«Und ungefähr vierhundert Ombus», fügte Peter hinzu.

Kingy und Hannibal tauschten lange und bedeutungsvolle Blicke aus.

«Aber finden Sie denn nicht, daß das eine wunderbare Entdeckung ist?» fragte Audrey erstaunt.

Hannibal und Kingy standen beide auf und begannen im Zimmer auf und ab zu gehen – wie zwei Wachtposten, die sich immer wieder auf halber Strecke begegnen. Obgleich Hannibal nicht gerade klein war, wirkte er neben Kingys wuchtigem Körper fast winzig. Im Gehen redeten sie, wobei sie abwechselnd die Rolle des Advocatus diaboli übernahmen.

«Eine großartige Sache, daß ihr euern guten alten Gott wiederhabt», sagte Hannibal.

«Es wird Schwierigkeiten mit den Missionaren geben», sagte Kingy.

«Auf der andern Seite wird es jetzt schwierig werden, das Tal zu überfluten.»

«Man kann es nicht überfluten. Die Menschen würden es nicht zulassen, selbst wenn man es wollte.»

«Man könnte die Vögel einsammeln und woanders hinbringen.»

«Und was ist mit den Ombubäumen? Die kann man nicht einfach ausgraben und woanders hinbringen», gab Kingy zu bedenken.

«Wenn man das Tal nicht überflutet, ist diese ganze Flugplatzkiste im Eimer.»

«Ja. Und Looja holt sich 'nen Schnupfen», sagte Kingy zufrieden.

«Andererseits wird die englische Regierung nicht gerade entzückt sein. Sie wird Druck ausüben.»

Eine Weile gingen sie in Gedanken versunken weiter.

«Allerdings», verkündete Kingy schließlich, «gäbe es einen Ausweg.»

«Und welchen?» fragte Hannibal.

«Ganz einfach», erwiderte Kingy ausdruckslos, «man erzählt es nicht weiter und läßt den Dingen ihren Lauf.»

«Das ist richtig», bestätigte Hannibal.

Sprachlos sahen sich Audrey und Peter an.

«Andererseits frage ich», sagte Kingy nachdenklich, «haben wir denn überhaupt das Recht, der Welt einen Teil ihres biologischen Erbes und dazu noch eine alteingeführte Religion vorzuenthalten?»

«Meiner Meinung nach wäre das unverzeihlich», erklärte Hannibal.

Kingy stieß einen tiefen, verzweifelten Seufzer aus.

«Mir scheint, daß uns gar nichts anderes übrigbleibt, als unsere edlen Gefühle zu unterdrücken und Looja wohl oder übel über die Klinge springen zu lassen», sagte er betrübt. Doch dann hellte sich sein Gesicht plötzlich in einem freudigen, strahlenden Lächeln auf.

«Sie sind also dafür?» fragte Hannibal.

«Selbstverständlich bin ich dafür», rief Kingy aufgebracht.

«Gott sei Dank», sagte Hannibal erleichtert.

Kingy hob warnend den großen schokoladenbraunen Finger und sagte: «Aber es wird einen schrecklichen Krawall geben. Looja wird das nicht so ohne weiteres hinnehmen. Wir müssen die ganze Sache mit größter Vorsicht in die Wege leiten, sonst stehe ich am Ende da und bin überstimmt. Und dann gäbe es erst recht Ärger.»

«Können Sie nicht einfach ein Edikt erlassen?» fragte Audrey. «Schließlich sind Sie doch der König.»

Kingy schüttelte den Kopf. «Leider nein. Zwar gebe ich mir alle Mühe, ein ordentlicher Diktator zu sein, aber gelegentlich müssen wir wenigstens einen Schimmer von Demokratie an den Tag legen.»

«Mein Rat ist: Überrumpeln Sie ihn», sagte Hannibal. «Schließlich – wer hätte sich so was auch nur träumen lassen. Geben Sie die Meldung gleich morgen früh an die lokale und an die Weltpresse, und ich garantiere Ihnen, daß die Sache einen solchen Staub aufwirbelt, daß es sich niemand mehr leisten kann, für den Staudammbau zu stimmen.»

«Da kennen Sie Looja aber schlecht», erwiderte Kingy.

Eine Stunde lang gingen Kingy und Hannibal im Zimmer auf und ab und berieten eine Strategie, nach der Kingy vorgehen sollte. Und als sie sich in allen Punkten einig waren, legten sie eine rege Geschäftigkeit an den Tag. Audrey wurde losgeschickt und mußte ihren Vater dazu bringen, über Nacht eine Extraausgabe der *Zenkalischen Stimme* fertigzustellen. Amos Gumbaloo, Kingys Privatsekretär, wurde beauftragt, dem widerspenstigen Telefonsystem zu trotzen und alle Mitglieder des Legislaturausschusses zu einer Sondersitzung am nächsten Tag um zwölf herbeizuzitieren. Ein Buchläufer wurde zu dem Fotografen in Dzamandzar geschickt, um Peters Filme entwickeln zu lassen; er wurde von einer königlichen Wache begleitet, damit er die Arbeit auch ja richtig ausführte. Inzwischen hämmerten Hannibal und Peter eine Pressenotiz in die Maschine, die am nächsten Morgen an den Reuter-Korrespondenten in Djakarta gekabelt werden sollte. Nachdem all dies getan war, begaben sie sich in das Büro der *Zenkalischen Stimme*, um eventuell Hilfe zu leisten. Sie trafen Damien und sein Personal – alles Fangouas – im Zustand größter Erregung an. Damien und Audrey, über und über mit Druckerschwärze beschmiert, arbeiteten an der Titelseite. Gegen zehn Uhr abends setzten sich die Druckmaschinen in Bewegung, und bald starrten alle voller Stolz auf den ersten klebrigen schwarzen Abzug der Sonderausgabe mit dem roten Balken: *Extrablatt*, und darunter die Schlagzeile, die Damien in einem Anfall ungezähmter irischer Begeisterung erdacht und, ohne erst jemanden zu fragen, gesetzt hatte. Sie war direkt, aber verwirrend, und ein bißchen geheimnisvoll. Unter einem riesigen Foto des Spottvogels stand:

WIEDERENTDECKTER GOTT
DER VOGEL IST NICHT AUF UND DAVON

Diese Schlagzeile war es, die die Aufmerksamkeit der ganzen Welt auf Zenkali lenkte.

Natürlich war die Wiederentdeckung des Ombubaums und des Spottvogels allein schon aus biologischer Sicht von großer Bedeutung und durchaus nachrichtenwürdig. Aber wenn man noch all die anderen Dinge dazutat – daß sie in einem abgelegenen Tal wiederentdeckt worden waren, und darüber hinaus in einem Tal, das im Verlauf eines Staudammbaus demnächst überflutet werden sollte, und daß der Vogel der verlorengeglaubte Gott der Fangouas war –, dann hatte man eine Story zusammen, die in den Augen eines jeden Zeitungsmannes nur durch einen wirklich erstklassigen Weltkrieg übertroffen werden konnte. Wenn man darüber hinaus noch bedachte, daß in zwei Tagen mit dem Eintreffen der ‹Kaiserin von Indien› zu rechnen war, mit Truppen, Militärkapellen und hohen Vertretern der Streitkräfte an Bord, dann ließ sich die derzeitige Lage Zenkalis selbst vom unvoreingenommensten Historiker nicht anders als in höchstem Grade spannungsgeladen beschreiben.

Frühzeitig am nächsten Morgen trafen sich Audrey und ihr Vater mit Hannibal und Peter, um zusammen das Parlamentsgebäude in Dzamandzar aufzusuchen. Der Sitzungssaal war ein schöner großer Raum mit roten Ledersitzen, die in zwei Halbkreisen angeordnet waren, und vorn stand ein voluminöser Thron aus Holz, in dessen Baldachin ein Delphin und ein Spottvogel geschnitzt waren. Auf dem weißen Marmorboden lagen karmesinrote Teppiche, und an den großen Fenstern, die den Saal erhellten, hingen in dicken Falten karmesinrote Vorhänge. Die vier ließen sich auf den Holzbänken in einer kleinen Galerie nieder, die wie eine Kanzel aussah und wie ein wunderschön geschwungenes Schwalbennest am einen Ende des Saals hing. Sie war für die hohen Persönlichkeiten und die Presseleute reserviert.

Amos Gumbaloo, Kingys Sekretär, hatte gute Arbeit geleistet. Der Saal war bis auf den letzten Platz gefüllt. Auf der linken Seite saßen die Fangouas, auf der rechten die Ginkas. Die meisten Häuptlinge trugen die traditionellen weißen oder bunten Gewänder mit kleinen, reich bestickten Kappen auf dem Hinterkopf, nur einige wenige waren europäisch gekleidet. Am auffälligsten von ihnen war Looja. Er hatte einen exquisiten mitternachtsblauen Anzug mit einem blassen hellgelben Hemd an, dazu trug er eine schwere blaue Seidenkrawatte und hellgelbe Gamaschen.

Genau um zwölf Uhr mittags ertönte vor dem Versammlungsgebäude eine Trompetenfanfare, und Kingy fuhr in seinem Kingy-Kart – größer als jeder andere und mit üppigen Verzierungen – an der Treppe vor und stieg aus. Er trug eine blaßlila Robe und elegante schwarze Sandalen mit Goldschnallen. Auf seinem Kopf saß eine kleine, glitzernde, goldene Kappe. An der einen Hand trug er einen Ring mit einem quadratischen Amethyst von der Größe einer Briefmarke. In der anderen Hand hielt er eine Schriftrolle. Sein Gesicht war glatt und unbewegt und völlig ausdruckslos. Wie entspannt und ausgeruht er wirkt, dachte Peter. Man konnte ihm nicht ansehen, daß er und Hannibal die ganze Nacht nicht ins Bett gekommen waren, um die Erklärung auszuarbeiten, die Kingy jetzt abgeben würde. Groß und stattlich betrat er den Saal und schritt über den karmesinroten Teppich zum Thron. Alle erhoben sich, alle verbeugten sich. Kingy neigte den Kopf nach links und nach rechts, während er weiterging. Jeder Zentimeter seiner hohen Gestalt wirkte majestätisch, und trotz seiner Körpergröße schien er mehr zu gleiten als zu gehen. Er stieg die Stufen zum Thron hinauf, drehte sich um, neigte den Kopf vor den Versammelten und setzte sich. Es entstand ein allgemeines Scharren und Schaben, als die anderen seinem Beispiel folgten. Peter sah Looja an, der mit reptilienhaft ausdruckslosen Augen ins Leere starrte und mit seinen schmalen Fingern leicht gegen sein Knie klopfte. Peter fragte sich, wie er die Neuigkeit aufnehmen würde. Kingy zog bedächtig sein Brillenetui hervor und setzte sich die Brille auf die Nase. Dann rollte er langsam die Proklamation auf.

«Er macht es aber wirklich spannend, der alte Teufel», flüsterte Hannibal. Kingy rückte vorsichtig seine Brille zurecht und warf einen kurzen Blick auf den Text. Es herrschte angespannte Stille. Kingy räusperte sich und begann:

«Freunde», sagte er und lugte über den Rand seiner Brille in die Versammlung. «Freunde, wir haben uns heute hier versammelt, zu einer Sondersitzung, damit ich euch einige Mitteilungen machen kann, die für Zenkali von äußerster Wichtigkeit sind. Die Bedeutung dessen, was ich euch zu eröffnen habe, läßt sich kaum überbieten. Es ist etwas geschehen, von einer solchen Wichtigkeit, wie es in der ganzen zenkalischen Geschichte noch nie vorgekommen ist. Tatsächlich wäre denkbar, daß etwas Derartiges überhaupt noch nie vorgekommen ist, auf der ganzen Welt nicht.»

An dieser Stelle hustete Kingy, zog sein Taschentuch hervor und polierte sorgfältig seine Brille. Die Stille war so intensiv, daß die Menschen im Saal kaum zu atmen wagten. Kingy setzte seine Brille wieder auf und lugte über die Ränder in den Saal.

«Wie jedermann weiß», sagte er klangvoll, «haben die Fangouas während jener unseligen Zeit, in der wir unter französischer Herrschaft standen, einen traurigen Verlust erlitten, den Verlust ihrer alten und zutiefst respektierten Gottheit Tiomala, die in Gestalt des Spottvogels auf der Insel wohnte. Trotz seiner Bedeutung für die Fangouas ließen sich die Franzosen in diesem Fall von ihrer kulinarischen Begeisterung hinreißen und vergaßen darüber ihre sonstige Höflichkeit, und bald gehörte der Spottvogel der Vergangenheit an.»

Kingy machte eine Pause.

«Anscheinend», fügte er hinzu.

Dann zog er sein Taschentuch hervor und putzte erneut seine Brille.

«Zur gleichen Zeit, als der Spottvogel von der Bildfläche verschwand», fuhr er fort, «war auch der Ombubaum, eine andere einzigartige Spezies auf Zenkali, für uns verloren. Während der französischen Besatzung verloren die Zenkalis also zwei Arten von großer biologischer Bedeutung. Aber – was viel wichtiger ist – die Fangouas wurden ihrer Gottheit beraubt, was, wie ich leider sagen muß, zu einem beträchtlichen Maß an Feindseligkeit zwischen Fangouas und Ginkas führte, da die Ginkas ihren Gott behielten.»

Hier machte er eine Pause und blickte durchdringend und ziemlich wild auf die Ginka-Fraktion, durch die ein kaum wahrnehmbares Raunen ging.

«Die Nachricht», sagte Kingy und hob eine seiner Pranken geöffnet hoch, als spräche er einen Segen aus, «die Nachricht, die ich euch zu überbringen habe, ist jedoch, gelinde gesagt, ein Wunder.» Er setzte sein breites Lächeln auf und stiftete damit Verwirrung unter seinen Zuhörern.

«Weder der Spottvogel noch der Ombubaum sind verschwunden. Es gibt sie noch bei uns», verkündete er.

Im Saal brach ein Tumult aus. Die Fangouas sprangen auf, ungläubig bis zur Hysterie, aufgeregt und laut durcheinanderbrüllend; die Ginkas zischten und steckten die Köpfe zusammen und gestikulierten wild mit den Armen. Kingy ließ das mißtönende Geschnatter eine Weile gewähren, dann hob er die Hand. Im Saal wurde es wieder still.

«Ich will euch erzählen, wie es zu dieser bemerkenswerten Entdeckung gekommen ist», rief er. «Ihr alle kennt Peter Foxglove und Audrey Damien. Die beiden sahen sich in den Tälern oben am Matacama um und gelangten dabei in ein abgelegenes und unbekanntes kleines Tal, in dem sie nicht weniger als fünfzehn Spottvogelpaare und vierhundert Ombubäume entdeckten.»

Die Fangouas hielten die Luft an. Peter, der Looja beobachtete, sah, wie sich dessen Augen zu einem Schlitz zusammenzogen, und wie die trommelnden Finger mitten in der Bewegung innehielten.

«Aber», sagte Kingy, wobei er seine Brille abnahm und durch die Luft schwenkte, «obgleich dieser Fund von größter biologischer und religiöser Bedeutung ist, kann ich euch nicht verheimlichen, daß er leider auch ein Problem aufwirft. Ein sehr ernstes Problem.»

Er machte eine Pause. Looja rückte unmerklich auf seinem Sitz nach vorn.

«Das Problem ist folgendes: Wenn wir mit dem geplanten Staudamm fortfahren, begeben wir uns in große Schwierigkeiten. Mit anderen Worten: Wenn wir den Staudamm bauen, müssen wir das Tal überfluten, in dem sich der Spottvogel, das Symbol des Tiomala, und der Ombubaum befinden.»

Looja schien sich in sich selbst zurückzuziehen und saß so teilnahmslos da wie eine Katze, die unverhofft angesprochen wird.

«Viele liebe Freunde von Zenkali befinden sich gerade auf dem Weg hierher, um an den Feierlichkeiten teilzunehmen, die wir anläßlich der Vertragsunterzeichung mit der Regierung des Vereinigten Königreichs von England vorbereitet haben. Aber nun türmen sich ungeheure Schwierigkeiten vor uns auf. Der ganze Komplex bedarf einer sorgfältigen Prüfung, bevor wir bezüglich des Staudamms eine endgültige Entscheidung treffen. Da all diese Leute aber auf jeden Fall eintreffen werden, da all die großen Feierlichkeiten bereits geplant sind, können wir das Ganze unmöglich wieder absagen. Daher schlage ich vor, wir nehmen sie zum Anlaß, um die Wiederentdeckung unseres Gottes Tiomala zu feiern. Danach werden wir uns überlegen, was mit dem Staudamm zu geschehen hat. Aber ich muß ehrlich zugeben, daß ich keine allzu große Hoffnung habe, daß er noch gebaut wird.»

Kingy machte eine Pause und blickte glückstrahlend in die Runde. Looja schien sich noch mehr zusammenzukauern und sah wie eine kleine schwarze Schlange aus, die kurz davor ist, sich auf ihr Opfer zu stürzen.

«Jetzt endlich, nach dreihundert Jahren», rief Kingy und erhob sich schwerfällig von seinem Thron, «kann ich euch den alten Gruß darbieten, den alten Segen.»

Er machte eine Pause und ließ den Blick durch den Saal schweifen.

«Tiomala sei mit euch», donnerte er.

Dann schritt er durch die aufgeregte, sich verbeugende, schnatternde Menge hoheitsvoll aus dem Saal.

V

Zenkalische Turbulenzen

Unmittelbar nach Kingys Ansprache erschien das Extrablatt der *Zenkalischen Stimme*, und die gesamte Bevölkerung der Insel erfuhr von der großen Neuigkeit. Behaupten zu wollen, daß sie einen Tumult auslöste, wäre eine reichlich beschönigende Umschreibung der tatsächlichen Auswirkungen, wie sie selbst Hannibal nicht vorausgesehen hatte.

Die Ginkas, die sich lange Zeit in Sicherheit und in dem schönen Glauben gewiegt hatten, daß sie die einzigen waren, die einen echten Gott vorweisen konnten, machten ihrem Mißvergnügen über die neue Entdeckung laut und streitsüchtig Luft. Nachdem sie sich stets als Minderheit empfunden hatten, war das einzige, mit dem sie ihre Überlegenheit über die Fangouas unter Beweis zu stellen vermochten, die Tatsache gewesen, daß sie – im Gegensatz zu den Fangouas – einen Gott hatten. Und jetzt stellten sie sich auf den Standpunkt, daß ihre Rivalen einfach nicht das Recht hatten, den Spottvogel wiederauferstehen zu lassen, nachdem er nun schon so viele Jahre lang ausgestorben war. Ihre einzige Quelle der Befriedigung, das Gefühl ungeheurer religiöser Überlegenheit, wurde untergraben, und so zeigten sie sich über die Neuigkeit sehr erzürnt und unterließen nichts, um sie in Mißkredit zu bringen. Laut und bitter verkündeten sie, daß die ganze Sache ein einziger Schwindel sei, daß es gar keinen Spottvogel gebe. Sie behaupteten, daß die Zeitung bestochen worden sei. Sie sagten, die Erklärung sei ein typisches Beispiel dafür, wie geschickt die Fangouas vorgingen und keine noch so unlauteren Mittel und Wege scheuten, um die Gefühle einer Minderheit zu verletzen und sich über ihre Wünsche hinwegzusetzen. Sie sagten, das Ganze sei ein ausgekochtes Komplott, um einer sowieso schon viel zu mächtigen Gruppe immer noch mehr Macht zuzuschanzen.

Die Fangouas dagegen hatten wegen des ihnen fehlenden Gottes die ganze Zeit einen Minderwertigkeitskomplex in sich gespürt, so daß sie auf die Nachricht von der Wiederauferstehung des Spottvogels mit überschäumender Freude reagierten und, wie befürchtet werden muß, nicht ohne dreiste Überheblichkeit. Daher nahmen sie die Haltung der Ginkas natürlich nicht gerade freundlich auf. In Dzamandzar selbst und in allen umliegenden Dörfern, in denen die beiden Stämme jahrhundertelang in relativer Friedlichkeit miteinander gelebt hatten, erhitzten sich die Gefühle bis zum Siedepunkt. Zuerst geschah dies in Form vulgärer Schmähungen, aber es dauerte nicht lange, und die Beleidigungen wurden so bösartig und persönlich, daß es bald zu kriegerischen Auseinandersetzungen kam. Zuerst waren es nur verhältnismäßig harmlose Prügeleien, bei denen eine gehörige Anzahl Zähne ausgeschlagen und einige Nasenbeine gebrochen wurden, weiter nichts. Nach und nach nahmen die Dinge allerdings bedrohlichere Ausmaße an, und die zenkalische Polizei – ein eher fröhliches Häufchen Männer – sah sich plötzlich vor ernste Probleme gestellt. Nach Jahren, in denen sie kaum etwas Anregenderes zu tun gehabt hatten, als gelegentlich Betrunkene auszunüchtern oder einem gestohlenen Huhn auf die Spur zu kommen, standen sie plötzlich mitten in der Feuerlinie. Der Ex-Chefinspektor Angus MacTavish von der Glasgower Polizei, der Leiter und Gründer der zenkalischen Polizeitruppe, war anfangs hoch erfreut, daß «seine Jungs» endlich einmal etwas hatten, woran sie sich die Zähne ausbeißen konnten. Jetzt würde er den Leuten endlich zeigen können, was er in all den Jahren seiner Mission auf der Insel zustande gebracht hatte. Jetzt würde den Inselbewohnern klarwerden, daß die endlosen Feierlichkeiten an *Burns Night*, die er mit seinen Jungs organisiert und bei denen er sportliche Vorführungen und unbewaffnete Kampfspiele veranstaltet hatte, nicht nur Show gewesen waren. Wer sich wegen dieser Darbietungen je über ihn lustig gemacht hatte, würde sich seine Worte jetzt gut überlegen müssen. Unglücklicherweise – wie immer in Fällen, in denen sich zwei Parteien bekriegen – wird jemand, der sich dazwischenstellt, sofort zur Zielscheibe erbitterter Feindseligkeit. Die Wut, mit der sich sowohl Fangouas als auch Ginkas, ihren eigenen Streit augenblicklich vergessend, über die Polizei hermachten, war so unbezähmbar, daß bald fast die gesamte Polizeibelegschaft im Krankenhaus von Dzamandzar anzutreffen war und vom gebrochenen Bein bis zum eingeschlagenen Schädel so gut wie alle denkbaren Verletzungen aufzuweisen hatte.

So kam es, daß sich nach dem Einlaufen der ‹Kaiserin von Indien› die Brigade der leichten Infantrie, die Marinekapelle und das technische Ausbildungskorps der Königlichen Luftwaffe, die in heiterster Festtagsstimmung an Land gingen, in aller Eile zu Ordnungstrupps umfunktioniert sahen und von der zenkalischen Bevölkerung anstatt mit lächelnden Gesichtern und Freudenrufen mit finsteren Blicken, Beleidigungen und zahlreichen schlecht gezielten Steinwürfen empfangen wurden. Die Soldaten fanden diese Begrüßung sehr entmutigend und demoralisierend. Sie hatten sich auf einen Aufenthalt auf einer lieblichen Insel eingestellt, auf der sie nichts Anstrengenderes zu tun haben würden, als «God save the Queen» zu spielen, ein bißchen zu salutieren und sich bei den «Sturmschwalben» zu amüsieren. Statt dessen sahen sie sich plötzlich mit hastig herbeigeschafften Mülltonnendeckeln bewaffnet, um damit eine Herde widerspenstiger Ginkas und Fangouas durch die glühendheißen Straßen von Dzamandzar zu jagen.

Sir Osbert und die hochgestellten Militärs fanden sich im Gouverneurshaus wieder, sozusagen unter Hausarrest, bewacht von der Leibgarde des zenkalischen Königs. Die Stimmung im Gouverneurshaus spitzte sich immer mehr zu. Der Butler, ein Fangoua, hatte dem Koch, einem Ginka, mit dem Fleischerbeil den Kopf gespalten, so daß sämtliche kulinarischen Künste dem Kochgehilfen oblagen, der zwar sein Bestes gab, aber dennoch Mahlzeiten auftischte, die selbst für das Gouverneurshaus eine gastronomische Katastrophe darstellten. Hinzu kam die Tatsache, daß Lady Emerald, nachdem man ihr die Neuigkeit beigebracht hatte, davon überzeugt war, daß die Inselbewohner über ihre Meerschweinchen herfallen und sie verzehren würden. Dieses kleine Mißverständnis war darauf zurückzuführen, daß sie zwar begriffen hatte, daß irgendeine Art Vogel für den Aufstand verantwortlich sei, sich jedoch nicht darüber im klaren war, um was für einen Vogel es sich handelte. Und um kein Risiko einzugehen, beschloß sie, ihre rund vierzig Meerschweinchen sicherheitshalber ins Haus zu schaffen, wo sie nun im Salon frei herumliefen. Peters Verärgerung über das Durcheinander und die ganze lächerliche Situation legte sich jedoch, als er seinen Onkel erblickte, der in Begleitung des gebrechlichen, senilen Luftmarschalls, des Brigadegenerals (der wie eine unförmige, eingelegte Walnuß aussah), des Konteradmirals (mit erdbeerfarbenem Gesicht und runden blauen Seefahreraugen von verblüffender Leere) und Lord Hammers (der seinem Namen alle Ehre machte) durch einen Teppich aus Meerschweinchenkot zum Kaffeetisch watete.

Die Lage wurde allmählich immer ernster. Die Missionare sowohl der katholischen als auch der Kirche von England sahen sich mit einem Schlag all ihrer treuen Anhänger beraubt, die größtenteils Fangouas gewesen waren. Die einzige, die überhaupt noch ein paar bekehrte Seelen behielt, war Reverend Longnecker. Als Father O'Mally und Hochwürden Bradstitch beschlossen, zum Palast zu gehen, um einen Protest vorzubringen, bestanden sie darauf, daß die Rev sie begleitete, was sie nur äußerst widerstrebend tat.

«Das ist widerlich ... das ist blasphemisch ... diesen Vogel anzubeten», sagte Father O'Mally zu Kingy, und je empörter er wurde, um so breiter wurde sein irischer Akzent, dick und schwer wie Haferschleim. «Sie, als Oberhaupt des Staates, sollten ein Beispiel geben, indem Sie all dem Einhalt gebieten, das sollten Sie tun.»

«Ja, wie wahr, wie wahr», plärrte Hochwürden Bradstitch und wischte sich den Schweiß aus dem talgigen Gesicht, «ich kann Ihnen überhaupt nicht sagen, welch aushöhlende Wirkung dies alles hat. Gestern hielt ich meine Predigt vor einer Gemeinde, die ganze vier Köpfe zählte.»

«Eine Schande ist das», bekräftigte Father O'Mally.

Kingy lehnte sich in seinem Sessel zurück und starrte sie gütig an. Dann sah er die Rev an, die noch nichts gesagt hatte.

«Und Sie, Reverend Longnecker?» fragte er.

«Ach, was soll's», sagte die Rev ein bißchen verlegen, «mich kratzt das überhaupt nicht. Ich habe meinen Schäflein nur gesagt, daß sie mit dem Spottvogel tun und lassen können, was sie wollen, solange sie auch weiterhin in meine Kirche kommen. Sehen Sie, ich denke mir, Gott hat den Spottvogel geschaffen, und es ist Sein Wille, daß wir ihn zurückgekriegt haben. Wenn man den Vogel anbetet, dann betet man eine Seiner Schöpfungen an, folglich ist es eigentlich eine Art Anbetung Gottes, jedenfalls kommt es mir so vor.»

«Das ist Götzendienst», fuhr Father O'Mally auf.

«Eine schändliche Einstellung für einen verantwortlichen Christen», sagte Hochwürden Bradstitch. «Ich muß mich sehr über Sie wundern, Reverend Longnecker.»

«Eine boshafte Unterminierung des wahren Glaubens», knurrte Father O'Mally, «dem muß Einhalt geboten werden.»

Kingy, der in weiße Gewänder gehüllt war, hatte sich zurückgelehnt. Doch als er diese wütenden Klagen hörte, richtete er sich mit einem Ruck auf.

«Ich nehme mir nicht heraus, Ihnen zu sagen, wen oder was Sie anbeten sollen und wen oder was nicht», sagte er kühl. «Wir von Zenkali würden es als anmaßend erachten, etwas Derartiges zu tun. Möchten Sie gern, daß ich ein Edikt erlasse, mit dem ich erkläre, daß von jetzt an jeder Ausländer auf der Insel gezwungen wird, den Spottvogel anzubeten, falls er die Insel nicht verlassen will?»

Father O'Mally zuckte zusammen, als hätte der König ihn geschlagen.

«Nach all der Arbeit, die ich hier geleistet habe, nach all den Seelen, die ich gerettet habe?» fragte er.

«Das wäre ein ... hm ... ein ... ein schrecklicher Rückschritt», keuchte Bradstitch.

Die Rev grinste den König zaghaft an.

«So wie ich es sehe, ist das hier Ihre Insel, und Sie können tun und lassen, was Sie wollen», sagte sie, «aber es würde mir schrecklich leid tun, wenn ich von hier weg müßte.»

Kingy musterte die Anwesenden ein paar Sekunden lang, dann seufzte er.

«Sie dürfen versichert sein, daß ich ein solches Edikt nicht erlassen werde», sagte er. Die Missionare atmeten auf.

«Aber», fuhr er fort und hob die große Hand mit dem rosaroten Ballen, «lassen Sie mich nur das eine sagen, damit Sie wissen, woran Sie sind. Wenn Sie meine persönliche Ansicht hören wollen, so glaube ich, daß es völlig egal ist, was man anbetet, vorausgesetzt, daß das, was man anbetet, anderen keinen Schaden zufügt. Ich finde, daß Reverend Longnecker von Ihnen dreien die einzig richtige Einstellung hat. Ich habe nicht die geringste Absicht, mich in die Glaubensangelegenheiten meines Volkes einzumischen, nur damit alles hübsch zu Ihrer ziemlich kuriosen Vorstellung von Gott paßt. Wenn einer aus meinem Volk euren Glauben anzunehmen wünscht, dann soll er das ruhig tun. Genauso kann er an alles mögliche andere glauben, wenn er will, falls er Zenkali damit keinen Schaden zufügt. Sie dürfen nie vergessen, daß des einen Gott vielleicht des anderen Märchen ist, aber beides, Götter und Märchen, haben ihren Platz in der Welt.»

«Kingy, Sie sind scharf wie ein Reißnagel», sagte Reverend Longnecker mit Genugtuung.

«Danke», sagte Kingy majestätisch.

Er erhob sich von seinem Sessel, um anzudeuten, daß die Audienz beendet war, und die entgeisterten Vertreter des katholischen und protestantischen Glaubens zogen sich zurück, in ihrer Mitte die überschwenglich fröhliche Rev.

«Also dann, Jungs», sagte sie, als sie den Palast verlassen hatten, und streute noch ein wenig Salz in die Wunden, «ich hab's eilig. Meine Gemeinde wartet auf mich ... wir haben heute Chorprobe.»

In schwierigen Situationen wie dieser, in denen jeder darum kämpft, seine Position zu behaupten, in denen die meisten Leute nicht mehr klar denken können und jeder dem anderen nur das Schlimmste zutraut, reden sich die Menschen merkwürdige Dinge ein, auf die sie unter normalen Umständen nie gekommen wären. Als das Gerücht umging, man habe alle Spottvögel heimlich eingefangen und – ausgerechnet – im Englischen Club eingesperrt, gab es keinen echten Zenkali, der auch nur einen Augenblick daran gezweifelt hätte. So kam es, daß eine Horde übelgelaunter Ginkas, auf Zerstörung sinnend, und eine Truppe strammer, zu allem entschlossener Fangouas just zu jener geheiligten Stunde dem Club zustrebten, zu der alle englischen Bewohner von Zenkali, alles in allem an die fünfunddreißig Seelen, an eisgekühlten Drinks zu nippen pflegten, dabei heftig mit Ehefrauen anderer Mitglieder flirteten, in mehrere Monate alten Ausgaben von *Punch* und *The Illustrated London News* blätterten, Billard oder Krocket spielten oder einfach herumsaßen und sich über das gegenwärtige schlechte Benehmen der Eingeborenen beklagten. Trotz ihres Unmuts über das Verhalten der Zenkalis gab es jedoch keinen einzigen unter ihnen, der sich nicht hinter der Bastion der hohen, makellos gestutzten Eibischhecke, die den Englischen Club umgab, absolut sicher gefühlt hätte. Was immer die Zenkalis außerhalb der Hecke anstellten – die Clubmitglieder glaubten, innerhalb der Grenzen ihres gut behüteten Stück Himmels geschützt zu sein. Daher kam es für den versammelten Club natürlich völlig überraschend, als die saubere, hohe, schützende Hecke plötzlich von einer Lawine aus Ginkas und Fangouas, im Kampf verstrickt, niedergewalzt wurde.

Tubby Fortescue, einem alten Rugby-Profi mit enormen Muskeln und praktisch nicht vorhandenen Stirnlappen, gelang es, mit seinem Krocketschläger mehrere Ginka- und Fangouaschädel einzuschlagen. Fünf kräftige Zenkalis beider Stämme waren nötig, ihn zu bezwingen und im Lilienteich, einem der gartenarchitektonischen Besonderheiten des Clubs, unterzutauchen, bis er endlich Ruhe gab.

Melanie Treet, eine zerbrechliche, von Akne gezeichnete alte Jungfer, die in verschwommenen Wasserfarben Bilder vom zenkalischen Leben malte, wurde von einem kurzsichtigen und schwer betrunkenen Fangoua in eine Ecke gedrückt und geküßt – ein Erlebnis, das sich von da an in den zunehmend phallischen Kompositionen ihrer Bilder widerspiegeln sollte.

Sandy Shore, einem Amela-Pflanzer von Rang und Vermögen, riß man die Brille von der Nase und trampelte darauf herum, wodurch er in einen an Blindheit grenzenden Zustand versetzt wurde. Die Folge war, daß er Bill Mellor, den Clubsekretär, mit einem Krocketschläger angriff und ihn, in der Annahme, es mit einem Fangouakrieger zu tun zu haben, bewußtlos schlug. Mrs. Mellor, normalerweise eine friedliche Dame, die die meiste Zeit häkelte und Marmelade einkochte, war über dieses Attentat auf ihren Mann derart erbost, daß sie kräftig ausholte und – was man ihr nie zugetraut hätte – Shore mit einer Flasche Pfefferminzlikör auf den Kopf schlug, wodurch er nicht nur vorübergehend das Bewußtsein verlor, sondern auch noch eine schlimme Platzwunde davontrug.

Das Durcheinander war perfekt, jeder kämpfte mit jedem. Der gesamte Krocketrasen und die Bowlingbahn, jahrelang sorgfältig geglättet und geschnitten und gepflegt, wurden von den kampflustigen Zenkalis und den Clubmitgliedern, die darüber hinwegstampften und -kugelten und den verwöhnten Rasen mit Macheten, Billardstöcken, Speeren, Flaschen, Holz- und Krocketschlägern traktierten, regelrecht umgepflügt. In diesem Augenblick kam ein begeisterter, bösartiger Ginka auf die Idee, den Englischen Club, diesen prächtigen weißen Bau mit Holzschindeln und großen Verandas, anzuzünden, und wie ein Strauß roter Chrysanthemen ging das Gebäude in Flammen auf und mit ihm der Müll, der den Clubs auf der ganzen Welt so viel bedeutet – ausgestopfte Tierköpfe, uralte gebundene *Punch*-Nummern, vergilbte Gruppenfotos von offenbar senilen Mitgliedern aus früheren Zeiten und ein Verzeichnis der Mitglieder, so verwickelt und kompliziert wie der Stammbaum eines minderen europäischen Königshauses. Bis die Polizei, ein Kontingent des Loamshire-Regiments und die Feuerwehr eingetroffen waren, um Ordnung zu schaffen, war vom Englischen Club nur eine verkohlte, glimmende Schale übriggeblieben, während der Boden rundherum aussah, als wäre auf den Blumenbeeten und Rasenflächen eine Riesenherde Wasserbüffel herumgetollt. Um alle verletzten Streithähne abzutransportieren, mußten die beiden zenkalischen Ambulanzen zehnmal zum Krankenhaus fahren, wo es bald derart eng wurde, daß eine der überdachten Tribünen, für den Festzug angefordert, abgerissen und im Krankenhausgarten wieder aufgestellt werden mußte. Im Gefängnis herrschte der gleiche Andrang, so daß man die kleineren Übeltäter nach Hause schicken mußte, nicht ohne ihnen das feierliche Versprechen abzuverlangen, sich zu gegebener Zeit wieder einzufinden, um ihre Strafe abzusitzen.

Dann gab es einen neuen Grund zur Verärgerung. Das Truppenkontingent, das sich bereits auf der Insel befand, wurde jetzt durch die Ankunft der königlichen Fregatte ‹Conrad› verstärkt, die ein langes Übungsmanöver auf hoher See hinter sich hatte und deren Mannschaft entsprechend ungeduldig den Freuden, die die ‹Sturmschwalben› für sie bereithielten, entgegenfieberte. Man kann sich den Schock und den Zorn der Männer vorstellen, als sie von den ordnungshütenden Landkräften erfahren mußten, daß Carmen ihre jungen Damen zum Streik aufgerufen hatte, um gegen das Ertränken der Spottvögel zu protestieren.

«Isch kümmere misch nischt darum, was andere sagen, meine Lieben», vertraute sie Peter und Audrey an, «isch bin ein Tierliebaber, und isch werde keine Grausamkeiten dulden, o nein. Wenn isch an all die armen kleinen Vögel da oben denke, die ertrinken sollen, kocht mir das Blut, sage isch euch. Und meinen jungen Damen kocht auch das Blut. Darum abe isch zu ihnen gesagt: ‹Mädschen, wir werden keinem einzigen Errn einen Dienst erweisen, bis die Angelegeneit erledischt ist und die armen stummen Kreaturen gerettet sind.›»

Das hatte zur Folge, daß sich bei den militärischen Streitkräften Wut und Frustration derart steigerten, daß sie bereitwillig alle Spottvögel abgeschlachtet hätten, wenn sie sie nur zu fassen gekriegt hätten.

Kapitän Pappas brachte aus Djakarta neben den sechs Damen, die Carmen als Verstärkung für die «Sturmschwalben» angefordert hatte (und die sie sofort unter Verschluß nahm), einen bunten Haufen Zeitungs- und Fernsehleute mit. Sie wirkten alle irgendwie ermattet, so daß man annehmen durfte, daß die neuen Rekrutinnen für Carmens Damenkorps auf der Reise nicht eingerostet waren. Die

Journalistenschar, die Pappas mitgebracht hatte, schuf einige Unterkunftsprobleme, die Peter dadurch löste, daß er ein kleines Hotel mit dem Namen ‹Aufgehender Mond› requirierte. Es wurde von der einzigen chinesischen Familie auf der Insel unterhalten. Die Eigentümerin trug den ungewöhnlichen Namen Pinponshe Chang. Peter war entzückt, als er von Audrey erfuhr, wie dieser Vorname zustande gekommen war, denn in ihm schien sich der ganze Charme und herrliche Wahnsinn von Zenkali auszudrücken. Wie es heißt, hatten Pinponshes Eltern, als sie von Hongkong kamen, weder lesen noch schreiben können. Auf Zenkali hatten sie es für ratsam gehalten, den protestantischen Glauben anzunehmen, und als ihre erste Tochter geboren wurde, ließen sie sie pflichtgemäß taufen. Sie hatten vor, ihr den Namen «Heiteres Gemüt der Chrysanthemenblume» zu geben, daher ließen sie sich von einem Nachbarn, der schreiben konnte, den Namen auf ein Stück Papier schreiben, das sie mit einer großen Sicherheitsnadel am Wickeltuch des Babys befestigten. Das Unglück wollte es, daß der damalige protestantische Geistliche noch nicht lange auf der Insel weilte und mit der englischen Aussprache der Eingeborenen nicht so vertraut war. Er fragte also die stolzen Eltern, welchen Namen ihr Kind tragen sollte. *«It pin pon she»*, sagte der Vater, womit er meinte, daß der Name auf dem Zettel stünde, der an dem Tuch befestigt war. Und noch bevor es ihm jemand erklären konnte, hatte der Geistliche das Kind bereits getauft, und von dem Tag an hieß sie Pinponshe. Im Laufe der Zeit gefiel ihr der Name immer besser, und sie war so stolz darauf, daß sie später sogar ihren Sohn Albert Pinponhim Chang taufen ließ.

Und so fegten und schrubbten Pinponshe und ihr Sohn Pinponhim das kleine Hotel und nahmen es mutig mit der wirren Ansammlung von Presse- und Fernsehleuten auf. Das Fernsehteam bestand aus Daniel Brewster, bekannt durch seine endlosen Serien überaus langweiliger Reiseberichte mit dem Titel «Auf Reisen mit Brewster», deren Fadheit noch dadurch verstärkt wurde, daß er die Kommentare selbst schrieb und verlas. Da er, wie er sich ausdrückte, stehenden Fußes von England herbeigeeilt war, trug er einen dicken Tweedanzug und auf dem Kopf eine Jagdmütze. Er hatte ein rundes, teigiges Gesicht mit blassen Augen, in dem das matte, verschlagene Lächeln eines Kriechers stand, dazu überaus große, feuchte rote Hände. Stephen Blore, der Kameramann, war ein dickwanstiger Mann mit verquollenen, mürrischen Augen und schlechten Zähnen. Er hatte die Angewohnheit, schmatzende Geräusche von sich zu geben, wenn er nachdachte. Trotz seines abstoßenden Äußeren glaubte er ein Frauenheld zu sein.

«Ganz schön niedliche Puppen habt ihr hier, für so einen Schrottplatz, mein ich», bemerkte Blore, als Peter mit ihnen zum ‹Aufgehenden Mond› fuhr.

«Tatsächlich?» entgegnete Peter eisig.

«Ja, das muß man euch lassen», sagte Blore und rieb sich die Hände, «ganz schön niedlich ... sehen Sie mal die da drüben ... Allmächtiger! Wetten, daß die einen ganz schön auf Touren bringt? Naja, mein Motto ist: Es gibt genug davon, und wer für so was blecht, ist selber schuld.»

«Steve ist ein richtiges Aas», erklärte Daniel Brewster kichernd, «die halbe BBC lacht sich kaputt über ihn, das kann ich Ihnen flüstern. Er bringt jede Party in Schwung, aber vor den Mädchen muß man sich in acht nehmen, was, Steve?»

«Ja, die gibt's scharenweise», sagte Steve, als ginge es um Grippeerkrankungen.

«Ein richtiges Aas», wiederholte Brewster stolz.

«Ich glaube, in dem Hotel werden Sie sich wohlfühlen», sagte Peter, um das Thema zu wechseln. «Es ist klein, aber sehr komfortabel. Es wird von Chinesen geführt.»

«Hoffentlich ist es sauber», sagte Blore verdrossen. «Ich kenne doch diese Schlitzaugen. Und der Fraß, den die zu sich nehmen, ist nichts für mich.»

«Aber die chinesische Küche ist seit Jahrhunderten berühmt», hob Peter hervor.

«Nicht bei mir, ganz und gar nicht, Genosse», sagte Blore, «das Zeug können die selber fressen. Nee, ich bin schon allerhand rumgekommen, und ich lasse nichts auf ein ordentliches englisches Essen kommen, egal, was sonst wer sagt. Fish und Chips ... Schinken mit Eiern ... Steaks ... solche Sachen. Mehr brauch ich nicht. Mehr braucht keiner, schätz ich. Nee, ich persönlich hab nichts übrig für diesen ganzen Feinschmecker-Schnickschnack. Ich kann dieses miese ausländische Essen nicht leiden.»

«Steve ist ein echter Engländer», sagte Brewster bewundernd.

«Ja nun, ich meine, schließlich gibt es ja schon genügend Ausländer auf der Welt, die diesen Pansch vertilgen, da brauchen wir es doch nicht auch noch zu tun, finde ich», sagte Blore.

Peter fragte sich, ob ihm die ganze Freude über die Wiederentdeckung des Spottvogels durch den endlos scheinenden Zustrom von Leuten wie Blore vergällt werden würde.

«Wenn wir fertig ausgepackt haben und alles, werd ich mit Ihnen und diesem Damien-Mädchen mal ein Interview machen», sagte Brewster, als würde er ihnen damit eine Ehre erweisen, «und dann werden Steve und ich mal einen kurzen Abstecher in dieses Tal machen und uns ein bißchen Backgroundmaterial über die Vögel und Bäume besorgen.»

Peter holte tief Luft und versuchte, seinen Ärger zu unterdrücken.

«Erstens bin ich nicht sicher, ob Miss Damien Ihnen ein Interview geben möchte», sagte er, «und zweitens ist es im Moment noch streng geheim, wo das Tal liegt.»

«Aber doch bestimmt nicht für *mich*?» fragte Daniel Brewster in beleidigtem Ton und starrte ihn ungläubig an. «Schließlich bin ich die BBC. Und wenn eine Sendung von mir in der Kiste flimmert, kriegt Zenkali einen Platz auf der Landkarte.»

«Zenkali hat bereits einen Platz auf der Landkarte, und zwar ohne Ihre Hilfe», sagte Peter knapp. «Auf jeden Fall, wenn Sie in das Tal wollen, werden Sie vorher mit Oliphant und dem König reden müssen.»

«Die werden es mir bestimmt nicht abschlagen, da bin ich sicher», sagte Brewster selbstgefällig, «die haben meine Fernsehsendungen bestimmt schon gesehen.»

«Das bezweifle ich», sagte Peter boshaft, «wir haben hier nämlich kein Fernsehen.»

«Was! Sie haben kein Fernsehen?» fragte Brewster fassungslos.

«Nein, das gehört mit zu den zivilisiertesten Seiten der Insel», sagte Peter.

Den Rest der Fahrt zum Hotel legten sie in eisigem Schweigen zurück.

Nachdem er die Fernsehzwillinge abgeliefert hatte, fuhr Peter zum Hafen zurück und brachte die drei Reporter, die inzwischen eingetroffen waren, in den ‹Aufgehenden Mond›.

«Was haben Sie und Miss Damien eigentlich da oben gemacht in den Bergen, als Sie das Tal entdeckten?» fragte

Sibely vom *Daily Reflector* mit lüsternem Interesse. «Sind Sie verlobt oder was?» Er war ein leichenblasser Mann mit sehr langen fettigen Haaren und abgeknabberten Fingernägeln.

«Oder was», erwiderte Peter kurz und stellte fest, daß er Sibely genausowenig mochte wie die Fernsehleute. «Wir wollten uns nur die Täler ansehen, bevor sie überflutet werden.»

«Und Sie haben die Nacht dort verbracht?» fragte Sibely gierig.

«Ja», sagte Peter und bereute es augenblicklich. Und später sollte er es noch mehr bereuen, denn seine Ehrlichkeit hatte eine Titelgeschichte des *Daily Reflector* mit der Schlagzeile «Liebespaar auf dem Berg hat den Vogel gekriegt» zur Folge, eine Schlagzeile, die, wie Hannibal bemerkte, recht zweideutig war.

Die andern beiden Reporter, Highbury und Coons, waren von *The Times* und Reuter. Sie machten einen harmlosen Eindruck und schienen ein echtes Interesse an der Wiederentdeckung des Spottvogels und des Ombubaums zu haben. Bei Peters Geschlechtsleben hielten sie sich jedenfalls nicht weiter auf, was immerhin eine Erleichterung war. Kaum hatte Peter die Presseleute versorgt, kamen schon wieder neue Probleme auf ihn zu.

Als die ‹Kaiserin von Indien› die Leute vom Militär abgeladen hatte und wieder nach Djakarta zurückgekehrt war, mußte sie sofort ein zweites Mal in See stechen und eine ganze Ladung weiterer Passagiere nach Zenkali transportieren.

Als erster dieser neuen Abordnung kam Sir Lancelot Haverly-Egger, Präsident der Internationalen Organisation zum Schutz gefährdeter Tiere, die von ihren Freunden WOPES (World Organisation for the Protection of

Endangered Species) genannt wurde, an Land. Sir Lancelot war ein reumütiger Großwildjäger, ein Allround-Naturforscher und ein Diplomat von der sanften Sorte. Er war klein, untersetzt, hatte eine Glatze, hellgrüne Augen, einen dicken braunen Schnurrbart und machte den Eindruck eines Mannes, der von seiner eigenen Wichtigkeit sehr überzeugt ist. Er wurde von Ehrenwert Alfred Clatter, dem Sekretär des World Naturalists Trust *(WNT)*, begleitet, der aussah wie eine beschwipste Gottesanbeterin mit einem ausgefransten Strohhut auf dem Kopf. Unter den einen Arm hatte er einen Stoß Vogelbücher, unter den anderen ein riesiges Messingteleskop geklemmt. Hinter ihnen strömten immer mehr Menschen die Gangway hinunter. Da war, in roter Jacke und weißer Flanellhose, Hiram F. Harp, Präsident der Amerikanischen Liga für Ornithologie, ein Mann, dessen braunes Gesicht und weiße Zähne doppelt so groß zu sein schienen wie bei anderen Menschen und der eine so umfangreiche Kameraausrüstung um den wulstigen Hals hängen hatte, daß sogar japanische Touristen vor Neid erblaßt wären. Dann, in einem schlecht sitzenden und ziemlich zerknitterten weißen Segeltuchanzug und zwischen den hochbetitelten Herrschaften und den reichen Amerikanern ein wenig fehl am Platz, erschien Cedric Jugg, Besitzer von ‹Juggs Dschungel›, einem der größten Safariparks von England. Ihm folgte ein gutes Dutzend verschiedenartigster Gestalten, die alle auf die eine oder andere Weise mit den diversen Organisationen zu tun hatten. In dem Telegramm, mit dem man ihre Ankunft auf Zenkali angekündigt hatte, wurden sie als «Sekretäre» und «Assistenten» bezeichnet.

Peter hatte Diggory vom Gouverneurshaus ausgeliehen und in seine Dienste genommen, und jetzt hastete er, weithin sichtbar mit seinem roten Schopf, im Hafen herum, trieb, wie ein Hirtenhund alle Ankömmlinge stotternd zu einem Haufen zusammen und stellte sie in einem Halbkreis um Peter auf. «Meine Damen und Herren», sagte Peter mit erhobener Stimme, um das allgemeine Gemurmel zu übertönen, «meine Damen und Herren. Ich heiße Peter Foxglove und bin der Assistent von Hannibal Oliphant, dem politischen Berater der Regierung Ihrer Majestät der Königin von England. Ich bin hier, um Sie im Namen Seiner Majestät König Tamalawala III. zu begrüßen.»

Ein aufgeregtes Stimmengewirr setzte ein, das jedoch augenblicklich verstummte, als Peter weitersprach.

«Der König läßt Ihnen sagen, daß er Sie herzlich willkommen heißt, und hofft, daß sie einen angenehmen Aufenthalt auf Zenkali haben werden. Allerdings», fuhr Peter fort, «möchte Seine Majestät wegen der ziemlich heiklen Lage, in der wir uns seit kurzem auf Zenkali befinden, klarstellen, daß Sie auf Ihr eigenes Risiko hierhergekommen sind – wenn wir auch alles, was in unserer Macht steht, tun werden, um Ihren Aufenthalt so angenehm wie möglich zu gestalten und Ihre Sicherheit zu gewährleisten.»

Das Wort «Risiko» fuhr wie das Zischen einer Schlange durch die Menge. Ehrenwert Alfred Clatter wandte sich mit großen, erschrockenen Augen an den Mann rechts von ihm, um diese furchterregende Erklärung zu diskutieren, wobei er Cedric Jugg mit seinem Teleskop einen kräftigen Stoß gegen den Ellbogen versetzte.

«Hören Sie mal, junger Mann», sagte Hiram F. Harp mit schneidender Stimme und deutlichem Entsetzen auf dem großen braunen Gesicht, «was soll das ganze Gerede von wegen Risiko? ... Was für eine heikle Lage soll das sein? ... Warum hat man uns das nicht gesagt? ... Was ich gern wissen würde ...»

«Einen Augenblick, bitte, Mr. Harp», unterbrach Peter ihn und hob die Hand, «sehen Sie, seit der Spottvogel wiederentdeckt wurde, haben sich verschiedene religiöse Probleme ergeben, die beträchtliche Spannungen zwischen den beiden zenkalischen Stämmen verursacht haben.»

«Religiös, wieso religiös?» fragte Harp verwirrt. «Was hat denn die Religion mit Ornithologie zu tun, können Sie mir das mal verraten?»

«Es würde zu lange dauern, jetzt alles zu erklären», sagte Peter, «aber wenn Sie erst alle untergebracht sind, werden wir Ihnen die komplizierte Situation in allen Einzelheiten darlegen.»

«Aber was ist mit dem Risiko?» fragte Harp noch einmal. «Sie sagten Risiko. Meinen Sie, daß wir in Gefahr sind, junger Mann? Ich verlange eine Antwort. Was geht hier vor, hä? Schließlich haben wir Damen bei uns, falls Sie das vergessen haben.»

«Ich versichere Ihnen, daß wir alles berücksichtigt haben», sagte Peter beruhigend, «die meisten von Ihnen werden in einem großen Haus in einem Außenbezirk von Dzamandzar untergebracht, einem Haus, das von der Leibwache des Königs und einer Abteilung des Loamshire-Korps abgesichert wird. Wir werden alles tun, um Sie vor eventuellen Gefahren zu schützen.»

«Das gefällt mir nicht, das gefällt mir gar nicht», trompetete Hiram F. Harp. «Wir Männer können natürlich auf uns aufpassen, aber wenn diesen kleinen Mädchen nur ein Haar gekrümmt wird, dann passiert was ... Also, wirklich!!»

Er pfiff durch die Lippen und rollte ausdrucksvoll mit seinen großen Augen, während ihn die «kleinen Mädchen», die sich wie eine Herde Zugpferde zusammengedrängt hatten, bewundernd anstarrten.

«Glauben Sie mir», erwiderte Peter ernst und hoffte, daß er die Wahrheit sagte, «die Dinge werden sich schon wieder beruhigen, und wir sind sicher, daß sich die Lage in wenigen Tagen wieder normalisiert hat.»

«Hat es Blutvergießen gegeben?» fragte Harp. «Sagen Sie es mir, junger Mann. Ja oder nein?»

Peter setzte sein charmantes und beruhigendes Lächeln auf.

«Sagen wir mal so: Es hat Beulen gegeben, ein paar Köpfe wurden eingeschlagen», sagte er ausweichend, «aber es ist keiner ums Leben gekommen.»

«Beulen? Eingeschlagene Köpfe?» fuhr Harp auf. «Ein paar eingeschlagene *Köpfe* ... um Himmels willen ... eh ... entschuldigen Sie, bitte, meine Damen ... aber, um alles in der Welt, was soll das heißen? ... eingeschlagene Köpfe ... ein Schädelbruch kann Folgen für das ganze Leben haben, das kann ich Ihnen verraten, junger Mann.»

«Ich glaube, Mr. Foxglove hat das nur so gesagt», versuchte Sir Lancelot zu vermitteln, der sich zum erstenmal zu Wort meldete und dabei wie eine Katze schnurrte, die von einer Maus träumt. «Wir alle sollten wissen, daß Seine Majestät König Tamalawala sein Bestes tut, uns einen angenehmen Aufenthalt zu ermöglichen und auch, daß wir uns in derart schwierigen Zeiten unbedingt äußerst vorsichtig verhalten müssen, damit wir das Boot nicht zum Kentern bringen, wie es heißt. Ich bin ganz sicher, daß Seine Majestät uns nicht an Land lassen würde, wenn er das Gefühl hätte, daß wir uns in ernsthafte Gefahr begeben.»

Peter mußte daran denken, wie Kingy noch am selben Morgen erschöpft gesagt hatte: «In solchen Krisenzeiten könnten wir gut ohne diese Horde besessener Tiernarren auskommen, aber sie lassen sich nicht abwimmeln. Wenn wir Glück haben, rammt ihnen irgend jemand einen Speer in den Hintern.» Aber das behielt Peter für sich.

«Ich glaube», fuhr Sir Lancelot , der sich der Situation geschickt bemächtigt hatte, fort, «wir sollten alle tun, was Mr. Foxglove uns sagt, denn ich bin davon überzeugt, daß er die Lage am besten überblicken kann.»

«Danke, Sir», sagte Peter.

«Also, ich schlage vor, daß Sie alle zu diesem Haus gehen, das Mr. Foxglove freundlicherweise für uns bereitgestellt hat», rief Sir Lancelot und wandte sich dann mit einem freundlichen Lächeln an Peter, «und ich wohne wohl im Gouverneurshaus?»

Es war mehr eine Feststellung als eine Frage. Peter schluckte und atmete einmal tief durch. Man hatte ihn gewarnt, daß Sir Lancelot seinen Status außerordentlich ernst nahm.

«Leider nein, Sir Lancelot», sagte er so besänftigend er konnte, «sehen Sie, auf Grund der gegenwärtigen ungewöhnlichen Lage ist das Gouverneurshaus voll ausgebucht. Sir Adrian und Lady Emerald haben mich beauftragt, Sie um Ihr Verständnis zu bitten und Ihnen zu erklären, daß ihre begrenzten Unterbringungsmöglichkeiten bereits restlos von den Abgesandten der britischen Regierung erschöpft sind, die sich um die Flugplatzangelegenheit kümmern müssen.»

«Oh!» sagte Sir Lancelot und preßte in diese eine Silbe so viel Verachtung, Enttäuschung, Unglauben, Kummer und Nachsicht, daß es geradezu ein Meisterstück des Gefühlsausdrucks war. «Oh, na schön, in solchen Zeiten müssen wir alle lernen, uns nach der Decke zu strecken.»

«Ja, ich fürchte, das ist wahr, Sir», sagte Peter lächelnd, «Sie und Ehrenwert Alfred Clatter werden meine Gäste sein. Ich werde mein möglichstes tun, damit Sie sich wohlfühlen.»

«Oh!» sagte Sir Lancelot noch einmal, diesmal abwägend, und dann fügte er ausdruckslos hinzu: «Sehr freundlich von Ihnen.»

«Es ist mir ein Vergnügen, Sir», sagte Peter genauso ausdruckslos und fügte dann energisch hinzu: «Wenn Sie mir jetzt, bitte, alle folgen würden, ich habe eine Kolonne Kingy-Karts bereitstellen lassen.»

Nach vielem Hin und Her hatte es Peter endlich geschafft, die Gesellschaft in ihren Unterkünften einzuquartieren. Dann setzte er Sir Lancelot und Ehrenwert Alfred, jeder mit einem großen Glas ausgestattet, auf seine Veranda und entschuldigte sich bei ihnen. Er müsse zu einem Treffen in den Palast, erklärte er.

«In den Palast?» fragte Sir Lancelot, ohne sich die Mühe zu machen, seine Überraschung zu verbergen. «Ah ja. Einfach so. Sie gehen also in den Palast, hä?»

«Wenn man mich darum bittet, Sir, ja», sagte Peter mit undurchdringlicher Miene.

«Tatsächlich. Aha. Ich würde König Tamalawala sehr gern kennenlernen», sagte Sir Lancelot, «ich bin mit dem Herzog von Penzance gut befreundet, der, mein ich, mit ihm in die Schule ging.»

«Ja, ja, und ich bin mit Lord Grottingly bekannt, der, glaube ich, auch mit ihm zusammen in die Schule gegangen ist», sagte Ehrenwert Alfred eifrig, um ja nicht ins Abseits zu geraten.

«Und außerdem habe ich ein sehr gutes Verhältnis zu Prinz Umberto Cellini, den der König, mein ich, kennt», fuhr Sir Lancelot fort und übertrumpfte damit Ehrenwert Alfred. «Ich bin davon überzeugt, der König würde sich freuen, von seinen Freunden zu hören.»

«Ich werde es ganz bestimmt erwähnen, Sir», sagte Peter, «und jetzt entschuldigen Sie mich, bitte, ich muß mich beeilen.»

Wegen der schweren Zeiten hatte Kingy die Verbannung der Motorfahrzeuge aus dem Stadtzentrum vorübergehend aufgehoben, allerdings durften sie nur von Regierungsbeamten benutzt werden. Peter hatte sich daraufhin von der Polizei einen Landrover ausgeliehen. Doch schon bald mußte er feststellen, daß sich die Bevölkerung von Dzamandzar so sehr an die ungefährlichen Kingy-Karts gewöhnt hatte, daß ihnen gar nicht der Gedanke kam, daß ein Fahrzeug tödlich sein könnte. Sie ließen sich auf ihre gewohnte träge Art durch die Straßen treiben, standen schwatzend in Grüppchen zusammen oder ließen sich sogar mitten auf der Straße zu einem Würfelspiel nieder, so daß Peter sein Tempo irritiert auf das eines Kingy-Karts drosseln mußte, um nicht halb Dzamandzar umzubringen. Er kam mit einer halben Stunde Verspätung und völlig entnervt im Palast an.

Man führte ihn in den Speisesaal des Palastes, den Kingy manchmal als Konferenzraum benutzte. Es war ein großer, schöner, in Creme- und Grüntönen gehaltener Raum mit einem dunkelbraunen Teppich und einer herrlichen Decke mit Stuckverzierungen. Am einen Ende des riesigen Eßtischs hatten sich die Teilnehmer des Gesprächs versammelt. Kingy, in blaßgelben Gewändern, hatte den Vorsitz und strahlte wie immer sehr viel Selbstsicherheit aus. Rechts von ihm, mit halb geschlossenen Augen und einer Zigarre zwischen den Lippen, hockte Hannibal in nachlässiger Haltung, und links von ihm saß, steif wie ein Stock, Sir Osbert. Er hatte sein Monokel so fest ins Auge geschraubt, daß es wie ein angewachsener Körperteil aussah. Neben ihm saß Lord Hammer, ein großer, fleischiger

Mann mit rußig-schwarzen Haaren und einem runden Babygesicht, rosig und runzlig und mit einem Ausdruck von Unschuld, der nur von seinen großen, blauen Augen, die so scharf wie die eines Fuchses blickten, Lügen gestraft wurde. Seine großen, schwammigen Hände formten mit seinem Notizbuch, seinem goldenen Bleistift, einem Aschenbecher, seinem Brillenetui und seiner Zigarrenschachtel unaufhörlich verschiedene Gebilde auf dem Tisch. Als Peter eilig den Raum betrat, sahen ihn alle an.

«Ah, Peter», sagte Kingy strahlend, «guten Morgen. Na endlich, gut, daß Sie da sind ... jetzt können wir beginnen.»

«Guten Morgen, Kingy», sagte Peter und setzte sich neben Hannibal, «tut mir leid, daß ich zu spät komme, aber es hat einige Zeit gedauert, bis ich den neuen Schub Besucher auseinandersortiert hatte.»

«Ah ja», sagte Kingy düster, «der gestrenge Sir Lancelot. Ich zweifle nicht daran, daß wir bald von ihm hören werden.»

Bei der Erwähnung dieses Namens blieben Lord Hammers Hände mitten in der Bewegung stehen, und Sir Osbert zuckte merklich zusammen.

«Sir Lancelot?» fragte er scharf. Er klemmte sich das Monokel noch fester ins Auge und musterte Kingy wie einen schlampigen Rekruten auf dem Paradeplatz. «Sie meinen doch wohl nicht Sir Lancelot Haverly-Egger, oder? Sagen Sie bloß, dieser verdammte Bursche ist hier?»

«Kennen Sie Sir Lancelot?» fragte Kingy.

«Ob ich ihn kenne? Natürlich kenne ich ihn», sagte Sir Osbert mit Nachdruck. «Dieser Mann ist eine verdammte Gefahr für die Allgemeinheit. Einer von diesen verrückten Tiernarren, die sich überall einmischen und Ärger machen. Nirgends, sage ich Ihnen, kann man einen Spatenstich machen, ohne daß er mit seinem sentimentalen Gefolge aufkreuzt, um einem zu erzählen, daß ausgerechnet an dieser Stelle wegen irgendwelcher Hermeline oder Wiesel oder sonstiger verdammter Viecher nicht gebaut werden darf, und daß man gerade diesen Sumpf hier nicht drainieren kann, weil es wieder irgendwo ein schreckliches Kriechtier gibt, das gerettet werden muß. Ich sage Ihnen, dieser Mann ist gegen den Fortschritt: Er ist eine Gefahr für alle.»

«Ich fürchte, daß er genau aus diesem Grund hier auf Zenkali ist», sagte Kingy. «Es wäre wohl übertrieben, sich der Hoffnung hinzugeben, daß er *für* diesen Flugplatz ist, jetzt, nachdem wir den Spottvogel wiederentdeckt haben.»

«Die ganze Situation ist absolut lächerlich», sagte Sir Osbert wütend, «und jetzt mischt sich auch noch dieser alberne Haverly-Egger ein.»

Lord Hammer stieß einen tiefen Seufzer aus.

«Sollen wir jetzt über den Flugplatz reden, Eure Majestät?» fragte er mit einer merkwürdig weichen, klagenden, flötenden Kinderstimme.

«Auf jeden Fall», sagte Kingy huldvoll, «aber, wenn Sie mir diese Bemerkung erlauben wollen, Lord Hammer, ich wundere mich eigentlich, daß Sie überhaupt hier sind, denn erstens wissen wir noch gar nicht, ob wir denn nun mit der Arbeit beginnen, und zweitens haben wir noch gar keine Angebote eingeholt.»

Einen Augenblick lang herrschte Schweigen. Sir Osbert rutschte unbehaglich auf seinem Stuhl hin und her. Lord Hammer rückte die Gegenstände, die er vor sich aufgebaut hatte, mit seinen fetten Händen sorgfältig zurecht.

«Bei großen und komplizierten Projekten wie diesem sehe ich mir – obgleich ich meinen Leuten durchaus vertraue – am liebsten alles persönlich an, bevor wir unser Angebot machen», sagte er schließlich und lächelte betörend.

«Verstehe», sagte Kingy.

«Sehr lobenswert», bemerkte Hannibal ironisch.

«Nun», sagte Sir Osbert kühl, «ich glaube, daß es jetzt Zeit wird, endlich einmal zur Sache selbst zu kommen. Man kann doch die Regierung Ihrer Majestät wirklich nicht auf diese Weise hängenlassen, bei einer so wichtigen Frage. Hören Sie auf meinen Rat und überfluten Sie die Täler. Je schneller das geschieht, um so eher werden diese verdammten Vögel vergessen sein.»

Kingy sah ihn kalt an.

«Mit ‹verdammte Vögel› meinen Sie, nehme ich an, den angestammten Gott der Fangouas?» erkundigte er sich.

Sir Osbert wurde rot.

«Ich wollte doch nur sagen ...» begann er.

«Sagen Sie mir, Sir Osbert», unterbrach ihn Kingy interessiert, «wie würden Sie wohl reagieren, wenn ich den Vorschlag machte, die Paulskirche oder die Westminster Abbey dem Erdboden gleichzumachen, damit dort ein Flugplatz gebaut wird?»

«Das ist doch nicht dasselbe ...» begann Sir Osbert.

«Natürlich nicht, natürlich nicht», sagte Kingy besänftigend, «das eine ist der Gott einer Horde schwarzer Heiden und das andere sind heilige Bauwerke des zivilisierten weißen Mannes. Wie könnten sie dasselbe sein?»

Es folgte eine kurze, bedeutungsvolle Stille.

«Ich muß Sie, Sir Osbert, und auch Sie, Lord Hammer, davon in Kenntnis setzen, daß diese Angelegenheit erst gelöst werden kann, wenn der Sonderrat darüber entschieden hat», sagte Kingy. «Vorher kann ich gar nichts tun.»

«Ich dachte, der König hätte die absolute Macht?» sagte Sir Osbert mit einem Anflug von Hohn in der Stimme.

«Oh, nein», erwiderte Kingy lächelnd, «wir geben uns schon Mühe, demokratisch zu sein. Sicher haben Sie nicht vergessen, wieviel Zeit Ihr Land darauf verwendet hat, Zenkali mit den Prinzipien einer Demokratie bekannt zu machen, Sir Osbert? Sie wollen doch sicher nicht, daß wir sie jetzt ablegen, nur weil sie Ihnen nicht in den Kram passen?»

«Und wann können wir auf eine Entscheidung hoffen?» fragte Sir Osbert mit vor Wut glitzernden Augen.

«Übermorgen», sagte Kingy, «darauf haben Sie mein Wort.»

Nachdem Sir Osbert und Lord Hammer gegangen waren, goß Kingy jedem etwas zu trinken ein, und dann saßen sie alle eine Weile schweigend da.

«Was, glauben Sie, wird die Sondersitzung ergeben?» fragte Hannibal schließlich, während er sich eine Zigarre ansteckte.

Kingy streckte seine großen braunen Hände aus, als wollte er einen Zaubertrick vorführen.

«Mein lieber Hannibal, ich habe nicht die geringste Ahnung», sagte er mit einem Achselzucken.

«Ist Looja dabei?» fragte Peter.

«Nach unserer Verfassung muß in den seltenen Fällen, in denen ein Sonderausschuß eingesetzt wird, um über eine wichtige Angelegenheit zu beraten, die die Sicherheit und die Zukunft der Insel betrifft, die gleiche Anzahl Ginkas und Fangouas vertreten sein», erklärte Kingy. «Also werden Looja und sein Gefolge die Hälfte des Sonderrats stellen.»

«Und können Sie sie nicht überstimmen?» fragte Hannibal.

«Ich kann sie wohl dirigieren, aber nicht überstimmen, leider», sagte Kingy, «nein, ich fürchte, daß wir im Augenblick keine Spekulationen anstellen können. Wir müssen abwarten und aus dem Stegreif handeln, wenn es soweit ist.»

Peter fühlte sich ziemlich deprimiert, als er heimfuhr, und freute sich, als Audrey dort auf ihn wartete. Sie kam zu ihm gelaufen, gab ihm schnell einen Kuß und musterte besorgt sein Gesicht.

«Gott, siehst du müde aus», sagte sie, «soll ich dir was zu trinken machen?»

«Bitte», sagte er, und ließ sich in einen Sessel fallen, «einen ganz Großen. Wo sind Sir Lancelot und Ehrenwert Alf?»

«Die sind im Badezimmer und machen sich schön. Sie sind ganz aufgeregt, weil sie beim Gouverneur zum Essen eingeladen sind – dann sind sie heute abend wenigstens aus dem Weg. Ich dachte mir, vielleicht könnten wir uns noch ein paar Drinks genehmigen, dann etwas schwimmen gehen und danach essen und zeitig ins Bett, du jedenfalls.»

«Herrlich», sagte Peter und trank einen großen Schluck.

Er erzählte ihr gerade, was an diesem Tag alles passiert war, als Sir Lancelot und Ehrenwert Alfred erschienen, beide in Smokingjacken.

«Ah, Foxglove», sagte Sir Lancelot jovial, «vom Palast zurück? Was gibt's Neues von Seiner Majestät?»

«Oh ... eh ... er läßt Sie grüßen, Sir, und er sagte, daß es ihm, sobald sich die Dinge etwas beruhigt haben, ein Vergnügen sein wird, Sie zu empfangen», log Peter beherzt.

«Ausgezeichnet, ausgezeichnet», flötete Sir Lancelot.

«Großartig», setzte Ehrenwert Alfred wie ein Echo hinterher.

«So, jetzt müssen wir aber los», sagte Sir Lancelot gutgelaunt, «wir sind zu einem Essen beim Gouverneur eingeladen.»

«Oh, sehr gut, ich wünsche Ihnen viel Vergnügen, meine Herren», sagte Peter.

Als sie gegangen waren, mixte sich Audrey einen Drink und setzte sich neben Peter.

«Was, glaubst du, wird geschehen?» fragte sie. «Oder möchtest du jetzt nicht darüber reden?»

«Wenn ich das nur wüßte», sagte Peter düster, «ich glaube, das kann man jetzt noch nicht sagen. Keiner kann das. Die ganze Situation ist so verdammt kompliziert.»

«Aber die Täler werden sie doch bestimmt nicht überfluten, oder?»

«Wer weiß? Die sind so dumm, daß man ihnen alles zutrauen kann», sagte Peter. «Trotzdem glaube ich auch nicht, daß sie es tun. Es muß ein Kompromiß geschlossen werden, das ist das Problem. Ich habe mir schon den Kopf zermartert, aber mir fällt keiner ein. Auf jeden Fall bin ich jetzt viel zu müde, um mir darüber Gedanken zu machen.»

«Trink noch ein Glas, und dann essen wir, das wird dir guttun», sagte Audrey und stand auf. In diesem Augenblick kam Amos ins Zimmer.

«Bitte, Sah, Mr. Looja kommen hier», sagte Amos voller Abscheu.

«Looja?» fragte Peter erstaunt. «Bist du sicher, daß es Looja ist?»

«Ja, Sah, ist so, Sah», sagte Amos stoisch.

Peter sah Audrey an.

«Was hat das nun wieder zu bedeuten?» fragte er leise.

«Ich weiß nicht», sagte sie, «aber nimm dich in acht.»

«Führe Mr. Looja herein, Amos», seufzte Peter.

Looja trug einen eleganten weißen Segeltuchanzug und seine Rugby-Krawatte, als er flotten Schrittes das Zimmer betrat. Auf seinem Gesicht lag ein einschmeichelndes Lächeln, nur die Augen waren ausdruckslos. Er stutzte, als er Audrey sah, kam dann aber quer durchs Zimmer auf sie zu und streckte die Hand aus.

«Mein lieber Foxglove, Miss Damien», sagte er und verbeugte sich leicht, «bitte, verzeihen Sie mein Eindringen.»

«Macht nichts», sagte Peter. «Bitte, nehmen Sie Platz. Was möchten Sie trinken?»

«Vielen Dank, sehr freundlich von Ihnen. Ich nehme einen winzigen Schluck von dem guten alten B. & S., wenn ich darf», sagte Looja.

«Amos, einen Brandy mit Soda für Mr. Looja, bitte», sagte Peter.

Nachdem Amos ihm das Glas gebracht hatte, drehte Looja es zärtlich in seinen kleinen Händen. Dann schlug er die Beine übereinander, wobei er sorgfältig auf die rasiermesserscharfe Falte in seiner Hose achtete, und richtete seine teerschwarzen Augen auf Peter.

«Ich gebe zu, lieber Foxglove – bei allem Respekt für Miss Damien –, daß ich gehofft hatte, Sie allein anzutreffen, denn die Angelegenheit, die ich mit Ihnen besprechen will, ist ... nun – sagen wir mal – höchst delikater und privater Natur.»

«Ich kann ja gehen, wenn Sie das möchten, Mr. Looja», sagte Audrey honigsüß.

«Ich glaube, daß du alles, was Mr. Looja mir zu sagen hat, hören darfst», sagte Peter in bestimmtem Ton.

«Ganz recht, ganz recht, das glaube ich auch», stimmte Looja eifrig zu, «denn wo ich Sie nun beide hier vorfinde, wird mir natürlich klar, daß die Angelegenheit, über die ich sprechen möchte, auch Sie beide betrifft. Daher wäre ich dankbar, wenn Sie bleiben würden, Miss Damien, da ich gern auch Ihre Meinung zu dieser Angelegenheit hören möchte.»

Er nippte an seinem Glas und zog ein seidenes Taschentuch aus dem Ärmel, mit dem er sich geziert die Lippen betupfte.

«Die Angelegenheit, um die es sich dreht, betrifft – wie Sie zweifellos schon ahnen – diese bemerkenswerte Entdeckung, die Sie beide gemacht haben», fuhr er fort.

«Und?» fragte Peter barsch. «Was soll damit sein?»

«Eine wirklich bemerkenswerte biologische Entdekkung», fuhr Looja fort, «und noch dazu eine, die Ihnen große Anerkennung einbringt. Trotzdem, man ist gezwungen, zuzugeben, daß das Ganze ein zweischneidiges Schwert ist.»

«Wieso?» fragte Peter.

«Also, unter uns, Foxglove – Sie sind ein Mann von Welt, und Miss Damien ist eine hochintelligente junge Dame –, wir drei wissen natürlich, daß diese Entdeckung, wie bedeutend sie aus biologischer Sicht auch sein mag, für die Insel auch nicht annähernd so nützlich sein kann wie der Flugplatz. Nein. Daher wäre es lächerlich, anzunehmen, daß wir zulassen würden, daß sie sich dem Fortschritt auf der Insel, der schließlich für das zenkalische Volk lebenswichtig ist, in den Weg stellt.»

«Finanziell, meinen Sie?» fragte Peter.

«Aber natürlich», sagte Looja, dessen dunkle Augen glühten, «die Insel wird reich werden.»

«Und Sie selbst auch», sagte Peter.

Looja lehnte sich in seinem Sessel zurück und streichelte sein Glas.

«Es würde mir nicht im Traum einfallen, Sie täuschen zu wollen, Foxglove, alter Junge. Ich profitiere tatsächlich ein wenig von diesem Projekt», sagte Looja würdevoll. «Aber schließlich tun das Hunderte anderer Zenkalis auch. Es ist noch gar nicht abzusehen, wie viele Leute am Ende davon profitieren. Selbst Leute, an die man zuerst gar nicht denken würde, wie Sie zum Beispiel.»

Looja beobachtete Peter über den Rand seines Glases hinweg. Bevor Peter etwas erwidern konnte, fuhr er fort: «Wie Sie wissen, haben wir den Sonderausschuß einberufen. Ich will Ihnen ganz offen sagen, mein Lieber, ich kann noch nicht absehen, wie die Dinge laufen werden. Jedermann ist wegen dieser ganzen Sache geradezu überempfindlich und hysterisch geworden, und in dieser angespannten Atmosphäre ist es mehr als wahrscheinlich, daß selbst der Sonderausschuß einen Fehler macht und den Flugplatz ablehnt. Das wäre natürlich eine Katastrophe für die Insel, eine komplette Katastrophe. In diesen Krisenzeiten hat keiner mehr einen klaren Kopf, und daher ist es sehr gut möglich, daß man aus Versehen eine falsche Entscheidung trifft. Was können wir also tun?»

Offenbar handelte es sich um eine rhetorische Frage, denn Looja sprach schon weiter, bevor Peter auch nur den Mund aufmachen konnte.

«Mir scheint», fuhr Looja fort und bemühte sich, gütig auszusehen, «mir scheint, alter Knabe, daß es das Einfachste wäre, die ganze Sache einfach aus der Welt zu schaffen, mit allem Drum und Dran. Weg damit. Dann kann es mit dem Flugplatz weitergehen, wie geplant.»

Einen Augenblick herrschte Stille.

«Verstehe», sagte Peter schließlich, «und was würden Sie vorschlagen, wie man vorgehen soll?»

«Das ist der springende Punkt», sagte Looja lächelnd

und zeigte seine weißen Zwergenzähne. «Dazu brauche ich Ihre Mithilfe – denn nur Sie und Miss Damien wissen, wo sich das betreffende Tal befindet. Und wenn Sie mir diese wichtige Information geben, braucht niemand davon zu erfahren. Niemand wird Sie mit dieser Angelegenheit in Verbindung bringen. Sie brauchen mir nur einen kleinen Hinweis zu geben, alles andere erledige ich dann selbst.»

«Verstehe ich Sie richtig?» fragte Peter. «Sie wollen, daß Miss Damien und ich Ihnen sagen, wo sich das Tal der Spottvögel befindet, damit Sie die Sache aus der Welt schaffen können, wie Sie sich auszudrücken belieben!»

«Völlig richtig», sagte Looja.

«Und wie soll das vor sich gehen?» fragte Peter.

Looja zuckte die Achseln und bürstete einen unsichtbaren Fussel von seiner Hose.

«Da werden sich schon Mittel und Wege finden lassen», sagte er.

«Was für Mittel und Wege?» fragte Peter.

«Feuer und Schußwaffen können sehr wirksam sein», sagte Looja, «und man könnte die Sache so hinbiegen, daß es aussieht, als hätten die Ginkas das Tal überfallen und ... äh ... das Hindernis aus dem Weg geschafft.»

«Und was würde dabei für mich rausspringen?» fragte Peter.

Loojas Augen leuchteten auf wie die eines Anglers, der spürt, daß eben ein Fisch angebissen hat.

«Natürlich weiß ich, was Ihnen Ihr Job einbringt», sagte Looja ölig, «und daher habe ich auch vollstes Verständnis dafür, wenn Sie für Ihre Entdeckung etwas – wie soll ich sagen – absahnen wollen. Ich kann Ihnen versichern, daß Sie mich nicht kleinlich finden werden, Foxglove.»

«Ja, aber trotzdem wäre es nett, zu erfahren, worin Ihre Großzügigkeit bestehen würde», sagte Peter sanft.

«Sollen wir sagen ... fünftausend Pfund?» schlug Looja vor.

Peter sah ihn an und brach in Lachen aus.

«Was? Bei allem, was Sie aus dem Flugplatz rausholen werden?» fragte er zornig. «Das ist ja ein Hungerlohn. Und was soll Miss Damien bekommen?»

«Sagen wir mal sechstausend, sechstausend für jeden?» fragte Looja mit glitzernden Augen.

«Hören Sie, Looja, wie ich das sehe, werden Sie mehrere hunderttausend Pfund aus diesem Projekt rausholen, oder?» fragte Peter.

Looja zuckte mit den Schultern.

«Sagen wir mal, daß ich ganz zufrieden sein kann, wenn die Sache läuft», erwiderte er, «aber nun wieder zu Ihnen, Foxglove. Mein Angebot ist nicht kleinlich, wenn man bedenkt, daß ich das Risiko allein auf mich nehme.»

Peter saß nur da und sah ihn an. Looja sah jetzt aus wie ein Kartenspieler der weiß, daß er alle Trümpfe in der Hand hat. Er trank sein Glas aus und stellte es vorsichtig auf den Tisch neben sich. Dann beugte er sich mit gewinnendem Lächeln vor.

«Nun, nun, Foxglove, alter Knabe», sagte er, «ich rede nicht lange um den heißen Brei herum, wenn ich unbedingt etwas haben will. Mich hat noch nie jemand geizig genannt. Wie wäre es, wenn ich Ihnen – und natürlich auch Miss Damien – fünfundzwanzigtausend Pfund für dieses kleine Geheimnis zahle, wie? Jetzt können Sie aber wirklich nichts mehr sagen, das ist ein fairer Preis, wie? Und wer weiß – wenn die Sache klappt, wie wir uns das vorstellen, dann springt später vielleicht noch einiges mehr dabei raus, wie? Was sagen Sie dazu, alter Knabe?»

Er beugte sich eifrig nach vorn, sein silbriges Haar glänzte, seine schwarzen Schlangenaugen glühten, sein

Zeigefinger trommelte gegen das Bein. Er war sich ganz sicher, daß Peter auf seinen Vorschlag eingehen würde.

Peter trank sein Glas aus und stand auf.

«Das Schlimme mit Ihnen ist, Looja», sagte er freundlich, «daß Sie ein geschniegelter kleiner Mohr sind, der eine Registrierkasse im Kopf hat. Sie handeln in dem törichten Glauben, daß jedermann seinen Preis hat. Jetzt will ich Ihnen mal was sagen, *alter Knabe*: ich würde Ihnen nicht mal für fünfundzwanzig Millionen verraten, wo das Tal der Spottvögel liegt – und schon gar nicht für fünfundzwanzigtausend.»

Looja schien sich in seinem Sessel verkriechen zu wollen, sein Gesicht färbte sich gelb, seine Augen funkelten.

«Außerdem muß ich gestehen, daß Sie mir widerlicher sind, als ich sagen kann», rief Peter, der jetzt in Fahrt kam. «Ich weiß wirklich nicht, womit das arme Zenkali einen derart verkrüppelten, bösartigen kleinen Knilch verdient hat, wie Sie einer sind. Man hätte Sie schon bei Ihrer Geburt klammheimlich erwürgen sollen. Ich kann Ihnen versichern, daß ich alles tun werde, was in meiner Macht steht, um den Bau des Flughafens zu verhindern. Es wird mir ein großes Vergnügen sein, Ihre miesen Pläne zu durchkreuzen. Und jetzt gehen Sie bitte. Miss Damien und ich sind sehr eigen, was die Gesellschaft angeht, in die wir uns begeben, und wir haben die Ihre schon zum Überdruß genossen.»

Looja stand auf und ging zur Tür. Dort drehte er sich noch einmal um. Auf seinem Gesicht lag noch immer dieser merkwürdige fahle Schimmer, aber seine Augen waren erloschen. Sie waren dunkel und ausdruckslos.

«Das werden Sie bereuen, Foxglove», stieß er zischend hervor, «Ihre Beleidigungen werden Ihnen noch leid tun. Niemand wagt es, so mit mir zu reden. Und vergessen Sie nicht: Niemand stellt sich mir in den Weg, niemand. Und schon gar nicht so ein unbedeutender, kleiner Wicht wie Sie.»

Er ging hinaus und schlug die Tür hinter sich zu. Peter ließ sich in seinen Sessel fallen.

«Wirklich», sagte Audrey, «du hast eine nette Art, Freunde zu gewinnen und Leute zu beeinflussen.»

«Ja. Ich hatte den Eindruck, daß sich unser Freund Looja nicht viel aus mir macht», sagte Peter grinsend.

«Aber mal im Ernst: Er ist ein gefährlicher Feind», sagte Audrey. «Was, glaubst du, wird er tun?»

«Solange er nicht weiß, wo das Tal ist, kann er überhaupt nichts tun», sagte Peter.

Aber das war ein gewaltiger Irrtum.

VI

Zenkali – Lärm und Tumult

Am nächsten Morgen, als Peter zum Frühstück kam, fand er Sir Lancelot und Ehrenwert Alf schon auf der Veranda damit beschäftigt, Eier und Schinken und eine riesige Schüssel Obst zu verzehren. Kaum hatte Peter sie begrüßt und sich hingesetzt, als Sir Lancelot auch schon lossprudelte.

«Die ganze Situation ist faszinierend, einfach faszinierend, Foxglove», sagte er und fuchtelte mit einem eiverklebten Messer vor Peters Gesicht herum, «und was da für verschiedene Faktoren im Spiel sind – höchst verzwickt alles, muß ich sagen.»

«Ja, Sir», sagte Peter. Er hatte keine Lust, den Tag mit einer Diskussion über die Situation auf Zenkali zu beginnen, aber das konnte er schlecht zugeben.

«Außergewöhnlich, ganz außergewöhnlich», bekräftigte Ehrenwert Alf und kämpfte mit einer Mangofrucht von der Größe einer mittleren Melone. «Wie ich schon zu Sir Lancelot sagte, passierte etwas ganz ähnliches, als ich beim Maharadscha von Kumquat war. In *dem* Fall waren es heilige Affen, die eine Wende herbeiführten – fast eine Affenwende, könnte man sagen, was? Ha! Ha!»

«Genau», sagte Sir Lancelot, nachdem er überlegt hatte, ob er lachen sollte oder nicht, und sich dagegen entschieden hatte, «wie ich schon zu meinem Freund Arthur Mendal sagte – dem Innenminister, wissen Sie – jedenfalls, er kam mich vor gar nicht langer Zeit mit dem Marquis von Orkney und Lord Bellroyal übers Wochenende besuchen, und ich sagte zu ihnen, daß es immer zu sehr heiklen Situationen führt, wenn sich Politik oder Religion und Naturschutz in die Quere kommen.»

«So was ähnliches habe ich auch mal zum Maharadscha von Kumquat gesagt», behauptete Ehrenwert Alf, aber man konnte sehen, daß er selbst nicht ganz überzeugt war – denn er wußte sehr wohl, daß ein Maharadscha kaum einen Marquis, einen Lord *und* den Innenminister aufwog.

«Heute tritt der Sonderausschuß zusammen, nicht wahr?» fragte Sir Lancelot.

«Ja, um halb zwölf», erwiderte Peter.

«Halten sie die Sitzung im Parlamentsgebäude ab?»

«Nein, im Palast.»

«Verstehe. Dann können wir also hoffen, schon zu Mittag die Ergebnisse ihrer Überlegungen zu erfahren?» fragte Sir Lancelot.

«Ja, glaube ich schon», erwiderte Peter, «aber das läßt sich schwer sagen, dazu ist die Situation viel zu kompliziert. Vielleicht dauert es auch länger.»

«Völlig richtig», sagte Sir Lancelot, «besser nichts überstürzen bei einer so wichtigen Entscheidung – nur keine Hast, wie es heißt.»

«Genau», stimmte Ehrenwert Alf zu, dem diese Predigt gefiel, «sehr gut formuliert.»

«Ja, und wenn Sie mich jetzt bitte entschuldigen wollen, ich muß gehen. Ich muß mich noch vergewissern, daß Ihre Leute alle wohlauf sind, und dann weiter zum Palast, um rechtzeitig bei der Sitzung zu sein», erklärte Peter.

«Ach, Sie gehen also auch zu der Sitzung, ja?» sagte Sir

Lancelot, der seine Überraschung nicht gänzlich verbergen konnte.

«Der König hat extra darum gebeten, daß Hannibal Oliphant und ich als Beobachter dabei sind. Normalerweise findet die Sitzung eines Sonderausschusses unter Ausschluß der Öffentlichkeit statt.»

«Das ist ja interessant», sagte Sir Lancelot nachdenklich. «Ich erwarte schon mit Spannung Ihren Augenzeugenbericht.»

Als Peter über die Veranda in den Garten ging, hörte er Ehrenwert Alf sagen:

«Das Ganze erinnert mich sehr an die Situation in Rio Muni, als ich zu dem Herzog von Pelligroza sagte ...»

Peter überließ sie ihren «Titel»-Kämpfen und ihren Streifzügen in die Gothaischen Adelshandbücher. Er beeilte sich, in sein Büro zu kommen, und etwas später am Vormittag fuhr er zu dem Haus des alten holländischen Plantagenbesitzers, das er zum Aufenthaltsort für den Rest seiner Schützlinge bestimmt hatte.

Als er dort ankam, fand er zu seinem Erstaunen Kapitän Pappas vor, der auf der großen, kühlen Veranda saß und mit Cedric Jugg riesige Portionen Zenkali-Nektar hinunterspülte. Offenbar waren sie schon bei der zweiten Hälfte der Flasche, und der Alkohol tat bereits seine Wirkung.

«Hallo, hallo», schrie Jugg, «da is ja der gute Foxglove, auf den ham wir grad gewartet, was? Wenn man vom Teufel spricht, he? Ha, ha!»

Sein fettes, graues Gesicht war über und über mit Schweißperlen bedeckt, und seine spärlichen, dünnen Haare waren völlig zerzaust. Er stand schwankend auf, watschelte über die Veranda und packte Peter freundschaftlich am Arm. Kapitän Pappas blieb unbeweglich am Tisch sitzen, die kleinen dunklen Augen starr geradeaus gerichtet.

«Kommse, trinknse 'n Schluck mit uns, dann erzähl ich Ihnen, was ich mir ausgedacht hab», sagte Jugg mit breitem Grinsen und verschwommenem Blick. «Kommse und trinknse was ... Zenkali-Nektar ... phantassisches Zeug ... granioses Gesöff ... davon wachsen eim Haare auffer Brust ... davon wachsen eim *überall* Haare.»

Peter fragte sich auf einmal, warum Jugg überhaupt auf Zenkali war. Der arme Kerl paßte irgendwie nicht zu den anderen Leuten, mit denen zusammen er angekommen war. Da Peter gern mehr erfahren wollte, ließ er sich an den Tisch zerren und mit liebevollem Nachdruck auf einen Stuhl drücken.

«Was wollnse trinkn?» fragte Jugg, während er sich hinsetzte und Peter mit großem Ernst anstarrte. «Was wollnse ham? Alles, wasse wolln ... ich bezahl alles ... alles, wasse wolln ... Brandy, Rum, Gin ... sagnse nur ... ich geb ein aus.»

«Danke, für mich ist es noch zu früh», sagte Peter, «ich nehme nur einen Kaffee, wenn ich darf.»

Mit äußerster Deutlichkeit und lauter Stimme, damit man ihn ja verstand, gab Jugg diesen Wunsch an den zenkalischen Diener weiter. Nachdem er diesen sprachlichen Triumph genossen hatte, lehnte er sich in seinem Sessel zurück und strahlte Peter an. Dabei wischte er sich das Gesicht mit einem roten Taschentuch ab.

«Komisch, dasse grad in dem Moment komm, wo ich mi'm Kapitän über Sie gesprochen hab. Sie kenn doch den Kapitän, nich? Guter alter Kumpel von mir.»

«Ja, ich kenne den Kapitän gut», sagte Peter und lächelte ihm zu. Kapitän Pappas nahm es mit einem winzigen Flackern seiner Achataugen zur Kenntnis.

«Ich hab dem Kapitän grad gesagt, daß ich Ihn aus der Patsche raushelfen kann, verstehnse? Ich kenn nämmich den Schlüssel zu diesm ganzn verdammn Problem», fuhr Jugg fort und goß sich noch einen Zenkali-Nektar ein.

«Wirklich?» fragte Peter interessiert. Er blickte Kapitän Pappas kurz an, der ebensogut aus braunem Marmor hätte gemeißelt sein können. Er schien nicht einmal zu atmen, und seine Augen waren ausdruckslos und leer.

«Ja-a», sagte Jugg gedehnt, «ich hab den Schlüssel dazu. Ich weiß nich, wieviel Sie über mich wissn, Mr. Foxglove, ich bin Jugg von Juggs Dschungel, verstehnse? Schönster Safari-Park der Welt, das darf ich wohl sagn.»

«Ja, das wußte ich, daß Sie der Besitzer von Juggs Dschungel sind ...» begann Peter.

«Besisser *und* Schöpfer», erklärte Jugg feierlich, «das dürfnse nich vergessn.»

«Natürlich», sagte Peter, «aber ich verstehe nicht ganz, was das mit uns zu tun hat.»

«Damit is Ihr verdammtes Problem gelöst, was?» sagte Jugg selbstgefällig.

«Ich kann Ihnen leider nicht folgen», sagte Peter.

«Sehnse ma», sagte Jugg, beugte sich vor und fuchtelte mit seinem Glas unter Peters Nase, «Sie ham doch 'n Problem, stimm's? Sie könn diese verdammn Täler nicht überflutn, wegn diesn verdammn Vögeln, oder? Stimm's? Und wenn Sie die verdammn Täler nich überflutn, dann kriegnse kein Flugplatz. Verstehnse, was ich mein? Was die Franzosn ein *cul-de-sac* nenn oder so ähnich. Und dazu hab ich den Schlüssel. Verstehnse, was ich mein?»

Peter nickte.

«Also, hier komm ich ins Spiel ... und Sie natürich auch», sagte Jugg. Er warf einen Blick in die Runde und senkte die Stimme. «Was ich Ihn jetz sage, ist schreng vertraulich, ja? Schreng vertraulich. Weil wir nich wolln, daß irgendwer von diesn verdammn Natursch ... Natursch ... also, von den will ich kein dabei ham. Also, Mund haltn wie 'ne Leiche, ja? Ha! Ha!»

Er trank einen großen Schluck Zenkali-Nektar, um sich zu stärken.

«Also», sagte er und wischte sich mit dem Handrücken über den Mund, «ich will Ihn genau erklärn, was mir so durch'n Kopf geht. Wennse diese Vögel los sind, könnse mi'm Flugplatz weitermachn, richig?»

«Mehr oder weniger ja, schätze ich», sagte Peter vorsichtig.

«Genau», sagte Jugg und schluckte einen Rülpser runter, «also, ich bin der Mann, der Ihn abnimmt, sie lossuwern, verstehnse? Ich sorg nich nur dafür, dasse sie loswern, sonnern ich sorg sogar noch dafür, daß für diesn Kannibalenkönig 'ne hübsche Summe rausspringt, verstehnse?»

Er lehnte sich zurück, blinzelte Peter an und nickte verheißungsvoll mit dem Kopf. Wieder griff er zu seinem Glas.

«Tscha, is alles gut überlegt», sagte er, «gehnse zu diesm schwarzn Burschn und sagnse ihm, dasser sich keine Sorgn machn brauch. Jugg kümmert sich um alles, sagnse ihm das. Jugg bringt die Sache in Ordnung. Ich brauch weiter nichts als 'ne Genehmigung von ihm, und dann brauch ich nur noch hin in dieses Tal, und dann schnapp ich mir die blödn Vögl, und ab geht die Post nach Juggs Dschungel. Tscha, fünfhunnert das Stück, würd ich sagn, und das isn guter Preis, das müssnse zugebm. Wenn man bedenkt, in was fünner Klemme ihr sitzt. Eintlich müßte mir Ihr König noch was zuzahln, daß ich sie ihm abnehm. Jawohl, auf'n Knien bittn müßt er mich eintlich. Aber das muß ja nich sein. Nich bei Jugg. Nein, nein. Bei mir geht's fair zu. Dassis meine Devise. Und ich will gar nich mal leugnen, daß die Vögl 'ne hübsche Reklame sind, und keine schlechte Anlage. Tscha, ich hab mir sogar schon überlegt, wie ich sie an'n Mann bring: JUGGS DSCHUNGEL – HEIMAT DER AUSGESTORBENEN. Wie finnensen das? Das wird'n Knüller. Tausene wern durch die Tore ström. Tausene.»

«Aber Sie wissen doch gar nichts über sie», protestierte Peter, «Sie wissen noch nicht mal, was sie fressen.»

«Was sie fressn ...? Na ja ... sind doch Vögl, oder? ... Schätze, die fressn dasselbe wie annere Vögl auch», sagte Jugg und schob diese Spitzfindigkeit mit einer wegwerfenden Handbewegung beiseite, «wie'n Strauß wahscheinich.»

«Aber wenn sie nun irgend etwas ... irgend etwas ganz Spezielles fressen ... was man in England nicht kriegt», fragte Peter.

«Dann lern sie eben das fressn, wassu ham is», sagte Jugg, «das bring ich den schon bei, verstehnse? Die fressn das schon, wennse Hunger ham, das dürfnse mir glaum.»

«Und was ist mit dem Klima?» fragte Peter. «Vergessen Sie nicht, daß es hier sehr heiß ist. Angenommen, sie vertragen die Kälte nicht.»

«Also, naja», sagte Jugg und seine triefenden Augen wurden nachdenklich, «wieviel, sagten Sie, solln es sein?»

«Wir haben fünfzehn Pärchen gezählt», sagte Peter, «aber vielleicht sind es auch mehr.»

«Dreißig Vögl, ja? Also, das is keine schlechte Nummer. Angenommen, die Hälffe geht beim Transport drauf. Dann wärns also immer noch fünfzehn. Und angenomm, die würn es zwei Wochn machn. Das hieße ...» Jugg schloß die Augen, verzog das Gesicht und rechnete etwas im Kopf aus. «Tscha, also ... ich schätze, wennses zwei Wochn machn – und, verdammt, ich hoff natürlich, dasses 'n bißchen länger machn – dann könntn wir, wenn wir orntlich die Werbetromml rührn, schässungsweise leicht fünfzigtausend rausholn. Vielleich mehr.»

Peter spürte, wie ihm schlecht wurde.

«Und wenn alle Spottvögel sterben würden?» fragte er.

«Also, schließlich sind wir bis jetz auch ganz gut ohne ausgekomm, oder? Also könn wir nachher auch ohne auskomm, oder? Aber Pech wär das schon, wennse alle draufgehn täten, verdammtes Pech. Aber dassis ja bekannt, daß die Viecher 'n ziemliches Risiko sind. Alle Viecher. Klar, bringn tun die ganz schön was, aber 'n Risiko is immer dabei.»

«In welcher Hinsicht?» fragte Peter, der das Gefühl hatte, alles hören zu müssen.

«Also, da geb ich Ihn ma 'n Beispiel», sagte Jugg. «Lessn Winter, da ham wir 'n ganzn Schub Geparde impotiert, ja? Ganze zehn. Hat mich 'n Haufn Geld gekosset. Krichte sie alle prima rein in mein Dschungel, und dann, was glaum Sie wohl, was dann passiert is? Dieser verdammte Trottel, der die Nacht Dienst hatte – war natürich erst kurz bei uns – also, der läßt die doch tatsächig die ganze Nacht draußen im Freigehege. Am nächsn Morgn warnse alle mausetot. Das würd man nich glaum, was? Die ganze verdammte Lieferung im Eimer. Halt, das stimmt ja gar nich. Zwei von ihn warn noch am Lebm, aber die sind dann noch am selm Tach krepiert. Das würd man gar nich glaum, daß die so schwierig sind, diese Geparde.»

«Und der Mann?» fragte Peter ungläubig. «Haben Sie ihn rausgeworfen?»

«Rausgeworfn? *Raus*geworfn?» fragte Jugg und sah Peter mitleidig an. «Gott sei mir gnädig, da müßte es minnestens um mein eigenes Lebm gehn, um ihn rausschmeißn zu könn. Da hassu ja sofort die Gewerkschaft am Hals, wie 'ne Tonne Ziegelsteine, wennu das tust. Nee, nee, das war ja nur 'n kleines Versehn, hätte jeem passiern könn, und ich sag immer, daß man im Lebm erst durch seine eignen Fehler klug wird. Nee, der Bert, der macht sich jetz ganz gut inzwischn, finnich. Grad neuich hab ich ihn zum Oberwärter gemacht. Aber, wie ich schon sagte, diese verdammn Viecher sind 'ne riskante Sache.»

«Das kommt mir auch so vor», sagte Peter trocken, «aber wenigstens haben sie keine Gewerkschaften.»

Darüber mußte Jugg so herzhaft lachen, daß ihm die Tränen in die Augen schossen.

«Gewerkschaftn? Tiere, die Gewerkschaftn ham! Ach, du meine Güte, dassis vielleich 'n Witz, das kann man wohl sagn. Ha, ha! Das würd uns aber ganz schön juckn, was?» sagte er und wischte sich mit seinem roten Taschentuch über die Augen. «Trozem, so was bringt die Arbeit nu mal mit sich, wie ich immer sage. Auf jedn Fall, wie ich schon sagte, ich werd euch diese Vögl abnehm, und der Kapitän hier wird mir 'n gutn Preis machn und sie nach Djakarta transportiern. Von da aus geht's per Flugzeug, verstehnse? Also, was ich sagn wollte: Sie gehn jetz hin und unnerbreitn Ihrm Negerkönig mein Vorschlag. Sagnse ihm, pro Stück fünfhunnert auf die Hand – er kassiert, und ich hab den ganzn Ärger am Hals, was? Und sagnse ihm noch, wenn ich sie alle heil nach Hause krich und sie sich ausgezahlt ham, dann schick ich ihm 'n Bonus ... Sie wissn schon, 'n Beutl mit bunn Perln oder so.»

Jugg lehnte sich in seinem Sessel zurück und lachte schallend.

«Ja», sagte Peter und stand auf, «also, ich werde Ihren Vorschlag an Seine Majestät weitergeben. Ich bin sicher, daß er ihn sehr interessant finden wird. Und jetzt muß ich mich nach den anderen umsehen. Vielen Dank für den Kaffee.»

«War nett, ma mit Ihn zu plaudern», sagte Jugg ernst und streckte seine Hand aus, «nett, sich mi'm Burschn zu unterhaltn, der weiß, wo's langgeht.»

Während sich Peter auf die Suche nach der restlichen Gruppe machte, kam er zu dem Schluß, daß es Zeitverschwendung wäre, sich über Jugg zu ärgern. Die Hauptsache war, daß Jugg unter gar keinen Umständen Gelegenheit haben würde, seinen Plan in die Tat umzusetzen und die Spottvögel in die Schreckensgefilde von Juggs Dschungel zu entführen.

Er fand die restliche Gesellschaft im Garten hinter dem Haus, wo sie in der Sonne lagen.

«Und ich sage», rief Harp gerade energisch, als sich Peter der Gruppe näherte, «wir müssen mit Seiner Majestät ein sehr ernstes Wörtchen reden, jawohl, ein sehr ernstes Wörtchen. Wir müssen ihm deutlich machen, daß die Naturschutzbewegung nicht mit sich spaßen läßt, jawohl...»

Er unterbrach seine Rede, als er Peter sah, und kam eilig mit ausgestreckter Hand und seinem freundlichen, unschuldigen Lächeln auf ihn zu: «Hallo, Mr. Foxglove, Sir, wie schön, Sie zu sehen», sagte er und nahm Peters Hand zwischen seine beiden Hände.

«Ich wollte Sie nicht stören», sagte Peter.

«Stören? Aber nein, Sie stören überhaupt nicht ... wir reden nur so ein bißchen, die Jungs und die Mädchen und ich», sagte Harp, «kommen Sie, trinken Sie was. Was können wir für Sie tun?»

«Also, eigentlich wollte ich mich erkundigen, ob ich etwas für *Sie* tun kann», wehrte Peter ab. «Ich bin nur gekommen, um mich davon zu überzeugen, daß Sie alle glücklich und zufrieden sind, und um zu fragen, ob Sie irgend etwas brauchen, das ich für Sie besorgen kann.»

«Also, wirklich, das ist ungeheuer nett von Ihnen», sagte Harp. «Wir wollen Ihnen ja nicht zur Last fallen, wissen Sie. Uns ist natürlich klar, daß Sie ein sehr, sehr beschäftigter Mann sind, jawohl, sehr beschäftigt.»

«Ganz und gar nicht», erwiderte Peter lächelnd, «das gehört zu meinem Job.»

«Also, es wäre uns wirklich peinlich, Ihnen zur Last zu fallen», wiederholte Harp und zog eine bedrohlich aussehende Liste aus seiner Hosentasche, «aber zufällig bin ich heute morgen mal ein bißchen rumgegangen bei den Jungs und Mädchen, um mich zu vergewissern, daß auch alles in Ordnung ist, und da haben wir ein paar Kleinigkeiten zusammengestellt, nur ein paar Anregungen. Nur Anregungen, verstehen Sie? Und es wäre nett, wenn Sie uns sagen würden, was Sie davon halten.»

Eine geschlagene Stunde lang hatte Peter mit den paar Anregungen zu tun.

Da beklagte sich Miss Alison Grubworthy über Kakerlaken, Zecken, Wespen, Motten und Geckos, die in ihrem Zimmer hausten. Da war Adolf Zwigbuerrers umfassende Kritik an allem und jedem, die er damit begründete, daß in Schweden alles anders sei. Da wünschte sich Señorita Maria-Rosa Lopez einen neuen Riegel an ihrer Tür, weil sie den Verdacht hegte, daß der zenkalische Hausmeister für das gegenwärtige Schloß einen Zweitschlüssel besitze und Vorbereitungen treffe, eines Nachts in ihr Zimmer zu schleichen und sie zu vergewaltigen. Da Señorita Lopez ein buckliges Wesen von gut siebzig Lenzen war, runzlig wie Gedärm, konnte sich Peter des Gefühls nicht erwehren, daß ihre Angst kaum gerechtfertigt war. Er bemühte sich jedoch, alle Launen und Schrullen der Gäste auf die eine oder andere Weise zu befriedigen, angefangen bei Harps Klage, daß zu wenig Eiswürfel vorhanden und der Salat nicht gründlich genug gewaschen sei, bis zu der Anfrage von Herrn Rudi Meinstoller, dem finster blickenden Vertreter der Weltorganisation zur Erhaltung der Natur, wo er in Dzamandzar seine Uhr reparieren lassen könne. Er schien der Meinung zu sein, daß er dem Ansehen seines Heimatlandes, der Schweiz, schaden würde, wenn er mit einem defekten Uhrwerk herumliefe.

Als Peter endlich in Hannibals Haus eintraf, hatte er rasende Kopfschmerzen und einen quälenden Durst. Er fand Hannibal in seinem riesigen Schaukelstuhl in dem langgestreckten, hellen Wohnzimmer, in dem mehrere Ventilatoren eine angenehme Kühle verbreiteten. Hannibal, wie üblich von seinem Hundetroß umgeben, hatte einen Tisch vor sich stehen, der über und über mit Akten beladen war. Einige lagen auch auf dem Fußboden. Er war emsig am Schreiben, seine Brille saß ganz vorn auf der Nasenspitze. Als Peter eintrat, blickte er kurz auf und deutete wortlos auf den Tisch mit den Getränken. Dann schrieb er weiter. Peter goß sich etwas zu trinken ein und setzte sich auf einen Stuhl in Hannibals Nähe. Entspannt und ruhig saß er da und trank, bis Hannibal seine Arbeit beendet hatte. Nachdem er das Geschriebene noch einmal durchgelesen hatte, setzte er seine Brille ab und ergriff sein Glas.

«Zum Wohl», sagte Hannibal.

«Prosit», sagte Peter.

Beide tranken und saßen eine Weile in geselligem Schweigen da.

«Nun?» fragte Hannibal schließlich. «Was gibt's Neues?»

Peter nahm einen großen Schluck aus seinem Glas, und dann erzählte er Hannibal von Juggs Vorschlag. Hannibal brüllte vor Lachen und schaukelte in seinem großen Stuhl vor und zurück.

«Dieser Schweinehund!» rief er fröhlich. «Dieser entsetzliche, unverschämte Schweinehund. Kannibalenkönig, tatsächlich ... Himmel, das wird Kingy aber gefallen.»

«Sie werden es ihm doch nicht erzählen, oder?» fragte Peter entsetzt.

«Natürlich, warum denn nicht?» sagte Hannibal. «Der arme alte Knabe hat seit Tagen nichts mehr zu lachen gehabt ... das wird ihm bestimmt Spaß machen.»

Peter füllte ihre Gläser nach und setzte sich wieder hin.

«Aber das ist doch alles eine einzige Idiotie, genau wie dieser Amerikaner Harp und sein verdammtes Eis und dieser Schweizer mit seiner blöden Uhr», sagte er.

«Ist Ihnen klar, daß Sie an den kulturellen Wurzeln zweier großer Nationen nagen, indem Sie das Eis eines Amerikaners und die Uhr eines Schweizers herabsetzen?» fragte Hannibal ernst.

«Na, und wenn schon», erwiderte Peter grinsend. «Jedenfalls – hören Sie lieber, was ich Ihnen von dieser gräßlichen, kleinen Ratte Looja zu berichten habe. Das ist viel wichtiger.»

«Looja?» fragte Hannibal. «Was hat er denn jetzt schon wieder angestellt?»

Knapp und präzise schilderte ihm Peter Loojas Besuch und das Ergebnis des Gesprächs. Hannibal pfiff durch die Zähne.

«Da muß er aber sehr nervös sein, wenn er sogar versucht, Sie zu bestechen», sagte er. «Wie furchtbar dumm von ihm, es überhaupt erst zu probieren. Ich frage mich, ob er nicht irgendwie unter Druck gesetzt wird.»

«Aber von wem?» fragte Peter.

«Von Ihrem Onkel zum Beispiel», sagte Hannibal. «Ich konnte diesen Auftritt von Sir Osbert und Hammer als siamesische Zwillinge noch nie leiden, und als ich hörte, daß Looja Ihren Onkel kennt, schwante mir gleich Böses.»

«Sie glauben, daß mein Onkel aus dem Flugplatz Profit zieht? Daß er Schmiergelder kriegt?» fragte Peter ungläubig.

«Es sind schon merkwürdigere Dinge unter Gottes Sonne passiert», sagte Hannibal. «Natürlich haben wir keine Beweise ... nichts, was ein Gericht überzeugen könnte.»

«Glauben Sie, daß wir Beweise finden könnten?» fragte Peter aufgeregt. «Wenn das stimmt, was Sie glauben, dann wäre das doch das Ende für den Flugplatz, oder?»

«Da bin ich mir nicht so sicher, obgleich – es würde uns eine Verschnaufpause verschaffen», sagte Hannibal. «Aber ich kann mir nicht vorstellen, wo wir einen Beweis herkriegen sollen – es sei denn, dieses unangenehme Trio kommt hier hereinspaziert und überreicht uns ein unterzeichnetes Geständnis, aber das halte ich nicht für sehr wahrscheinlich. Auf jeden Fall, im Augenblick können wir überhaupt nichts tun, deshalb lassen Sie uns lieber mal nachsehen, was sich in der Sondersitzung tut.»

Dem Sonderausschuß gehörten alle niedrigen und höheren Häuptlinge der Ginkas und der Fangouas an, zwanzig von jedem Stamm, so daß Kingy die Möglichkeit hatte, bei Stimmengleichheit zu entscheiden. Dicht gedrängt saßen sie in ihren bunten Gewändern rund um den langen, polierten Tisch. Kingy sah in seinem wallenden Königspurpurgewand mit der Goldstickerei um den Hals und den Stulpen an den Ärmeln prächtig aus. Nur Looja paßte mit seinem makellosen Straßenanzug und der Rugby-Krawatte nicht in das harmonische Bild. Als Hannibal und Peter ihre Plätze eingenommen hatten, fing Kingy zu sprechen an.

«Ich glaube», sagte er mit seiner vollen, rollenden Stimme, «daß sich dieser Sonderausschuß vor allem anderen erst einmal über eines im klaren sein muß: daß es keine Möglichkeit gibt, den Fangouas ihren wiederentdeckten Gott wieder wegzunehmen, genausowenig, wie man den Ginkas einfach ihren Fischgott wegnehmen könnte. Das Problem, dem wir uns gegenübersehen, besteht darin, daß sowohl der Spottvogel als auch der Ombubaum zugrunde gehen werden, wenn wir unseren Plan, die Täler zu überfluten, verwirklichen. Dennoch hat das Parlament bereits dem Bau des Flugplatzes zugestimmt. Heute haben wir nun also darüber zu beschließen, wie der Flugplatz gebaut werden kann, ohne das religiöse Empfinden der Fangouas zu verletzen. Ich glaube, es wird das Beste sein, wenn ich zu Beginn einfach mal jeden am Tisch reihum bitte, seine persönliche Meinung darzulegen. Danach können wir vielleicht ganz allgemein darüber diskutieren.»

Langsam machte Kingy die Runde um den Tisch. Jeder einzelne legte seine Gedanken dar. Manche faßten sich kurz und redeten zur Sache, aber die meisten schweiften ab und machten vage Aussagen, benutzten die Gelegenheit eher, im Klang ihrer eigenen Stimme zu schwelgen, als mit konkreten Lösungen aufzuwarten. Hannibal murmelte ungeduldig vor sich hin, und einmal kritzelte er etwas auf einen Zettel, den er Peter zuschob: «Sie drehen sich alle im Kreis ... das hab ich Kingy ja gleich gesagt. Aber ich habe ihm einige Verzögerungstaktiken empfohlen, und vielleicht funktionieren sie. Erinnern Sie mich daran, daß ich diesen schaurigen Droom sprechen will.»

Nach zwei Stunden schließlich, nach endlosen Diskussionen und bissigen Bemerkungen wütender, von ihren Sitzen aufspringender Männer, die ihre Fäuste auf die Tischplatte krachen ließen und sich in höchst demokratischer Manier gegenseitig niederzuschreien versuchten, hob Kingy die Hand, und es wurde still im Saal.

«Jeder einzelne von euch ist angehört worden, und jeder einzelne von euch hat seine Vorschläge vorgebracht, die alle zur Kenntnis genommen worden sind», sagte er und schenkte der Runde am Tisch ein strahlendes, väterliches Lächeln. «Und ich möchte euch allen danken, daß ihr euch um diese Angelegenheit so ernsthaft bemüht und daß ihr so vernünftige und intelligente Anregungen gegeben habt.»

Er machte eine Pause, setzte seine Brille auf und warf einen Blick auf das Blatt Papier in seiner Hand. Dann nahm er die Brille wieder ab und blickte gütig in die Versammlung.

«Aber so klug und hilfreich eure Vorschläge auch waren, keiner davon ist geeignet, unser Problem befriedigend zu lösen. Daher würde ich gern, wenn ihr erlaubt, einen eigenen Vorschlag machen, der uns in dieser Angelegenheit vielleicht weiterhilft.»

Die Mitglieder des Sonderausschusses saßen wie hypnotisiert da und starrten Kingy an. Nur Looja fixierte, wie Peter bemerkte, den König durch schmale Augenschlitze. Sein dürrer Zeigefinger klopfte auf die polierte Tischplatte.

«Also», fuhr Kingy fort, «unser Problem besteht darin, sowohl die Vögel als auch die Bäume zu retten. Wie läßt sich das am besten bewerkstelligen? Das erste, was einem dabei durch den Kopf geht, ist, daß man sie fortschaffen muß, wenn man sie dort, wo sie sind, nicht haben will. Was die Vögel betrifft, wäre es notwendig, zuerst eine biologische Untersuchung durchzuführen, um mehr über ihre Bedürfnisse zu erfahren, damit für die Umsiedlung ein geeignetes Gebiet ausgesucht werden kann. Bei den Bäumen ist die Sache ein bißchen schwieriger und sehr viel teurer. Wie ihr wißt, hat man in Amerika Methoden entwickelt, um ausgewachsene Bäume zu versetzen, und daher schlage ich vor, wir untersuchen die Möglichkeit, die Ombubäume zu verpflanzen und sie im selben Gebiet anzusiedeln, in das wir auch die Spottvögel bringen.»

Ein aufgeregtes Gemurmel erfaßte die beiden Gruppen, nur Looja schwieg. Auf seinem Gesicht lag ein höhnischer Zug. Zu der allgemeinen Diskussion hatte er nichts beigetragen, er hatte nur die Achsel gezuckt und erklärt, daß er sich der Mehrheit anschließen werde.

«Natürlich weiß ich, daß dieser Plan sehr viel Zeit braucht und sehr kostspielig sein wird», fuhr Kingy fort, «aber ich glaube, daß wir gar nichts anderes tun können. Ich bin davon überzeugt, daß uns viele Stellen finanzielle Unterstützung gewähren werden, um uns bei dieser wichtigen Rettungsaktion zu helfen. Daher würde ich vorschlagen, daß wir einen Fond gründen, den wir den Spottvogel-Fond nennen, und daß ich Professor Droom bitte, sofort mit der Erforschung der Lebensbedingungen des Spottvogels und einer Logistik zur Verpflanzung des Ombubaums zu beginnen. Ich nehme an, daß ihr alle damit einverstanden seid, wenn wir versuchen, unser Problem nach dieser Methode zu lösen.»

Die Sitzungsmitglieder waren von Kingys neuem Vorschlag so beeindruckt, daß sie einen Augenblick lang verdutzt schwiegen, aber dann hoben sie die Hände und gaben alle ihre Zustimmung. Danach sahen sie sich an, lächelten, nickten und lachten, als wäre das ganze Problem schon jetzt behoben.

«Gut», sagte Kingy, «dann wollen wir diesen Ausschuß gar nicht erst auflösen, sondern in, sagen wir, zwei Monaten, wenn Professor Droom sicherlich einige Informationen für uns parat hat, wieder zusammentreten.»

Er stand auf und führte Hannibal und Peter in seine Privatgemächer, während sich die aufgeregt schwatzende Versammlung zerstreute. In Kingys privatem Arbeitszimmer wartete eine große Thermosflasche mit «Majestätsbeleidigung» auf sie. Schweigend füllte Kingy die Gläser, und schweigend prosteten sie einander zu.

«Ah, gut», sagte Kingy, nachdem er den ersten Schluck der mit einem kräftigen Schuß Branntwein angereicherten Kokosnußmilch getrunken hatte. «Gott sei gedankt für Ihre phantastische Idee, Hannibal. Es scheint geklappt zu haben.»

«Schätzen wir es nicht zu hoch ein», sagte Hannibal. «Das gibt uns nur ein bißchen Zeit zum Verschnaufen, mehr nicht. Einen Wald von Ombubäumen auszugraben und an anderer Stelle wieder einzupflanzen, wird ein Vermögen kosten, und es ist sehr gut möglich, daß diese Vögel vor Kummer dahinsiechen und am Ende, wer weiß warum, eingehen, wenn man sie aus ihrem Tal entfernt. Ich sehe schon jetzt unüberwindliche Schwierigkeiten auf uns zukommen. Aber wenigstens haben wir jetzt erst mal ein paar Wochen Zeit gewonnen und können uns überlegen, ob wir die Sache nicht doch noch irgendwie abwenden können – das ist immerhin etwas.»

«Droom wird sich freuen, daß er jetzt doch noch zu seinem Recht kommt», sagte Peter.

«Ja», sagte Hannibal, «sobald Sie Ihr Glas ausgetrunken

haben, machen Sie sich auf die Socken und treiben Droom auf, und dann bringen Sie ihn gleich zu mir nach Hause.»

«Wird gemacht», sagte Peter, trank aus und stand auf. «Ich hole ihn sofort. Wenn er da ist, sind wir in etwa einer halben Stunde bei Ihnen. Okay?»

«Bestens», sagte Hannibal. «Ich genehmige mir nur noch schnell ein Gläschen von Kingys tödlichem Gesöff.»

Als Peter zu dem kleinen Haus kam, in dem Droom wohnte, fand er nur Drooms Wirtin vor, eine ältere und sehr dicke zenkalische Frau, die ihm mitteilte, daß Droom am Tag zuvor mit seiner Sammeltasche und Proviant losgezogen und bis jetzt noch nicht zurückgekehrt sei.

«Wissen Sie, welche Seite er gegangen ist?» fragte Peter.

«Nein, Sah, ich nicht wissen, welche Seite», sagte die Frau und rührte mit den Zehen im Staub. «Ehrlich, Sah, Massa Droom nie sagen, welche Seite gehen.»

«Und Sie sagten, er hat Fleisch mitgenommen?»

«Ja, Sah, er nehmen viel Fleisch. Ich kochen, Sah.»

«Genug Fleisch für vielleicht zwei, drei Tage?» fragte Peter.

«Nein, Sah», sagte die Frau überzeugt. «Sein Fleisch für zwei Tage, ist wahr, Sah.»

Es blieb ihm nichts anderes übrig, als eine Nachricht zu hinterlassen.

«Zeigen Sie mir Master Drooms Zimmer, Mammy», sagte er. «Ich schreibe ein Buch für Master Droom, und wenn er kommt, geben Sie es ihm, hören Sie?»

«Ich hören, Sah», sagte die Wirtin und führte ihn in Drooms Räume.

Im Unterschied zu Drooms äußerer Erscheinung war seine Wohnung zu Peters Erstaunen makellos sauber. Da waren Bücherborde voller Nachschlagewerke, Stöße dikker Aktenordner, alle sorgfältig beschriftet, reihenweise

Gläser und Gazekäfige, in denen verschiedene Insekten eingesperrt waren, und ein Tisch mit einem großen, glänzenden Mikroskop und Apparaten für Mikroaufnahmen, alles sehr sauber und ordentlich. Auf dem Tisch fand Peter auch einen Notizblock, auf dem er eine kurze Nachricht für Droom niederschrieb und ihn bat, unverzüglich zu Hannibal zu kommen. Er riß den Zettel ab und gab ihn der Wirtin, die ihn vorsichtshalber zwischen ihre mächtigen Brüste steckte und ihm versprach, ihn Droom sofort zu geben, wenn er zurückkommen würde.

Peter fuhr zu Hannibal und stellte zu seinem Erstaunen fest, daß dieser eine Pressekonferenz abhielt. Auf der großen Veranda seines Hauses waren in einem Kreis Stühle aufgestellt, auf denen die Vertreter von Presse und Fernsehen, jeder ein großes Glas in der Hand, saßen und begierig Hannibals Worten lauschten.

«Und deshalb, meine Herren, sage ich, daß die Wiederentdeckung des Spottvogels und des Ombubaums eine der bedeutendsten biologischen Entdeckungen dieses Jahrhunderts darstellt – vielleicht sogar aller Zeiten. Schließlich entdeckt man nicht alle Tage einen Gott.»

«Und worum ging es bei diesen Unruhen?» fragte Highbury von der *Times*, dessen Gesicht knallrot war, was einerseits an der Hitze und andererseits an Hannibals Gastfreundschaft lag.

«Historisch gesehen ...» begann Hannibal gerade, als sein Blick auf Peter fiel. «Ah, Peter, nehmen Sie sich was zu trinken und setzen Sie sich zu uns. Ich versuche gerade, den Presseleuten ein bißchen Wahrheit und Kultur einzutrichtern – ein dornenreicher Weg, muß ich sagen, aber sei's drum. Noch so eine Bürde, die wir Begründer des Empires auf unseren Schultern tragen. Was ich gerade sagen wollte – ach, ja, Unruhen – nun, historisch gesehen, hat fast jede neue Entdeckung, sogar jeder neue Gedanke, Unruhe gestiftet. Zweifellos erinnern Sie sich noch daran, was in Nordengland los war, als die Spinn-Jenny eingeführt wurde.»

Diejenigen Presseleute, die sich in der Geschichte auskannten, sahen ihn verwirrt an. Hannibal ging mit einem Krug herum, der eine überaus hochprozentig aussehende Flüssigkeit enthielt, und füllte ihre Gläser nach.

«Aber die Unruhen hier?» begann Coons von Reuter.

«Nichts als Schuljungenstreiche», sagte Hannibal leichthin.

«Aber ... aber ... die haben doch den Englischen Club niedergebrannt», rief Sibley vom *Reflector*, als ginge es um das Schicksal der Alexandrinischen Bibliothek.

«Der war schon lange fällig, eingerissen zu werden», sagte Hannibal, ohne die Miene zu verziehen. «In Wirklichkeit haben sie der englischen Gemeinde damit einen Gefallen getan, weil die endlich dieses unappetitliche alte Clubhaus los ist. Jetzt können sie sich mit dem Geld von der Versicherung was hübsches Neues bauen, mit Chrom und Glas und so, was viel besser zu dem Image paßt, das Großbritannien nun mal hat.»

«Sie sagen, es hätte sich um einen dummen Jungenstreich gehandelt», sagte Highbury, «aber das Krankenhaus quillt über vor Verwundeten.»

«Mein lieber Freund, Sie haben mit der unfehlbaren Treffsicherheit eines erfahrenen Reporters direkt auf den entscheidenden Punkt hingewiesen. Verwundet, sagten Sie. Richtig. Wo sonst auf der Welt wäre es möglich, daß ein Streich wie dieser mit nur ein paar Verwundeten ausgeht? Ohne einen einzigen Toten. Ich habe schon Fußballspiele gesehen, bei denen es zu viel schlimmeren Katastrophen kam.»

«Trotzdem bleibe ich dabei – es waren verdammt viele Verwundete für etwas, das Sie als dummen Jungenstreich bezeichnen», entgegnete Highbury heftig.

«Aber, mein Lieber, jetzt seien Sie doch mal vernünftig», sagte Hannibal und lächelte Highbury herzlich und einsichtig an. «Schließlich, wie heißt es doch? Wo gehobelt wird, fallen Späne, oder?»

Highbury kicherte und hob sein Glas hoch.

«Ist es wahr, daß einer von den Niggern eine von den englischen Damen vergewaltigt hat?» fragte Sibley und leckte sich erwartungsvoll die Lippen.

«Nigger ist eine etwas unglückliche Bezeichnung, finde ich. Zenkali wäre treffender», bemerkte Hannibal. «Nein, ich versichere Ihnen, daß die Affäre nicht über ein paar Faustschläge und ein kleines Gerangel mit Speer und Krocketschläger hinausging. Die Leute waren viel zu sehr damit beschäftigt, sich zu prügeln, um auch nur an Sex zu denken.»

«Und was hat der König dazu gesagt?» fragte Coons.

«Er war ziemlich aufgebracht», sagte Hannibal. «Er hat sich jahrelang bemüht, Ginkas, Fangouas und Ausländer unter einen Hut zu bringen, und da war dieser törichte und völlig unnötige Ausbruch von Gewalt natürlich schmerzlich für ihn.»

«Stimmt es, daß Sie den König in die Tasche stecken?» fragte Sibley.

«Der König ist einen Meter achtzig groß und wiegt hundertfünfzehn Kilo», sagte Hannibal. «Da müßte ich schon eine ziemlich große Tasche haben, um ihn einzustecken.»

Alle brachen in lautes Gelächter aus. Die anfangs recht ungemütliche Atmosphäre einer Pressekonferenz hatte sich in die ungezwungene Stimmung einer Art Cocktail-

Party verwandelt, bei der sich Hannibal als warmherziger, humorvoller und aufmerksamer Gastgeber betätigte.

«Und was wurde in der Sondersitzung beschlossen?» fragte Coons.

«Also, ich finde», sagte Hannibal und zündete sich eine Zigarre an, «sie haben eine brillante Lösung gefunden.»

Kurz und bündig erläuterte ihnen Hannibal, worauf sich der Sonderausschuß geeinigt hatte. Dabei hob er die ganze Zeit hervor, daß Kingy mit Hilfe der Mitglieder des Ausschusses, auf diese Idee gekommen war, und deutete äußerst behutsam an, daß Großbritannien, wenn es so erpicht darauf war, den Flugplatz zu bauen, auch darauf gefaßt sein müsse, zumindest einen saftigen Anteil der Kosten zu übernehmen, die die Umsiedlung der Spottvögel und der Ombubäume verursachen würde.

«Ich glaube nicht, daß schon etwas ähnliches mal versucht worden ist. Jedenfalls ist mir nichts Vergleichbares bekannt», sage Hannibal. «Denn in der Tat ist es ja so, daß wir nicht nur die Spottvögel selbst, sondern auch ihren Lebensraum verlegen wollen.»

«Das gibt einen phantastischen Fernsehbericht!» rief Brewster begeistert.

«Ja, ich schätze, daß sich das Fernsehen auf der ganzen Welt dafür interessieren würde», sagte Hannibal, «darüber ließe sich reden.»

«Aber ... aber ... Sie werden doch mir ... ich meine, der BBC die Rechte geben», stammelte Brewster entsetzt. «Sie können sie doch nicht einfach irgend jemand anderem geben. Sie müssen wissen, daß ich bei meiner letzten Sendung fünf Millionen Zuschauer hatte. Und außerdem ist das hier doch schließlich eine britische Kolonie.»

«In wenigen Wochen haben wir offiziell die Selbstverwaltung», hob Hannibal hervor. «Trotzdem, ich bin davon überzeugt, daß man Ihr Angebot äußerst wohlwollend in Betracht ziehen wird.»

Schließlich verabschiedeten sich die Presseleute, lallend und schwankend, aber von überschäumender Dankbarkeit erfüllt.

«Uff!» machte Hannibal und ließ sich in seinen Schaukelstuhl fallen. «Geben Sie mir was zu trinken, mein Lieber. Ich habe es dringend nötig. Als ich vorhin nach Hause kam, standen diese Quälgeister lärmend vor meiner Tür, und da mußte ich einfach was tun. Wenn man den Zeitungsfritzen nichts sagt, dann denken sie sich einfach was aus, und da sie eine ziemlich schmutzige Phantasie haben, ist es allemal besser, es gar nicht erst so weit kommen zu lassen.»

«Ich bin froh», sagte Peter. «Dadurch haben Sie mir viel Arbeit erspart. Aber vielleicht sollte ich trotzdem noch eine offizielle Erklärung rausgeben, für die Presse und die *Zenkalische* und Sir Lancelot, finden Sie nicht?»

«Ja, tun Sie das», sagte Hannibal und nahm einen kräftigen Schluck. «Was gibt's Neues von Droom?»

«Der ist irgendwo in den Wäldern. Ich hab eine Nachricht hinterlassen, daß er sofort hierherkommen soll.»

«Gut. Haben Sie schon Mittag gegessen?»

«Nein», sagte Peter und merkte plötzlich, daß er sehr hungrig war.

«Also, dann machen Sie, daß Sie nach Hause kommen und was essen. Arbeiten Sie an der Pressemitteilung. Ach, und sagen Sie Sir Lancelot und Ehrenwert Alf, daß ich sie für heute abend gern zum Essen einladen möchte. Sie und Audrey natürlich auch.»

«Danke», sagte Peter, «ich werde es ihnen bestellen. Sie werden hocherfreut sein. Ich glaube, sie fühlen sich ein bißchen vernachlässigt.»

Als Peter nach Hause fuhr, fiel ihm ein, daß er Audrey seit vierundzwanzig Stunden nicht gesehen hatte, seit dem heroischen Treffen mit Looja. Er hatte wirklich sehr viel zu tun gehabt, und sie würde dafür bestimmt Verständnis haben. Ihm wurde plötzlich bewußt, daß er sie vermißte, und er mußte sich zwingen, seine Gefühle wieder in ruhigere Bahnen zu lenken. Sicher, Audrey war ein entzükkendes Mädchen und eine liebenswerte Gefährtin, aber mehr nicht. Ein kleiner Flirt, nichts Ernstes. Oh, nein, wirklich nicht, er war ein munterer Junggeselle, und das wollte er auch bleiben. Er eignete sich nicht für die angeblichen Freuden der Ehe mit einer nörgelnden Frau, umgeben von Bergen feuchter Windeln. Er eignete sich nicht dazu, mit seinem Geld zu geizen, während seine Frau loszog und ihn in Schulden stürzte, indem sie sich einen Chinchillamantel nach dem anderen kaufte. (Er konnte zwar nicht genau sagen, wieso sich seine Frau ausgerechnet Chinchillamäntel kaufen würde, aber irgendwie erschien ihm das als die schlimmste aller ehelichen Sünden, gleich nach der Untreue.) Trotz dieser Schreckensvisionen ließ das Gefühl, daß Audrey ihm fehlte, nicht nach. Es machte richtig Spaß, mit ihr zusammen zu sein. Er beschloß, sie anzurufen, sobald er zu Hause war.

Zu seiner Erleichterung stellte er fest, daß Sir Lancelot und Ehrenwert Alf unten am Riff mit Schnorcheln ausgerüstet im Wasser schwammen, so daß er sich seinem verspäteten Mittagessen und der Pressemitteilung widmen konnte. Als er beides erledigt hatte, wollte er gerade Audrey anrufen, als seine Gäste tropfnaß auf der Bildfläche erschienen. Er teilte ihnen Hannibals Einladung mit, und sie waren hocherfreut.

«Endlich werden wir die Macht hinter dem Thron kennenlernen», sagte Sir Lancelot voller Genugtuung.

«Ja, aber ich glaube, es wäre ihm lieber, wenn Sie ihn nicht so nennen würden», sagte Peter. «Natürlich erteilt er Ratschläge, aber es liegt ganz beim König, ob er sie akzeptiert oder nicht.»

«Natürlich, natürlich, das verstehe ich», sagte Sir Lancelot. «Erzählen Sie, was es bei der Sondersitzung Neues gegeben hat. Wurde ein Beschluß gefaßt?»

«Ja», sagte Peter, «eine Art Stillhalte-Abkommen.»

Er erklärte ihnen, was geschehen war. Sir Lancelot runzelte die Stirn und spitzte die Lippen.

«Ich bin mir gar nicht so sicher, ob WOPES diesem Gedanken wird folgen können», sagte er ernst.

«Nein, tatsächlich nicht», sagte Ehrenwert Alf und rollte die Augen hinter seiner Brille, «meine Organisation wohl auch nicht.»

«Und warum nicht, Sir?» fragte Peter und mußte ein ärgerliches Stöhnen unterdrücken.

«Nun, unsere Aufgabe bei WOPES besteht nicht nur darin, Sorge zu tragen, daß bestimmte Tierarten erhalten bleiben. Wir kümmern uns auch darum, daß ihnen ihr Lebensraum erhalten bleibt», erklärte Sir Lancelot. «Und diese Idee des Sonderausschusses, die Ombubäume samt und sonders auszugraben und anderswo wieder einzupflanzen und den Spottvogel einfach an anderer Stelle anzusiedeln, verstößt gegen unsere Prinzipien. Wir glauben, daß die Tiere *in situ* erhalten werden sollten. Nein, als Sekretär von WOPES glaube ich, mit Sicherheit sagen zu können, daß wir diesen Plan auf gar keinen Fall unterstützen werden. Man wird sich etwas anderes ausdenken müssen.»

«Und das gilt natürlich auch für den WNT», sagte Ehrenwert Alf mit grimmiger Entschlossenheit.

«Darüber werden Sie wohl mit dem König selber sprechen müssen», meinte Peter. «Es war seine Idee. Aber eigentlich soll sie ihm und Hannibal nur eine Atempause verschaffen, damit sie sich etwas Besseres ausdenken können – aber was, das wissen die Götter.»

«Soll das heißen, daß sie gar nicht ernsthaft daran denken, diesen abenteuerlichen Plan auszuführen?» fragte Sir Lancelot.

«Wahrscheinlich werden sie es müssen, wenn ihnen nichts Besseres einfällt», sagte Peter, «aber die Kosten wären enorm.»

«Ich glaube, ich werde mal mit dem König ein offenes und ernstes Wort reden müssen», sagte Sir Lancelot mit gespitzten Lippen und düsterer Miene. «Mit der Natur derart Schindluder zu treiben – das ist einfach verwerflich.»

«Wie wahr, wie wahr», krähte Ehrenwert Alf. «Man darf mit Mutter Natur nicht Schindluder treiben.»

«Sie können ja heute abend mit Hannibal darüber reden», sagte Peter, «aber jetzt muß ich Miss Damien anrufen.»

Die Erwartung, gleich ihre Stimme zu hören, erfüllte Peter mit großer Freude. Er wurde, dank der guten Dienste von Napoleon Waterloo, mit der Pfandleihe, dem Gouverneurshaus, dem Fischmarkt und schließlich – unter lautem Zischen, das sich anhörte, als würden gleich drei große Gangster auf einmal auf dem elektrischen Stuhl hingerichtet – mit dem Büro der *Zenkalischen Stimme* verbunden.

«Hallo, Simon?» sagte Peter. «Hier ist Peter Foxglove. Könnte ich mit Audrey sprechen?»

«Oh, hallo, Peter», sagte Damien. «Was soll das heißen? Ist Audrey denn nicht bei Ihnen?»

«Bei mir?» fragte Peter bestürzt. «Nein, wieso bei mir?»

«Also, ich weiß, daß sie gestern abend zu Ihnen wollte,

und als sie dann nicht nach Hause kam, dachte ich mir natürlich, daß sie die Nacht über bei Ihnen geblieben ist.»

Peter lief es eiskalt über den Rücken.

«Jetzt mal klipp und klar», sagte er. «Sie haben Audrey also nicht gesehen, seit sie gestern abend zu mir gefahren ist?»

«Nein», sagte Damien. «Wenn sie nicht bei Ihnen ist, dann habe ich nicht die leiseste Ahnung, wo zum Teufel sie sein könnte.»

«Aber ich kann es mir denken», sagte Peter grimmig.

«Sie hören sich so komisch an», sagte Damien erschrokken. «Glauben Sie, daß ihr was passiert ist?»

«Nein, nur keine Aufregung», sagte Peter beruhigend. «Ich muß erst mal ein bißchen herumtelefonieren – ich melde mich wieder bei Ihnen, wenn ich was erfahren habe.»

«In Ordnung», sagte Damien zögernd, «aber wenn Sie diese Satansbrut finden, dann sagen Sie ihr gleich, daß sie sich auf was gefaßt machen soll.»

Eine Stunde danach hatte Peter, von Napoleon Waterloo gleichzeitig unterstützt, ermutigt und frustriert, beim Gouverneurshaus, dem botanischen Garten, den «Sturmschwalben» und verschiedenen Leuten in der englischen Gemeinde angerufen, die sie vielleicht besucht haben könnte. Die einzige, die er nicht erreichen konnte, war Reverend Longnecker. Schließlich rief Peter, der sich immer größere Sorgen machte, bei Hannibal an und erklärte ihm die Situation.

«Was glauben Sie, was passiert ist?» fragte Hannibal.

«Ich weiß nicht», sagte Peter, «aber ich hab so ein komisches Gefühl. Vielleicht ist sie ja bei der Rev, aber irgendwie glaube ich das nicht. Und wenn sie da nicht ist, fällt mir nur noch eins ein – Looja.»

Hannibal pfiff durch die Zähne und schwieg einen Moment lang.

«Das kann ich mir nicht denken, daß er so dumm ist», sagte er schließlich. «So schwachsinnig kann er doch nicht sein. Wir sind hier doch nicht in Chicago, verdammt noch mal.»

«Aber wenn er schon versucht, mich zu bestechen, muß er ganz schön verzweifelt sein», sagte Peter. «Und er war in einer gräßlichen Stimmung, als er wegging.»

«Hören Sie», sagte Hannibal, «überstürzen Sie nichts. Warten Sie, bis ich mich ein bißchen umgehört habe, und danach komm ich rüber zu Ihnen, und wir halten Kriegsrat ab. Inzwischen suchen Sie die Rev.»

«Gut», sagte Peter, «aber wenn Looja tatsächlich seine Hand im Spiel hat, dann brech ich ihm jeden Knochen einzeln – das schwöre ich Ihnen, Hannibal.»

«Und ich helfe Ihnen dabei», sagte Hannibal. «Bis bald.»

Peter versuchte noch einmal, Reverend Longnecker anzurufen, aber das Telefon klingelte und klingelte und niemand hob ab. Gereizt ließ er den Hörer auf den Apparat krachen und begann, ziellos im Zimmer auf und ab zu gehen. Dann goß er sich etwas zu trinken ein. Die verworrensten Gedanken rasten ihm durch den Kopf. Er konnte sich einfach nicht vorstellen, daß Looja – bei aller Verärgerung und Verzweiflung – so dumm sein würde, Audrey etwas anzutun. Aber wo war sie dann? War sie schwimmen gegangen und – Gott behüte – auf einen Hai gestoßen? Hatte sie auf einer einsamen Bergstraße einen Unfall gehabt und verblutete jetzt in den Trümmern ihres Wagens? Peter brach bei dieser Vorstellung der kalte Schweiß aus, und er goß sich noch etwas zu trinken ein. Plötzlich hielt ein Auto mit kreischenden Bremsen vor dem Haus.

Dann hörte Peter eilige Schritte in der Halle, lautes Stimmengewirr, die Tür wurde aufgestoßen, Reverend Longnecker kam hereingestürmt, außer sich vor Aufregung mit hochrotem Kopf, auf dem schief über dem einen Auge der Hut hing. Und hinter ihr, zu Peters großem Erstaunen, Kapitän Pappas und Leonardo da Vinci Brown.

«Ha!» stieß Reverend Longnecker ohne Einleitung aus und zeigte mit ihrem langen dürren Zeigefinger auf Peter. «Ich kann es Ihnen vom Gesicht ablesen: Sie haben gerade eben entdeckt, daß sie verschwunden ist, was?»

«Ja», sagte Peter. «Wo ist sie, Rev, wissen Sie es?»

Die Rev ließ sich in einen Sessel plumpsen und nahm ihren Hut ab, um sich damit Luft zuzufächeln.

«Looja hat sie», sagte sie nur.

VII

Zenkali – Angst und Schrecken

Draußen wurde es dunkel. Die Grillen zirpten und zwitscherten und tirilierten, und die Geckos riefen leise «tocktock».

Die Luft war warm und mit Blumenduft und Sonnenschein erfüllt, und im Schatten der Büsche glitzerten die Leuchtkäfer wie dahinschwebende Smaragde. Aber von alldem bemerkte Peter nichts.

«Looja hat sie?» fragte er schließlich. «Was soll das heißen?»

«Genau das, was ich gesagt habe», erwiderte die Rev und starrte ihn eulenhaft an. «Looja hat sie – er hat sie sich geschnappt, gekidnappt hat er sie – gestern abend, als sie auf dem Heimweg war.»

«Wo ist sie?» fragte Peter und stand auf. «Ist sie in Loojas Haus? – Wo ist Loojas Haus? Ich bringe diesen häßlichen kleinen Zwerg um ...»

«Na, na, na», sagte die Rev beruhigend, «jetzt machen Sie bloß nicht gleich alles zu Kleinholz. Sie ist nicht in Loojas Haus, und Looja ist auch nicht da. Folglich können Sie sich beruhigen und damit aufhören, hier den wilden Mann zu spielen. Geben Sie mir lieber was zu trinken.»

«Entschuldigen Sie», sagte Peter und goß ihnen allen etwas zu trinken ein. Er ärgerte sich über sich selbst, als er merkte, wie ihm die Hände zitterten. «Aber sagen Sie mir doch, wo zum Teufel sie ist und woher Sie das alles wissen.»

«Eines steht fest», sagte die Rev, trank einen großen Schluck aus ihrem Glas und leckte sich die Lippen, «sie ist in Sicherheit. Also brauchen Sie sich keine Sorgen zu machen. Und woher ich das alles weiß? Das weiß ich von Leonardo da Vinci Brown.»

«Aber ich dachte, er wäre Ihr Gärtner ...» begann Peter.

«Das ist er, das ist er», sagte die Rev, «aber er ist auch einer meiner besten Spione.»

«Spione?» fragte Peter verständnislos.

«Ja», sagte sie. «Ich dachte mir, es ist besser, ich behalte diese Flugplatzgeschichte im Auge, damit ich eventuell eingreifen kann. Darum habe ich ein paar von meinen aufgeweckteren Pfarrkindern zu Spionen ernannt, damit ich immer auf dem laufenden bin. Na, jedenfalls, von Leonardo hab ich dann auch ein paar sehr interessante Dinge erfahren – zum Beispiel, daß Ihr Onkel und Lord Hammer sich heimlich mit Looja getroffen haben. Er hat sie belauscht und dabei gehört, wie Sir Osbert und Hammer zu Looja sagten, daß wegen dem Tal sofort etwas geschehen müßte, sonst würde nichts aus dem Geschäft. Und Sir Osbert hat zu Looja gesagt: ‹Es ist mir egal, wie Sie es anstellen, aber sehen Sie zu, daß die verdammten Bäume und diese lächerlichen Vögel aus dem Tal verschwinden.› Verstehen Sie? Dadurch ist Looja in Panik geraten, und da kam er zu Ihnen und wollte Sie bestechen, stimmt's?»

«Woher wissen Sie denn das nun wieder?» fragte Peter erstaunt.

«Tulip, Ihr kleiner Boy, gehört auch zu meinen Informanten», erklärte die Rev, und ihre Augen leuchteten triumphierend auf.

«Du lieber Gott, Sie sind ja schlimmer als die CIA», sagte Peter.

«Viel, viel schlimmer», sagte Reverend Longnecker stolz. «Ich glaube an den alten Bibelspruch vom Feuer, das man mit Feuer bekämpft, und an ‹Auge um Auge, Zahn um Zahn› und all diese wirklich kernigen Sachen. Meiner Ansicht nach sind die Christen viel zu abgeschlafft. Auf jeden Fall wollte ich, daß Leonardo sich an Looja ranmacht, um in seiner Nähe zu sein, und es ist ihm wahrhaftig gelungen, sich dem kleinen Schlägertrupp anzuschließen, den sich Looja hält und der tatsächlich die Unruhen angezettelt hat, vor allem auch den Brand im Englischen Club. Auf jeden Fall sah Leonardo zu, daß er Anschluß kriegte, und das war genau das Richtige, denn gleich sein erster Job war, mit den anderen zusammen Audrey zu schnappen. Das passierte gestern abend, als sie von Ihnen kam und schon über die Hälfte der Strecke bis zur Stadt zurückgelegt hatte. Offenbar war Loojas Bande nicht gerade sehr glücklich über diesen Auftrag, weil sie Audrey alle kennen und sie mögen, aber Looja hat sie so fest in der Hand, daß sie gehorchen mußten. Sie brachten sie hinauf in den Wald, zu einer kleinen Jagdhütte. Dann erschien Looja, um mit ihr zu reden. Gott sei Dank hatte Leonardo ihr schon vorher durch Zeichen zu verstehen gegeben, daß er mir Bescheid sagen würde.»

«Dem Himmel sei gedankt, daß es Leonardo gibt», rief Peter inbrünstig. «Und kann er uns jetzt gleich dorthinbringen?»

«Ja, er wird uns hinführen», sagte die Rev. «Kapitän Pappas und ich kommen auch mit, falls Sie Hilfe benötigen.»

Kapitän Pappas räusperte sich.

«Ich helfe gern, Mr. Foxtrott, Sir», sagte er. «Miss Audrey ist nettes Mädchen, nette Dame, und dieses schwarze Schwein Looja geht zu weit. Dem werden wir einheizen, diesem Schwein, wie?»

«Danke», sagte Peter erfreut, «wenn ich den zwischen die Finger kriege, werfe ich ihn den Haien zum Fraß hin.»

«Nein, ich glaube, lebendig kann er uns mehr nützen», sagte eine Stimme.

Alle drehten sich um. An der Tür stand Hannibal.

«Hannibal!» rief Peter. «Sie kommen gerade richtig – wissen Sie, was dieses Schwein Looja ...»

«Ja», sagte Hannibal. Er nahm seinen riesigen Tropenhelm ab und setzte sich hin, «ihr habt alle so wild rumgeschrien, daß man es meilenweit hören konnte. Zum Glück bin ich nicht Looja.»

«Wir wollten gerade alle los und Audrey retten», sagte Peter, «kommen Sie mit?»

«Worauf Sie sich verlassen können», sagte Hannibal, «aber nicht jetzt.»

«Wieso nicht jetzt?»

«Zu dieser bezaubernden Stunde, um sieben Uhr, hängt jeder anständige Zenkali über seinem Kochtopf, mein ich, und da bleibt er auch bis halb neun, und dann schläft er prompt ein. Das ist eine von diesen merkwürdigen Eßgewohnheiten, die die Zenkalis von den Franzosen übernommen haben. Wenn ihr jetzt in die Jagdhütte raufgeht, dann sind alle hellwach und auf dem Posten. Daher wäre es besser, bis ungefähr ein Uhr zu warten.»

«Alles schön und gut», sagte Peter, «aber wenn nun Looja Audrey irgendwie dazu bringen will, ihm was über das Tal zu sagen, während wir hier rumsitzen und Däumchen drehen?»

«Sie denken an Folter?» fragte Hannibal. «Das ist nicht

drin. Keiner von Loojas Leuten würde sich dafür hergeben. Habe ich recht, Leonardo?»

«Ja, Sah, Massa Hannibal. Looja sagen ihnen, Miss Audrey nicht weh tun, sonst zuviel Lüge», sagte Leonardo ernst.

«Also gut», gab Peter zögernd nach, aber er wußte, wie schwer ihm die Warterei fallen würde. «Schätze, Sie haben recht.»

«Und nun», sagte Hannibal, «werde ich Ihnen Ihre beiden Gäste aus dem Weg räumen, denn Sie kommen doch bestimmt nicht mit zum Essen, nehme ich an. Und hier wollen Sie sie wahrscheinlich auch nicht rumhängen haben, was? Ich werde gegen Mitternacht wieder hier sein, um Sie abzuholen. Wie weit ist es bis zu dieser Hütte, Leonardo?»

«Ist nicht weit, Sah», sagte Leonardo, «ist nicht weit von Missy Revs Haus, Sah.»

«Holen Sie mich bei mir zu Hause ab», sagte die Rev. «Von da aus ist es ungefähr eine halbe Stunde.»

Hannibal sah Peter an.

«Wie lange braucht man bis zum Tal der Spottvögel», fragte er.

«Wie lange? Das hängt ganz davon ab, welchen Weg man nimmt. Wenn man über die Klippen geht, wie wir es getan haben, dann braucht man einen halben Tag. Aber besser geht es durch den Spalt unter dem Wasserfall. Da braucht man von der Straße aus nicht länger als eine Stunde. Warum?»

«Nur so. Haben Sie schon mal einen Iren nach dem Weg gefragt?» fragte er unvermittelt.

«Nein», sagte Peter verständnislos.

«Das ist eine tolle Erfahrung, das kann ich Ihnen versichern», sagte Hannibal nur. Dann ging er mit Sir Lancelot und Ehrenwert Alf im Schlepptau hinaus, und kurz darauf machte sich auch Reverend Longnecker mit Leonardo und Pappas auf den Weg.

Punkt Mitternacht erschien Hannibal wieder mit seinen beiden Gästen, beide mit geröteten Gesichtern und schwankendem Gang. Nachdem Peter und Hannibal sie ins Bett geschickt hatten, fuhren sie zu Reverend Longnecker. Die Nacht war kühl und von tausend Düften erfüllt, und am Himmel stand ein quittengelber Mond, der die Wälder mit einem strahlenden Glanz überzog. Ab und zu hockten Mungos am Wegrand, deren Augen im Licht der Scheinwerfer wie Diamanten auffunkelten und rasch wieder verloschen, wenn die Tiere eilig im Unterholz verschwanden. Unzählige Glühwürmchen schmückten in pulsierenden Bewegungen die dunklen Regionen des Waldes.

«Und wie sind Sie mit Seiner Hoheit und Ehrenwert Alf zurechtgekommen?» fragte Peter neugierig.

Hannibal lachte.

«Die sind gar nicht mal so übel», sagte er, «auf jeden Fall meinen sie es ehrlich mit dem, wofür sie sich einsetzen. Darum sollte man ihnen, glaube ich, ihre kleinen Schwächen nachsehen. Während des Essens ist es mir tatsächlich gelungen, Sir Lancelot um drei unbedeutende Fürstlichkeiten, acht Grafen, vierzehn Sirs und diverse Premierminister zu schlagen. Er war so beeindruckt, daß er mir glatt angeboten hat, ihn Lance zu nennen.»

Peter lachte.

«Scheint mir ein eher harmloser Spleen zu sein», sagte er, «jedenfalls ist er mir tausendmal lieber als die geschniegelte Selbstzufriedenheit von Daniel Brewster.»

«Dem ist nichts entgegenzusetzen», bestätigte Hannibal. «Übrigens, haben Sie 'ne Kanone bei sich?»

«Nein, hab ich nicht», sagte Peter schuldbewußt.

«Macht nichts», sagte Hannibal. «Ich hab meine kleine Smith & Wesson dabei. Die knallt schön laut, allerdings ist es schwierig, was damit zu treffen. Aber das können die ja nicht wissen.»

Schließlich erreichten sie das Haus von Reverend Longnecker, die schon mit Pappas und Damien auf sie wartete. Sie hatten alle Khakijacken und -hosen an, und die Rev hatte sich außerdem einen überdimensionalen schwarzen Cowboyhut auf den Kopf gestülpt, und über ihrer Schulter hing ein Ledergürtel mit Patronen. Unterm Arm trug sie ein gefährlich aussehendes Gewehr und an der Hüfte ein sehr großes, abschreckendes Jagdmesser.

«Schön, schön, jetzt sind wir vollzählig», rief sie. «Simon, gieß uns was zu trinken ein. Ich hol inzwischen schnell die Bomben.»

«Bomben?» fragte Hannibal. «Jetzt mal schön langsam, Rev, wir ziehen hier doch nicht in den Krieg.»

«Mein lieber Hannibal, für einen intelligenten Mann legen Sie doch manchmal eine erstaunliche Dummheit an den Tag», bemerkte die Rev ernst. «Ich meine doch keine *tödlichen* Bomben, ich meine Rauchbomben. Ich hab da ein Buch entdeckt, das heißt: ‹*Einhundert Späße, Scherze und fröhliche Spiele für junge Leute*›, und da war auch ein Rezept für Rauchbomben drin. Ich hab Käp'tn Pappas dazu gebracht, mir in Djakarta die nötigen Zutaten zu besorgen, und die hab ich einfach in lange Teströhrchen gesteckt, die noch bei mir rumlagen.»

«Sie sollten vernünftig genug sein, sie nicht auch noch zu ermutigen, Pappas», sagte Hannibal mit einiger Schärfe.

«Richtig!» rief Damien, der damit beschäftigt war, großzügige Portionen Brandy in die Gläser zu füllen. «Sie ist die blutrünstigste und streitsüchtigste Christin, mit der ich je zu tun hatte. Ich schwöre Ihnen, wenn sie eine irische Katholikin wäre, sie hätte die britische Regierung längst in die Knie gezwungen und uns Nordirland zurückgeholt.»

Die Rev, die in einer Schublade gekramt hatte, brachte vier undurchsichtige Glaskugeln zum Vorschein, die sie sich in die Tasche stopfte.

«So», sagte sie unbeirrt und kippte ihren Brandy in einem Zug herunter, «ist alles bereit? Schön, dann ziehen wir jetzt los und holen das arme Kind zurück, damit sie ein warmes Bad und was Ordentliches zu essen kriegt.»

Sie fuhren ungefähr zwei Meilen auf der Straße, und dann stellten sie die Wagen auf Leonardos Anweisung hin unter einem riesigen Banyanbaum am Waldrand ab. Sie knipsten ihre Taschenlampen an und folgten Leonardo über einen schmalen, gewundenen Pfad zwischen Bäumen und Guavabüschen hindurch. Sie waren noch nicht weit gegangen, als Pappas stehenblieb und mit seiner Machete vier Schößlinge abschlug und in handliche, ein Meter lange Stöcke schnitt, von denen er Damien, Hannibal und Peter je einen überreichte.

«Sind gut für Kampf», erklärte er. «Wem Sie das an Beine hauen, läuft nicht weg. Wem Sie das auf Kopf hauen, läuft auch nicht weg.»

«Na, und ich?» fragte die Rev ungehalten.

Zögernd schnitt Pappas auch für sie einen Stock zurecht, und sie ließ ihn begeistert durch die Luft sausen, wobei sie Peter fast enthauptet hätte. Dann gingen sie weiter. Nachdem sie eine dreiviertel Stunde marschiert waren, blieb Leonardo stehen und hockte sich über den Pfad.

«Jetzt sein nicht weit, Sah», flüsterte er und drehte sich um. Er hielt den Lichtstrahl nach unten, so daß er auf den

Boden fiel. Schnell zeichnete er mit einem Zweig eine Karte in den Sand.

«Das sein Haus, Sah», erklärte er, «an Ufer von Fluß. Haus hat zwei Zimmer. In diese Zimmer sein Missy Audrey, in diese Zimmer sein fünf Männer für Wache von Missy Audrey.»

«Und sind sonst noch irgendwo Wachen?» fragte Hannibal.

«Ja, Sah», sagte Leonardo, «sein zwei Wachen, Sah. Ein Mann stehen *hier*, und ein Mann sein *hier*.»

«Gut», sagte Hannibal, «Simon und ich schnappen uns diesen da, und Peter und Pappas kümmern sich um den anderen. Wir treffen uns vor der Hütte.»

«Okay», sagte Peter und verschwand mit Pappas im Unterholz.

«Und was ist mit mir? Was soll *ich* tun?» fragte die Rev ungehalten.

«Sie kommen mit mir mit», sagte Hannibal, «aber versuchen Sie ja nicht, mir mit diesem Schießprügel den Schädel zu durchlöchern.»

Peter und Pappas folgten Leonardo durch das Gestrüpp. Sie waren gezwungen, langsam zu gehen, denn ihre Taschenlampen konnten sie nicht anmachen, und das Risiko, auf trockene Zweige zu treten und damit die Aufmerksamkeit der Wachen auf sich zu lenken, war groß. Schließlich sah Peter zwischen den Baumstämmen einen schwachen Lichtschein. Verdutzt blieb er stehen, doch dann wurde ihm klar, daß das Licht von einem kleinen Feuer herrührte.

Leonardo drehte sich um und flüsterte: «Wache sitzen vor kleine, kleine Feuer, Sah. Ich gehen und hauen drauf, ja?»

«Nein», hauchte Peter, «den Vogel knöpf ich mir vor.»

Mit festem Griff packte er seinen Stock und schlich auf das Feuer zu. Seine Augen suchten ständig die Schatten ab, die immer wieder jäh vom Schein der zuckenden Flammen erhellt wurden und sich unruhig bewegten. Behutsam schob er sich immer weiter vor. Plötzlich fuhr vor ihm etwas in die Höhe, das er für einen Baumstamm gehalten hatte. Es war ein riesiger Zenkali mit einer Decke um die Schultern und einem langen Speer in der Hand. Zum Glück drehte er Peter den Rücken zu, sonst hätte er ihn nicht übersehen können. Er räkelte sich und gähnte und machte Anstalten, sich umzudrehen. Peter wurde blitzschnell klar, daß er sofort handeln mußte. Er machte drei schnelle Schritte nach vorn, sein Stock sauste durch die Luft, und gerade als sich sein Opfer umdrehen wollte, um nach der Ursache des merkwürdigen Geräusches Ausschau zu halten, traf ihn der Stock krachend am Hinterkopf. Der riesenhafte Zenkali stieß ein überraschtes Grunzen aus, ließ Speer und Decke fallen, kippte vornüber aufs Gesicht und blieb lautlos liegen. Peter spürte, wie von dem Schlag ein Zittern durch seine Arme ging.

«Sehr gut, Mr. Foxtrott, Sie haben Bastard gut getroffen», flüsterte Pappas heiser, «mit bißchen Glück ist vielleicht tot.»

«Großer Gott!» stieß Peter erschrocken aus. «Ich hoffe nicht.»

Aufgeregt kniete er sich hin, drehte den Mann auf den Rücken und legte die Hand auf seine breite Brust. Zu seiner Erleichterung atmete der Mann noch, und auch das Herz konnte er unter dem gewaltigen Brustkasten schlagen hören. Peter hatte den Eindruck, daß der Mann noch ziemlich lange bewußtlos bleiben würde, doch er wollte kein Risiko eingehen. Schnell schnitt er die Decke des Mannes in Streifen und fesselte ihm die Hände hinter dem

Rücken, und seine Füße band er an einem kleinen Baum fest. Aus den Tiefen des Waldes links von ihnen war ein Schrei zu hören, der aber jäh unter einem Geräusch abbrach, das sich anhörte wie das Knacken eines Zweiges. Offenbar hatte sich Hannibal ähnlich wirksam wie Peter mit dem anderen Wachtposten auseinandergesetzt. Jetzt waren nur noch die fünf Männer in der Hütte übrig.

Peter ging an der kleinen Feuerstelle vorbei, die noch glühte. Ein Stück weiter hörte der Wald auf, und er kam zu einer Lichtung, durch die ein glitzernder, murmelnder Bach floß. An seinem Ufer stand die Jagdhütte. Sie war ziemlich groß, und als Peter vorsichtig einmal um sie herum ging, sah er, daß sie zwei Türen und zwei fest mit Läden verschlossene Fenster hatte. Vor der einen Tür war ein dicker Balken angebracht. Das muß der Raum sein, dachte er, in dem sie Audrey eingesperrt haben, denn die andere Tür war nur geschlossen, aber nicht versperrt. Drüben, von der anderen Seite der Lichtung her, sah er Hannibal, Simon und die Rev in ihrer merkwürdigen Aufmachung herbeieilen. Er trat unter den Bäumen hervor in den hellen Mondschein und winkte. Hannibal winkte zurück und kam mit den anderen über die Lichtung zu Peter und Pappas gelaufen.

«Alles unter Kontrolle?» flüsterte Hannibal. «Habt ihr euern Mann erwischt?»

«Ja. Er war ein Riesenkerl, und ich habe ihm, wie die Rev sagen würde, eins über die Rübe gegeben. Er ist da drüben an einen Baum angebunden.»

«Sehr gut. Meiner hat sich gerade umgedreht, als ich zu ihm hinkroch. Er wollte noch schreien, aber ich hab ihn rechtzeitig erwischt. War was zu hören?»

«Nur ganz schwach», sagte Peter. «Und wie soll's jetzt weitergehen?»

«Also, anscheinend hat die Hütte zwei getrennte Räume, und ich glaube, da kommen uns die gottlosen Bomben von der Rev ganz gut gelegen. Wenn wir diese Tür da drüben aufmachen und sie reinschmeißen, dann wird sie uns der Überraschungseffekt direkt in die Hände treiben», flüsterte Hannibal.

«Sie können meine Bomben nur haben, wenn ich sie selbst werfen darf», sagte die Rev.

«Schon gut, schon gut, Sie blutrünstige, alte Vettel», zischte Hannibal. «Und Sie, Simon, machen die Tür auf, damit die Rev ihre Bomben reinschmeißen kann! Und dann machen Sie die Tür gleich wieder zu und legen den Balken vor. Nach fünf Minuten Kerker, schätze ich, werden sie wohl kaum noch einsatzfähig sein. Dann lassen wir sie raus und kassieren sie ein.»

«So viel Spaß hatte ich schon lange nicht mehr – seitdem ich kein Judo und Freistilringen mehr mache», gestand Reverend Longnecker Peter.

Sie schlichen über die Lichtung zur Hütte, und dann nahm Damien seinen Platz neben der Tür ein und legte die Hand an den Riegel.

«Fertig, Rev?» flüsterte er.

Die Rev hatte die Bomben aus ihrer Tasche geholt und hielt sie mit ihren großen Händen fest.

«Ja, mein Schatz, alles bereit», nickte sie. Damien hob den Riegel hoch und riß die Tür weit auf. Sobald sie offen war, warf die Rev ihre vier Bomben in den dunklen Raum dahinter. Man hörte ein Krachen und das Splittern von Glas, und dann erscholl ein wildes Angstgeschrei aus dem Innern der Hütte. Damien stieß die Tür sofort wieder zu und schob den dicken Balken davor. Aus der Hütte waren erstickte Schreie und würgendes Husten zu hören. Jemand trommelte verzweifelt gegen die Tür.

Gleich nachdem die Bomben geworfen waren, rannte Peter zu der Tür, die in den zweiten Raum führte, und hob den Riegel hoch. Mit einem Ruck stieß er die Tür auf, und da stand Audrey gesund und munter und lachte ihn an. Er nahm sie in die Arme und küßte sie.

«Warst du lange genug eingesperrt?» fragte er schließlich. «Ich meine, nicht daß ich dich etwa gegen deinen Willen oder so von hier fortschleife.»

«Mein Held», sagte Audrey, und dann brach sie beim Anblick ihrer Retter in lautes Gelächter aus.

«Eine undankbare Teufelsbrut – das war sie schon immer», sagte Damien und gab seiner Tochter einen Kuß. «Wir setzen unser Leben und sämtliche Knochen aufs Spiel, um dich rauszuholen, und dir fällt nichts Besseres ein, als zu lachen.»

«Aber ihr seht alle so komisch aus», protestierte Audrey, «und was habt ihr mit meinen armen Kidnappern gemacht?»

«Wir haben sie eingenebelt», sagte die Rev mit gottloser Genugtuung.

«Eingenebelt?»

«Die Rev hat ein paar Bomben gebastelt», erklärte Peter, «und die haben wir da reingeschmissen – darum dieser Krach.»

«Und jetzt, bei Gott, werden wir sie rauslassen und sie anständig versohlen», sagte Damien und rieb sich die Hände.

«Aber das könnt ihr doch nicht machen», rief Audrey empört.

«Und warum nicht?» fragte Peter.

«Sie waren so süß zu mir, die armen Kerle», sagte Audrey ärgerlich, «und ich will nicht, daß ihr sie versohlt. Und wenn sie alle erstickt sind, Rev, dann werd ich Ihnen das nie verzeihen – keinem von euch. Ihr müßt sie sofort rauslassen.»

«Diese Rettungsaktion scheint mir genauso ein Fiasko zu sein wie alles andere, was sich hier in letzter Zeit abgespielt hat», bemerkte Hannibal ironisch.

«Aber ihr braucht ihnen doch nicht gleich weh zu tun», sagte Audrey, «ihr hättet nichts anderes zu tun brauchen, als herzukommen, dann hätten sie mich euch von alleine übergeben.»

«Übergeben?» fragte Hannibal ungläubig.

«Ja, natürlich.»

«Aber wieso?» fragte Hannibal.

«Weil sie wußten, daß ihr kommt», sagte Audrey ungeduldig. «Hannibal, manchmal sind Sie wirklich etwas schwer von Begriff.»

«Aber wer soll es ihnen denn gesagt haben? Woher wußten sie es?»

«*Ich* hab es ihnen gesagt.»

«*Sie* haben es ihnen gesagt?» fragte Hannibal. «Großer Gott ich gebe es auf. Wollen Sie damit etwa sagen, daß wir da im Wald ein Mittelding zwischen einem Kommandoüberfall und einer schlecht organisierten Pfadfinderübung veranstaltet haben, und die haben die ganze Zeit gewußt, daß wir kommen würden?»

«Natürlich», sagte Audrey, «sie haben es ja nicht freiwillig getan, *sie* wollten das nicht, sie wurden von diesem lächerlichen Zwerg Looja dazu gezwungen. Und jetzt beeilt euch und laßt sie raus, bevor ihr sie mit euern Rauchbomben umbringt.»

Als Peter die Tür aufmachte, kamen die vier verschreckten Zenkalis herausgetaumelt. Sie stöhnten und keuchten unter krampfartigen Hustenanfällen. Die Tränen rannen ihnen übers Gesicht. Sie fielen zu Boden, krochen auf allen Vieren, spuckten und erbrachen sich. Die stickigen weißen Dampfwolken, die aus der Hütte strömten, hatten den üblen Geruch von faulen Eiern und verstopften Abflußrohren.

«Was, zum Teufel, haben Sie da bloß reingetan, Rev?» fragte Hannibal.

«Na ja, bei den ersten, die ich zusammengebastelt hab, schien irgendwas zu fehlen», gestand die Rev, «und da hab ich noch die Zutaten für Stinkbomben mit reingemischt, damit sie ein bißchen Aroma kriegen.»

«Ich kann Ihnen einfach nicht glauben, daß Sie Reverend sind», sagte Hannibal. «Sie kommen mir eher vor wie eine Hexe von Salem.»

«Ich finde, daß sie wirklich vorzüglich funktioniert haben, wenn man bedenkt, daß es die ersten Bomben waren, die ich gemacht hab», sagte sie ein wenig gekränkt.

Inzwischen hatten Peter und Audrey den unglücklichen Kidnappern Erste Hilfe geleistet. Mit etwas Wasser aus dem Fluß und einer Hüftflasche Brandy, die Damien zögernd beigesteuert hatte, waren sie schon bald wieder mehr oder weniger sie selbst, auch wenn sie noch immer ziemlich rasselnd atmeten und heftig husteten. Die beiden Wachtposten hatten sich, wie Peter feststellte, schon ziemlich gut erholt, und abgesehen von den dicken Beulen am Hinterkopf und einer leichten Benommenheit schien ihnen nichts weiter zu fehlen.

«Und nun», sagte Hannibal, «nachdem Sie sich davon überzeugt haben, daß Ihre Gegner alle wohlauf sind, könnten Sie mir vielleicht erzählen, was das Ganze eigentlich soll?»

«Ja, aber zuerst müssen wir zu Revs Haus», sagte Audrey, «wir haben nicht viel Zeit, und wir müssen mit dem Palast telefonieren.»

Als sie wieder in der Mission waren, erzählte ihnen Audrey bei einem kräftigen Umtrunk, was sie erlebt hatte:

«Ich hab mich ziemlich blöd benommen», gestand sie und verzog das Gesicht. «Ich fuhr nach Hause. Plötzlich lag vor mir ein großer Baum quer über der Straße. Ein paar Zenkalis standen herum und hantierten mit ihren Macheten, als wollten sie ihn damit aus dem Weg räumen. Ich bereitete mich gerade auf eine längere Wartezeit vor, als Garutara – ihr wißt schon, Loojas Cousin, der immer behauptet, er würde Looja hassen – auf der anderen Seite des Baums vorfuhr und ausstieg. Und dann hob ein großes Geschrei und ein wütender Wortwechsel an. Garutara kam über den Baum zu mir rübergeklettert und sagte, daß sie eine Säge holen müßten und daß es mehrere Stunden dauern würde, bis sie den Baum von der Straße geräumt hätten. Er fahre jetzt jedenfalls in die Stadt zurück – und dann fragte er, ob er mich mitnehmen könne.»

«Und da haben Sie das Angebot natürlich angenommen», sagte Hannibal.

«Ja, und bevor ich überhaupt mitkriegte, was los war, bogen wir auch schon in den Wald ab. Na ja, und Widerstand zu leisten hatte auch keinen Sinn, und außerdem dachte ich mir, wenn ich mitfahre, dann krieg ich vielleicht irgendwas raus, was uns nützen kann.»

Peter stieß einen Seufzer aus und verdrehte die Augen.

«Na ja», fuhr Audrey fort, «und als wir dann zu der Hütte kamen, war Looja schon da. Der sah in seiner Khakijacke und mit dem Tirolerhut – mit einer Feder drauf! – wie eine Schießbudenfigur aus. Er war sehr höflich, aber so richtig schmierig und boshaft. Als ich aufhörte, mich über ihn lustig zu machen, grinste er, und dann breitete er seine Pläne vor mir aus und zog mir damit den Boden unter den Füßen weg.»

Sie machte eine Pause und trank einen Schluck.

«Wenn ich ihm nicht verraten würde, wo sich das Tal befindet, sagte er, würden der Flugplatz, der Staudamm und alles nicht genehmigt werden, und er würde eine Menge Geld verlieren. Er sagte, er wäre nicht rachsüchtig, aber wenn es dazu käme, dann würde er dafür sorgen, daß – jahrelang – über alle Leute, die ich liebe oder respektiere, Unglück hereinbrechen würde ... er sagte, er würde mir nicht direkt drohen, da er wüßte, daß ich mich dadurch nicht einschüchtern ließe. Aber er hätte das Gefühl, daß die Ungewißheit, diese schleichende Qual, nie zu wissen, wann das Unglück über meine Freunde käme, mich vielleicht doch weichmachen würde.»

«Dieses kleine, bösartige Schwein», fauchte Hannibal.

Peter sagte nichts – er sah nur Audrey an. Auf ihrem Gesicht begann sich jetzt abzuzeichnen, was sie durchgemacht hatte.

Sie lächelte ihn etwas verkrampft an.

«Ich versuchte, ihn zu bluffen», sagte sie und zuckte mit den Schultern, «aber es war sinnlos. Ich sagte ihm, daß alles gar keinen Zweck hätte, denn wenn ich ihm verriete, wo das Tal ist und er es zerstört, würden alle Zenkalis über ihn herfallen. Er gab einen von seinen widerlichen, glucksenden Lachern von sich und sagte, die Zenkalis seien ihm verdammt egal. Wenn das Tal erst mal zerstört sei, dann hätte er ausgeführt, was man von ihm verlangt, und dann würde er nach Djakarta gehen, wo er sein Geld liegen hat.»

«Das hätte ich nicht gedacht», sagte Hannibal. «Darum war er also so verzweifelt darauf aus, Sie zu kidnappen?»

«Ja», sagte Audrey, «verzweifelt, aber selbstsicher.»

«Und was haben Sie da getan?» fragte die Rev.

«Ich habe ihm gesagt, wo das Tal ist», sagte Audrey.

Einen Moment lang herrschte Schweigen.

«*Was* hast du getan?» fragte Peter.

«Möge Gott dir vergeben, meine leibliche Tochter», bellte Damien.

«Audrey, meine Liebe, wie konnten Sie das tun?» kreischte die Rev mit gequälter Stimme.

Nur Hannibal rührte sich nicht, in seinen Augen funkelte es.

«Ich habe das Gefühl, daß Audrey das Einfachste und Intelligenteste getan hat, was in diesem Fall zu tun war», sagte er. «Na, kommen Sie schon, Sie irischer Machiavelli, raus mit der Sprache!»

«Ach, ich hab ihm einfach gesagt, wo er hin muß», sagte sie grinsend, «natürlich mit ein paar kleinen Umwegen, um ihm die Sache ein bißchen schwerer zu machen. Ich habe ihm den langen Weg gesagt, und ich habe ihm erklärt, wie gefährlich und beschwerlich er ist. Er hat sich damit zufrieden gegeben, und ich hörte noch, wie er zu Garutara sagte, daß er gleich nach Anbruch der Dämmerung mit dreißig Mann zum Tal aufbrechen wollte. Ich habe ihm erzählt, daß er nur sechs oder sieben Stunden brauchen würde. Da ich ja von Leonardo wußte, daß ihr kommen würdet, um mich rauszuholen, wollte ich uns eine kleine Verschnaufpause gönnen.»

«Großartig», sagte Hannibal, «schlägt ihn mit seinen eigenen Waffen.»

«Wer sagt's denn, da muß erst ein irisches Mädel her, um so 'nen diebischen Scheich aufs Kreuz zu legen», sagte Damien stolz und versetzte der Rev in seiner Begeisterung einen kräftigen Schlag auf die Schulter.

«Und was hast du vor?» fragte Peter.

Audrey sah ihn an, ihre blauen Augen blitzten schelmisch.

«Kingy kann seine Garde durch den Wasserfall reinschicken», sagte sie, «wir warten unten an der Felswand, lange bevor Loojas Männer da sind. Und wenn sie runtergeklettert kommen, dann ...»

«Dann ziehen wir ihnen eins über die Rübe», quäkte die Rev, die von der Idee ganz entzückt war.

Hannibal grinste und stand auf. «Ich ruf jetzt mal im Palast an», sagte er.

«Und ich mach schnell noch ein paar Bomben fertig», sagte die Rev begeistert, als Hannibal aus dem Zimmer ging.

«O nein, Rev. Sie werden in dem Tal nicht mit irgendwelchen Bomben rumwerfen», rief Audrey. «Denken Sie doch an die Vögel.»

Reverend Longnecker machte ein langes Gesicht.

«Wollen Sie denn wirklich mitkommen, Rev?» fragte Peter. «Das gibt bestimmt einen ganz schönen Spektakel, und ich weiß nicht, ob es gut ist, einen Geistlichen in einen derart vulgären Streit zu verwickeln. So was schadet dem guten Ruf der Kirche.»

«Unsinn», sagte die Rev, «ich war von Anfang an dabei, und ich beabsichtige auch, dabeizubleiben, bis alles geklärt ist. Außerdem kann der Kirche ein bißchen militante Publicity nicht schaden.»

Dann kam Hannibal zurück.

«Tut mir leid, daß es so lange gedauert hat», entschuldigte er sich, «aber Napoleon Waterloo und Jesus sind zu dieser späten Stunde nicht gerade in Hochform.»

«Und was hat Kingy gesagt?» fragte Audrey.

«Er schickt seine gesamte Leibgarde auf den Weg. In einer Stunde warten sie bei der Abzweigung zum Tal der Spottvogel. Er ist geradezu entzückt, daß Looja nun in sein eigenes Verderben rennt. Außerdem soll ich Ihnen sein Bedauern ausdrücken, daß sich ein zenkalischer Bürger Ihnen gegenüber derart schlecht benommen hat, und er gratuliert Ihnen zu Ihrer Heldentat.»

«Das ist nett von Kingy, aber eine Heldentat ist es darum noch lange nicht», sagte Audrey.

«Das wird es aber noch», sagte Peter schnell.

«Bestimmt», bestätigte Hannibal. «Und jetzt, Rev, machen Sie uns doch bitte einen Kaffee, eine große Kanne heißen Kaffee, und dann müssen wir schnell los.»

Sie trafen die Königsgarde ungefähr eine viertel Meile von dem Wasserfall entfernt, hinter dem sich der Zugang zum Tal verbarg. Die Leibgarde des Königs war eine Elitetruppe, die aus geradezu einschüchternd großen Männern bestand und von einem gewissen Captain «Knatter» Summerville, ehemaliges Mitglied der Brigadewache, ausgebildet und angeführt wurde. Er war ein schneidiger und tüchtiger Offizier und hatte seine kleine Streitmacht gut im Griff.

Er trat vor Hannibal hin und salutierte, während seine Männer hinter ihm strammstanden.

«Ich habe die Männer instruiert, Sir», sagte Captain Knatter, «daß es nur im Notfall Blutvergießen geben darf und daß das Tal um jeden Preis gerettet werden muß.»

«Völlig richtig», sagte Hannibal, «und daß so wenig Schaden wie möglich angerichtet wird.»

«Genau», sagte der Captain, «das habe ich ihnen eingeschärft. Übrigens, Sir, sind die ... eh ... Damen auch mit von der Partie? Es könnte ein bißchen rauh zugehen, wissen Sie. Nicht grade der geeignete Ort für Damen, Sir, wirklich. Das ist Männerarbeit.»

«Offenbar kennen Sie diese beiden Damen nicht», sagte Hannibal amüsiert. «Miss Damien haben wir die Aufdekkung dieser ganzen Sache zu verdanken, und Reverend

Longnecker versteht es so geschickt, mit Bomben umzugehen, daß sie sich geradezu ideal für eine christliche Guerillabande eignet.»

«Wenn Sie meinen, Sir», sagte der Captain, noch immer nicht ganz überzeugt. Er schien anzunehmen, daß sich Hannibal einen Scherz erlaubte. «Aber ich hoffe, sie bleiben in den hinteren Reihen, außerhalb der Schußlinie.»

«Dafür übernehme ich persönlich die Verantwortung», beteuerte Hannibal.

Mit äußerster Vorsicht näherten sie sich dem Wasserfall, Peter voran, gefolgt von Captain Knatter und seinen Männern, und hinter ihnen der Rest der Gesellschaft. Es war unwahrscheinlich, daß sie von Loojas Streitmacht, die sich ein paar Meilen weit entfernt im Wald befinden mußte, gehört oder gesehen werden konnten, trotzdem wollten sie kein Risiko eingehen. Als sie den Wasserfall mit dem engen Spalt erreicht hatten, der ins Tal führte, stellte der Captain sechs Mann als Wache auf. Dann quetschten sich die Königsgarde und die bunte Gesellschaft, die sich in ihrer Begleitung befand, durch den Spalt und gelangten, mehr naß als trocken, ins Tal der Spottvögel. Als sie das Tal betraten, begann es gerade zu dämmern. In dem fahlen, perlenfarbenen Zwielicht hatten die Ombubäume Schleier aus Dunst in ihren Zweigen, und als das Licht kräftiger wurde und ein fahles Gelb annahm, waren von allen Seiten die Spottvögel zu hören, die ihr sanftes, hohes «Ha *ha*, ha *ha*!» ausstießen.

Schließlich gelangten sie zu der Klippe, über die Audrey und Peter beim erstenmal in das Tal gestiegen waren. Dies war der Weg, auf dem Loojas Männer herunterkommen mußten, denn sie würden Peters Spuren und Audreys Anweisungen folgen.

Captain Knatter verteilte seine Männer sorgsam, und

die anderen bezogen eine Stellung, von der aus sie den Verlauf des Manövers überblicken konnten, ohne in die Schußlinie zu geraten. Die Morgenluft war kühl, und Audrey zitterte, zum Teil vor Kälte und zum Teil vor Erwartung und auch unter dem Einfluß der seltsamen Angst, daß Looja ihr vielleicht, von einer Art Erleuchtung heimgesucht, auf die Schliche gekommen sein könnte und gar nicht erst erscheinen würde. Die letzten Dunstschleier wurden wie dahintreibende Schwanendaunen in den Himmel gezogen, der jetzt in einem kräftigen, herrlichen Blau erstrahlte.

«Jetzt müßten sie bald hier sein», flüsterte Peter und sah auf seine Uhr. «Meine einzige Sorge ist, daß unser Freund Looja nicht mit ihnen heruntergestiegen kommt – und ich will nicht, daß er Gelegenheit hat, sich aus dem Staub zu machen.»

Kapitän Pappas, der wie ein großer Bär mit gerunzelter Stirn dasaß, drehte seinen kräftigen Körper zu Peter um, und in seinen schwarzen Augen lag ein befriedigtes Glitzern.

«Machen Sie sich keine Sorgen, Mr. Foxtrott», sagte er mit dröhnender Flüsterstimme, «vielleicht kommt er von hier weg, aber nicht von Zenkali.»

«Und warum nicht?» fragte Peter.

«Weil er fünfhundert Pfund gezahlt hat, damit ich ihn nach Djakarta bringe», sagte Kapitän Pappas, «aber ich werde ihn nicht dorthin bringen, nicht jetzt, wo er Miss Audrey gekidnappt hat.»

«Wollen Sie damit sagen, daß Sie zugelassen hätten, daß er dieses Tal zerstört, wenn er Audrey nicht gekidnappt hätte? Und daß Sie ihm dann auch noch geholfen hätten, von Zenkali wegzukommen?» fragte Peter ungläubig.

Die Augen des Kapitäns funkelten.

«Nein. Er war dumm, mir Geld zuerst zu geben. Er ist nicht Geschäftsmann. Ein Grieche tut so was nicht. Nie. Es ist schlimme Schande. Und ich hätte Mr. Hannibal schon gesagt, was Looja vorhat. Er wäre geschnappt geworden, und Tal auch okay», er zuckte mit den Schultern.

«Und die fünfhundert?» fragte Hannibal.

Pappas sah ihn an und runzelte die Stirn.

«Glauben Sie, ich gebe Betrüger fünfhundert?» fragte er entrüstet. «So machen wir nicht Geschäfte in Griechenland.»

Bevor sie diese absonderliche Geschäftsethik näher untersuchen konnten, tauchte Captain Knatter plötzlich auf.

«Ab jetzt, bitte, absolute Stille, Sir», sagte er zu Hannibal. «Einer meiner Leute, der auf einem Baum Ausschau hält, hat mir gerade ein Zeichen gegeben, daß sie eingetroffen sind.»

Peter sah Audrey an. Sie spürten beide einen wilden Triumph: Looja war also in die Falle gegangen! Die Rev rieb sich genüßlich die Hände, sie sah aus wie eine grimmige Eule, und sogar der sonst so unerschütterliche Hannibal wirkte angespannt. Nur Kapitän Pappas blieb ungerührt, wie einer, der darüber nachdenkt, wie er seine fünfhundert Dollar am besten anlegen soll.

Oben auf der Klippe konnten sie nun Loojas Männer hören, die sich offensichtlich allein glaubten und laut schwatzten, Lieder sangen und lachten. Als sie am Rand der Klippe angekommen waren, gab es eine laute Diskussion über die Frage, wie man die Seile befestigen und wer was über die Klippe hinuntertransportieren sollte. Sie konnten Looja hören, der Anweisungen erteilte und seine Leute mit scharfer Stimme zurechtwies. Offenbar war seine Truppe weitaus unbckümmerter und undisziplinierter als die Königsgarde, die geduckt und unbeweglich zwischen den Büschen am Fuß der Felswand ausharrte. Die ersten drei Seile schlängelten sich die steile Wand herab, und die Erregung der Beobachter wuchs. Nach und nach kamen Loojas Krieger an den Seilen herunter, mit Macheten, Petroleumkannen und den verschiedensten Feuerwaffen ausgerüstet, angefangen bei Repetiergewehren bis zu alten arabischen Vorderladern, die wahrscheinlich für ihre Besitzer genauso gefährlich waren wie für die Spottvögel. Schließlich waren vierzig Männer unten versammelt, die schwatzend in Grüppchen zusammenstanden und auf ihren Anführer und weitere Instruktionen warteten. Zu Peters Überraschung schwang sich Looja mit einer Gewandtheit zu seinen Männern herab, wie man sie einem derart dandyhaften kleinen Mann gar nicht zugetraut hätte. Als er unten gelandet war, wischte er sich mit einem schneeweißen Seidentaschentuch umständlich die Hände ab, rückte seinen Tirolerhut zurecht und wandte sich seinen Leuten zu. In diesem Augenblick erhoben sich geschlossen in drohender Haltung die Männer der Königsgarde aus den Büschen, mit Gewehren in den Händen, die sie lässig, fast beiläufig auf den Boden gerichtet hielten. Sie bildeten schweigend und unerbittlich einen Halbkreis um Loojas Truppe und nagelten sie so an der Felswand fest.

Einen Moment lang machte Looja ein erstauntes Gesicht. Er blickte von einer Seite zur anderen und fuhr sich mit der rosa Zunge über die Lippen. Knatter trat vor.

«Im Namen des Königs, werft eure Waffen auf den Boden», rief er, und seine Stimme bebte vor Stolz über die gute Arbeit, die er und seine Männer geleistet hatten. «Ihr seid verhaftet.»

Nach einem Augenblick des Erschreckens ließen Loojas Männer ihre Gewehre, Macheten und Petroleumkanister fallen und flohen zurück zu den Seilen, schubsend und stoßend und alles niedertrampelnd, um nur nach oben zu gelangen und fliehen zu können.

«Wache, vorwärts, marsch! Nehmt die Männer fest», brüllte Captain Knatter mit vor Aufregung schriller Stimme. Die Königsgarde rannte los, eine große Lawine aus khakibetuchten schwarzen Körpern, und augenblicklich herrschte am Fuß der Felswand ein Riesentumult. Da ihre Gegner die Gewehre fortgeworfen hatten, folgten die Gardesoldaten ihrem Beispiel und fielen statt dessen mit kurzen, aber überaus wirkungsvollen Gummiknüppeln über Loojas Männer her, die laut kreischten und übereinanderpurzelten.

Looja selbst stand, adrett, klein und starr wie eine Giftschlange inmitten des Aufruhrs. Zuerst glaubte Peter, Looja wäre durch die plötzliche Wende der Ereignisse und das Zunichtewerden all seiner ehrgeizigen Pläne derart schockiert, daß er sich in seine Niederlage fügen und mit so viel Anstand wie möglich aufgeben würde – doch er täuschte sich. Looja wartete, bis anscheinend alle Soldaten damit beschäftigt waren, seine hysterische und widerspenstige Bande zu überwältigen und zu fesseln. Als dieser Moment gekommen war, ergriff er die Flucht. Da er völlig unbeweglich dagestanden hatte, hatten die Soldaten, genauso wie Peter, fest angenommen, daß er sich stillschweigend geschlagen gab. Deshalb hatten sie ihn nicht weiter beachtet und sich auf die übrigen, die offenbar fliehen wollten, konzentriert. Und genau das hatte Looja vorausgesehen. Plötzlich krümmte er sich zusammen und schoß mit erstaunlicher Geschwindigkeit zwischen den Ombubäumen davon. Doch zu seinem Pech hatte er nicht mit Hannibal und seinen Freunden gerechnet, die sich in den Büschen versteckt hielten. In dem Augenblick, als er sich davonmachen wollte, sprang Peter auf und rannte los, um ihn abzufangen. Looja lief wie ein Kaninchen durch die Bäume und Büsche am Versteck Hannibals und Reverend Longneckers vorbei. Peter, der ein gutes Stück von ihm entfernt war, hatte es schwer, den Abstand zwischen sich und seinem Widersacher, der sich als überraschend guter Läufer entpuppte, zu verringern. Hannibal beschloß, einzugreifen, obgleich er das Gefühl hatte, daß Looja von Rechts wegen Peter gehörte. Als Looja an ihm vorbeikam, hob er den Kampfknüppel, den Pappas ihm zu Audreys Rettung geschnitzt hatte, und schleuderte ihn, sorgfältig zielend und mit der ganzen Kraft seiner muskulösen Arme, auf Looja. Der Stock flog durch die Luft und traf Looja mit lautem Knirschen, das weithin zu hören war, genau zwischen den Schulterblättern, warf ihn flach auf den Boden und jagte ihm die Luft aus den Lungen, so daß er würgte und keuchte.

«Bravo, ausgezeichneter Wurf», applaudierte die Rev und hüpfte vergnügt durchs Gebüsch.

Looja wälzte sich am Boden, sein Gesicht war grau, sein Atem kam in würgenden Stößen. Er war über den plötzlichen kräftigen Schlag in den Rücken genauso erschrocken wie über den Anblick von Peter, der mit zerzausten Haaren keuchend auf ihn zugerannt kam, gefolgt von Audrey und dem Rest der Gesellschaft.

«Foxglove!» krächzte er und starrte Peter böse an.

«Ja, mein Teurer», sagte Peter unfreundlich. Er bückte sich und zog Looja an den Aufschlägen seiner Khakijacke hoch. «Ich glaube, ich schulde dir noch was, du widerliches Monstrum.»

Peter nahm sorgfältig und präzise Maß. Dann schlug er zu. Er traf Looja genau an der Kinnspitze. Looja taumelte ein paar Schritte zurück, fiel und blieb benommen am Boden sitzen. Über sein Gesicht tropfte Blut, die Augen glitzerten böse. Nach dem Schlag fuhr ein angenehmes Prickeln durch Peters Arm. All die Ängste und Frustrationen der vergangenen Wochen hatte er in diesen einen Kinnhaken gepackt, und er fühlte eine tiefe Erleichterung und Befriedigung.

«Das war für mich», sagte Peter. Dabei näherte er sich Looja erneut und zog ihn noch einmal an den Jackenaufschlägen hoch wie ein Spielzeug, «und jetzt noch einen für Miss Damien.»

Er holte mit der Faust aus, um zuzuschlagen, doch im selben Moment zog Looja – blitzschnell wie eine zustoßende Schlange, mit tödlichem Haß in den Augen – ein dünnes, scharfes Messer aus seinem Ärmel und stieß es Peter in die Brust. Die kleine silberne Reiseflasche, die Peter sich von Damien ausgeliehen hatte, rettete ihm das Leben. Er hatte die Flasche in die Brusttasche seiner Jacke gesteckt, und als jetzt die Klinge durch den Stoff fuhr, prallte sie daran ab, glitt nach oben und schlitzte Peters Wange vom Kinn bis zum Ohr auf. Überrascht ließ Peter seinen Gegner los und sah, als er an sich herunterblickte, wie das Blut in Strömen über seine Jacke rann. Benommen blickte er um sich, gerade als Looja mit einem blutrünstigen Grinsen erneut auf ihn losging und dabei mit dem Messer auf seinen Bauch zielte. Peter raffte all seine Sinne zusammen, um auszuweichen, als plötzlich eine große braune Pranke auftauchte, über und über mit einem dicken schwarzen Haarpelz bedeckt, und Loojas Hand in einem Schraubstock festhielt. Looja schrie vor Schmerz laut auf. Gleichzeitig krachte eine zweite ebenso stark behaarte Hand in einem wuchtigen Karateschlag auf Loojas Nacken. Looja kippte um und blieb still liegen wie eine weggeworfene Puppe.

«Hu!» rief Kapitän Pappas angeekelt. «Das Schwein weiß nicht mal, wie man mit Messer umgeht.»

«Peter, hast du dir nichts getan?» fragte Audrey, die herbeigeeilt war. Peter wandte ihr sein Gesicht zu, das mit halb geronnenem Blut verklebt war und über das noch immer kleine Blutbäche rannen. Der Schnitt, der vom Kinn bis zum Ohr reichte, war wie ein Säbelhieb bis zum Knochen in seine Wange eingedrungen.

«Messer», sagte Peter nur und versuchte zu grinsen, «sieht schlimmer aus, als es ist.»

«Wenn es schlimmer wäre, als es aussieht, wärst du jetzt tot, du Idiot», sagte Audrey und brach in Tränen aus. «Warum mußtest du ihn auch angreifen, um Himmels willen?»

«Weil er nur halb so groß ist wie ich», sagte Peter scherzhaft.

«Komm her, damit ich dir die Wunde säubern kann», sagte Audrey.

«Nein, nicht», rief die Rev, die schwer atmend angelaufen kam, «lassen Sie mich das machen. Das muß man sehr sorgfältig machen, sonst läuft er sein Leben lang mit 'ner Narbe rum.»

Sie reinigte ihm die Wunde und wischte das Blut ringsum ab, und dann klebte sie zwei winzige Pflasterstreifen quer über den klaffenden Schnitt, um ihn notdürftig zu verschließen.

«Und jetzt, meine Liebe», sagte sie zu Audrey, «schaffen Sie ihn so schnell wie möglich runter in die Klinik. Dr. Mafoozi ist ein wahrer Meister im Umgang mit der Nadel – jawohl – ein wahrer Meister. Als Doktor taugt er nicht gerade viel, aber wenn man ihm eine Nadel in die Hand drückt – na ja –, dann sieht ihr Liebster in Sekundenschnelle aus wie ein handgewebter Wandteppich, und zweimal so schön. Und nehmen Sie Ihren Vater mit, falls Peter unterwegs umkippt, und nun nichts wie los.»

«Umkippt?» sagte Peter ungehalten. «Ich werde nicht umkippen. Ich warte nur darauf, daß dieses kleine Schwein zu sich kommt, dann werd ich ...»

«Du wirst nichts dergleichen tun», unterbrach ihn Audrey mit fester Stimme. «Die Rev hat recht.»

«Überlassen Sie Looja ruhig uns», sagte Hannibal. «Ich schätze, eine Anklage wegen versuchtem Mord wird ihm den Rest geben.»

«Amen», sagte Reverend Longnecker.

Und als sie das sagte, ertönten von allen Seiten die Rufe der Spottvögel: «Ha *ha* ... ha *ha* ... ha *ha* ...» und der wilde, klagende Ton hallte von den Ombubäumen wider, fast so, als würde über dem kleinen, zusammengekrümmten Körper Loojas, der zwischen dem Laub am Boden lag, ein Requiem gesungen.

VIII

Zenkali – ein Neubeginn

Kingy lag mit gerunzelter Stirn in seiner gewaltigen Hängematte, stieß sich mit dem Fuß am Boden ab und schaukelte hin und her. Neben ihm saßen Hannibal und Peter, dessen Gesicht kreuz und quer mit Heftpflaster überklebt war. Alle drei hielten ein großes Glas «Majestätsbeleidigung» in der Hand, doch sahen sie trotz dieser Anregung keineswegs glücklich aus.

«Verstehen Sie mich nicht falsch, Peter», sagte Kingy und trank einen Schluck aus seinem Glas. «Glauben Sie nur nicht, ich wäre Ihnen und Audrey nicht dafür dankbar, daß Sie das Tal gerettet haben und daß dieser schreckliche kleine Knilch, dieser Looja, erledigt ist. Ich bin hocherfreut. Wenn wir in Zenkali so was wie das Viktoriakreuz oder eine Art Verwundetenorden hätten, würde ich es Ihnen beiden sofort verleihen, wie flüchtig ein solcher Beweis des Dankes auch immer sein mag. Im übrigen fällt mir dazu etwas viel Besseres ein, das nur nebenbei. Aber diese ganze Geschichte mit dem Tal hat unser Problem keineswegs gelöst, außer daß Looja kaltgestellt ist. Ich habe immer noch Sir Osbert und Sir Lancelot am Hals, die mir von zwei entgegengesetzten Seiten aus arg zusetzen – und zwar jeder aus ziemlich triftigen Gründen. Deshalb habe ich sie beide für heute morgen hierherbestellt. Sir Lancelot und Sir Osbert kommen um elf, um die Angelegenheit mit mir zu bereden.»

«Großer Gott», stöhnte Hannibal.

«Es ist die einzige Möglichkeit, mein lieber Hannibal. Sollen sie beide sagen, was sie zu sagen haben, und wer weiß, vielleicht kommt etwas dabei heraus.»

«Ich glaube, Kingy hat recht», sagte Peter. Die Nähte erschwerten ihm das Sprechen. «Wenn es vielleicht auch nichts bringt, können wir Onkel Osbert wenigstens von Looja erzählen.»

«Eine ausgezeichnete Idee», rief Kingy, und sein Gesicht leuchtete auf. «Daran hatte ich noch gar nicht gedacht. Übrigens, haben Sie Droom erreicht?»

«Nein, er ist noch immer irgendwo in den Wäldern. Ich habe ihm eine Nachricht hinterlassen», erwiderte Peter.

«Wirklich erstaunlich», sagte Hannibal gereizt. «Wenn wir ihn nicht haben wollen, läuft er die ganze Zeit hinter uns her, und wenn wir dann wirklich mal was von ihm wollen, ist er nirgends aufzutreiben.»

Sie verfielen in ein trübsinniges Schweigen.

Kingy trank sein Glas aus und rappelte sich aus der Hängematte hoch. «Ich sehe Malapi kommen. Nun sind die Racheengel wohl eingetroffen. Gehen wir, meine Herren.»

Im großen Speisesaal saßen sich Sir Lancelot und Sir Osbert an dem breiten Tisch gegenüber und stellten die betonte Teilnahmslosigkeit von zwei Katzen auf einer Gartenmauer zur Schau. Als Kingy, übertriebene Herzlichkeit ausströmend, in den Raum gerauscht kam, erhoben sie sich und verbeugten sich äußerst kühl und knapp vor ihm.

«Mein lieber Sir Lancelot, mein lieber Sir Osbert, bitte verzeihen Sie meine Verspätung», dröhnte er und ließ seine Zähne aufblitzen. «Staatsaffären, wissen Sie, Staatsaffären. Aber darüber brauche ich Ihnen ja nichts zu erzählen, meine Herren. Wie wär's mit einer kleinen Erfrischung – an einem so heißen Tag muß ich Sie wohl nicht dazu überreden – es ist, glaube ich, fast alles da – ah, ja, das ist gut, ein Whisky und Wasser für Sie, Sir Osbert – und für Sie, Sir Lancelot? Gin mit Tonic – recht so ... Hannibal, Peter, da ist ein Krug mit dem weißen Zeug, das Sie so gerne mögen ... sind alle versorgt? Gut, gut.»

Kingy setzte sich und strahlte in die Runde, übersprudelnd wie ein Vulkan, unwiderstehlich wie eine Lawine.

«Nun, Sir Lancelot, haben Sie meinen Brief erhalten? Natürlich habe ich eine Kopie an Sir Osbert geschickt. Ich würde mich freuen, Ihre Ansicht zu hören.»

Kingy lehnte sich zurück, sein Gesicht war ernst und konzentriert, seine großen Schokoladenfinger hatte er ineinander verschränkt. Sir Osbert sah Sir Lancelot an, als sähe er ihn zum erstenmal. Es entstand eine kurze Pause. Dann räusperte sich Sir Lancelot und blickte mit einem sparsamen, mißbilligenden Lächeln in die Runde.

«Vielleicht ... eventuell ... wenn keiner was dagegen hat, werde ich mal zuerst loslegen», schlug er vor. «Meine Ansichten können vielleicht dazu beitragen, einen Modus operandi zu finden.»

Sir Lancelot ignorierte Sir Osberts wütendes Schnaufen.

«Ich habe Ihren Brief sehr sorgfältig gelesen, Euer Majestät, und ich erlaube mir, zu Beginn zu sagen, daß ich Ihre ungewöhnliche und mißliche Lage durchaus verstehe und bedauere. Sie hatten den Bau des Flugplatzes beschlossen, noch bevor das Tal entdeckt wurde, daher die ganzen Schwierigkeiten. Was mich, einen Naturschützer, angeht, so habe ich diese ganze Flugplatz- und Staudamm-Geschichte von vornherein bedauert, aber die Entscheidung, ob sie gebaut werden sollen oder nicht, liegt natürlich einzig und allein bei Ihnen und den Bewohnern Zenkalis.»

An dieser Stelle warf er Sir Osbert einen kurzen Blick zu, trank einen Schluck aus seinem Glas und fuhr dann fort:

«Ich glaube, es ist fair, meinen eigenen Standpunkt und den der Organisation, die ich vertrete, deutlich zum Ausdruck zu bringen. Überall auf der Welt zerstören wir Unersetzliches, löschen es einfach aus, manchmal ohne zu wissen, was wir tun, und manchmal auch absichtlich und aus freien Stücken, aber stets im Namen des Fortschritts. Wir sind buchstäblich dabei, den Ast, auf dem wir selber sitzen, abzusägen, wenn ich das einmal so sagen darf. Meine Organisation sperrt sich nicht gegen den Fortschritt, wie Sir Osbert wohl glauben mag. Wir mahnen nur zur Vorsicht. Wir nehmen großen Anteil an Leben und Lebensraum der Tiere, aber die meisten Leute übersehen, daß dieser Lebensraum vom tropischen Wald bis hin zu den Slums von London reicht. Das übliche Argument, das immer angeführt wird, ist nun die Frage, welchen Nutzen diese Lebewesen für uns haben können – für die Menschen mit ihrer prächtigen Technologie, ihrer Gewalt über die Natur, ihrer Fähigkeit, ihr weiteres Schicksal selbst zu bestimmen, wie man uns glauben machen will. Und die simple Antwort darauf ist, daß wir es nicht wissen.»

Wieder gab Sir Osbert ein verächtliches Schnaufen von sich.

«Genau», sagte er, «völlig richtig. Sie wissen es nicht.»

Sir Lancelot sah ihn abschätzend an.

«Wenigstens geben wir unsere Unkenntnis zu, Sir Osbert, wir versuchen nicht, sie zu verbergen, wie Sie das tun.»

Sir Osbert wurde rot.

«Ihre ganzen Argumente, Ihre ganze Verzögerungstaktik fußt auf Unverständnis, auf Nichtwissen, sagen Sie?» spottete er. «Wie wollen Sie auf diese Weise den Fortschritt fördern? Die Welt ist im Wachsen begriffen, dehnt sich aus, und Sie versuchen ständig, sie daran zu hindern.»

«Wenn Sie mir sagen, daß es auf Zenkali zwischen dem Bau eines Staudamms und eines Flugplatzes und der Erhaltung des Tals der Spottvögel zu wählen gilt, dann bin ich ganz gewiß dafür, das Tal zu retten», rief Sir Lancelot. «Denn – abgesehen vom biologischen Interesse – wissen wir nicht, wie wichtig es einmal für uns sein könnte.»

«Wichtig? Wichtig?» sagte Sir Osbert. «Erwarten Sie etwa von uns, daß wir stillsitzen und Däumchen drehen und nichts tun, nur weil das Tal vielleicht irgendwie und irgendwann einmal von Bedeutung sein könnte? Mein lieber Herr, Sie sind ja verrückt. Wir leben im zwanzigsten Jahrhundert. Wir können uns diesen ökologischen Luxus nicht leisten ...»

Er unterbrach sich, denn Hannibal hatte bei diesen Worten laut zu lachen begonnen. Sir Osbert starrte ihn an.

«Entschuldigen Sie, bitte», sagte Hannibal mit gespielter Zerknirschung, «aber das ist eine der hübschesten Formulierungen, die ich seit langem gehört habe – ökologischer Luxus ... wirklich, das gefällt mir. Es hat so etwas wahrhaft Fortschrittliches an sich.»

«Ja», sagte Sir Lancelot trocken, «allerdings fürchte ich, daß dieser ... eh ... ökologische Luxus, von dem Sir Osbert spricht, uns alle betrifft, Naturschützer wie Fortschrittsplaner.»

«Ich war mir nicht bewußt, etwas Komisches gesagt zu

haben», knarrte Sir Osbert mit zusammengekniffenen Lippen.

«Nein, nein, nicht komisch», sagte Sir Lancelot, «nur traurig.»

Kingy verlagerte seinen gewaltigen Körper ein wenig zur Seite.

«Obgleich ich im Prinzip mit Ihnen übereinstimme, Sir Lancelot», sagte er, «würde ich gern versuchen, diese Diskussion auf die ursprüngliche Frage zurückzuführen, wenn Sie die Güte haben, mir dies zu gestatten. Was halten Sie von unserem Plan?» Eindringlich blickte er von einem Kampfhahn zum andern.

«Lächerlich», sagte Sir Osbert. «Er würde alles nur endlos hinauszögern. Ich muß einmal in aller Deutlichkeit sagen, daß wir – und damit meine ich die Regierung Ihrer Majestät, der Königin von England, die ich vertrete – bei einer Angelegenheit von solch außerordentlicher Bedeutung, nicht nur für die Sicherheit des ganzen Commonwealth, sondern auch Zenkalis selbst, kein Zögern und Schwanken dulden können.»

«Ich fühle mich geschmeichelt, daß Sie glauben, die Russen schielten mit begierigem Blick auf unsere bescheidene Insel», murmelte Kingy.

«Es geht nicht nur um Zenkali, sondern um den gesamten Indischen Ozean», erwiderte Sir Osbert gereizt. «So wie es aussieht – und niemand hier scheint sich das klarzumachen –, ist der Frieden der ganzen Welt durch ein paar blöde Bäume und Vögel gefährdet.»

«Ich habe Sie schon einmal darauf aufmerksam gemacht, daß der Spottvogel die Personifikation des Fangoua-Gottes ist», sagte Kingy eisig. «Und ich hoffe, Sie zwingen mich nicht noch einmal dazu.»

«Entschuldigung», schluckte Sir Osbert.

«Und Sie, Sir Lancelot?» fragte Kingy und wandte seinen Basiliskenblick von Sir Osbert ab, der kleinlaut in seinem Stuhl zusammengesunken war.

«Nun, die Schwierigkeit, die ich sehe, ist folgende: Selbst wenn Sie herausfinden, daß der Spottvogel außerhalb dieses winzigen Reservats, an das er angepaßt ist, existieren kann, und selbst wenn das auch bei dem Ombubaum der Fall wäre – Sie würden sie trotzdem praktisch in ein Vakuum versetzen. Wann immer es möglich ist, zieht es meine Organisation vor, die Dinge *in situ* zu erhalten. Daher wären wir im Prinzip, fürchte ich, gegen die Umsiedlung von Vogel und Baum. Und abgesehen von allem anderen werden die Kosten, die damit verbunden sind, fürchte ich, enorm hoch sein, und ich kann mir nicht vorstellen, woher Sie das Geld nehmen wollen. Wenn ich mich einmal in Ihre Lage versetze und die Dinge gegeneinander abwäge, kann ich durchaus verstehen, welche Vorteile sich für Sie ergäben, falls das Ganze überhaupt durchführbar ist, aber ich glaube mit Sicherheit sagen zu können, daß meine Organisation auf jeden Fall dagegen wäre.»

«Es kommt mir absolut lächerlich vor, daß die Zukunft vielleicht der gesamten menschlichen Rasse wegen eines Vogels und eines Baums aufs Spiel gesetzt werden soll», schnaubte Sir Osbert, der sich von der Rüge erholt hatte.

«Und mir kommt es ungewöhnlich vor, daß Sie nicht einsehen können, daß die Zukunft der gesamten Menschheit von der Erhaltung der Natur abhängt, und nicht von ihrer ständigen räuberischen Ausbeutung», erwiderte Sir Lancelot, der mit seiner Geduld am Ende war, wütend.

«Aber meine Herren, meine Herren», sagte Kingy besänftigend, «ich kann ja Ihre Entrüstung verstehen, aber, bitte, bleiben wir doch sachlich. Sie haben mir jetzt beide Ihren Standpunkt dargelegt, und Sie haben beide mit wertvollen Argumenten aufgewartet, sowohl für als auch gegen das Projekt. Wenn Sie gestatten, werde ich Ihre Meinungen jetzt dem Sonderausschuß überbringen, und falls der Ihnen dazu noch Fragen stellen möchte, wären Sie dann wohl bereit, Ihre Ansichten dort noch einmal vorzutragen?»

«Aber natürlich, mit dem größten Vergnügen», sagte Sir Lancelot.

«Alles nur Verzögerungen», grummelte Sir Osbert und zuckte mit den Schultern, «aber ich schätze, ich muß zustimmen, obgleich ich geglaubt hätte, daß die Situation eindeutig ist, selbst für ...»

«Ja?» fragte Kingy mit seidiger Stimme.

«Was ich sagen wollte, ist, daß doch jeder sehen kann, wie wichtig der Flugplatz für Zenkali ist», sagte Sir Osbert hastig.

«Und es darf nicht übersehen werden, wie wichtig der Spottvogel und, wenn auch vielleicht nicht im gleichen Ausmaß, auch der Ombubaum für uns ist», sagte Kingy. «Ich weiß, daß es Sie beide schockieren wird, zu erfahren, daß in der letzten Nacht der Versuch unternommen wurde, in das Tal einzudringen und alle Bäume zu zerstören und alle Vögel zu töten.»

«Großer Gott, nein!» rief Sir Lancelot. «Was ist geschehen?»

Sir Osbert schwieg.

«Zum Glück wurde das Komplott aufgedeckt, und die Schurken konnten gefaßt werden», sagte Kingy beruhigend. «Und ich denke, daß wir bei unseren Ermittlungen noch herausfinden werden, wer hinter diesem Anschlag steht.»

Sir Osberts Gesicht war zuerst kalkweiß geworden und danach rot angelaufen. Er räusperte sich.

«Schändlich, ekelhaft», sagte er ohne jede Überzeugung. «Wissen Sie schon, wer daran beteiligt war?»

«Leider handelt es sich bei dem Rädelsführer um einen hohen Beamten», erklärte Kingy bekümmert. «Natürlich wird er des Landes verwiesen. Aber was uns wirklich interessiert, das sind die Leute, die hinter ihm stehen.»

«Verdammt schwierig, solche Burschen zum Sprechen zu bringen», sagte Sir Osbert tonlos. «Und selbst wenn es gelingt – man kann die Aussagen solcher Leute sowieso nicht für bare Münze nehmen.»

«Ich glaube schon, daß sie den Mund aufmachen werden», sagte Kingy, «aber ich will Sie nicht mit diesem dummen Zeug langweilen. Ich setze mich mit Ihnen wieder in Verbindung, sobald es etwas Neues gibt. Inzwischen zögern Sie nicht, mir Bescheid zu geben, falls Sie irgend etwas brauchen sollten. Hannibal oder Foxglove werden sich bemühen, alles für Sie zu tun.»

Er geleitete die beiden Männer zur Tür und übergab sie dem Majordomus. Dann kam er wieder an den Tisch zurück und setzte sich.

«Nun?» sagte er zu Hannibal. «Was halten Sie davon?»

«Also, ich muß sagen, ich beginne mich langsam für Sir Lancelot zu erwärmen», gestand Hannibal. «Zumindest ist er ein ehrlicher Mann. An der Integrität von Sir Osbert sind mir dagegen schwere Zweifel gekommen.»

«Dem kann ich nur zustimmen», sagte Kingy. «Allerdings ist Looja noch immer bewußtlos, so daß wir diesen Punkt erst noch klären müssen. Bevor Droom nicht auftaucht und Looja nicht wieder aufwacht, können wir eigentlich gar nichts tun. Ich schlage vor, Sie beide gehen nach Hause und warten, bis sich etwas Neues ergibt.»

Peter hatte entsetzliche Kopfschmerzen, und seine ganze linke Gesichtshälfte war von einem bohrenden Schmerz erfüllt und fühlte sich an wie Feuer. Hannibal faßte ihn am Arm, als sie den Palast verließen.

«Ich habe Audrey bei mir zum Essen eingeladen», sagte er, «und Sie sollte ich eigentlich ins Bett stecken, aber egoistisch, wie ich bin, habe ich das Gefühl, daß ich Sie noch brauchen werde. Ich kann Ihnen aber viertausend Aspirin anbieten, soviel zu trinken, wie Sie für richtig halten, und dazu ein ordentliches Essen.»

«Aspirin», sagte Peter, «und einfach dasitzen und nichts denken.»

Bei Hannibal kümmerte sich Audrey besorgt um Peter. Sie gab ihm eine Schmerztablette, mixte ihm einen kühlen Drink und brachte ihn dazu, bis zum Hals in Hannibals Swimming-pool unterzutauchen. Dann folgte ein geruhsames und köstliches Mahl, und danach, als sie auf der Veranda saßen und Kaffee tranken, begann Peter sich allmählich wieder wie ein Mensch zu fühlen. Bald darauf verschwand Hannibal, um Besorgungen in der Stadt zu machen, und ließ die beiden allein.

«Ich kann mir gar nicht vorstellen, wie du dich fühlst, mit deinem Gesicht und allem», sagte Audrey. «Ich bin durch die vergangenen Tage so aufgewühlt, daß ich nicht mehr geradeaus denken kann. Ich glaube, das liegt vor allem an dem Kontrast zwischen unserem friedlichen Dasein vor dem Auftauchen des Spottvogels und dem ganzen Tumult, der seither anhält.»

«Ich weiß, ich bin auch ganz durcheinander», sagte Peter düster. «Manchmal frage ich mich schon, ob es überhaupt gut war, daß wir das verdammte Tal entdeckt haben.»

«Aber, Peter, so etwas darfst du nicht sagen.»

«Also, ich weiß nicht. Was hat es denn schon gebracht? Einen Haufen mürrischer Soldaten, die wie streunende

Katzen durch Dzamandzar ziehen und sich prügeln, weil sie nicht zu den ‹Sturmschwalben› können. Alle Kirchen sind wie leergefegt. Ginkas und Fangouas liegen sich in den Haaren. Kingy und Hannibal stecken bis zum Hals in Sorgen. Die Insel ist überschwemmt von widerlichen Typen wie diesem Brewster. Und dann noch dieser närrische Klub von Tierliebhabern. Alles war so schön und friedlich, bevor wir es versaut haben.»

«Ach, Unsinn, wir haben es nicht versaut», sagte Audrey. «Die Fangouas freuen sich doch, daß sie ihren Gott wiederhaben. Und du hättest Dr. F. sehen sollen, als ich ihm von den Ombubäumen erzählt habe. Er brach direkt in Tränen aus, der Arme, und dann lief er so schnell zu Stella, um ihr die frohe Botschaft zu überbringen, daß ich ihm kaum folgen konnte. Ich glaube, die Entdeckung hat mehr Gutes gebracht als Schaden.»

«Wahrscheinlich hast du recht», sagte Peter. «Wenn ich nur wüßte, wie wir aus dieser Sackgasse wieder rauskommen.»

«Wir sind doch nur in diese Sackgasse geraten, weil Kingy, der Ärmste, so demokratisch wie möglich handeln will. Wir wissen doch alle genau, daß er den Beschluß des Sonderausschusses wegen des Staudamms glatt überstimmen könnte, aber er sucht noch immer nach einem weniger drastischen Weg, und wenn er ihn findet, dann wird er ihn auch gehen.»

«Nach der Sitzung heute morgen habe ich den Verdacht, daß er mit seinem Latein am Ende ist», sagte Peter düster.

Tomba näherte sich ihnen auf leisen Sohlen.

«Bitte, Sah, Massa Foxglove, Massa Droom kommen hier», verkündete er.

«Droom!» rief Peter und richtete sich in seinem Stuhl

auf. «Das wird aber höchste Zeit. Bring ihn rein, Tomba.»

Kurz darauf kam Droom auf die Veranda geschlurft. Sein Gesicht war zu einem scheußlichen Grinsen verzogen. Er trug immer noch die gleichen Sachen wie beim letztenmal, als Peter ihn gesehen hatte, und er schien sich seit Tagen nicht gewaschen und rasiert zu haben. Über seiner knochigen Schulter hing eine große, schmale, mit Leinenstoff überzogene Botanisiertrommel, deren Gewicht seinen schmächtigen Schuljungenkörper an der einen Seite herunterzog, so daß er ganz schief wirkte.

«Ah, Professor Droom, wir haben schon auf Sie gewartet», sagte Peter mit der größtmoglichen Herzlichkeit, die er angesichts dieses unappetitlichen kleinen Mannes aufbringen konnte. «Seine Majestät und Mr. Oliphant wollen Sie unbedingt sprechen.»

Droom trippelte hin und her und beglückte sie mit seinem Friedhofsgrinsen.

«Plötzlich will man mich also sehen, was?» sagte er. «Auf dieser Welt wenden sich alle erst immer dann an die Wissenschaft, wenn sie keinen anderen Ausweg mehr wissen, anstatt sich von vornherein von ihr leiten zu lassen. Ja.»

«Setzen Sie sich doch und trinken Sie einen ... trinken Sie einen Zitronensaft», sagte Peter. «Hannibal ist in spätestens zehn Minuten wieder da.»

«Ja. Ein Zitronensaft – das wird mich erfrischen», sagte Droom, während er sich setzte und seine behaarten Beine umeinanderschlang. Seine Sammeltrommel behielt er auf dem Schoß und legte schützend die Arme darüber, als handelte es sich um ein zartes, verletzliches Baby.

«So, so, die Mächtigen sind also von ihrem Sockel gestürzt, und nun sind die Philister am Zug – ja», säuselte

Droom und trank gierig und geräuschvoll den Zitronensaft, den Peter ihm gegeben hatte.

«Ich kann Ihnen nicht ganz folgen, Professor», sagte Peter.

Droom streckte einen langen, schmutzigen Finger in die Höhe.

«Wie oft schon, mein lieber Foxglove, habe ich um eine Unterredung beim König und bei Oliphant gebeten. Viele, viele Male, wenn Sie erlauben. Ja? Und wie oft sind sie mir ausgewichen? Viele, viele Male, wenn Sie erlauben. Ja. Aber wir Männer der Wissenschaft fühlen uns durch die Ablehnung der breiten Masse nicht beleidigt. Nein. Uns ist klar – logisch denkende Wissenschaftler, die wir nun mal sind –, daß die Welt von Dummköpfen regiert wird. Ja. Sie werden es kaum glauben, Mr. Foxglove, aber es gibt in der ganzen Welt kaum einen Politiker, der auch nur das geringste Verständnis für Biologie aufbringt. Nein. Die meisten von ihnen wissen nicht einmal, wie ihre eigenen Nieren funktionieren, ganz zu schweigen von komplizierteren Dingen. Nein. Und wenn man das Wort Ökologie erwähnt, glauben sie, es handelt sich um irgendeinen obskuren ausländischen Staatsmann. Biologie bedeutet für sie nicht mehr als die sexuelle Aufklärung, die sie an den höheren Schulen genossen haben. Ja. Muß man sich da noch wundern, mein lieber Mr. Foxglove, daß die zuständigen Wissenschaftler die letzten sind, an die sich unsere Herrscher und Politiker um Rat wenden, und auch immer erst dann, wenn die Situation völlig verfahren ist. Dann kommen sie heulend angerannt, wie kleine Kinder, die ihr Spielzeug kaputt gemacht haben, und verlangen von uns, daß wir es wieder in Ordnung bringen. Ja.»

«Da ist was dran», bemerkte Peter vorsichtig. Seine Ehrlichkeit zwang ihn, den Worten dieses unangenehmen

Zeitgenossen im wesentlichen – wenn auch widerwillig – zuzustimmen.

«Die Situation, mit der wir es hier zu tun haben, ist, wie Sie vielleicht schon bemerkt haben, äußerst vielschichtig», fuhr Droom fort und nickte, den Mund zu einem starren Grinsen verzogen, unheilvoll mit dem Kopf.

«Ja, das habe ich schon bemerkt», entgegnete Peter trocken.

«Die Entdeckung, die Sie und Miss Damien gemacht haben, ist von außerordentlicher Bedeutung», sagte Droom und schlürfte seinen Zitronensaft. «Von Bedeutung für die Zukunft Zenkalis meine ich natürlich. Ja.»

«Sie meinen, wegen des Flugplatzes?» fragte Peter.

Drooms Augen glitzerten plötzlich listig.

«Wegen des Flugplatzes und auch aus anderen Gründen», sagte er.

«Ja, also, wenn Sie in unsere mißliche Lage ein wenig Licht bringen könnten», begann Peter. Droom unterbrach ihn.

«Licht, Mr. Foxglove, Licht, sagen Sie? Ich kann die ganze Sache für Sie durch und durch ausleuchten. So wie die Dinge liegen, kann ich sie in das strahlendhelle Scheinwerferlicht der Wissenschaft tauchen – ja», sagte er und stieß ein wildes, schrilles Kichern aus. «Ja. Unsere Herrscher haben nichts zu fürchten, denn sie haben ja mich. Ja. Ich habe ihr Problem für sie gelöst und sie sozusagen aus dem Sumpf der Verzweiflung gezogen. Trotz der Art und Weise, wie man mich behandelt hat, mich ignoriert hat, mich lächerlich gemacht hat, habe ich weitergearbeitet, ohne Unterlaß, unermüdlich, Tag und Nacht, habe meinen nicht unbeträchtlichen Verstand gegen das Problem aufgeboten, habe meine ganze Phantasie eingesetzt, die – wer wollte das leugnen? – fast ans Geniale grenzt ...»

«Wollen Sie etwa sagen, daß Sie das Problem mit dem Tal der Spottvögel gelöst haben?» unterbrach Peter Drooms selige Selbstanalyse.

Droom stellte sein Glas hin und drückte seine Botanisiertrommel noch fester an sich.

«Gewiß, das habe ich», bestätigte er mit einem Flüstern, in dem seine Erregung mitschwang. «Das habe ich gelöst, Mr. Foxglove. Hier, in dieser Trommel ist die Lösung für das ganze Problem.»

In diesem Moment sahen sie Hannibal. Er stelzte auf die Veranda und warf seinen lächerlichen Tropenhelm bis ans andere Ende, wo er mit einem lauten Plumps auf einem Stuhl landete.

«Ah, Droom», rief er lächelnd, «Sie kommen genau richtig, Sie sind genau der Mann, mit dem wir jetzt reden wollen.»

«Das überrascht mich keineswegs», sagte Droom und machte seine kriecherische Verbeugung.

«Professor Droom hat uns gerade mitgeteilt, daß er das Problem, das uns das Tal der Spottvögel aufgibt, gelöst hat», erklärte Peter.

Hannibal sah Droom scharf an.

«Also, wenn Ihnen das tatsächlich gelungen ist, dann sind Sie zweifellos der klügste Mann auf Zenkali», sagte er skeptisch.

Droom errötete vor Freude.

«Vielen Dank, danke. Das ist wahrhaftig ein großes Lob – ja», sagte er.

«Na, und?» sagte Hannibal. «Spannen Sie uns nicht so lange auf die Folter. Was haben Sie herausgefunden?»

«Die Lösung des Problems habe ich hier in meiner Trommel», verkündete Droom und drückte die Botanisiertrommel an seine Hühnerbrust. «Gibt es hier vielleicht irgendwo einen Tisch, auf dem ich einige Sachen ausbreiten und Ihnen eine kleine Vorführung geben kann?»

«Kommen Sie», sagte Hannibal. Er ging voran in das große Wohnzimmer, rückte einen Tisch in die Mitte und fegte die hohen Bücherstöße und Akten, mit denen er vollgestopft war, auf den Boden.

«Ist der groß genug?» fragte er.

«Sehr gut», sagte Droom und stellte seine Trommel auf den Tisch. Dann begann er auszupacken. Er förderte mehrere kleine, runde Dosen zutage, deren Deckel mit Löchern versehen waren, einen flachen, schwarzen Kasten, eine kleine Pflanzenpresse und einen Stapel Fotos. Audrey, Peter und Hannibal standen zusammen an einer Seite des Tisches und sahen zu, wie Droom seine sieben Sachen anordnete – so wie Kinder einem Zauberer zusehen, der einen Zaubertrick vorbereitet.

Als Droom seine Vorbereitungen beendet hatte, verschränkte er die Hände hinter dem Rücken, schloß die Augen bis auf einen schmalen Schlitz, warf den Kopf in den Nacken und begann mit seinen Ausführungen. Er stieß seine Worte mit einer schrillen Pedantenstimme hervor, als befände er sich in einem Hörsaal voller Studenten, denen er einen Vortrag hielt. So abstoßend dieser Mann war, so besaß er doch eine gewisse hypnotische Kraft, die die drei aufmerksam zuhören ließ.

«Sie alle kennen die Bedeutung des Amelabaums für die Ökonomie Zenkalis – tatsächlich könnte man ihn als *die* Ökonomie von Zenkali schlechthin bezeichnen. Deshalb brauche ich wohl nicht weiter darauf einzugehen. Ja. Doch erst vor kurzem hat man festgestellt, daß der Amelabaum nur durch die Amelamotte befruchtet werden kann, die durch ihren enorm langen Stechrüssel für die Aufgabe perfekt ausgerüstet ist.»

Hier machte er eine Pause und öffnete den flachen Kasten, in dem, sorgfältig nebeneinander aufgereiht und mit einer Nadel am Korkboden befestigt, eine männliche und eine weibliche Amelamotte mit ausgestrecktem Rüssel lagen.

«Nachdem diese Entdeckung gemacht war, wurde es natürlich notwendig, mehr über die Lebensbedingungen und den Lebenszyklus dieses Insekts in Erfahrung zu bringen, denn selbstverständlich mußte es von nun an unter Schutz gestellt werden, da es ja ohne dieses Insekt keinen Amelabaum gäbe. Ja.»

Er machte eine Pause und blickte einen Moment lang auf seine Füße, um seine Gedanken zu ordnen.

«Daher bat man mich, nach Zenkali zu fahren und diese Aufgabe zu übernehmen, die sehr schwierig war, für die ich aber auf Grund meiner früheren Erfahrungen und Erfolge bestens qualifiziert bin. Ja. Aber mir war klar, daß es, wie bei jedem ökologischen Problem, nicht leicht sein würde. Nein. Nun, zu Beginn – was wußten wir über die Motte? Praktisch nichts. Wir wußten, daß es zwischen dem männlichen und dem weiblichen Tier einen geringfügigen Unterschied gibt – Sie werden erkennen, daß beim Männchen die Unterseite der Flügel etwas gelber ist –, und wir wußten, wovon sich das ausgewachsene Insekt ernährt. Aber sein Lebenszyklus lag in geheimnisvollem Dunkel. Ja. Und wieso? Weil bei Schmetterlingen die Pflanze, die dem ausgewachsenen Tier Nahrung liefert, nicht unbedingt die gleiche sein muß wie die, von der sich die Larve ernährt. Im Falle der Amelamotte wußten wir natürlich nicht nur nichts über die Pflanze, von der sich die Larve ernährt, sondern wir wußten auch nichts von der Larve selbst, die nirgends beschrieben war. Daher bestand meine erste Aufgabe darin, diese Frage zu beantworten.

Es war eine einfache, wenngleich langwierige Aufgabe. Mehrere männliche und weibliche Motten mußten eingefangen und gepaart werden. Die winzigen, schwarzen Larven – sie waren nicht größer als Stecknadelköpfe –, die sich aus den Eiern entwickelten, mußten an verschiedenen Pflanzen ausprobiert werden. Damit hatte ich keinen Erfolg. Obgleich ich ihnen eine enorme Vielfalt anbot, siechten die Larven dahin und starben. Ja.»

Droom öffnete einen weiteren Kasten. Darin befand sich ein zweites Paar Amelamotten, ein kleiner Zweig, der mit kleinen weißen Eiern überzogen war, und eine winzige Glasröhre, die eine Alkohollösung enthielt, in der mehrere kleine, schwarze Raupen schwammen. Droom zog an der Pflanzenpresse und öffnete sie.

«Hier», sagte er, «sind Proben der vierhundertzwanzig Pflanzenarten, sowohl heimischer wie auch eingeführter, mit denen ich die Larven zu füttern versuchte, ohne Erfolg, wie gesagt. Ja. Und dann machte ich schließlich meine außergewöhnliche Entdeckung.»

Er legte eine Pause ein, wühlte in dem Kästchen, zog schließlich eine große weiße Karte heraus, auf der ein sehr eigentümliches pfeilförmiges Blatt befestigt war, und hielt sie in die Höhe.

«Hier», sagte er mit feierlichem Ernst, «ist das Blatt, von dem sich die Amelamotte ernährt. Es ist das Blatt des Ombubaums.»

«Großer Gott», sagte Hannibal und kniff die Augen zusammen, «das bedeutet ja ...»

«Aber bitte, bitte», protestierte Droom, «lassen Sie mich erst zu Ende reden. Ja. Der Zufall wollte es, daß auch ich bei meinen Nachforschungen in den Bergen auf das außergewöhnliche Tal stieß, kurz nachdem Mr. Foxglove und Miss Damien es entdeckt hatten. Und dort fand ich die Larven der Amelamotte auf den Blättern des Ombubaums. Aber im selben Augenblick, in dem sich das eine Geheimnis lüftete, tauchte ein neues auf. Ja. Wie Sie wissen, glaubte man vor der Entdeckung des Tals, daß es nur noch einen Ombubaum gibt und daß seine Samen, die er Jahr für Jahr hervorbringt, nie aufkeimen. Das war für mich und Dr. Fellugona ein großes Rätsel. Ja. Wir gelangten zu dem Schluß, daß irgendein Katalysator notwendig wäre, um die Keimung hervorzurufen, aber bis zur Entdeckung des Tals hatte ich keine Vorstellung davon, was das sein könnte ... nun weiß ich es.»

Er machte eine Pause. Seine Zuhörer starrten ihn schweigend und fasziniert an.

Droom wühlte in seinen Taschen und brachte ein Foto zum Vorschein, das er schweigend in die Höhe hielt.

«Der Spottvogel!» hauchte Audrey. «Es ist der Spottvogel!»

«Genau wie Sie sagen, Miss Damien», sagte Droom und neigte in hoheitsvoller Zustimmung den Kopf, «der Spottvogel, ja.»

Hannibal zog sich einen Stuhl heran und setzte sich hin.

«Mal sehen, ob ich das alles richtig mitgekriegt habe», sagte er. «Die Amelamotte, von der die gesamte Wirtschaft der Insel abhängt, weil sie den Amelabaum befruchtet, legt ihre Eier auf den Ombubaum. Und der Ombubaum wiederum kann nicht ohne den Spottvogel existieren?»

«Richtig», sagte Droom.

«Wieso?»

«Weil die äußere Schale der Ombusaat ungewöhnlich hart ist», erklärte Droom. «Der Samen muß erst von dem Vogel gefressen und wieder ausgeschieden werden, bevor er keimen kann.»

Hannibal stieß einen langen, leisen Pfiff aus.

«Also mit anderen Worten: Wenn man das Tal überflutet, dann zerstört man damit die gesamte wirtschaftliche Grundlage der Insel?» sagte er.

«So ist es», bestätigte Droom.

«Bei Gott, Droom, Sie sind ein Genie!» rief Peter. Er sprang auf und schüttelte Droom die Hand.

«Das bedeutet ja, daß wir das Tal unter gar keinen Umständen überfluten dürfen, und somit können wir auch den Flugplatz nicht bauen», jauchzte Hannibal. «Was für ein Freudentag!»

«Sind Sie auch ganz sicher, Hannibal?» fragte Audrey.

«Absolut», sagte er und grinste wölfisch. «Damit hat Kingy genau das in der Hand, was er braucht. Kommt alle mit, wir gehen in den Palast, um es ihm zu erzählen. Kommen Sie, Professor, packen Sie Ihre Sachen zusammen und nehmen Sie alles mit, Kingy wird es sehen wollen.»

Inmitten einer Meute bellender Hunde schob Hannibal sie alle eilig hinaus zu den Kingy-Karts, und dann eilten sie auf dem schnellsten Weg in den Palast.

Zuerst lauschte Kingy Drooms Ausführungen mit ungläubigem Staunen, dann mit wachsender Hoffnung und schließlich mit einer solch strahlenden Freude, daß es den Anschein hatte, als würde in der großen Hängematte eine riesige Schokoladensonne aufgehen.

«Mein lieber, lieber Professor Droom», sagte er, «nicht nur ich selbst, sondern ganz Zenkali ist Ihnen dankbarer als ich es je werde ausdrücken können. Wir werden nie vergessen, in welch hoher Schuld wir bei Ihnen stehen, das versichere ich Ihnen.»

«Eure Majestät ist zu freundlich», sagte Droom. Er errötete vor Stolz und Freude und schraubte seine schrecklichen Beine vergnügt noch weiter ineinander.

«Peter, seien Sie so nett und gießen Sie fünfmal eine große Portion ‹Majestätsbeleidigung› ein», sagte Kingy. «Darauf müssen wir anstoßen.»

Dann lehnte er sich in seiner Hängematte zurück, schloß die Augen und vertiefte sich in seine Gedanken. Als ihm das Glas gereicht wurde, erhob er sich.

«Einen Toast auf den Spottvogel», sagte er ernst.

Nachdem sie angestoßen und getrunken hatten, sah Kingy Droom prüfend an.

«Sagen Sie, Professor», sagte er, «wäre es wohl möglich, ein paar Ombubäume und Spottvögel hierher nach Dzamandzar zu bringen?»

«Aus dem Tal? Ja, ich sehe keinen Grund, warum das nicht gehen sollte», erwiderte Droom, «solange gewährleistet ist, daß das Klima und die Bodenverhältnisse genau gleich sind. Ich würde Ihnen nicht raten, allesamt und sonders umzusiedeln, dazu sind sie oben im Tal zu gut integriert. Aber es hindert uns nichts daran, einige Exemplare hierher zu schaffen. Nein. Der Vogel ist ein Allesfresser. Und es ist ein Zufall, daß er die Ombufrucht ganz besonders gern mag. Ja. Der Ombu ist ein zäher Baum und kann, wie es aussieht, auch auf ziemlich kargem Boden wachsen und gedeihen. Wenn man mit Sorgfalt junge Bäume aussucht, sehe ich keinen Grund, warum man künftig nicht entlang der Amela-Plantagen auch Ombubäume pflanzen sollte. Ja.»

«Ausgezeichnet, ausgezeichnet», sagte Kingy und blinzelte Hannibal schelmisch zu, «dann können wir am Ende doch noch unsere Parade abhalten.»

«Parade?» fragte Hannibal.

«Ja», sagte Kingy überschwenglich, «schließlich haben wir hier Repräsentanten der Streitkräfte und noch verschiedene andere Besucher. Die meisten von ihnen sind doch hierhergekommen, weil sie viel Spektakel, Glanz und Glorie erwartet haben. Also bieten wir es ihnen. Schließlich wäre es doch eine Schande, wenn die ganzen Tribünen, die Flaggen, all die sorgfältig ausgetüftelten Pläne für die Aufmärsche und so weiter, mit denen sich Peter so viel Mühe gemacht hat, umsonst gewesen wären – und erst recht meine neuen Uniformen. Daher habe ich beschlossen, daß wir eine gigantische Feier veranstalten. Wir werden ein Spottvogelpärchen und sechs Ombubäume aus dem Tal herbeischaffen, um sie während der Festzüge vorzuzeigen. Die Ombus können im botanischen Garten angepflanzt werden, und die Spottvögel kommen hierher zu mir, an Stelle dieser schrecklichen, rüpeligen Pfauen. Ist das nicht eine gute Idee?»

Alle stimmten ihm zu. Sogar Droom, der nach seinem zweiten Glas «Majestätsbeleidigung» ausgiebig rülpste und kicherte, mußte zugeben, daß es an dem Vorhaben nichts auszusetzen gab.

«Ich muß eine Sondersitzung des Parlaments einberufen, um meinen Plan bekanntzugeben», sagte Kingy. «Peter, würden Sie und Audrey inzwischen vielleicht die Sache mit den Vögeln und den Bäumen organisieren?»

«Gewiß», erwiderte Peter erfreut, «ich wüßte nicht, was ich lieber täte.»

«Ich denke, wir sollten uns auf eine einzige große Parade beschränken», sagte Kingy, «an die sich dann eine gigantische Gartenparty hier im Palast anschließt. Finden Sie nicht?»

«Einverstanden», sagte Hannibal, «wir müssen nur achtgeben, daß uns die Sache nicht über den Kopf wächst.»

«Gut, das wäre geregelt», sagte Kingy höchst befriedigt. «Und jetzt – noch was zu trinken, Professor Droom?

Aber sicher doch, schließlich passiert uns das nicht alle Tage, daß wir die Arbeit eines Genies zu feiern haben. So ist's recht. Audrey, meine Liebe, für Sie auch noch einen? Ausgezeichnet.»

Die nächsten drei Tage verbrachten Audrey und Peter oben im Tal der Spottvögel. Sie suchten ein halbes Dutzend kleiner Ombubäume aus und kennzeichneten sie. Einige kräftige Zenkalis gruben sie aus und pflanzten sie in große halbierte Fässer, die mit Erde gefüllt waren. Diese Arbeit wurde von Professor Fellugona beaufsichtigt, der sich aber mehr als Hindernis denn als Hilfe erwies, da er ständig von Freudentränen übermannt wurde und sich niedersetzen mußte, um sich von seinen Gefühlsausbrüchen zu erholen.

Beim Einfangen der Spottvögel ergab sich ein anderes Problem. Peter baute einen großen Käfig aus Netzen, in den er und Audrey mit kleinen Leckerbissen ein Spottvogelpärchen lockten, das noch relativ jung zu sein schien. Die Vögel betraten den Käfig, ohne zu zögern, und anscheinend fühlten sie sich in ihrer Gefangenschaft ausgesprochen wohl. Ihre einzige Sorge schien darin zu bestehen, daß Audrey und Peter, die sie ständig mit köstlichen Leckerbissen versorgten, sie verlassen könnten. Sobald sich die beiden vom Käfig entfernen wollten, reagierten die Spottvögel mit Entsetzen, flatterten auf und nieder, schlugen wie wild mit den Flügeln um sich und stießen verzweifelte Schreie aus, weil ihre Nahrungsquelle zu versiegen drohte. Und als man sie später bestechen mußte, für die Parade in einen kleineren Käfig zu hüpfen, war das die einfachste Sache der Welt.

Inzwischen hatte Looja das Bewußtsein wiedererlangt. Als er feststellte, daß man ihm eine Reihe von Vergehen anlastete, von denen versuchter Mord nicht einmal das geringfügigste war, bot er seinen Widersachern einen Handel an. Wollten sie die Idee des Flughafens und des Staudammes ein für allemal zerschlagen? Wenn ja, dann konnte er einen schriftlichen Beweis liefern, daß Sir Osbert und Lord Hammer finanziell tief in die Sache verstrickt waren und daß beide riesige Profite machen würden, wenn sie mit ihren Plänen durchkämen. Kingy, im Umgang mit Looja nicht weniger hinterlistig als dieser, hütete sich, seinem ehemaligen Minister mitzuteilen, daß das Flughafenprojekt längst hinfällig geworden war. Statt dessen versprach er ihm, daß er als Gegenleistung für die Dokumente, die Sir Osbert und Lord Hammer kompromittieren würden, und für ein volles schriftliches Geständnis bezüglich seiner, Loojas, eigenen Rolle in dem Geschäft, nur von Zenkali verbannt, daß also keine weitere Anklage gegen ihn erhoben werden würde. Looja willigte ein und wurde bereits auf das nächste Boot gebracht, das die Insel verließ. Dann bestellte Kingy Sir Osbert und Lord Hammer zu einem Gespräch in den Palast, das in seiner Kürze und seiner verheerenden Wirkung einzigartig war.

«Looja, den Sie ja beide kennen», sagte Kingy mit seiner eisigsten Stimme, «war ein Mitglied meines Kabinetts. Ich habe ihn rausgeschmissen und aus verschiedenen Gründen von Zenkali verbannt. Einer der wichtigsten Gründe ist, daß er in ein Komplott verwickelt war, das darauf abzielte, den Bau des Staudamms und des Flughafens um jeden Preis voranzutreiben, und der ihm eine sehr große Summe Geld eingebracht hätte.»

Es entstand ein langes und unheilvolles Schweigen, während dem Sir Osbert mehrmals die Farbe wechselte und Lord Hammer, leicht schwitzend, mit seiner Brieftasche, seinem Brillenetui und seiner Zigarrenkiste eine Vielzahl verschiedener Bauten errichtete.

«Als Gegenleistung für seine Verbannung und an Stelle der sehr harten Gefängnisstrafe, die ihm sicher gewesen wäre, hat er mir gewisse Dokumente übergeben, die ... eh ... Sie beide, meine Herren, betreffen.»

«Fälschungen, himmelschreiende Fälschungen», knurrte Sir Osbert.

«Das müssen sie wohl sein. Solchen Leuten kann man nicht glauben», flötete Lord Hammer.

«Und dennoch wecken sie gewisse Zweifel in mir – und würden auch unserer Regierung, da bin ich ganz sicher, zu schwersten Bedenken Anlaß geben. Glücklicherweise wird es nicht nötig sein, diese Dokumente publik zu machen», sagte Kingy.

Sir Osbert stieß einen tiefen Seufzer der Erleichterung aus, und Lord Hammer wischte sich über die schweißglänzende Stirn.

«Dafür gibt es einen einfachen Grund: Professor Droom hat nämlich entdeckt, daß die Erhaltung des Tals der Spottvögel für die Wirtschaft dieser Insel unerläßlich ist, so daß wir den Plan, das betreffende Gebiet zu überfluten, auf gar keinen Fall weiter unterstützen können. Die Dokumente, zusammen mit einem unterzeichneten Geständnis Loojas, werden wir jedoch in unseren Akten verwahren, so daß sie in Zukunft, falls es sich als notwendig erweisen sollte, jederzeit verwendet werden können.»

«Derartige Dinge sollte man lieber gleich vernichten», sagte Sir Osbert, «könnten sonst in falsche Hände geraten.»

«Ja, in der Tat, höchst gefährliche Verleumdungen», bemerkte Lord Hammer.

«Sie befinden sich in meinen Händen», sagte Kingy sanft, «und sind somit gut aufgehoben, das dürfen Sie mir glauben. Aber jetzt zu etwas anderem. Ich weiß, daß die britische Regierung große Mühen und Kosten auf sich genommen hat, Vertreter der Streitkräfte und so weiter hierher zu entsenden, und ich möchte nicht das Gefühl haben, daß dieses Geld umsonst ausgegeben wurde. Nun ist für uns die Wiederentdeckung unseres Gottes ein großes Ereignis und eine Feier wert. Daher werden wir am nächsten Dienstag eine Parade veranstalten und danach eine Gartenparty hier im Palast. Ich darf doch hoffentlich damit rechnen, Sir Osbert, daß die Angehörigen der Streitkräfte an diesen Feierlichkeiten teilnehmen werden?»

«Oh, ja ... ja, natürlich», sagte Sir Osbert ein wenig benommen, «freue mich sehr, Ihnen behilflich sein zu können.»

«Ja, gewiß», sagte Lord Hammer, «alles, was wir tun können.»

«Gut», sagte Kingy, «das ist sehr freundlich von Ihnen. Wenn es Ihnen recht ist, wird sich der junge Foxglove mit Ihnen in Verbindung setzen, um letzte Absprachen zu treffen.»

«Aber gewiß doch, gewiß doch», sagte Sir Osbert, «freue mich sehr, bei einem so wichtigen Anlaß behilflich sein zu können.»

«In der Tat, ja, ganz einmalig», sagte Lord Hammer.

Peter und Audrey kehrten aus dem Tal der Spottvögel zurück, um an der Parlamentssitzung teilzunehmen, bei der Kingy die Entscheidung über den Staudamm und den Flugplatz verkünden wollte. Kingy und Hannibal hatten achtundvierzig Stunden in Klausur verbracht und zusammen Kingys Ansprache ausgearbeitet. Sie hatten sie sechsmal umgeschrieben, und um drei Uhr morgens saßen sie sich verbissen und gereizt gegenüber. Kingy lehnte sich vor und packte mit seiner großen Hand Hannibal am Arm.

«Mein lieber Freund», sagte er sanft, «knurren Sie mich nicht so an – wir bemühen uns beide, unser Bestes zu geben – Sie wissen es, und ich weiß es auch, daß dies die wichtigste Ansprache ist, die ich je halten werde, denn in ihr muß ich zum Ausdruck bringen, was ich für mein Volk und für mein Land für richtig halte. Daß Sie mir dabei helfen, so wie Sie mir immer in allen Dingen geholfen haben, ist für mich ein großes Privileg.»

Hannibal sah ihn an und lächelte.

«Für einen König sind Sie viel zu großzügig», sagte er. «Ich bin ein bissiger alter Narr. Hören Sie nicht auf mich.»

«Mein Freund, ich höre auf Sie, weil Sie mich immer gut beraten haben, weil sich Ihr Rat auf Ihre Liebe zu Zenkali stützt und auch auf eine gewisse Zuneigung zu mir – wodurch ich mich, wie ich gestehe, sehr geschmeichelt fühle.»

«Na, schön», sagte Hannibal etwas verlegen, «aber erzählen Sie das, bitte, nicht weiter. Was sollen denn die Leute denken, wenn sich herumspricht, daß ich was für 'nen farbigen Scheich übrighabe.»

Kingy warf den Kopf zurück und lachte.

«Ach, Hannibal», sagte er und wischte sich die Augen, «wenn ich Sie und die *Zenkalische Stimme* nicht hätte, um mich aufzuheitern, dann würde mich diese ewige Regiererei schrecklich anöden.»

Schließlich hatten sie die Rede fertig ausgearbeitet, und wenn auch der Aufbau weitgehend Hannibal zu verdanken war, so stammten doch die Gefühle und Meinungen, die sie beinhaltete, einzig und allein von Kingy.

Wegen des besonderen Anlasses waren alle Sitzungsteilnehmer in ihre schönsten und leuchtendsten Roben gehüllt, so daß die halbkreisförmig angeordneten Sitzreihen strahlend bunt wie eine Patchworkdecke aussahen. Kingy selbst trug eine Robe in purpurroten und gelben Farben, so fröhlich und leuchtend, daß sie die Augen blendeten. Langsam schritt er durch den Saal und verbeugte sich feierlich nach links und rechts. Er sah aus wie ein frisch geschlüpfter, in grellen Tönen aufflammender Schmetterling. Schließlich war er beim großen Thron angelangt, nahm behutsam darauf Platz und zupfte die Falten seiner Robe zurecht, damit sie gut zur Geltung kam. Dann holte er seine Brille hervor, setzte sie sich auf die Nase und ordnete sorgfältig die Notizen für seine Rede. Nach einer Weile stand er langsam auf und blieb einen Augenblick lang schweigend stehen, groß und majestätisch, und seine Gewänder hingen an ihm herab wie Siegesbanner.

«Freunde», begann er mit seiner tiefen, rollenden Stimme, «heute habe ich euch eine Mitteilung zu machen, die nicht nur außerordentlich erstaunlich ist, sondern die auch für euch alle und für die Zukunft von Zenkali allergrößte Bedeutung hat. Heute möchte ich euch sagen, daß wir auf dieser Insel inmitten von Wundern leben. Wir haben großes Glück, denn für die meisten Menschen auf dieser Welt gehören die Wunder der Vergangenheit an, und sie glauben nicht mehr so recht daran, daß es überhaupt noch welche gibt.»

Er machte eine Pause. Es war unfaßbar, wie so viele Menschen in einem so großen Raum so still sein konnten.

«Wir werden ohne den Flugplatz auskommen müssen», sagte Kingy, nahm seine Brille ab und benutzte sie wie einen Taktstock, um seine Worte zu unterstreichen, «und der Grund, warum wir ohne ihn auskommen müssen, ist, daß wir unsere Insel in ein wirtschaftliches Chaos stürzen würden, wenn wir ihn bauen würden – alle hätten darunter zu leiden, niemand würde ungeschoren davonkommen. Ich will euch erklären, wie wir diese Tatsache gerade noch rechtzeitig entdeckt haben.»

Er setzte seine Brille wieder auf, las in seinen Notizen und sah dann wieder in die Zuhörerreihen.

«Mit der Wiederentdeckung des Spottvogels haben die Fangouas ihren Gott zurückerhalten. Es kommt selten vor, daß ein Volk einen Gott wiederentdeckt, der als verschollen galt – aber hier haben wir es mit einem zweifachen Wunder zu tun, denn wir haben einen Gott, der stets unbemerkt und ohne Unterstützung wirksam funktioniert hat, wie man es von einem guten Gott erwartet, zum Wohle von ganz Zenkali, zum Wohle der Fangouas und auch zum Wohle der Ginkas. Professor Droom, den ihr alle kennt, haben wir eine atemberaubende Entdeckung zu verdanken. Ihr alle wißt, wie wichtig der Amelabaum für Zenkali ist – und wegen ihrer emsigen Tätigkeit auch die Amelamotte. Ihr wißt, daß Professor Droom daran gearbeitet hat, die Lebensgeschichte dieses wichtigen Falters zu erkunden, denn ohne ihn verlieren wir den Baum, und solange wir nicht wußten, wo die Motte ihren Brutplatz hat, war es uns unmöglich, sie in angemessener Weise zu beschützen. Dieser Platz ist nun gefunden worden.»

Wieder machte er eine Pause, damit seine Worte in die Gedanken der Anwesenden einsickern konnten.

Hannibal, der Kingy voller Respekt und Bewunderung beobachtete, merkte, wie schwer ihm diese Rede fiel. Er mußte, ohne anmaßend zu wirken, Erklärungen abgeben, er mußte sich zu einem sanften Tonfall zwingen und versuchen, das Problem so einfach und so farbig wie ein Kinderalphabet zu veranschaulichen.

«Die Heimat der Amelamotte, der Ort, an dem sie ihre Eier legt, ist einzig und allein das Tal der Spottvögel», sagte er, und als ein überraschtes Raunen durch den Saal ging, hob er seine riesige Hand, um seine Zuhörer zum Schweigen zu bringen, und fuhr dann fort: «Aber das ist noch nicht alles. Die Amelamotten ernähren sich, wenn sie sich zu Larven entwickelt haben, vom Ombubaum.»

Er nahm seine Brille ab und deutete mit ihr auf die Versammlung.

«Professor Droom hat versucht, die Larven mit vierhundertundzwanzig verschiedenen Pflanzen zu füttern», sagte Kingy, und um der Zahl Nachdruck zu verleihen, hob er beide Hände mit weit gespreizten Fingern in die Luft: «Nicht weniger als vierhundertundzwanzig verschiedene Arten Nahrung wurden ihnen angeboten, und trotzdem wurden sie krank und gingen ein. Erst als der Professor in das Tal der Spottvögel gelangte und sah, wie sich die Larven zu Hunderten von Ombubäumen ernahrten, wurde ihm die Bedeutung dieses Tales klar. Aber jetzt wird die Geschichte noch viel ungewöhnlicher.»

Kingy zog ein großes weißes Seidentaschentuch hervor und betupfte sich damit die Stirn. Dann ließ er es wie einen Fliegenwedel von seinen Fingern herabbaumeln und benutzte es dazu, seine Worte wirkungsvoll zu unterstreichen.

«Wahrscheinlich denkt ihr euch jetzt, wie könnte diese Geschichte denn noch ungewöhnlicher werden, als sie schon ist? Nun, wir alle, unser Wohlergehen und unser Glück hängen von einer Motte ab, und dieses kleine Lebewesen wiederum ist auf einen Baum angewiesen, von dem wir glaubten, daß er seit langem von unserer Insel verschwunden ist. Jetzt haben wir diesen Baum wiederentdeckt, und gleichzeitig machte Professor Droom die wundersame Entdeckung, daß der Ombubaum, um existieren zu können, wiederum von nichts geringerem abhängig ist als von dem Spottvogel – deshalb habe ich vorhin gesagt, daß wir einen Gott haben, der gut funktioniert. Wenn die Frucht und ihr Samen vom Baum fallen, werden sie von den Spottvögeln gefressen. Der Samen wird bei der Verdauung der Frucht aufgeweicht, so daß er, wenn die Vögel ihn ausscheiden, keimen kann.»

Kingy stopfte sein Taschentuch in eine Tasche, nahm seine Brille ab und blickte eine Weile in die Versammlung.

«Ist es für uns alle hier nicht heilsam, zu erkennen, daß unser Wohlergehen vor allem anderen von einer Motte abhängt?»

Bei diesen Worten streckte er seine riesige Schokoladenhand aus, die durch die Anmut seiner Bewegungen zu einer samtig schwarzen Motte wurde, deren Flügel, als er die Hand umdrehte, an ihrer Unterseite eine zarte rosa Färbung hatten.

«Zweitens von einem Baum.»

Dabei breitete er die Arme weit aus und hatte eine erstaunliche Ähnlichkeit mit einem Ombubaum.

«Und drittens», donnerte er und hob mahnend den Zeigefinger, «werdet ihr nicht von Demut erfaßt bei dem Gedanken, daß euer Schicksal von der Verdauung eines Vogels abhängt?»

Die Mitglieder der Versammlung flüsterten und tuschelten und verständigten sich durch allerlei Gesten und Zeichen.

«Wir sind also wie die Glieder einer Kette miteinander verbunden», sagte Kingy. Er hakte dabei seine Finger ineinander, um das Gesagte zu illustrieren. «Der Amelabaum, die Motte, der Ombubaum, der Spottvogel und schließlich wir. Keiner von uns kann ohne den anderen auskommen, ohne die Hilfe dieser Bäume und Tiere schwinden all unsere Hoffnungen für die Zukunft Zenkalis dahin. Wir können ohne einen Flugplatz auskommen. Aber wir können nicht ohne die Hilfe der Natur auskommen.»

Dann nahm er seine Brille ab und schritt mit ungeheurer Würde mitten durch die Versammlung aus dem Saal, in dem nun ein Tumult ausbrach und aufgeregte Diskussionen stattfanden.

Die große Parade war ein Riesenerfolg. Es begann mit folgender Schlagzeile der *Zenkalischen Stimme*: KÖNIG KRIEGT GOTT FÜR PALASTGARTEN. Diese wahrlich bemerkenswerte Mitteilung besiegelte die ganze Angelegenheit von vornherein.

Angeführt wurde der Umzug von Kingy in seinem reich verzierten Kingy-Kart, mit der Kapelle des Loamshire-Regiments vorneweg. Sie spielte die zenkalische Nationalhymne, die auf einer bekannten Melodie aus ‹*Maid of the Mountains*› basierte und von Kingy in der Badewanne geringfügig verbessert und ergänzt worden war. Den aufwühlenden Text für die einheimische Bevölkerung hatte Hannibal entworfen, und die erste Strophe lautete:

«Zenkali, Zenkali,
Du gehören uns,
Wir gehören dir,
Wir sein Zenkali,
Zenkali sein wir.»

Ihnen folgten zwei Buchläufer, die eine Fahne mit der Aufschrift «Zenkali lebe ho» trugen, was darauf zurückzuführen war, daß die Frau, die sie bestickt hatte, plötzlich und unerwartet mit einem Kind niederkam und daher die letzten zwei Buchstaben nicht mehr geschafft hatte. Danach kam in einem Glorienschein aus rosa Staub ein großer Wagen, der von sechs herrlich ausstaffierten, seidig schimmernden Buckelochsen gezogen wurde. In ihm saßen Peter und Audrey mit dem großen Käfig, in dem sie die beiden Spottvögel mit sich führten, die angesichts all der Pracht und des Pomps und der vielen Menschen, von denen Leckerbissen zu erwarten waren, derart in Verzükkung gerieten, daß sie mit lautem «Ha *ha* Ha *ha*» im Käfig auf und ab hüpften und sich gegenseitig wie von Sinnen ihre Schnäbel wetzten. Die Fangouas waren von dem Geschrei ihres wiederentdeckten Gottes ungeheuer beeindruckt. Danach kam ein weiterer, mit herrlichem Schnitzwerk verzierter Kingy-Kart, in dem der Gouverneur und Lady Emerald saßen. Zur überschäumenden Begeisterung der Menschenmenge hatte der Gouverneur seine Gala-Uniform angelegt, mit Federhut und Schwert und allem, was dazugehörte.

Ganz Zenkali bildete einen bunten Tunnel, durch den diese Prozession hindurchfuhr. Der liebliche Geruch dichtgedrängter, gründlich eingeölter und sorgfältig gekleideter Menschen war überwältigend, noch dazu in Verbindung mit dem Duft von Blumen, Zebus, Curry, Sonnenschein und einer über allem liegenden Üppigkeit; ein ambrosischer Duft, wie er einem sonst nur entgegenschlägt, wenn man ein Faß mit einem guten Wein öffnet. Durch diese Gasse aus bronzefarbenen, schokoladenbraunen, kupferglänzenden Gesichtern, die wie von einem Blitz erleuchtet waren, vorbei an glitzernden weißen Zähnen und einem wogenden Wald klatschender rosiger Handballen, zog die Prozession. Das Glück und die Freude des einfachen Volkes kannten keine Grenzen.

Dicht hinter dem Gouverneur und Lady Emerald kam ein Wagen mit sechs großen Fässern (eine Spende der Besitzerin und des Personals der «Sturmschwalben»), in die ein halbes Dutzend kleiner Ombubäume gepflanzt war –

kurz und stämmig und mit verflochtenem Zweigwerk. Sie wurden bewacht von Droom – er sah makabrer denn je aus, denn er hatte sich in einen Flanellanzug mit Nadelstreifen geworfen – und von Doktor Fellugona, der vor Freude in ein riesiges weißes Taschentuch schluchzte und die Ombubäume pausenlos streichelte, als wollte er sie beruhigen. Dann folgten, in geschmackvoller Mischung, abwechselnd glitzernde Reihen bestens gedrillter Militäreinheiten und all die Würdenträger in Kingy-Karts, Sir Osbert und Lord Hammer, die den Eindruck erweckten, als wären sie gerade mit Mühe einem Anschlag Aufständischer entkommen, Sir Lancelot und Ehrenwert Alf, die den Menschen zuwinkten und zulächelten, als stünden sie samt und sonders im Adelskalender. Danach kamen die Presseleute, die sich in einem bedauernswerten Zustand der Volltrunkenheit befanden, und das restliche Naturschutzkontingent. Der Schwede sah so verdrossen aus, wie nur ein Schwede aussehen kann, wenn er von jubelnden, Beifall klatschenden, hysterisch glücklichen Menschen umgeben ist; und der Schweizer, dessen Uhr wieder repariert war, blickte ständig mißtrauisch auf das Zifferblatt, offenbar voller Sorge, daß sie stehengeblieben sein könnte. Harp, der offenbar gemeinsam mit Jugg kräftig dem Zenkali-Nektar zugesprochen hatte, war es gelungen, eine riesige amerikanische Flagge aufzutreiben, und er lag nun in sie eingewickelt in seinem Kingy-Kart und winkte und strahlte nach allen Seiten. Es war eine heitere, fröhliche, ein wenig außer Kontrolle geratene Parade in bester tropischer Tradition. Eine unbedeutende Störung trat auf, als die Plattform, die Peter selbst entworfen und für das Fernsehteam hatte errichten lassen, von aufgeregten Zenkalis gestürmt wurde, die festgestellt hatten, daß ihnen diese zusätzliche Erhöhung einen viel besseren

Überblick über die Parade eröffnete. Und großzügig wie sie waren, teilten sie dieses Wissen all ihren Vettern und Basen in der Menge mit. Und augenblicklich erklommen an die zweihundertundfünfzig überaus erregte Zenkalis dieses doch etwas gebrechliche Bauwerk und schwärmten wie Ameisen darüber hinweg. Brewster war darüber sehr erbost und versuchte, sie abzuwehren, indem er auf die ersten Eingeborenen, die emporgeklettert kamen, mit seinem Manuskript einschlug, aber es half nichts, er wurde einfach überrollt.

«Ich bin die BBC», schrie er immer wieder, aber das machte wenig Eindruck auf die Zenkalis. Blore wurde mitsamt seiner wertvollen Kamera von der Plattform gefegt und fiel vier Meter tief in den Staub. Immer schwächer werdende Rufe wie «Ihr habt ja keine Ahnung, wie wichtig Publicity ist» und «Wir sind die BBC, nicht das ITV» blieben unbeachtet. Schließlich gab das Bauwerk, das Peter für den bequemen Aufenthalt von zwei Leuten entworfen und gebaut hatte, unter dem Gewicht einer glücklichen Menschenschar nach und stürzte mit lautem Krachen in sich zusammen. Die Zenkalis fielen natürlich weich und geschmeidig wie Aale. Da die meisten von ihnen jedoch auf Brewster landeten, war es nicht verwunderlich, daß er ein gebrochenes Schlüsselbein, zahlreiche Schrammen und ein blaues Auge davontrug.

Fangouas und Ginkas sangen, grölten, spielten auf Trommeln und Flöten und tanzten mit der geschmeidigen, federnden Eleganz, die nur dunkelhäutige Menschen aufbringen.

Allmählich erreichte die Prozession, von den Wogen der erregten Menschen begleitet, die Palasttore. Die Wachen nahmen Haltung an und präsentierten die Gewehre, als zuerst die Kapelle, dann Kingy und die übrige Gesellschaft vorbeizogen. Die Menschenmenge kam zum Stillstand, fröhlich und entzückt, lachend und applaudierend lugten die Schaulustigen durch die schmiedeeisernen Tore, und ihre Gesichter leuchteten wie ein Korb voller Auberginen.

Als sich alle in die hellen, sonnenerfüllten Gärten des Palastes ergossen hatten, steigerte sich die festliche Atmosphäre noch mehr.

Nun wurden die beiden überaus erregten Spottvögel freigelassen. Als hätte das Männchen nur darauf gewartet, trippelte es schnurstracks auf Kingy zu und hackte ihm mit seinem Schnabel ins Bein. (Am nächsten Tag brachte die *Zenkalische Stimme* die Schlagzeile: KÖNIG VON GOTT GEZWICKT.) Aber von da an war die Party ein überwältigender Erfolg. Krüge voller «Majestätsbeleidigung» wurden geleert, gewaltige Mengen von Wildbret und Wildschweinbraten, auf Platten aufgetürmt, wurden heruntergeschlungen, und dazu gab es riesige Schüsseln mit buntem Gemüse. Kingy schien überall gleichzeitig zu sein und mit jedem zu reden, und sein herzliches Lachen rollte wie freundlicher Donner über seine Gäste hinweg.

Peter und Audrey hatten plötzlich die Entdeckung gemacht, daß sie ineinander verliebt waren. Und so schwebten sie Hand in Hand durch die Menge.

«Weißt du», sagte Peter und füllte Audreys Glas zum viertenmal, «das ist genau so, als würde man über einem Riff schwimmen – man läßt sich von einer Stelle zur anderen treiben, und vor einem enthüllen sich immer neue merkwürdige Teile des Meereslebens.»

«Hm», sagte Audrey, «laß uns noch ein bißchen weiterschwimmen.»

Hand in Hand, wie durch eine Zauberkette verbunden, ließen sie sich immer weiter dahintreiben.

Sie entdeckten – eine unwahrscheinliche Kombination – Harp und Jugg, die nebeneinander in Liegestühlen lagen. Harp hatte gerade lebhaft einen Elchbullen nachzuahmen versucht, der seine Gefährtin herbeilockt, was mit viel Geheule und heftigen Vibrationen seines Adamsapfels verbunden war.

«Ja», meinte Jugg schwermütig, als die letzten sonoren Töne verklungen waren, «davon hattn wir mehre. Aber die sind alle gestorm. Heikle Dinger, diese Elche. Sterm eim direkt unner den Händn weg. Ich versuch, mich mehr auf Dinger zu konzentrieren, die nich immer gleich hopsgehn. Elefantn sind natürlich gut, bloß wenn man ma ein gesehn hat, kennt man sie praktisch schon alle, oder? Man brauch wirklich was mi'n bißchen Klasse, was die Leute anlockt, wo die sich was vorstelln könn. Aber alle Viecher, die 'n bißchen Klasse ham, sterm eim weg – verdammt zimperliche Biester, sag ich Ihn!»

«Manatis», sagte Harp. «Manatis brauchen Sie. Ich weiß noch genau, wie ich mit meiner damaligen Frau, Mamie, in Florida war und immer mit den Manatis zusammen geschwommen bin. Und Mamie, was meine damalige Frau war, sagte zu mir, Hiram, sagte sie, die sehen fast wie Menschen aus. Wenn du denen einen Bikini anziehst, sehen die genauso aus wie deine Mutter, sagte sie.»

«Und was hamse da zu ihr gesagt?» fragte Jugg verblüfft.

«Überhaupt nichts hab ich gesagt», erwiderte Harp würdevoll. «Ich hab mich scheiden lassen von ihr.»

Audrey und Peter schwebten weiter.

Sie kamen zu Ehrenwert Alf, dessen Gesicht wie eine spätsommerliche Erdbeere angelaufen war und der sich gerade abmühte, Droom eine lange, komplizierte Geschichte auseinanderzusetzen, in die nicht weniger als drei

Herzöge, ein Radscha und irgendwelche anderen Fürstlichkeiten verwickelt waren.

«Und ich sage immer, wenn man es mit den richtigen Leuten zu tun hat», plärrte er, «wird einem der Naturschutz um vieles leichter gemacht.»

«Die richtigen Leute, mit denen man sich zusammentun sollte, sind die Wissenschaftler», sagte Droom, «ohne sie seid ihr anderen doch alle hilflos.»

«Entschuldigen Sie, aber da bin ich leider anderer Meinung», sagte Ehrenwert Alf, «da kann ich ganz und gar nicht zustimmen. Wenn man nicht die Unterstützung der richtigen Klasse Menschen hat, wird alles sehr viel schwieriger.»

«Nehmen Sie nur mal meine bemerkenswerte Entdekkung hier», sagte Droom, ohne auf ihn zu hören. «Wo wäre Zenkali ohne mich? Wenn meine Arbeit an dieser ganzen Sache erst mal veröffentlicht ist, wird das in der wissenschaftlichen Welt wie eine Bombe einschlagen.»

«Ja, ja», sagte Ehrenwert Alf, «aber Sie haben nicht nur den Spottvogel und den Ombubaum gerettet, sondern auch den Amelabaum, und noch dazu haben Sie den König mit reingezogen.»

«Das hat nicht viel zu bedeuten», sagte Droom, «jetzt können sie mit den Vögeln und Bäumen von mir aus machen, was sie wollen. Was zählt, ist, daß ich diese Arbeit veröffentlichen werde und daß ich in den Augen der Wissenschaftler gerechtfertigt bin. Können Sie sich vorstellen, daß ich nur wegen eines kleinen Irrtums in meiner Arbeit über den N'goro-N'goro-Krater, der mir bei der Einschätzung der Dichte von Tsetsefliegen pro Morgen unterlief – ein Fehler, der in Wirklichkeit auf den Schwachsinn meines Assistenten zurückzuführen ist, kann ich wohl sagen – von der akademischen Welt angeprangert wurde? Aber jetzt zahle ich es ihnen zurück. Wenn meine Arbeit erst veröffentlicht ist ...»

Peter und Audrey schwebten weiter.

Als nächstes stießen sie auf den Gouverneur und Lady Emerald, die in eine völlig unverständliche Unterhaltung mit Carmen vertieft waren.

«Und isch sage», verkündete Carmen gerade, «daß isch froh bin, daß all die Vögel und Bäume geschützt worden sind, da bin isch wirklisch froh, das ist die Wahreit, Eure Exzellenzen.»

«Außergewöhnlich – von höchster Wichtigkeit – Gott und so – nur zu empfehlen – Salz der Erde –» sagte der Gouverneur.

«Und isch muß Ihnen gesteen, Eure Exzellenz, neben all diesen politischen Komplikationen hatte isch auch noch Ärger mit meinen Mädschen. Die wurden rischtig unruig, trotzdem sie an die Sache geglaubt aben. Sie wissen doch, wie das ist, das ist genauso, wie wenn Sie mit Ihrem Und nischt Gassi geen.»

«Edler Frauenleib – Rückgrat des Empire – außergewöhnlich», kommentierte der Gouverneur.

Lady Emerald versuchte, Anschluß zu finden, indem sie sich ihr Hörrohr ins Ohr steckte.

«Sie müssen viel öfter zum Essen zu uns kommen», sagte sie mit beachtenswerter Großzügigkeit. «Wir sehen Sie und Ihre reizenden Töchter viel zu selten.»

«Also», sagte Carmen, und ihr Gesicht lief vor Freude ganz rosig an, «wenn Sie wirklisch meinen, daß Sie uns im Gouverneursaus aben wollen. Also, isch werde schon aufpassen, daß meine Mädschen sisch ordentlisch benehmen und die Erren nischt belästigen.»

«Salz der Erde», sagte der Gouverneur.

Audrey und Peter ließen sich weitertreiben und nahmen

sich für unterwegs noch etwas zu trinken mit. Im Vorbeigehen hörten sie einen unmutigen Kapitän Pappas mit Lord Hammer Konversation betreiben.

«Ja», sagte Pappas, «und darum hab ich diese ganzen Papiere, die mir dieser Schweinehund Looja zum Aufheben gegeben hat. Da wußt ich noch nicht, was er vorhatte, verstehen Sie?»

«Verstehe», sagte Lord Hammer, «und was für Papiere sind das genau?»

Pappas setzte eine noch grimmigere Miene auf.

«Keine Ahnung», sagte er. «Ich lese nicht Privatpapiere von anderen Leuten. Aber jetzt ist diese Schweinehund weg von Insel, und was soll ich machen? Was sagen Sie?»

Er fixierte Lord Hammer mit seinen kleinen schwarzen Augen, und sein Gesicht drückte die reinste Unschuld aus.

«Wenn wir sie nun einmal zusammen durchsehen würden», sagte Lord Hammer vorsichtig, «vielleicht fällt uns dann etwas ein, was damit zu geschehen hat, glauben Sie nicht?»

«Ist geritzt», sagte Pappas und schenkte dem Lord ein breites, blitzendes Goldzahnlächeln von bestechender Durchtriebenheit. «Morgen bring ich Ihnen, ja?»

«Wieso kommt er zu Loojas Papieren?» flüsterte Audrey verwundert.

«Er ist ein Grieche», sagte Peter. «Das erklärt alles.»

Als nächstes stießen sie auf eine schnatternde Schar Schweizer Naturschützer, dem der Admiral einen langatmigen, leicht fehlerhaften Vortrag über die europäische Geschichte hielt.

«Und da lagen wir nun bei Jütland, und ihr Burschen ward rechts von uns», sagte er und seine Augen wurden vor Aufregung ganz feucht, «überall verteilt ...»

«Aber wir haben gar keine Marine, Sir», sagte der Schweizer in seinem Drang nach Präzision.

«Keine Marine?» sagte der Admiral entsetzt. «Das gibt es ja nicht, daß Sie keine Marine haben – jedes Land braucht eine Marine.»

«Aber die Schweiz ist ein kleines Land», erklärte der Schweizer und bildete mit den Händen eine Schale, als wollte er ein Vogelnest darstellen. «Die Schweiz ist von Land umgeben.»

«Gefährliche Sache, Land», sagte der Admiral. «Ich gebe Ihnen den guten Rat, sich da rauszuboxen.»

Audrey und Peter ließen sich weitertreiben. Kingy, dessen Gewänder in exquisiten Orchideenfarben leuchteten, strahlte Sir Lancelot an, der von der geselligen Stimmung, die rundherum herrschte, so hingerissen war, daß sich gelegentlich sogar ein verstohlenes Lächeln auf sein Gesicht schlich.

«Ich freue mich, Ihnen gute Nachrichten vom Herzog von Penzance überbringen zu können», sagte er gnädig. «Er hat mich ausdrücklich darum gebeten, Sie an ihn zu erinnern.»

«Der gute Bertram», sagte Kingy mit völlig ausdrucksloser Miene und einer honigsüßen Stimme, «er hat mir immer die Schultasche hinterhergetragen, als wir in Eton waren, wissen Sie. Aus irgendwelchen Gründen nannten ihn alle ‹Bertram-ohne-Boden› – warum, habe ich nie erfahren.»

Sir Lancelot zuckte kaum wahrnehmbar zusammen. Er umklammerte sein Glas und starrte in die Runde.

«Ich bin ja so froh, daß wir dieses ganze Problem so zufriedenstellend gelöst haben», sagte er.

«Im allgemeinen regeln wir in Zenkali unsere Angelegenheiten immer selbst und zur Zufriedenheit der Inselbewohner», sagte Kingy. «Aber wenn ich mir diese Bemerkung erlauben darf, Sir Lancelot: Sie waren in meinen Augen die ganze Zeit hindurch konstruktiv und sympathisch.»

«Danke, vielen Dank», sagte Sir Lancelot und wurde vor Freude ganz rot im Gesicht, «ich bin froh, daß Sie das sagen, Euer Majestät. Wir Naturschützer müssen meist auf die eine oder andere Art eine gehörige Portion Prügel einstecken. Es ist sehr schwierig, den Leuten verständlich zu machen, daß wir uns in Wirklichkeit nur bemühen, in ihrer aller Interesse zu handeln. Die Leute glauben immer, daß wir nichts sind als übertriebene Tiernarren, denen die Tiere wichtiger sind als die Menschen. Das ist ganz und gar nicht der Fall, denn wenn wir die Natur schützen, die Welt schützen, dann tun wir das zum Schutz der Menschen.»

«Da bin ich völlig Ihrer Meinung», sagte Kingy, «und ich glaube, was hier bei uns passiert ist, gibt Ihren Worten recht. Wenn wir den biologischen Aufbau unserer Insel nicht begriffen hätten, dann hätten wir wahrscheinlich unsere wirtschaftliche Basis zerstört und uns selbst den Boden unter den Füßen weggezogen.»

«So ist es», bestätigte Sir Lancelot. «Die Situation hier bei Ihnen stellt den Mikrokosmos dessen dar, was heute überall in der Welt vor sich geht, in den meisten Fällen jedoch mit weit weniger glücklichem Ausgang.»

«Wir haben das große Glück, daß wir auf Zenkali die Macht besitzen, wichtige Entscheidungen selbst zu treffen», sagte Kingy und zwinkerte mit den Augen. «Ich hatte schon immer das Gefühl, daß die Macht in vielen Teilen der Welt viel zu breit gestreut ist, um wirksam zu sein. Auf ihre Weise ist Demokratie schön und gut, aber gelegentlich läßt sich mit ein bißchen gutartiger Diktatur vielleicht mehr erreichen.»

«Kann sein», sagte Sir Lancelot nicht ganz überzeugt.

«Und hier», rief Kingy, «haben wir das glückliche Paar, dem wir all das zu verdanken haben.»

Er legte Peter und Audrey die Arme um die Schultern.

«Audrey, meine Liebe, heute abend strahlen Sie aber übers ganze Gesicht», sagte er. «Könnte das vielleicht darauf zurückzuführen sein, daß Sie beschlossen haben, aus Foxglove einen ordentlichen Mann zu machen?»

«Ja», sagte Audrey lächelnd. «Ich bin zu dem Schluß gekommen, daß er nichts dringender braucht als ein ständig nörgelndes Weib.»

«Er sollte es als Privileg betrachten, wenn jemand an ihm herumnörgelt, der so schön ist wie Sie», sagte Kingy galant. «Und ich darf Ihnen auch ein Geheimnis verraten: Wenn die Ehe und alles besiegelt ist, wird Ihnen eine sehr dankbare Insel eine Amela-Plantage zum Hochzeitsgeschenk machen.»

«Ach, Kingy, Sie sind wirklich ein Schatz», rief Audrey, «das ist sehr großzügig von Ihnen.»

«Nein, nicht großzügig, sondern vorausschauend», sagte Kingy, «denn ich hoffe natürlich, daß Sie Zenkali dann auch ganz bestimmt zu Ihrer Heimat machen.»

«Würden Sie es als Majestätsbeleidigung betrachten, wenn ich Ihnen einen Kuß gäbe?» fragte Audrey.

«Es würde eine Majestätsbeleidigung sein, wenn Sie es nicht täten», erwiderte Kingy.

«Komm, Peter, das müssen wir unbedingt Daddy erzählen», sagte Audrey.

«Ja, und sagen Sie Ihrem Vater, daß ich ihn, wenn er noch mal einen solchen Unfug über mich schreibt, von der Insel jage. ‹König hat Gott im Garten› – wirklich. So was kann einen König den guten Ruf kosten», sagte Kingy.

Sie fanden Hannibal und Reverend Longnecker, die gemeinsam in Kingys großer Hängematte schaukelten, unter den riesigen Bougainvillea-Bäumen, in denen es vor Insekten sirrte und schwirrte. Neben ihnen im Gras lag Simon Damien.

«Wir haben Neuigkeiten für dich, gestrenger Vater», sagte Audrey. «Unser prächtiger König schenkt Peter und mir eine Amela-Plantage.»

«Eine Amela-Plantage? Tatsächlich?» sagte Simon. «Ich werde doch wohl keine Tochter mein eigen nennen müssen, die über ihren alten Vater Scham und Schande bringt, indem sie direkt vor seiner Nase auf einer Amela-Plantage in Sünde lebt.»

«Wer sagt denn was von In-Sünde-Leben?» fragte Audrey.

«Willst du etwa sagen, daß eine Tochter von mir die Dummheit besitzt, diesem unreifen Knaben da zu erlauben, mit ihr in den Ehestand einzutreten? Maria, heilige Mutter Gottes, das ist ja fast noch schlimmer als in Sünde zu leben.»

«Ich war schon immer für ein bißchen Sünde», sagte die Rev. «Schließlich, wenn es auf der Welt keine Sünde gäbe, hätte ich ja gar nichts zu tun. Aber ich hoffe doch, daß ihr beide es ernst meint. Darf ich die Trauung übernehmen?»

«Wo sonst sollten sie ihre Bande knüpfen?» fragte Hannibal. «Ich schätze, daß ich damit nicht nur das einzige Mädchen verliere, das ich je wirklich geliebt habe, sondern daß ich Sie, Peter, nun auch noch die nächsten neunzig Jahre als Assistent am Hals haben werde.»

«So Gott will», lachte Peter.

«Na schön», sagte Hannibal. «Nachdem sich diese ganze lächerliche Aufregung, die Sie uns eingebrockt haben, ein bißchen gelegt hat, werden Sie wohl etwas mehr Zeit für mich haben, falls dieses bedauernswerte Mädchen Sie in Ruhe läßt. Und ich hab auch schon eine Aufgabe für Sie. Ich trage mich mit dem Gedanken, eine neue, auf den neuesten Stand gebrachte Ausgabe meines Buches herauszubringen.»

«Was für ein Buch?» fragte Peter.

«‹Zenkali, ein fragmentarischer Führer für den zufälligen Besucher›», sagte Hannibal.

«Haben *Sie* das etwa geschrieben?» fragte Peter erstaunt.

«Wer hätte wohl sonst auf dieser zurückgebliebenen Insel die Bildung und die enorme Sicherheit im Umgang mit der Sprache aufzuweisen, um ein derart gigantisches literarisches Werk hervorzubringen?» fragte Hannibal.

«Wollen Sie es wirklich überarbeiten?» fragte Peter.

«Ja», sagte Hannibal. «Wenn Sie mir dabei helfen.»

«Selbstverständlich. Aber Sie werden wohl nichts dagegen haben, daß wir erst nach unseren Flitterwochen damit anfangen?»

«Flitterwochen? Sie haben das Mädchen ja noch nicht mal geheiratet», sagte Hannibal.

«Also, wir haben beschlossen, daß wir es andersrum machen», sagte Audrey entschuldigend. «Erst die Flitterwochen, dann die Hochzeit.»

«Heiliger Apostel Paulus und Genossen, daß ich das erleben muß! Eine Tochter von mir stellt sich hin und posaunt ihre Sünden in alle Welt hinaus», stöhnte Simon und schlug sich vor die Stirn. «Nur weil meine eigene Seele so rein ist, kann ich das Unreine ertragen.»

«Und wo gedenken Sie dieses merkwürdige voreheliche Stelldichein auszutragen, wenn ich fragen darf?» erkundigte sich Hannibal.

«Ich weiß, ich weiß es», schrie die Rev und sprang aus ihrer Hängematte. «Da gibt es doch nur einen einzigen Ort, wo sie hingehen können, verdammt und zugenäht: das Tal.»

Epilog

«Kannst du nicht ein bißchen näherrücken?» fragte er.

«Das geht nicht, Peter», sagte sie. «Nun hast du uns beide schon in einen Schlafsack gequetscht, der für einen gemacht ist, und bist immer noch nicht zufrieden. Wie nah willst du denn noch kommen?»

«Ganz nah», sagte er genügsam.

Der Mond erhellte die merkwürdigen, dicken, verflochtenen Formen der Ombubäume ringsum, und in den Büschen flimmerten Glühwürmchen.

«Wann ist dir zum erstenmal klar geworden, daß du mich liebst?» fragte Peter, der beschlossen hatte, nur über banale Dinge zu reden.

«Als ich dich zum erstenmal sah», sagte Audrey überrascht. «Warum?»

Peter stützte sich vorsichtig auf einem Ellbogen über sie und starrte in ihr Gesicht.

«Als du mich zum erstenmal gesehen hast?» fragte er verwundert. «Was willst du damit sagen – als du mich zum erstenmal gesehen hast?»

«An dem Morgen, als du in Hannibals Haus kamst. Du sahst so hinreißend aus – wie – wie ein verlorengegangenes Hündchen.»

«Danke», sagte Peter kühl. «Das ist wohl das Romantischste, was ich je gehört habe.»

«Aber ich meine doch: wie ein *nettes* Hündchen», protestierte Audrey. «Wie die in den Schaufenstern von

Tierhandlungen, diese kleinen, süßen Dinger, denen man nicht widerstehen kann.»

«Verstehe. Wolleweich und kuschlig.»

«Ja, und irgendwie so tapsig und hilflos. Weißt du, die machen ihr Pipi auf den Fußboden und kauen auf deinen Pantoffeln herum, aber irgendwie stört einen das nicht.»

«Habe ich in deiner Gegenwart je den Wunsch geäußert, mein Pipi auf den Fußboden zu machen?» fragte Peter interessiert. «Oder habe ich etwa irgendwelches Schuhwerk von dir zerkaut?»

«Du weißt ganz genau, was ich meine», sagte Audrey, «also frag nicht so dumm.»

Es entstand eine Pause.

«Weißt du, was mit diesen lieben, kleinen Tierchen passiert, wenn du sie kaufst?» fragte Peter.

«Was denn?»

«Sie wachsen zu Wölfen heran.»

«Ich wollte schon immer gern mal einen Wolf», sagte Audrey verträumt.

«Also, ich hab mich jedenfalls nicht sofort in dich verliebt», sagte Peter selbstgefällig. «Ich gebe allerdings zu, daß ich dich ganz attraktiv fand.»

«Ach, was du nicht sagst. Wenn du dieses Anstarren mit der unzüchtigen Lüsternheit eines italienischen Halbstarken, der gerade in die Pubertät gekommen ist, als ‹attraktiv finden› bezeichnest, dann hast du vielleicht recht», sagte Audrey.

«Na hör mal», protestierte Peter aufgebracht, «ich habe dich doch nicht mit unzüchtiger Lüsternheit angesehen.»

«Hast du doch. Mit deinem allerersten Blick hast du mich nicht nur ausgezogen, sondern auch gleich ins Bett befördert», sagte Audrey. «Das war ein unheimlich nettes Gefühl.»

«Da kann ich dir nicht zustimmen», widersprach Peter streng. «In meinem ganzen Leben habe ich noch keine Frau so angesehen.»

«Das dachte ich mir», sagte Audrey. «Darum hat es mir ja auch so gut gefallen.»

«Ich habe nicht die Absicht, unseren ersten Streit in einem Schlafsack auszutragen», sagte Peter. «In einem Schlafsack ist nicht genügend Platz, um sich richtig streiten zu können. Man kann nicht so richtig herumfuchteln.»

«In einem Schlafsack ist für so gut wie gar nichts Platz», klagte Audrey.

«O doch, das ist es», sagte Peter. «Ich werde es dir zeigen.»

Dann war es lange Zeit still, bis auf leise Laute der Befriedigung.

«Mein einziger, mein ganz persönlicher Wolf», sagte Audrey schließlich.

«Noch dazu einer, der in derart beengten Verhältnissen, wie du zugeben wirst, ganz schön beweglich ist», sagte Peter.

«Erstaunlich beweglich», stimmte Audrey zu.

Der Mond zog langsam seine Bahn und brachte Leben in die Ombubäume. Sie schienen sich zu bewegen und ihren Standort zu wechseln. Es war, als hockten sie sich verschwörerisch zusammen. Die Glühwürmchen erhellten wie winzige Laternenträger ihre kleine Welt mit grünen Lichtpulsen. In der unermeßlichen Weite des Himmels glitzerten die Sterne wie von der Sonne berührte Eiszapfen, und aus dem Ringelblumengelb des Mondes wurde langsam ein pilziges Weiß. Aus den Tiefen der

Ombubäume erhob sich eine Stimme, verschlafen wie der erste Hahnenschrei.

«Ha *ha*», rief sie, «ha *ha*?»

Sanft und fragend.

Und eine andere Stimme rief, wie zur Beruhigung: «Ha *ha* Ha *ha*.»

Und dann tönte es in einem klagenden, süßen Wirbel von überall her aus den Schatten der Bäume: «Ha *ha* ... Ha *ha* ... Ha *ha*.»

«Hörst du das?» fragte Peter. «Weißt du, was das ist?»

«Was denn?» fragte sie.

«Das sind die Spottvögel», sagte Peter. «Du weißt doch – wer zuletzt lacht ...»

Nachwort

Für diejenigen Leser, die es interessiert, möchte ich zum Schluß noch erwähnen, daß dieses Buch zwar in einem heiteren Ton gehalten ist, daß aber die Dinge, die darin zur Sprache kommen, in allen Teilen der Welt geschehen sind und noch heute geschehen.

Für den Fall, daß irgend jemand die Verbindung zwischen dem Amelabaum, dem Ombubaum, dem Spottvogel und der Amelamotte für übertrieben halten sollte, darf ich vielleicht darauf hinweisen, daß es in der Natur viele solcher komplizierten Verbindungen gibt. Eine besonders schöne, die erst vor wenigen Jahren entdeckt wurde, möchte ich kurz erwähnen. Es handelt sich um einen Vogel mit dem Namen Oropendola, der in Südamerika lebt und lange, herabhängende, korbartige Nester in den Bäumen baut. In manchen Gegenden gibt es eine ganz bestimmte Fliege, die in seine Nester kriecht und ihre Eier auf den Oropendola-Jungen ablegt. Diese Eier entwickeln sich dann zu Maden, die die Jungen verzehren. Gleichzeitig kommt in diesen Gegenden jedoch eine Wespe vor, die sich wiederum von der Fliege, von ihren Eiern und Maden ernährt, die Vogeljungen also von diesen todbringenden Parasiten befreit. Den Oropendolas scheint irgendwie bewußt zu sein, daß die Wespe ihren Nachkommen nützlich ist, denn sie gewähren ihr Zugang zu ihren Nestern und lassen sie ihre Küken «putzen».

Die Geschichte von der Wiederentdeckung des Spottvogels geht auf ein Ereignis zurück, das sich vor einigen Jahren in Neuseeland zugetragen hat. Dort wurde in einem abgelegenen Tal – in dem ich zu meiner Freude einige Zeit verbringen durfte – die Takahe oder Notornis wiederentdeckt, ein Vogel, den man schon lange für ausgestorben gehalten hatte. Daher besteht durchaus die Hoffnung, daß wir selbst heute noch, während wir mit der einen Hand zerstören, mit der anderen einen Bestand kleiner Dinosaurier entdecken können, die sich irgendwo in einem Sumpf verborgen halten.

Die Menschen, die in diesem Buch vorkommen, sind zwar frei erfunden, aber natürlich auch eine Mischung von Charakteren, denen ich überall auf meinen Reisen begegnet bin. Die Bösewichter im Buch sind den Bösewichtern, von denen ich einige kennengelernt habe, nachgebildet. Sollten Sie sich etwa in ihnen wiedererkennen, so hoffe ich, daß Sie dies zum Anlaß nehmen werden, einmal über sich selbst nachzudenken.

Und schließlich darf ich vielleicht noch folgendes sagen: Wenn Sie an dem Buch Spaß gehabt haben und wenn Sie sich darüber im klaren sind, daß der Welt und ihrer Natur ständig und rücksichtslos durch das, was wir Fortschritt nennen, schwere Verluste zugefügt werden, möchte ich Sie fragen, ob Sie nicht Lust haben, uns bei unserer Arbeit am *Jersey Wildlife Preservation Trust* zu helfen. Wir haben es uns zur Aufgabe gemacht, hier bei uns Kolonien fast ausgestorbener Arten einzurichten, sie vor dem Untergang zu retten und Menschen aus allen Teilen der Welt darin zu unterrichten, wie sie in Gefangenschaft aufgezogen werden können, um diesen Tieren zu helfen, die durch unsere gedankenlose Raubgier davon gefährdet sind, in Vergessenheit zu geraten. Die Mitgliedsbeiträge, die unsere Gesellschaft erhebt, sind bescheiden, aber bei unseren Bemühungen, den vom Aussterben bedrohten Arten zu helfen, ist uns jede noch so kleine Unterstützung willkommen. Wir bitten im Namen all dieser Pflanzen und Tiere, weil sie nicht für sich selbst sprechen können. Und schließlich ist es auch Ihre Welt, die Sie erhalten helfen. Wenn Sie an eine unserer Geschäftsstellen schreiben, werden wir Ihnen gern weitere Informationen zusenden und Sie als neues Mitglied begrüßen.

Auf dieser Welt gibt es viele Spottvögel und Ombubäume, die für Ihre Unterstützung sehr dankbar sein werden. Tatsache ist, daß sie ohne sie nicht existieren können.

Jersey Wildlife Preservation Trust
Les Augres Manor
Trinity
Jersey JE3 5BP
Channel Islands

Wildlife Preservation Trust International
3400 West Girard Avenue
Philadelphia
Pennsylvania 19104
USA

Wildlife Preservation Trust Canada
56 The Esplanade
Suite 205, Toronto
Ontario
Canada M5E 1A7

Das Fest der Tiere

Die Geschichte
meines Zoos

Deutsch von
Hans Heinrich Wellmann

Dieses Buch
ist Thomas Lovejoy gewidmet,
dessen Hilfe, Humor und harter Arbeit
wir viel verdanken

Inhalt

Vorwort von H. R. H.
The Princess Royal

Meine Verbindung mit dem Jersey Wildlife Preservation Trust begann, und ich bin sicherlich kein Einzelfall, in einem Eisenbahnzug mit einem Buch, das dessen Gründer Gerald Durrell geschrieben hat. Wie kaum ein anderer Autor hat er die Begabung, spontane Ausbrüche von Heiterkeit hervorzurufen, eine Heiterkeit, die den Leser selbst genauso überrascht wie seinen arglosen Reisegefährten. Das kann durchaus zu peinlichen Situationen führen.

Inzwischen ist mir klar, daß Mr. Durrell seine eigene Form von Anthropomorphismus verwendet, um eine Beziehung – und damit notwendigerweise eine Bindung – zwischen seinem Leser und anderen Tierarten zu schaffen. Diese einzigartige Gabe nutzt er, um ein größeres Publikum zu erreichen – eine Taktik, die er mit großem Erfolg auch auf andere Weise einsetzt.

Ich habe den J. W. P. T. bereits mehrere Male besucht, und obwohl jeder dieser Besuche auf seine Weise denkwürdig war, ist keiner so bedeutend gewesen wie der zum 21. Jahrestag des Trusts – zugleich der 25. Jahrestag des Zoos –, bei dem ich gebeten wurde, das International Training Centre for the Conservation and Captive Breeding of Endangered Species zu eröffnen.

Wie Sie lesen werden, erstreckt sich der Einfluß des Trusts über die Absolventen dieses Ausbildungszentrums auf den ganzen Erdball – ein Wirkungskreis, der in keinem Verhältnis zu dem bescheidenen Hauptquartier auf den Kanalinseln steht.

Ich glaube, daß es uns allen als Hütern der lebenden Welt, die wir geerbt haben, aufgetragen ist, dieses kostbare Erbe an die nächste Generation weiterzureichen. Um das jedoch zu tun, müssen wir begreifen, warum es notwendig ist und wie wir es tun können. Eine der interessantesten Entwicklungen ist der Erkenntnis zu verdanken, daß Aufzucht in Gefangenschaft eine

Möglichkeit bietet, unser Wissen zu erweitern. Ich spreche davon, daß das Zuchtzentrum im wachsenden Maße der Öffentlichkeit zugänglich gemacht und für pädagogische Zwecke genutzt wird.

Ich freue mich, daß der Princess Royal Pavilion in Jersey eine solche Gelegenheit bietet. Die mehr als 350000 Menschen, die jedes Jahr den Zoo besuchen, können so die Philosophie des Trusts kennenlernen, die seine Arbeit bestimmt. Von gleicher Bedeutung ist der erste Zoo Educator's Course, der Tierpflegern aus Entwicklungsländern zeigen wird, wie gutgeführte Zoos dazu benutzt werden können, eine breite Öffentlichkeit mit den Prinzipien des Naturschutzes bekannt zu machen. Wieder einmal scheinen Gerald Durrell und seine Mitarbeiter einen Weg gefunden zu haben, ein internationales Publikum von kaum schätzbarer Größe zu erreichen.

Daß ein einzelner oder eine Organisation nicht alles allein schaffen kann, ist eine Binsenweisheit. Doch wenn jeder einzelne und jede Organisation im biologischen Bereich soviel wie Gerald Durrell und sein Trust täten, um die brüchig gewordene Ökologie unseres Planeten wenigstens teilweise wieder zusammenzuflicken, dann gäbe es vielleicht weniger schwache Stellen in den natürlichen Abwehrkräften, als es heute der Fall ist.

Alle Bücher Gerald Durrells sind es wert, gelesen zu werden. *Das Fest der Tiere* bildet keine Ausnahme und wird, wie ich hoffe, dazu beitragen, mehr Menschen davon zu überzeugen, daß dort, wo ein Wille ist und der Weg gut überlegt ist, das Unmögliche möglich wird und selbst Wunder nicht mehr so lange brauchen.

Anne

Anmerkung des Autors

Die meisten Autoren klagen darüber, daß sie zuwenig Stoff haben. In diesem Buch klage ich darüber, daß ich zuviel habe, denn aus Platzgründen habe ich mich gezwungen gesehen, viel von dem wegzulassen, was ich gern aufgenommen hätte. Doch das bestätigt nur die alte Weisheit, daß man nicht versuchen sollte, das Unmögliche möglich zu machen.

Während der Trust gewachsen und gediehen ist und mittlerweile Schwesterorganisationen sowohl in den Vereinigten Staaten als auch in Kanada hat, haben wir das Wort «Trust» immer stärker als umfassenden Begriff verwendet, da unsere Arbeit, unsere Ziele und Hoffnungen dieselben sind, auch wenn Meere und riesige Entfernungen dazwischenliegen. Wenn ich daher das Wort «Trust» in diesem Buch benutze, bezieht es sich nicht nur auf die Arbeit in Jersey, sondern auch auf die in den USA und in Kanada.

Ein Wort zum Geleit

Ich glaube nicht, daß viele Leute imstande sind, im Alter von sechs Jahren ihre Zukunft genau vorauszusagen. Doch als ich in diesem Alter war, besaß ich Selbstvertrauen genug, meiner Mutter mitzuteilen, ich wolle später meinen eigenen Zoo haben und außerdem, wie ich großherzig hinzufügte, sie in einem Häuschen auf dem Gelände unterbringen. Wäre meine Mutter eine amerikanische Mutter gewesen, so hätte sie mich wahrscheinlich unverzüglich zum nächsten Psychiater geschickt; da sie jedoch ziemlich phlegmatisch war, erwiderte sie nur, das wäre reizend, und vergaß die ganze Geschichte sofort wieder. Sie hätte jedoch gewarnt sein sollen, denn schon im Alter von zwei Jahren hatte ich begonnen, Zündholzschachteln und meine Taschen mit den unterschiedlichsten Exemplaren der kleineren Fauna vollzustopfen, die mir über den Weg liefen; die Entwicklung von einer Zündholzschachtel zu einem Zoo wäre also vorauszusehen gewesen. Ich freue mich jedoch, daß ich, bevor sie starb, tatsächlich mein Versprechen einlösen und sie zu mir in meinen Zoo holen konnte, wo sie nicht in einem Häuschen, sondern in einem Herrenhaus wohnte.

Wenn man aus den Fenstern meiner im ersten Stock gelegenen Wohnung in Les Augres Manor blickt, geschieht etwas Unvermitteltes, was jeden Psychiater nachdenklich stimmen würde. Am Wohnzimmerfenster bleibt man zum Beispiel manchmal – während man gerade seinem Gast einen Pink Gin nachschenkt – plötzlich wie erstarrt stehen, schaut atemlos zu, wie die Przewalskipferde auf ihrer Koppel eine Art Derby veranstalten, und fragt sich, welches der muskulösen, rosabraunen Tiere gewinnen wird. Inzwischen wartet der Besucher, ohne Erklärung für die plötzliche Bewegungslosigkeit seines Gastgebers, vergeblich darauf, daß sein Durst gestillt wird.

Im Speisezimmer kann es noch schlimmer kommen. So geschieht es, daß man mitten beim Tranchieren das Messer ruhen läßt, weil der schweifende Blick durchs Fenster auf die Kronenkraniche fiel, die ihren Hochzeitstanz tanzen. Sie verrenken ihre schlaksigen Beine in höchst unanatomischer Weise, während sie wie unbegabte und schlampig gekleidete Ballettänzer ihre Pirouetten drehen, hoch in die Luft springen, als Zeichen ihrer Liebe geschickt mit Zweigen jonglieren und laute, krächzende, wie eine Autohupe klingende Schreie ausstoßen.

Der Anstand verbietet mir, zu berichten, was man aus dem Badezimmerfenster sehen kann, wenn die Servalkatzen brünstig sind, sich das Herz aus dem Leibe jaulen und vor Liebe und Lust schreien. Doch schlimmer – viel schlimmer – wird es in der Küche, wenn man den Blick vom Herd nach draußen schweifen läßt. Er fällt auf einen großen Käfig mit Schopfmakaken, schwarz und schimmernd wie Kohle, mit leuchtend rosaroten Hinterteilen, die genauso geformt sind wie die Herzen auf den Valentinskarten. Sie frönen einer Orgie, die selbst die fortschrittlichsten Römer doch als extravagant und obszön empfunden hätten. Eine genaue Betrachtung dieses Schauspiels kann zu einer Katastrophe führen, wie es mir einmal passierte, als ich dabei ein Mittagessen für acht Gäste anbrennen ließ, die gerade eintrafen. Ich entdeckte bei dieser Gelegenheit, daß selbst uralte Freunde nicht begeistert auf gekochte Eier reagieren, wenn sie in Erwartung eines fünfgängigen Gourmetmahles schon begonnen haben, ihre Magensäfte abzusondern.

Es kann sogar noch schlimmer kommen. Eines Morgens bewirtete ich einen Kreis uralter und zittriger Naturschützer, alle in den Achtzigern.

Während sie ungeniert meinem süßen Sherry zusprachen, wollte ich gerade den Vorschlag machen (solange sie ihren Verstand noch einigermaßen beisammen hatten), uns draußen die Tiere anzuschauen, als ich aus dem Fenster blickte und zu meinem Entsetzen Giles, unseren größten, am stärksten behaarten und potentiell äußerst gefährlichen Orang-Utan, durch die Frühlingsblumen des Vorgartens latschen sah. Er sah aus wie ein riesiger wandelnder Kaminvorleger aus orangeroten und blonden Haaren, und er hatte jenen weit ausholenden, schlingernden

Gang, der als Vorrecht von Seeleuten gilt, die viele Jahre auf dem Meer und ebenso viele Jahre damit verbracht haben, sich Rum hinter die Binde zu gießen. Ich saß in der Falle, und in der nächsten Stunde blieb mir nichts anderes übrig, als meine geriatrischen Bekannten mit mehr und mehr Sherry zu traktieren, während sie mehr und mehr seiner Wirkung erlagen. Schließlich erreichte mich die glückliche Nachricht, daß Giles wieder eingefangen und in sein rechtmäßiges Quartier zurückgebracht worden war, und ich konnte mich endlich von meinen inzwischen äußerst fröhlichen Naturschützern verabschieden. Aber bei der Vorstellung, was hätte geschehen können, wenn ich sie (zudem unter dem Einfluß des Dämons Alkohol) genau in dem Augenblick zur Tür hinausgeführt hätte, als Giles durch den Vorgarten trottete, lief es mir eiskalt den Rücken hinunter.

Aber warum gerade einen Zoo? – fragen mich verzweifelt Verwandte und Freunde, warum nicht eine Keksfabrik oder eine Gärtnerei oder einen Bauernhof oder sonst irgend etwas Ordentliches und Anständiges?

Die Antwort lautet zunächst, daß ich nie ordentlich und anständig sein wollte; ich konnte mir nichts Langweiligeres vorstellen. Zweitens war ich nicht der Meinung, daß der Wunsch nach einem eigenen Zoo so außergewöhnlich ist, daß er denen, die einem am teuersten und liebsten sind, das Recht gibt, einen anzusehen, als sei man reif für die Klapsmühle. Für mich war die Sache ganz einfach. Ich interessierte mich brennend für alle Geschöpfe, die mit mir auf diesem Planeten leben, und wollte sie in meiner Nähe haben, damit ich sie beobachten und etwas über sie und von ihnen lernen konnte. Was lag also näher, als meinen eigenen Zoo zu gründen?

In jenen glücklichen Tagen hatte ich natürlich keine Vorstellung davon, wieviel Geld und harte Arbeit ein solches Vorhaben erfordert, bevor der Traum Wirklichkeit wird, noch wußte ich, welche Bedeutung Zoos haben und was sie idealerweise darstellen sollten. Egoistisch, wie ich war, sah ich in einem Zoo nur eine große Schar von Tieren, die zu meiner persönlichen Erbauung an einem Fleck versammelt waren. Doch als ich älter wurde und mein Ziel nicht mehr in ferner Zukunft lag, arbeitete ich in Zoos und sammelte für sie in allen Teilen der Welt Tiere, und ich begann, sie in einem etwas anderen, kritischeren Licht zu sehen.

Was ich im Sinn hatte, war ein fast völlig neues Konzept, was den Zweck eines zoologischen Gartens betraf. Er sollte vor allem als Instrument der gesamten Naturschutzbewegung dienen, indem er lebensfähige Brutkolonien für jene gefährdeten Arten schuf, deren Zahl so drastisch gefallen war, daß sie nicht mehr mit den Gefahren des Lebens in der Wildnis zurechtkamen. Dies jedoch nicht (wie einige Naturschützer es mißverstanden), um die Tiere ihr Leben lang in Gefangenschaft zu halten. Die Idee war, die im Zoo gehaltenen Kolonien vor dem Aussterben zu bewahren, während zugleich alle Anstrengungen unternommen wurden, die Wildhabitate und freilebenden Populationen der betroffenen Arten zu restaurieren und die in der Gefangenschaft aufgezogenen Tiere freizulassen, wenn ihre Lebensräume wieder sicher waren. Das, so schien mir, war die vordringliche *raison d'être* eines Zoos.

Zweitens sollte ein Zoo seinen Teil dazu beitragen, Brutkolonien der entsprechenden Arten in ihren ursprünglichen Ländern zu errichten und Leute aus diesen Ländern in der Aufzucht gefangener Tiere und in den Methoden zu unterweisen, sie wieder auszusetzen.

Drittens sollte ein Zoo Studien fördern, um mehr über die Tiere selbst, sowohl in der Wildnis als auch in der Gefangenschaft, zu erfahren und durch diese Kenntnisse bessere und schnellere Wege zu finden, ihr Verschwinden aus dieser Welt zu verhindern.

Nicht zuletzt sollte ein Zoo Aufklärungsarbeit zum Schutz der Umwelt leisten, sowohl in dem Land, in dem er sich befindet, als auch in dem Land, aus dem die gefährdeten Arten stammen, und allgemein dort, wo eine solche Aufklärung am dringendsten erforderlich ist.

Zu meiner Bestürzung mußte ich feststellen, daß viele Zoos miserabel waren. Sie waren miserabel, weil sie keinen rechten Zweck hatten und nur als Sehenswürdigkeit betrieben wurden. Ihr einziger Zweck bestand darin, mit Tieren als «Kassenmagneten» möglichst hohe Gewinne zu erzielen. Die Tiere wurden zumeist schlecht ernährt und in schlechten Käfigen gehalten. Und wenn es überhaupt welche gab, dann waren die Zuchtergebnisse erbärmlich und mehr dem Zufall als einem erkennbaren Plan zu verdanken. Die ungeheure Bandbreite der verschiedenen Arten, über die praktisch nichts bekannt war, wurde wissenschaftlich kaum erforscht, und die Versuche, die Zoobesucher zu informieren, waren bestenfalls rührend.

Ich habe an anderer Stelle (in *The Stationary Ark*) geschrieben, Florence Nightingale habe, als sie mit dem entsetzlichen Zustand der Krankenhäuser in jenen Tagen konfrontiert wurde, nicht vorgeschlagen, sie alle zu schließen. Sie wußte, daß sie von eminenter Bedeutung waren, und schlug deshalb vor, sie zu *verbessern*. Ich will mich keineswegs mit dieser großen Frau vergleichen, aber die Situation der Zoos war (und ist) die gleiche. Ich gelangte zu der Überzeugung, daß sie an ihrem schlechten Ruf – als Institutionen – selbst schuld waren. Zoos könnten, so glaubte ich, eine wichtige Rolle spielen, wenn sie richtig geführt würden – als hervorragende Einrichtungen für die wissenschaftliche Forschung und Ausbildung, doch in unserer Zeit vor allem als Zentren für die Aufzucht von Tieren in der Gefangenschaft, um so dazu beizutragen, die gefährdeten Arten zu retten.

Ich wollte also, ganz einfach, einen Zoo nach diesen Prinzipien führen – Prinzipien, denen, wie ich glaubte, jeder Zoo folgen sollte. Ich war mir keineswegs sicher, ob das funktionieren würde, aber schließlich wußten die Brüder Wright auch nicht, ob sie fliegen könnten, bevor sie sich in die Luft begaben. So haben wir es versucht, und jetzt – Jahre später, nach harter Arbeit und vielen Fehlern – haben wir bewiesen, daß es funktionieren kann. Deswegen heißt dieses Buch *Das Fest der Tiere*, denn wir haben vor kurzem unseren fünfundzwanzigsten Geburtstag gefeiert. Und dies ist die Geschichte von einigen der vielen Dinge, die wir in den Jahren unseres Erwachsenwerdens erlebt haben.

Les Augres Manor

Mit einundzwanzig Jahren erbte ich 3000 Pfund Sterling, eine fürstliche Summe, aber nicht genug, um einen Zoo zu gründen. So entschloß ich mich, Tierfänger *für* Zoos zu werden. Es war eine kurze Karriere, denn ich entdeckte, daß die meisten Händler die Gewohnheit hatten, einen Käfig, der für ein Exemplar gedacht war, mit zwanzig Tieren vollzustopfen, um für die Überlebenden einen höheren Preis zu verlangen. Wenn alle überlebten, schön und gut. Ich konnte mich auf diese Art von Sklavenhandel nicht einlassen; deshalb waren meine Käfige geräumig und meine Tiere gut versorgt. Und deshalb verlor ich all mein Geld. Dennoch erwies sich die Erfahrung als unbezahlbar. Ich lernte dadurch viel über die Haltung von Tieren in den Tropen, über ihre Krankheiten und Marotten. Ich lernte vor allem, daß Zoos keineswegs so waren, wie ich sie mir vorgestellt hatte.

Völlig mittellos, begann ich auf Drängen meines älteren Bruders zu schreiben. Ich hatte Glück. Mein erstes Buch war das, was man heute einen Knüller nennt, und ich hatte das Glück, daß auch meine folgenden Bücher sich gut verkauften. Mit diesem Wandel meines Geschicks wandten sich meine Gedanken wieder dem Zoo zu. Nachdem ich mir 25 000 Pfund (für noch ungeschriebene Meisterwerke) von meinem freundlichen und leidgeprüften Verleger geliehen hatte, entschloß ich mich, an der Südküste Englands einen geeigneten Platz dafür zu finden. Ich mußte jedoch entdecken, daß eine Folge von Labour-Regierungen das Land in einen geradezu kafkaesken bürokratischen Sumpf verwandelt hatten, in dem der Durchschnittsbürger unweigerlich versank. Es war unmöglich, für die einfachsten Dinge eine Genehmigung der örtlichen Behörden zu erhalten, geschweige denn für etwas so Bizarres wie einen Zoo. So zog ich, mit einem Empfehlungsschreiben meines Verlegers in der Hand, nach Jersey – eine kleine, wunderschöne und selbstverwaltete Insel –, und wenige Stunden nach meiner Ankunft hatte ich Les Augres Manor gefunden, und innerhalb von achtundvierzig Stunden hatte ich freie Bahn für mein Unternehmen. Ich hatte mich freilich nicht mit blinder Begeisterung in die ganze Sache gestürzt, sondern vorher Rat eingeholt. Ich sprach jeden an, den ich in jenen Kreisen kannte, die man vielleicht die «Biologische Zoo-Welt» nennen könnte, und der meines Wissens die Idee der Aufzucht in Gefangenschaft guthieß. Der erste war James Fisher, ein großartiger Ornithologe und begeisterter Zoo-Mann. Er half mir, indem er mich für verrückt erklärte.

«Sie sind verrückt, mein Junge», sagte er und blickte mich unter der Mähne seines eisgrauen Haars an, wobei er aussah wie ein äußerst besorgter Altenglischer Schäferhund. «Völlig verrückt. Ich muß Ihnen dringend von den Kanalinseln abraten.»

Er füllte sein Glas bis zum Rand mit meinem Gin.

«Aber warum, James?» fragte ich.

«Zu weit weg. Ende der Welt», erklärte er und winkte ab. «Wer zum Teufel kommt denn jemals auf eine dieser gottverlassenen Kanalinseln, um sich Ihren Laden da anzusehen? Die ganze Geschichte ist idiotisch. Ich würde nicht so weit fahren, um Ihren Gin zu trinken. Daran können Sie sehen, für wie blöd ich die ganze Idee halte. Die Sache wird Sie ruinieren. Sie könnten sich ebensogut auf den Osterinseln niederlassen.»

Das war deutlich, aber nicht ermutigend.

Daraufhin besuchte ich Jean Delacour in seiner berühmten Vogelsammlung in Clère. Jean war ein wirklich phantastischer Vogelzüchter und Ornithologe, der weit gereist war, um Vögel zu sammeln, neue Arten zu beschreiben und gewaltige und umfassende Werke über die Ornithologie in den entlegensten Teilen der Welt zu schreiben. In beiden Weltkriegen war seine wertvolle Sammlung seltener Vögel von den Deutschen geplündert und zerstört worden. Als der zweite Krieg zu Ende war, baute Jean, anstatt zu resignieren, wie es die meisten Leute getan hätten, in Clère seine Sammlung zum drittenmal aus dem Nichts auf.

Während wir über das herrliche Gelände schritten und die Vögel und Säugetiere bewunderten, gab mir Jean viele gute Ratschläge. Aus dem Munde eines Mannes mit seiner großen Erfahrung waren sie nicht mit Gold aufzuwiegen. Dann gingen wir einen sanft abfallenden, gepflegten Rasen hinunter, wo am Ufer des Sees Tee für uns bereitstand. Wir setzten uns, lauschten den glücklichen Gesängen der Gibbons auf ihrer Insel im See und beobachteten, wie die Flamingos, rosig wie Zyklamenknospen, ernst und feierlich über den grünen Rasen schritten, begleitet von Fasanen, schillernden Bankivahühnern und Pfauen, die lässig ihre juwelenbesetzten Schwänze hinter sich herzogen. Dann entschloß ich mich, den größten Ornithologen Frankreichs nach seiner Ansicht über den Schutz der Natur zu fragen.

«Sagen Sie mir, Jean», sagte ich. «Sie treten jetzt seit mehr als sechzig Jahren für den Naturschutz ein...»

«Ja», bestätigte er. Er war ein korpulenter Mann mit einem gewaltigen Kopf, Winston Churchill nicht ganz unähnlich, und mit einem Akzent, um den ihn Maurice Chevalier beneidet hätte.

«Nun», sagte ich, «wie denken Sie darüber? Glauben Sie, daß überhaupt Hoffnung besteht?»

Er versank für einen Augenblick in ein nachdenkliches Schweigen, die Hände über dem Knauf seines Spazierstocks gefaltet, sein Kopf auf die Hände gestützt.

«Ja», sagte er. «Es besteht Hoffnung.»

Ich war entzückt über eine so unpessimistische Einschätzung seitens einer so bedeutenden Autorität.

«Wenn wir Kannibalen werden», fügte er hinzu.

Dann suchte ich Sir Peter Scott auf, der wie immer hilfsbereit und voller Begeisterung war. Fast als einziger unter den führenden Naturschützern glaubte Peter an die Aufzucht in Gefangenschaft, und das war einer der Gründe, die ihn veranlaßt hatten, den inzwischen berühmt gewordenen Wildfowl and Wetlands Trust ins Leben zu rufen. Er war meinen Plänen gegenüber höchst aufgeschlossen und konstruktiv, gab mir viele gute Ratschläge und wies auf die Fallstricke hin, über die er selbst gestolpert war. Während des Gesprächs stand er vor einer großen Leinwand, um das Gemälde eines Sonnenaufgangs über einer Marschlandschaft zu beenden, mit einem Schwarm Gänse, der zur Landung ansetzte. Sein Pinsel fuhr über die Leinwand und setzte hier und dort einen Tupfer, und dabei wuchs das Gemälde auf wunderbare Weise aus den scheinbar zufällig applizierten Farbflecken und nahm Gestalt an. Ich erinnerte mich an eine Geschichte, die mir eine Freundin erzählt hatte, eine Malerin von rassereinen Renn- und Zugpferden. Sie hatte Peter aufgesucht, um seinen Rat über ihre erste Ausstellung einzuholen, und er hatte sie in einem bunten seidenen Morgenmantel freundlich empfangen. Während er sprach, arbeitete er weiter an dem Bild, das er gerade malte, einem Entenschwarm, der bei Sonnenuntergang zur Landung in einer Marschlandschaft ansetzte. Er war gerade dabei, ihr einen klugen und ausgezeichneten Rat zu erteilen, als das Telefon klingelte

«Verdammt», sagte Peter und betrachtete verdrossen seine Leinwand. Dann hellten sich seine Züge auf.

«Hier», sagte er und wandte sich an meine Freundin. «Sie sind Malerin – malen Sie nur eben diese Entenschnäbel mit Gelb aus, seien Sie so nett, während ich telefoniere.»

Zum Glück verlangte Peter von mir nicht, mich auf gleiche Weise für seine Hilfe zu revanchieren.

Ich hatte nicht das Gefühl, daß mein Plan noch nicht endgültig besiegelt war, solange ich ihn nicht Sir Julian Huxley, dem Doyen der biologischen Szene, vorgetragen hatte. Er war immer freundlich und hilfsbereit mir gegenüber gewesen, aber was ich vorhatte, war so grandios, daß ich fürchtete, er würde es irgendwie negativ beurteilen. Ich hätte mir keine Sorgen zu machen brauchen, denn er begrüßte meine Idee mit jener ansteckenden Begeisterung, die er für jede neue Idee, ob groß oder klein, an den Tag legte. Entspannt lehnte ich mich zurück. Wir tranken gemütlich eine Tasse Tee und unterhielten uns über alles mögliche, von den Schuppentannenwäldern in Chile bis zum Fell des Riesenfaultiers, das man in den Höhlen Patagoniens gefunden hatte, von den Freßgewohnheiten des Narwals bis zu der eigenartigen Zahnanpassung einer Echse, die ich in Guyana gefangen hatte, einer Anpassung, die es dem Tier ermöglicht, die gewaltigsten Schnecken mit Leichtigkeit zu fangen, zu zermalmen und zu zerkauen. Ich hatte ihm eine Reihe von Fotos geschickt, die den ganzen Vorgang festhielten, und er war fasziniert gewesen.

«Da wir gerade von Fotos sprechen, Durrell», sagte er, als er seine Tasse leergetrunken hatte, «haben Sie diesen Film gesehen, den der junge Attenborough aus Afrika mitgebracht hat, mit dieser Löwin... Sie wissen, Elsa? Sie wurde von dieser Frau da, dieser Adamson, aufgezogen.»

«Nein, Sir», sagte ich. «Leider habe ich ihn versäumt.»

Er sah auf seine Uhr. «Er wird heute nachmittag noch einmal gesendet», sagte er. «Wir könnten ihn uns anschauen, was?»

So setzten der größte lebende englische Biologe und ich uns auf zwei Stühle vor den Fernseher, und Huxley schaltete das Gerät an. Schweigend sahen wir zu, wie Joy Adamson hinter Elsa herlief, wie Elsa hinter Joy Adamson herlief, wie Joy Adamson auf Elsa lag, Elsa auf Joy Adamson, Elsa im Bett mit Joy Adamson, Joy Adamson im Bett mit Elsa und so weiter und so fort. Schließlich war der Film zu Ende, und Huxley beugte sich vor und schaltete den Apparat ab. Er grübelte einen Augenblick nach. Ich schwieg.

«Wissen Sie was, Durrell?» fragte er plötzlich.

Ich wartete gespannt auf den tiefgründigen und erhellenden Kommentar über tierisches Verhalten, den der größte lebende englische Biologe mir zuteil werden lassen würde. «Was, Sir?» fragte ich und hielt den Atem an.

«Es ist der einzige Fall von lesbischer Liebe, den ich je zwischen einem Menschen und einer Löwin gesehen habe», sagte er ganz ernst.

Dagegen, hatte ich das Gefühl, würde jede weitere Unterhaltung nur abfallen; so verabschiedete ich mich.

Am 14. März 1959 wurde der Jersey Zoological Park eröffnet. Die ersten Bewohner waren verschiedene Tiere, die ich aus Westafrika mitgebracht und im Hinterhof meiner Schwester in Bournemouth (dem gesündesten aller Seebäder) bis zu dem Tag untergebracht hatte, da sie Gründungsmitglieder des Zoos werden würden. Sie wurden nach Jersey verfrachtet, und die Nachbarn meiner Schwester atmeten erleichtert auf.

Natürlich war Les Augres Manor für mehrere Monate vor der Ankunft der Tiere ein Schauplatz hektischer Aktivität. Zimmerleute und Maurer traten sich gegenseitig auf die Füße, mischten Zement an und machten Käfige aus allem, was ihnen in die Hände fiel. Aus Verpackungskisten wurden Unterstände, und jedes Stück Eisenrohr oder Schmiedeeisen vom örtlichen Schrottplatz fand seine Verwendung. Was Leute weggeworfen hatten, weil sie es nicht mehr benötigten, verwandelten wir in Schutzhütten und Unterstände; Käfige, unansehnlich und häßlich, aber praktisch, schossen wie Pilze aus dem Boden.

Unsere Umgebung war natürlich eine Idylle. Das herrliche Herrenhaus – das älteste in Jersey – lag mit seinen granitenen Torbogen am Rande eines sanft abfallenden Tales, durch das sich ein Bächlein schlängelte, das in einen kleinen, von Bäumen umsäumten See mündete. Das ganze Gelände war an allen Seiten von winzigen Feldern umgeben, jedes bewacht von einer Hecke aus Bäumen und Büschen, alten Eichen und Kastanien. Als Bonnie Prince Charlie seinen Anspruch auf den englischen Thron geltend machte und – wie es heißt – auf dem Rasen vor dem Herrenhaus seinen Tee zu sich nahm, müssen die meisten dieser prächtigen Bäume noch nicht einmal mannshoch gewesen sein. Man konnte sich leicht vorstellen, wie sich das Grundstück mit liebevoller Sorgfalt und Umsicht, durch Beschneiden und Bepflanzen in einen Park verwandeln ließe, der wie ein grüner Ring das Juwel des Herrenhauses einfassen würde.

Das erste große Problem ließ nicht lange auf sich warten. Es ist gut und schön, sich 25 000 Pfund zu borgen, aber man muß sie auch zurückzahlen. Das hieß, daß ich so schnell wie möglich auf eine weitere Expedition gehen mußte, um Stoff für ein neues Buch zu sammeln. So stellte ich – äußerst ungern – einen Geschäftsführer ein, einen langjährigen Freund, von dem ich glaubte, daß er der Aufgabe gewachsen sei. Das war ein Irrtum. Bei meiner Rückkehr mußte ich feststellen, daß meine schriftlichen Anweisungen nicht beachtet worden waren und das Geld aufgezehrt war. Unser Schiff (unsere potentielle Arche, wenn Sie so wollen) hatte sich als äußerst schwach erwiesen und drohte jetzt an den schrecklichen Klippen des Bankrotts zu zerschellen. Es sah ganz so aus, als ob mein Vorhaben, einen Ort zu schaffen, der Tiere vor dem Aussterben bewahren sollte, selbst vom Aussterben bedroht war, bevor er überhaupt verwirklicht werden konnte. Ich feuerte meinen Geschäftsführer und übernahm selbst die Leitung.

Die nächsten beiden Jahre waren, um es vorsichtig auszudrükken, nervenaufreibend. Jeden Morgen fragte ich mich beim Aufwachen, ob dies der Tag sei, an dem mein Kredit erschöpft war und sich meine Träume wie Tau in Luft auflösten. Das Personal war großartig. Obgleich es für einen Hungerlohn arbeitete, war jeder einzelne sich über die Schwere der Situation im klaren und bereit weiterzumachen. Das gab mir moralischen Rückhalt und den Mut (nicht ohne Hilfe von Beruhigungstabletten), Bankmanager sowie Obst- und Gemüsehändler aufzusuchen, um die einen zu bitten, mein Konto überziehen zu dürfen, und die anderen, weiterhin auf ihr Geld zu warten. Ganz allmählich begannen wir zu schwimmen, anstatt unterzugehen.

In jenen frühen Jahren gab es viele bizarre Ereignisse, und selbst meine Mutter war gelegentlich das Opfer einer Art von Episoden, die nur geschehen können, wenn man in einem Zoo lebt. Unsere beiden halb ausgewachsenen Schimpansen Chumley und Lulu hatten nach gründlichen Forschungen entdeckt, daß Verbindungsdrähte – wenn man ein freies Ende findet – sich aufröbbeln lassen wie ein alter Pullover, und fast genauso schnell. Eben das taten sie eines Nachmittags, als niemand in der Nähe war, mit dem Draht an ihrem Käfig. Meine Mutter hatte sich gerade mit einer Kanne Tee vor dem Fernseher niedergelassen, da hörte sie ein gebieterisches Klopfen an der Haustür. Erstaunt erhob sie sich, um zu öffnen, und fand Chumley und Lulu auf der Treppe. Deren Benehmen ließ klar erkennen, daß sie ihr einen Besuch abstatten wollten, daß sie sich freuten, sie zu Hause anzutreffen, und daß sie nicht im mindesten daran zweifelten, von ihr genauso begeistert begrüßt zu werden, wie sie die alte Dame begrüßten. Meine Mutter war knapp 1,50 Meter groß, und die Schimpansen reichten ihr bis zur Taille. Sie gehörte nicht zu denen, die in einer kritischen Situation den Kopf verlieren, und ohne zu zögern, bat sie die Affen wie gern gesehene Gäste näherzutreten, ließ sie auf dem Sofa Platz nehmen und öffnete eine große Schachtel Pralinen und eine Dose mit Keksen. Während die Affen sich über dieses Himmelsmanna hermachten, ging meine Mutter ans Telefon und berichtete ruhig, die Ausbrecher befänden sich bei ihr. Die Idee, die Affen könnten sie ernstlich verletzen, kam ihr überhaupt nicht in den Sinn, und als ich ihr Vorwürfe machte, daß sie sie in die Wohnung gelassen hatte, war sie zutiefst erstaunt.

«Aber mein Lieber», sagte sie verständnislos. «Sie kamen zum *Tee*.» Und dann fügte sie klagend hinzu: «Und sie hatten entschieden bessere Manieren als einige der *Leute*, die du hier einlädst.»

Damals besaßen wir einen gewaltigen und wunderschönen Netzpython mit dem Namen Pythagoras. Nicht weniger als drei Meter fünfundsechzig lang und dick wie der Oberschenkel eines Rugbyspielers, war Pythagoras jemand, mit dem nicht zu spaßen war. Er bewohnte einen Käfig in dem damaligen Reptilienhaus, der schlecht entworfen war und ihm bald zu klein wurde. Den Käfig hatte nicht ich entworfen, wie ich hinzufügen möchte, sondern der Geschäftsführer, den ich für die Zeit meiner Abwesenheit eingestellt hatte. Die Vorderseite bestand aus zwei großen Panzerglasplatten, deren Kanten übereinanderlagen, so daß es äußerst schwierig war, den Käfig zu reinigen, wenn sich ein potentiell lebensgefährliches Tier wie Pythagoras in ihm befand. Die Schlange mußte also zuerst entfernt werden, und das war eine Arbeit für drei Männer – zwei hielten Pythagoras (der heftig protestierte) fest und beförderten ihn in einen riesigen Stoffkorb, während der dritte Mann den Käfig reinigte. Obgleich der Python in der Regel sanft wie ein Lamm war, verabscheute er es, angefaßt zu werden, und deshalb war es jedem Angestellten streng verboten, die Prozedur allein durchzuführen. John Hartley, gerade aus der Schule entlassen, ein gut aussehender Bursche und in die Höhe geschossen wie eine Giraffe, war seit einem Jahr bei uns und zeigte so viel Begeisterung für die Arbeit, daß wir ihm die Aufsicht über die Reptilien übertragen hatten. Eines Abends ging die Begeisterung mit ihm durch. Als ich in der Dämmerung, nachdem der Zoo geschlossen hatte, am Reptilienhaus vorbeikam, hörte ich erstickte Hilferufe aus dem Inneren dringen. Ich ging der Sache nach und entdeckte, daß John das Unverzeihliche getan hatte. Er hatte versucht, Pythagoras allein aus dem Käfig zu schaffen. Die große Schlange hatte sich um ihn gewunden und hielt ihn nun wie in einer Zwangsjacke fest. Glücklicherweise war Johns Kopf noch frei, und Pythagoras zischte wie ein Dampfkessel.

Dies war nicht die Zeit für Schuldzuweisungen. Ich packte das Reptil am Schwanz und begann, daran zu zerren. Das Problem war, daß Pythagoras, sobald ich ihn von John gelöst hatte, anfing, mich zu umschlingen. Binnen kurzem waren wir miteinander verbunden wie siamesische Zwillinge und begannen nun, gemeinsam nach Hilfe zu rufen. Es war nach Dienstschluß, und ich fürchtete, daß das Personal bereits gegangen war. Die Vorstellung, die ganze Nacht so zubringen zu müssen, bis jemand uns am Morgen fand, war nicht sehr amüsant. Zum Glück wurden unsere mißtönenden Rufe von einem der Säugetier-Wärter gehört, und mit seiner Hilfe gelangte Pythagoras wieder in sein rechtmäßiges Heim. John gegenüber war ich äußerst kurz angebunden, wie man sich vorstellen kann. Doch ein von einem Python geknüpfter Bund scheint ein Verhältnis besonderer Art zu schaffen, denn John ist jetzt mein persönlicher Assistent.

Gewöhnlich betrachten wir derartige Ereignisse nicht als Störungen in unserem Alltag, denn sie gehören schlicht dazu. Nur wenn wir Freunde oder Bekannte durch den Zoo führen, wird uns klar, daß wir in den Augen anderer ein seltsames Leben führen müssen, und doch – wie exzentrisch wir ihnen auch vorkommen mögen – sind sie beeindruckt. Sie schauen sich unsere prachtvollen Reptilien an – Schlangen, die sich graziöser als eine balinesische Tempeltänzerin bewegen, Schildkröten, die einherwatscheln wie riesige beseelte Walnüsse. Wir zeigen ihnen unsere schokoladenbraunen Gorillas, die wie Bären knurren, ihren Anführer Jambo, einen dicht behaarten Sumo-Ringer, aber hübscher und sanft wie ein Kätzchen. Dann unsere buddhistischen Orang-Utans mit ihren orientalischen Augen und einem Fell wie hundert miteinander verflochtene Pferdeschwänze in Blond, Orange und Rot. Sie bewundern unsere Tapisserin mit Vögeln – Kraniche, schlank und elegant wie Speere, Fasane mit ihrem Gefieder aus bunt schimmernder Seide, Flamingos, die sich langsam über den grünen Rasen bewegen wie verwehte Rosenblätter. Sie verlieben sich in unsere Pinsel- und Seidenäffchen, die kleinsten aller Affen, mit ihrem braunen, orangenen, schwarzen oder wie reines Gold glänzenden Fell, winzige, zerbrechlich wirkende Tiere, die sich wie Quecksilber durch die Zweige bewegen, zart wie Vögel und wie diese zwitschernd und tirilierend. Dann in dem Gehölz an unserem See die Lemuren, scheckig wie Dominos und im Chor brüllend, so daß der Boden unter unseren Füßen bebt. Dann der Hirscheber, sicher das schönste häßliche Tier auf der Erde, mit seinen mächtigen, gebogenen Hauern und einem fast haarlosen Körper, der mit vielen Runzeln, Ritzen und Falten überzogen ist, daß er aussieht wie eine Reliefkarte des Mondes. Die Geparde, kerzengerade in einem Bilderrahmen hohen Grases sitzend, die schwarzen Tränenmale auf ihrem Gesicht – Tränenmale, so heißt es, weil sie, nachdem sie erschaffen wurden, hochmütig und unfreundlich zu anderen Tieren waren und deshalb von Gott ermahnt wurden und schwarze Tränen weinten, die ihre Gesichter als Erinnerung an seinen Zorn zeichneten.

Unsere Freunde sehen all diese Tiere – Tiere, die sie kennen, und andere, von denen sie nie wußten, daß es sie gibt –, und sie fragen, wie und warum wir das alles aufgebaut haben. Wir antworten, daß wir über tausend Tiere in unserer Sammlung haben und daß 90 Prozent der Geschöpfe, die wir ihnen gezeigt haben, vom Aussterben bedroht sind und daß sie aus allen Teilen der Welt kommen. Sie sind vor allem durch die Aktivitäten des Menschen bedroht, und ihr Schicksal zeigt, was wir diesem Planeten zufügen. Unsere *raison d'être* ist es, diesen Tieren eine Heimstatt zu bieten, und das ist der Grund, warum ich meinen eigenen Zoo haben wollte.

Selbst während der sorgenvollen ersten Jahre mußten wir, das hatte ich beschlossen, unsere Pläne vorantreiben, den Zoo in das zu verwandeln, was er sein sollte: ein wissenschaftlicher, karitativer Trust. Doch bevor der Trust geschaffen werden konnte, um den Zoo zu übernehmen und ihn zu seinem Hauptquartier zu machen, mußte ich an die Schulden denken. Obwohl unsere Einnahmen aus den Eintrittsgeldern ständig stiegen, waren da immer noch die elenden 25 000 Pfund, die wie eine schwarze Wolke über dem Horizont hingen. Es lag auf der Hand, daß man einen Trust nicht mit einer solchen Schuldenlast beginnen konnte. Es gab keinen anderen Ausweg, wenn wir vorankommen und schnell vorankommen wollten: Meine Bücher verkauften sich gut, und ich übernahm persönlich die Rückzahlung des Darlehens, so daß der Jersey Wildlife Preservation Trust, frei von Schulden, gegründet werden konnte.

Es war ein großer Tag, als wir 1963 in den dunklen Tiefen des ehrwürdigen Royal Court in St. Helier zusammenkamen, um eine Körperschaft zu werden und damit einen rechtlichen Status zu erlangen. Anwälte, wie schwarze Krähen in ihren Roben, eilten durch die düsteren Räume, ihre Perücken weiß wie Pilzköpfe im Schatten des Waldes. Sie alle unterhielten sich leise miteinander, in jener seltsamen Juristensprache, die so unverständlich klingt wie Chaucers Englisch und niedergeschrieben so geheimnisvoll ist wie die Schriftrollen vom Toten Meer – und manchmal fast ebenso archaisch. So verließen wir schließlich das Gebäude, blinzelten ins Frühlingslicht und gingen ins nächste Restaurant, um die Tatsache zu feiern, daß der Jersey Wildlife Preservation Trust kein Traum mehr war, sondern Wirklichkeit.

Wir hatten einige wichtige Dinge zu tun, wenn der Trust gedeihen sollte. Wir brauchten Mitglieder, das Lebensblut jeder Organisation, und sie zu gewinnen kann ein langwieriger Vorgang sein. In unserem Fall wurde er zum Glück dadurch beschleunigt, daß ich seit meinem ersten Buch jeden positiven Brief aufgehoben hatte, den ich je erhalten hatte. Diese netten Leute wurden jetzt angeschrieben, und ich freue mich, sagen zu können, daß eine große Zahl von ihnen sich bereit erklärte, dem Trust als Gründungsmitglied beizutreten. (Von da an wuchs unsere Mitgliederzahl, bis sie zum Zeitpunkt dieser Niederschrift 20000 – Menschen aus allen Teilen der Welt – zählte.)

Eine unserer ersten Aufgaben nach der Gründung des Trusts war trauriger Natur. Unter den Tieren unserer Sammlung waren viele Arten, die in der Wildnis nicht gefährdet waren, Tiere, die ich gesammelt hatte, als ich für andere Zoos arbeitete, oder Tiere, die uns mehr oder weniger aufgedrängt worden waren. Sie nahmen wertvollen Platz weg, und ihre Pflege kostete uns viel Geld; sowohl der Raum als auch das Geld konnten besser verwendet werden. So war es unabdingbar, diese nicht so seltenen Tiere aus unserer Sammlung zu nehmen und eine andere Heimstätte für sie zu finden. Sich von Tieren zu trennen, die wir zum großen Teil selbst aufgezogen hatten und die einem nicht selten ans Herz gewachsen waren, war schmerzlich, aber notwendig, wenn der Trust das erreichen sollte, was er sich zum Ziel gesetzt hatte. Der Mangel an guten Zoos, denen ich die Tiere überhaupt hätte schicken wollen, erschwerte die Aufgabe noch zusätzlich. Auf den Britischen Inseln konnte man sie – nach langem Nachdenken – an den Fingern einer Hand abzählen.

So gingen Jeremy Mallinson und ich eines Morgens durch das Gelände, fest entschlossen, in der Auswahl der Tiere, von denen wir uns trennen wollten, nicht zimperlich zu sein. Jeremy ist unser zoologischer Direktor; er war bereits wenige Wochen nach der Eröffnung des Zoos zu uns gekommen, weil er einen Kurzzeit-Job suchte – einen Kurzzeit-Job, der dann dreißig Jahre dauern sollte. Unverkennbar mit seiner Duke-of-Wellington-Nase, seinem butterblumengelben Haar und seinen leuchtenden blauen Augen, liebte Jeremy unsere Tiere so hingebungsvoll, als ob er jedem von ihnen selbst das Leben geschenkt hätte. Seine Gewohnheit, von menschlichen, männlichen und weiblichen, Bekannten als einem «feinen Exemplar» zu sprechen, wies darauf hin, daß sein Beruf häufig auch in sein Alltagsleben Eingang fand.

Als erstes blieben wir vor dem Tapir-Gehege stehen. Diese südamerikanischen Tiere haben etwa die Größe eines verlängerten Shetland-Ponys und erinnern entfernt an eine Kreuzung zwischen einem prähistorischen Pferd und einem verkürzten Mini-Elefanten. Wegen ihrer seltsamen, greiffähigen Nasen nannten wir sie Claudius und Claudette und ihr Baby Nero. Sie trotteten durch das Gehege auf uns zu und stießen kurze, falsettartige Begrüßungsschreie aus, Laute, die lächerlich unangemessen klingen angesichts dieser korpulenten schokoladenfarbenen Tiere. Als ich Claudius am Ohr kraulte, erinnerte ich mich, wie ich ihn gutmütig, aber deprimiert im Schaufenster eines Tierhändlers in Buenos Aires hocken sah. Da mein Spanisch der Situation nicht gewachsen war, bat ich eine der schönsten Frauen, die ich kenne, Bebita Ferreyra, mir bei dem Handel zu helfen. Sie betrat majestätisch den schmuddeligen Laden, und mit einer Mischung aus Charme und der Gerissenheit eines Fischweibs wickelte sie den Besitzer so ein, daß er uns Claudius zum halben Preis überließ.

Dann zog Bebita ihre langen weißen Handschuhe wieder an, die sie zu Beginn des Handels abgelegt hatte, um besser gestikulieren zu können, und verließ hoch erhobenen Hauptes den Laden. Ich folgte ihr demütig mit Claudius am Seil. Sie hielt ein vorbeifahrendes Taxi an, aber als der Taxifahrer entdeckte, daß

Bebita die Absicht hatte, in Gesellschaft von Claudius den Wagen zu besteigen, war er entsetzt.

«Señora, *bichos* sind in Taxis nicht zugelassen», sagte er.

Bicho ist eine praktische südamerikanische Bezeichnung für jedes wilde Tier.

Bebita warf ihm den Blick zu, mit dem Queen Victoria die Leute ansah, wenn sie nicht amüsiert war.

«Das ist kein *bicho*», sagte sie eisig. «Das ist ein Tapir.»

«Das ist ein *bicho*», sagte der Taxifahrer stur. «Ein wildes *bicho*.»

«Es ist weder wild noch ein *bicho*», sagte Bebita. «Wenn Sie jedoch die 30 Pesos für seinen Transport nicht verdienen wollen, finden wir sicher einen Taxifahrer, der dazu bereit ist.»

«Aber die Polizei...», sagte der Fahrer, zwischen Habgier und Selbsterhaltung hin- und hergerissen.

«Die Polizei können Sie mir überlassen», sagte Bebita, und so retteten wir Claudius.

Jetzt war er zweifacher Vater und so schmuck, wie ein Tapir nur sein kann. Als ich seine Ohren kraulte, seufzte er plötzlich tief auf und fiel wie vom Schlag getroffen zu Boden. Das war das Zeichen für mich, seinen Bauch zu kraulen. Während ich das tat, versuchte Nero, wie immer Ausschau nach etwas Eßbarem haltend, eines der Ohren seines Vaters zu fressen, woraufhin Claudius auf die Beine sprang und vor Entrüstung grunzte. Jeremy erzählte mir, er habe Schwierigkeiten, einen geeigneten Zoo zu finden, der bereit sei, Claudius und seine Familie aufzunehmen, und obwohl ich mich bemühte, enttäuscht auszusehen, freute ich mich insgeheim.

Als nächstes blieben wir vor dem Gehege der Nabelschweine stehen. Hier lebte Juanita, die Mutter einer Herde dieser südamerikanischen Tiere. Ich hatte sie als Baby in der Provinz Jujuy in Nordargentinien erworben, und sobald ich die Sammlung von Tieren mit dem Zug nach Buenos Aires geschafft hatte, bekam Juanita offensichtlich eine Lungenentzündung. Die Tiere wurden auf dem Gelände des Naturhistorischen Museums untergebracht, während ich in der Wohnung eines Freundes mein Lager aufschlug. Natürlich mußte nun auch Juanitas Lager in die Wohnung verlegt werden, damit wir sie pflegen konnten. Sie war in einer üblen Verfassung, und ich rechnete schon damit, sie zu verlieren. Zwischen dem Museum und der Wohnung liegt die Strichgegend von Buenos Aires und eine Straße mit der Bezeichnung Venti Cinco de Marzo. Hier pflegten wir zwischen unserer Arbeit im Museum und der Betreuung Juanitas ein Café mit dem Namen Olleys Music Bar aufzusuchen, um uns mit ein paar Gläsern Wein zu stärken. Olleys Mädchen fanden bald heraus, was mein Freund David und ich machten, und erfuhren von dem traurigen Schicksal Juanitas. Jeden Abend erkundigten sie sich äußerst zartfühlend nach ihrem Befinden und wetteiferten miteinander, ihr kleine Geschenke zu machen (gekauft von dem, wie ich vermute, was man gemeinhin «Sündengeld» nennt) – eine Schachtel Pralinen, ein paar Feigen oder Avocados oder einen Topf mit süßem Babybrei. Alle waren außer sich vor Freude, als ich ihnen erzählte, daß Juanita über den Berg war und am Leben bleiben würde. Ein Mädchen brach in Tränen aus und mußte mit einem großen Brandy wieder auf die Beine gebracht werden, und Olley selbst schmiß eine Runde für alle. Ich kann nur sagen, gefallene Mädchen oder nicht, wenn ich krank im Krankenhaus läge, würde ich mich gern von der echten Liebe und Sympathie dieser Damen tragen lassen. Ich war froh darüber, daß Jeremy Schwierigkeiten hatte, ein neues Heim für die Nabelschweinherde zu finden.

Als nächstes kamen wir zur Behausung einer Zibetkatze namens Potsil. Diese Zibets sehen aus wie kleine ingwerbraune Katzen mit langen beringten Schwänzen, einem verschwommen gefleckten Fell und seltsam hervorstehenden bernsteinfarbenen Augen, deren vertikale Pupillen ihnen ein reptilienhaftes Aussehen verleihen. Ich hatte Potsil in Westafrika erworben, als er gerade geboren und noch blind war. Sobald sich seine Augen geöffnet und er seine Milchzähne bekommen hatte, wußte ich, daß ich ein Ungeheuer aufzog. Potsil lebte, um zu fressen, und er machte sich über alles her, tot oder lebend, was in seine Reichweite gelangte. Er war ein «Allesfresser», wie er im Buche steht. Es gab nichts, was er nicht mit Wonne vertilgte, selbst wenn es widerwärtige Leckerbissen waren, die jede andere Art als ungenießbar zurückwies. Sein höchstes Ziel im Leben war es, einen Menschen zu verzehren – eine Aufgabe, von der er nicht glaubte, daß sie seine Fähigkeiten überstieg. Das machte die Reinigung seines Käfigs zu einem gefährlichen Unterfangen, denn obgleich er einen lethargischen Eindruck vermittelte, konnte er wie ein Blitz zuschlagen, wenn seine Magensäfte ihn dazu anstachelten. Ich habe eine meiner eindrucksvollsten Narben Potsil zu verdanken; deshalb tat es mir nicht leid, ihn fortzuschicken. Ich war eines Tages an seiner Behausung vorbeigegangen, als ich einen neu eingestellten Wärter erblickte, der Potsils Käfig reinigte. Da Potsil so katzenhaft aussah, hatte der ahnungslose Jüngling das Tier einfach am Genick ergriffen und preßte es nun mit einer Hand gegen seine Brust, während er mit der anderen den Käfig reinigte. Eine solche Ahnungslosigkeit kann manchmal schützen, da Tiere nicht auf sie gefaßt sind. Törichterweise entschloß ich mich, dem Jungen zu helfen.

«Geben Sie mir mal das Tier», sagte ich. «Es kennt mich.»

Ich beugte mich vor und ergriff Potsil am Genick. Als nächstes wollte ich ihn am Schwanz packen, um vor seinem Maul und seinen Krallen sicher zu sein. Bevor ich jedoch dazu kam, sagte eine Stimme hinter mir in erfreutem Ton: «Sie *müssen* Mr. Durrell sein!» Da ich durch die Stimme abgelenkt wurde, erhielt Potsil seine Chance. An meiner Hand hängend wie ein Gehängter am Galgen, drehte er sich behende um, schlug zunächst die sichelscharfen Krallen seiner Hinterpfoten und danach sämtliche Zähne in mein Handgelenk – Zähne, die einem Säbelzahntiger zur Ehre gereicht hätten. Man ist immer wieder erstaunt, wieviel Blut man im Körper hat, weil man es normalerweise nicht mehr als nötig verspritzt. Sobald Potsils Fänge sich in mein Handgelenk gebohrt hatten wie Rasierklingen in ein Stück Butter, schien ich mehr als einen Liter dieser lebenswichtigen Flüssigkeit in der Sekunde zu verlieren. Irgendwie brachte ich es fertig, meinen Schmerzensschrei zu unterdrücken und in «Guten Morgen» zu verwandeln, als ich mich umdrehte und zwei kleine alte Damen vor mir sah. Beide trugen eine Art von Rotkäppchenmütze und lächelten freundlich.

«Entschuldigen Sie vielmals, daß wir Sie stören, wo Sie gerade mit Ihren Tieren spielen», sagte das erste Rotkäppchen. «Aber wir *müssen* Ihnen einfach sagen, wie gut es uns in Ihrem Zoo gefällt.»

«Danke», sagte ich heiser.

«All die Tiere sehen so glücklich und wohlgenährt aus», fuhr sie fort.

«Wir versuchen, ihnen das Beste von allem zu geben», sagte ich, während Potsil sich mit schnurrenden Lauten des Entzükkens von meinem Handgelenk zur Hand vorfraß. Ich verlor jetzt mehr Blut als jede Heldin in einem Drakula-Film; doch es gelang mir, das Tier so zu halten, daß die Rotkäppchen nichts sehen konnten.

«Sie spielen jeden Tag mit allen von ihnen?» fragte Nummer zwei mit bebender Neugier.

«Nein, nein, nicht mit allen», sagte ich.

«Nur mit Ihren Lieblingen, wie diesem hier, nicht wahr?» meinte das ältere Rotkäppchen.

«Ja», sagte ich und fragte mich, wieviel Blut man verlieren kann, bevor man ohnmächtig wird.

«Wie reizend! Wie gern sie das haben müssen! Und *Sie* natürlich auch», sagte die Jüngere.

«O ja», sagte ich, während Potsils Zähne über meine Knöchel knirschten. «Sie ... eh ... werden sehr anhänglich.»

«Nun, wir wollen Sie nicht aufhalten. Wir wissen, daß Sie viel zu tun haben», sagte das ältere Rotkäppchen. «Es war *allerliebst*. Haben Sie vielen Dank.»

Als sie sich endlich entfernten, hörte ich die eine zur anderen sagen: «Man sieht, daß er die Tiere wirklich liebt, nicht wahr, Edith?» Wenn sie meine Gefühle gegenüber Potsil in diesem Augenblick gekannt hätten, dann hätten sie nicht gezögert, unverzüglich den Tierschutzverein anzurufen.

Ich sagte zu Jeremy: «Wir können sicher auf Potsil verzichten, aber fairerweise müssen wir wohl auf seine kannibalischen Neigungen hinweisen.»

«Sie wollen ihn unbedingt», sagte Jeremy.

«Haben Sie ihnen gesagt, daß er ein Ungeheuer ist, mit dem verglichen ein an Tollwut leidender Bengalischer Tiger zahm wie ein Kätzchen ist?»

«Nein», sagte Jeremy, der wenigstens den Anstand hatte zu erröten. «Aber ich habe ihnen gesagt, daß er ein feines Exemplar ist.»

«Mit Ihrer Begabung, wichtige Dinge zu verschweigen und andere im schönsten Licht erscheinen zu lassen, werden wir bald die gefährlicheren Viecher loswerden», sagte ich hoffnungsvoll.

Während wir uns allmählich dagegen abhärteten, sonderten wir weiter die Tiere aus. Aber das war eine Arbeit, die mit Schwierigkeiten behaftet war, denn es waren nicht nur meine und Jeremys Gefühle beteiligt, sondern auch die aller anderen, die dem Zoo verbunden waren. Es war schlimm genug, sich von einem Tier trennen zu müssen, aber nach einer solchen Entscheidung zu entdecken, daß dieses Tier seinen eigenen Fanclub unter den Angestellten hatte, war fürchterlich. Diktate wurden von Sekretärinnen aufgenommen, die mit festverschlossenem Mund und roten Augen in ihr Taschentuch schluchzten und einen kalt und haßerfüllt anschauten, als ob man eine Reinkarnation des Hunnenkönigs Attila wäre. Stattliche Handwerker, von denen man dachte, daß sie kein Gefühl in den Knochen hätten, bedachten einen mit verächtlichen Blicken, die Augen verschleiert von zurückgehaltenen Tränen. Es war eine äußerst anstrengende Zeit für alle Betroffenen, aber es gelang uns, sie ohne Flut von Kündigungen zu überstehen.

Eine andere Aufgabe des jungen Trusts war die Einrichtung eines Archivs. Wir führten bereits Buch über unsere Neuerwerbungen, aber auf recht primitive Weise. Was wir brauchten, war etwas viel Umfassenderes, denn ich war der Überzeugung, daß eine große Sammlung exotischer Geschöpfe ohne ein richtiges, detailliertes Archiv wie eine Bibliothek ohne Katalog war. Das bedeutete die Anlage von Karteikarten mit Angaben über die Herkunft der Tiere, ihr Alter, ihr Geschlecht und andere Einzelheiten, wie man sie normalerweise auf einem Paß findet. Aber darüber hinaus mußten wir Karten entwickeln, die all die vielen tagtäglichen Beobachtungen festhielten. Innerhalb kurzer Zeit hatten wir einen riesigen Fundus von Informationen über allgemeines Verhalten, Freß- und Brutgewohnheiten, Krankheiten und veterinäre Behandlung angesammelt. Ein großer Teil dieser Information war noch nie zuvor aufgezeichnet worden; so bauten wir allmählich ein einzigartiges Archiv von größter Bedeutung auf. Wir waren – bereits in den frühen sechziger Jahren – unserer Zeit weit voraus, zumindest in Großbritannien.

Ungefähr zu der Zeit nahm ich an einer Konferenz im Londoner Zoo über «Die Rolle des Zoos und seine Bedeutung» teil. Den besten Vortrag, soweit ich mich erinnere, hielt Caroline Jarvis, die jetzige Countess of Cranbrook. Darin brachte sie kurz und knapp zum Ausdruck, was Zoos darstellen sollten und was sie unternehmen konnten, um besser zu werden. Ich freute mich besonders darüber, daß vieles dessen, was die Zoos ihrer Meinung nach tun sollten (aber nicht taten), von uns bereits seit vielen Jahren praktiziert wurde. Eines der wichtigsten Dinge war natürlich unser Archiv. Es war in vier massiven Aktenschränken aus Holz untergebracht (den Luxus metallener Schränke konnten wir uns nicht leisten), dem hochwillkommenen Geschenk eines Mitglieds, und diese Schatztruhen standen in Jeremys Büro.

Eines Nachts wurde ich von dem Geräusch von Füßen aufgeweckt, die über den Kies des Vorgartens liefen. Laufende Füße um drei Uhr morgens lassen nichts Gutes vermuten, und in einem Zoo kann alles mögliche passieren. Ich war aus dem Bett und halb die Treppe hinunter, bevor ich ganz wach war. Der große Raum unter unserer Wohnung – damals ein Büro, jetzt die Rezeption – war voller Rauch. Ich lief durch den Flur, der zu Jeremys Büro führte. Es ist erstaunlich, wie blöd man sich in einer solchen Situation benehmen kann. Mein einziger Gedanke war, daß sich in Jeremys Büro ein Stummelaffen-Baby befand, das wir gerade mit der Flasche aufzogen (wir hatten damals noch nicht die Hospitaleinrichtungen, über die wir heute verfügen), zusammen mit dem kostbaren Archiv, und beides mußte gerettet werden. Ich riß die Tür des Büros auf, und eine Flammenwand schlug mir entgegen, die, ehe ich mich versah, einen großen Teil meiner Haare, meiner Augenbrauen und Teile meines Bartes versengte. Ich taumelte zurück und schaffte es gerade, die Tür zu schließen. Es war offensichtlich, daß in diesem Inferno das Affenbaby und, wie ich dachte, unser ganzes Archiv verbrennen würde. Wir konnten nur warten, bis die Feuerwehr eintraf, was sie auch tat – wie üblich mit der Behendigkeit und Schnelligkeit eines Aals. Innerhalb kurzer Zeit hatte sie die Feuersbrunst auf die Größe eines heimeligen, still vor sich hin schwelenden Laubfeuers reduziert. Schließlich durfte ich die verkohlten Ruinen des Büros betreten. Das ölige Wasser auf dem Fußboden roch wie das Innere einer Kohlenzeche.

Der arme Stummelaffe war natürlich tot, und mitten in dieser häßlichen Szenerie standen unsere vier Aktenschränke, verkohlt und schwarz wie nach einem Waldbrand übriggebliebene Baumstümpfe. Vorsichtig öffnete ich eine der Schubladen dieser rauchenden Kloben. Zu meinem großen Erstaunen war der Inhalt, abgesehen davon, daß die Papiere feucht geworden und an den Rändern versengt waren, völlig unversehrt.

«Ah, ja», sagte ein untersetzter Feuerwehrmann, der mit geschwärztem Gesicht neben mir stand und eine tropfende Spritze in der Hand hielt. «Da ha'm Sie Glück gehabt, daß Sie die Papiere da aufbewahrt ha'm, sonst wär'n sie weg gewesen.»

«Was meinen Sie?» fragte ich verwirrt.

«Die sind aus Holz, sehen Sie», erklärte er. «Dickem Holz. Brauchen eine Weile, ehe sie durchbrennen. Wenn Sie sie in einem dieser modernen Schränke gehabt hätten, wär das Metall glühendheiß geworden, und die Papiere wär'n wie Zunder verbrannt. Das Holz hat sie geschützt, versteh'n Sie? Brennt langsam.»

So waren es diese vorsintflutlichen Aktenschränke, die unser wertvolles Archiv gerettet hatten. Manchmal zahlt es sich aus, nicht modern zu sein.

Wir entwickelten uns jetzt schnell und brachten allmählich Ordnung in unsere Angelegenheiten. Aber wir waren, glaube ich, den meisten Angehörigen der Zoo-Bruderschaft immer noch ein Rätsel. Wir befolgten nicht die Regeln. Was hatten wir im Sinn? Damals war es erst einmal lächerlich anzunehmen, daß die Mehrheit der konservativen Naturschützer je die Vorstellung der Aufzucht in Gefangenschaft ernsthaft in Erwägung ziehen würde. Aber es dämmerte bereits in den Köpfen der Verantwortlichen in den Zoos wie der Naturschützer – die freilich immer noch zwei Welten angehörten. Aber das Dämmern erreichte allenfalls die Helligkeit eines Glühwürmchens. Es gibt ein altes Sprichwort, dem zufolge man, wenn jemandem eine

Idee völlig unklar ist, ihm erklären sollte, was man sagen will, es ihm sagen und ihm dann erklären, was man gesagt hat. Entsprechend entschlossen wir uns, unter Mithilfe der Fauna and Flora Preservation Society eine Konferenz anzuberaumen und zu organisieren, die erste «Weltkonferenz über die Aufzucht Gefährdeter Arten in Gefangenschaft». Als Konferenz war sie ein großer Erfolg, aber wenn ich jetzt darauf zurückblicke, erscheint sie mir als ziemliches Durcheinander. Das war zu erwarten, da die Idee der Aufzucht in Gefangenschaft noch nicht ausgereift war. Aber die Konferenz gab dieser Idee, glaube ich, moralischen Auftrieb und einen Stoß in die richtige Richtung. Es ist großartig, daß diese zuerst 1972 in Jersey abgehaltene Konferenz jetzt regelmäßig stattfindet und von verschiedenen Zoos und Organisationen in verschiedenen Teilen der Welt veranstaltet wird, eine Konferenz, auf der Informationen gesammelt und ausgetauscht werden.

Es war genau zu dieser Zeit, daß wir in doppelter Hinsicht ein unglaubliches Glück hatten. Wir besaßen zwei halb ausgewachsene weibliche Gorillas, N'pongo und Nandi, die uns Probleme bereiteten. Zunächst waren sie, da sie kein Männchen hatten, sehr maskulin geworden, was uns Sorgen machte, denn wir hofften, sie zur Züchtung verwenden zu können. Außerdem wurden ihre Käfige für sie zu klein. Dann lösten sich beide Probleme wunderbarerweise wie von selbst. Brian Park aus Jersey, der später Mitglied des Trusts und noch später unser Vorsitzender werden sollte, spendete die generöse Summe von 10000 Pfund, nachdem er mich bei einer Fernsehsendung gesehen hatte, wo ich (wie immer in jenen Tagen) über den Mangel an finanziellen Mitteln zur Förderung unserer Vorhaben klagte. Wir benutzten diesen unverhofften Geldsegen, um neue Quartiere für unsere Gorillamädchen zu bauen – eine herrliche Sache, die aber wenig dazu beitrug, ihr immer vertrackter werdendes Sexualleben ins Lot zu bringen. Dann kam Ernst Lang, der Direktor der Basler Zoos, als eine Art zoologischer Heiratsvermittler, wenn Sie so wollen, zu unserer Rettung. Ernst besaß das erste Gorillaweibchen, das in Gefangenschaft ein Junges zur Welt gebracht und angenommen hatte, anstatt daß man es ihr wegnehmen und mit der Flasche aufziehen mußte, wie es oft der Fall in Zoos gewesen war, die das

Glück hatten, diese wunderbaren Tiere zu züchten. Er hatte uns in Jersey besucht und in dem bestärkt, was wir taten; und so rief er uns jetzt an und sagte uns, er würde uns Jambo überlassen, jenen ersten in Gefangenschaft von seiner Mutter aufgezogenen Gorilla, selbst inzwischen nachweislich Vater, um die delikate Situation zwischen unseren jungfräulichen Mädchen zu entspannen. Ein junges ausgewachsenes und nachweislich zeugungsfähiges Gorillamännchen angeboten zu bekommen, das ist etwa so, als ob einem der Schlüssel zu Fort Knox zusammen mit der American-Express-Karte ins Haus geschickt wird.

Jetzt hatten wir das ganze Problem gelöst, so schien es wenigstens. Es blieb nur noch eines zu tun: aus unserem neuen Gorilla-Quartier und dem Eintreffen Jambos soviel Publicity zu schlagen wie nur irgend möglich. Wer sollte zur Eröffnung kommen? Damals gab es eine Handvoll bekannter Naturschützer, die alles eröffneten. Ich wollte jedoch jemanden, der nicht der Naturschutzbewegung angehörte, um zu zeigen, daß es außer Biologen und Naturforschern noch andere Menschen gab, die sich um das Schicksal der Flora und Fauna unserer Welt sorgen. Aber natürlich mußte es um der Publicity willen ein bekannter Name sein. Nach langem Nachdenken und nicht ohne ein Gefühl der Beklommenheit entschied ich mich für David Niven, einen unübertroffenen Schauspieler, den ich seit langem bewunderte. Ob freilich ein Mann seines Rufes nach Jersey kommen würde, um einen Affenkäfig zu eröffnen, war sehr fraglich. Ich rief meinen Agenten an, um ihn um Rat zu fragen, und er brachte mich mit Nivens Sohn zusammen, der in London arbeitete. Würde sein Vater, fragte ich vorsichtig, sich wohl bereit erklären, als Trauzeuge bei einer Gorilla-Hochzeit zu fungieren?

«Ich habe nicht die geringste Ahnung», war die amüsierte Antwort. «Aber er macht gern etwas Verrücktes, Ungewöhnliches. Warum schreiben Sie ihm nicht einfach und fragen ihn?»

Das tat ich, und nach angemessener Zeit erhielt ich folgendes Telegramm: «Amptiere gern bei Gorilla-Hochzeit, unter der Bedingung, daß ich nicht mit dem glücklichen Paar allein gelassen werde. David Niven.»

Ich holte David und seine reizende Frau am Flugplatz ab, und obwohl sie in einem heulenden Sturm und bei strömendem Regen landeten, war David in Höchstform. Beim Dinner sprühte er vor Charme und bezauberte uns durch seinen Witz, und das beste dabei war, daß es ein natürlicher Charme war und nichts Gespieltes. Er erzählte mir eine Reihe komischer und nicht druckfähiger Geschichten über Errol Flynn, dem er offensichtlich eine Achtung entgegenbrachte, die an Anbetung grenzte.

«Und dennoch», sagte David ernst, «was immer man über Flynn sagen mag, auf etwas konnte man sich bei ihm absolut verlassen. Wenn Not am Mann war, ließ er einen *immer* im Stich.»

Am nächsten Morgen, bevor die Tore um zehn Uhr geöffnet wurden, ging ich mit den Nivens durchs Gelände, um sie mit den Tieren bekanntzumachen. Sie waren fasziniert. Schließlich blieben wir vor den Orang-Utans stehen, und ich stellte ihnen Bali vor: hochschwanger, von allen Affen das zutraulichste Tier, wunderschön, rundlich, gutmütig. Sie lag im Stroh, die herrlichen, kleinen, dunklen, mandelförmigen Augen mit der Gelassenheit eines Buddhas auf uns gerichtet, während ihr Bauch sich aus dem orangeroten Fell wölbte, die Brüste voller Milch und so üppig, daß sie zweifellos den ersten Preis bei einem Orang-Utan-Schönheitswettbewerb gewonnen hätte.

«Na, bitte», sagte ich zu David. «Finden Sie nicht, daß sie wie eine Orang-Utan-Replik auf Lollobrigida aussieht?»

In diesem Augenblick gab Bali ein lautes und undamenhaftes Geräusch aus ihren unteren Regionen von sich.

«Sie sieht nicht nur so aus», gab David zu. «Sie *riecht* auch so.»

Nach einem langen und ausgezeichneten Mittagessen, bei dem der Champagner in Strömen floß, begann David unruhig zu werden.

«Sagen Sie, alter Junge», sagte er. «Kann ich mich hier irgendwo umziehen?»

Ich blickte auf den tadellosen Anzug, den er trug, ein Muster an Eleganz und modischem Chic.

«Wozu um alles in der Welt wollen Sie sich umziehen?» fragte ich erstaunt.

Er sah mich streng an. «Ja, glauben Sie denn, daß ich dem Ereignis in *diesem* Aufzug beiwohnen werde?» fragte er, indem er abschätzig auf seine makellose Kleidung wies.

«Was ist daran nicht in Ordnung?» fragte ich.

«Nicht gut genug», sagte David. «Ich habe einen Anzug mitgebracht, den ich mir zur Hochzeit meines Sohnes machen ließ, und ich habe die Absicht, ihn zu tragen. Was gut genug für meinen Sohn ist, sollte schließlich auch gut genug für die Gorillas sein, finden Sie nicht?»

Ich gab ihm recht und führte ihn in mein Schlafzimmer, wobei ich vorsichtshalber noch eine Flasche Champagner mitnahm, um ihm das Umziehen zu erleichtern. Zehn Minuten später schaute ich hinein, um zu sehen, ob er zurechtkam, und fand ihn im Schlafzimmer hin- und herwandernd, nur mit seiner Unterhose bekleidet, Champagner schlürfend und offensichtlich äußerst beunruhigt.

«Was ist los?» fragte ich.

«Ich bin nervös», sagte er.

«Weshalb sind Sie nervös?»

«Ich habe Angst, meinen Text zu vergessen», sagte einer der berühmtesten Schauspieler Hollywoods.

«Ihren *Text* vergessen? Was für einen Text? Sie brauchen nur zu sagen, daß Sie den Ort für eröffnet erklären und den Gorillas Glück wünschen», sagte ich beruhigend und goß ihm Champagner nach.

«Aber Sie verstehen nicht», sagte er vorwurfsvoll. «Ich habe eine *Rede* ausgearbeitet. Doch ich habe schreckliche Angst, daß ich sie vergessen werde.»

«Wie viele Filme haben Sie schon gemacht?» fragte ich.

«Ich weiß nicht... etwa fünfzig, glaube ich. Was hat das damit zu tun?»

«Wenn Sie erfahren genug sind, fünfzig Filme zu machen», bemerkte ich, «werden Sie doch nicht Ihren Text bei der Eröffnung eines Gorillakäfigs vermasseln.»

«Aber das ist etwas völlig anderes», protestierte er. «Wenn Sie in einem Film etwas falsch machen, können Sie die Szene wiederholen. Aber Sie können doch das Gorillahaus nicht *zweimal* eröffnen, oder? Das wäre völlig *unprofessionell*.»

Unterstützt durch ein weiteres Glas Champagner, half ich ihm beim Anziehen seines Anzugs, eines äußerst eleganten, taubengrauen Fracks und einer Hose, wie sie im 18. Jahrhundert von aristokratischen Berufsspielern auf den Raddampfern des Mississippi getragen wurde. Nachdem ich ihm gesagt hatte, daß er wunderbar aussehe (was der Wahrheit entsprach), versicherte ich ihm, daß er den Text seiner Ansprache nicht vergessen werde und drängte den großen David Niven hinaus zu dem neuen Gorillakomplex, wo er natürlich eine äußerst charmante und witzige Rede hielt, ohne ein Wort zu vermasseln. Als ich ihn jedoch ins Herrenhaus zurückbrachte und ihm einen Drink einschenkte, sah ich, daß seine Hände zitterten. Und dies, dachte ich, war der Mann, der einen wohlverdienten Oscar für eine seiner Rollen bekommen hatte und berühmt geworden war für seinen Charme und seine Gelassenheit in jeder Situation.

Mittlerweile – das war Anfang der siebziger Jahre – züchteten wir mit großem Erfolg seltene Tiere, und die Liste der von uns betreuten Arten hatte sich enorm vergrößert. Das war vor allem meinen eigenen Fangexpeditionen zuzuschreiben, doch wir kauften auch Tiere von anderen Zoos und sogar von Händlern. Damals war der Handel mit seltenen Tieren – anders als heute – nicht illegal, und der Erwerb eines solchen Tieres war oft die einzige Möglichkeit, eine Zuchtgruppe zusammenzustellen. Ich war der Meinung, daß die Tiere im Jersey Zoo, wo sie gepflegt wurden und sich vermehrten, weit besser aufgehoben waren als in den Läden der Händler oder in kleinen Menagerien. (Heute tauschen wir natürlich, wie die meisten anderen seriösen Zoos, seltene Tiere untereinander aus oder verleihen sie unentgeltlich.) Immer noch litten wir an chronischem Geldmangel, diesem alten Leiden, aber wir machten Fortschritte. Unser Ruf verbreitete sich allmählich, so daß Menschen außerhalb der Zoo-Welt unsere Motive zu verstehen begannen und uns nicht nur zu unserem Erfolg beglückwünschten, sondern unsere Arbeit auch großzügig durch Beiträge unterstützten.

Zu dieser Zeit – ich wollte mich gerade vorübergehend in mein kleines Haus im Süden Frankreichs zurückziehen, um meinen Lebensunterhalt mit dem Schreiben eines Buches zu verdienen –, erfuhr ich, daß die Insel durch einen Besuch von Princess Anne geehrt werden sollte. Auf das allgemeine Drängen hin rief ich die offiziellen Vertreter an, die solche Ereignisse organisieren, und fragte sie treuherzig, ob die Prinzessin die Absicht habe, den Zoo zu besuchen und die Tiere anzuschauen. Ich erkundigte mich nur, sagte ich, weil ich beabsichtigte, nach Frankreich zu fahren; ich würde jedoch natürlich meine Abreise verschieben, wenn Ihre Königliche Hoheit beabsichtige, uns mit ihrer Anwesenheit zu beehren. Die offiziellen Vertreter waren schockiert. Der Prinzessin den Zoo zeigen? Nie! Ihr Programm war viel zu voll. Außerdem hätten sie viel aufregendere Besuche für sie vorgesehen, wie etwa den der neuen Kläranlage (ich glaube, darum handelte es sich).

Etwas gekränkt darüber, daß wir nicht so interessant waren wie eine Kläranlage, unterrichtete ich den Trust über den Stand der Dinge. Unser Vorstand meinte, das sei lächerlich. Ich müsse noch einmal anrufen. Das tat ich und sagte, ich hoffe, daß sie ganz sicher seien, da ich nach Frankreich fahren und dort bleiben wolle, bis ich mein Buch beendet habe. Die Antwort war nein; die Prinzessin interessiere sich mehr für Kläranlagen als für die Rettung seltener Tiere. So fuhr ich nach Frankreich.

Ich fing gerade mit Kapitel Zwei an, als ich einen aufgeregten Anruf aus Jersey erhielt. Die Prinzessin hatte darum gebeten, den Zoo zu sehen. Würde ich bitte anwesend sein. Nein, erwiderte ich, das würde ich nicht. Mir sei gesagt worden, daß sie den Zoo nicht besuchen wolle. Ich sei nach Frankreich gefahren, und dort würde ich bleiben und mir mein Butterbrot verdienen. Ich war natürlich entschlossen zurückzukehren, aber ich war pikiert über die Ineffizienz dieser Leute und wollte sie noch eine Weile im eigenen Saft schmoren lassen. Es kamen weitere Telefonanrufe. Endlich, als es so aussah, als ob alle einen Massenselbstmord begehen wollten, sagte ich, ich werde geruhen zurückzukommen. Noch Unten in Frankreich konnte ich das erleichterte Aufseufzen in Jersey hören.

Ich hatte noch nie mit einem solchen Besuch zu tun gehabt. Mein einziger Kontakt mit der königlichen Familie hatte sich darauf beschränkt, in meiner Jugend am Rande einer Menge von Hunderttausenden in London einen kleinen Union Jack aus Papier zu schwenken. Ich hatte keine Ahnung, wie kompliziert so etwas war, wie gründlich jede Ecke und jeder Winkel durchsucht wurde (ich fragte die daran beteiligten Detektive, ob sie auch die Gorillas durchsuchen wollten, aber sie lehnten es ab), während alle möglichen Leute mit Stoppuhren herumliefen und jeden Schritt des Weges verfolgten. Sie hatten mir fünfundzwanzig Minuten gewährt, um der Prinzessin 700 Tiere zu zeigen, die auf etwa zwanzig Morgen verteilt waren, und ihr die Funktionen des Trusts zu erklären. Um meiner Seelenruhe willen hielt ich es für besser, mich nicht danach zu erkundigen, wieviel Zeit sie für den Besuch der neuen Kläranlage veranschlagt hatten.

Es war offensichtlich, daß der Besuch im Galopp absolviert werden mußte und nicht bei einem gemächlichen, zivilisierten Spaziergang; daher war es wichtig, die Tiere auszuwählen, an denen die Prinzessin vermutlich am meisten interessiert war, und sie so dicht wie möglich zusammenzubringen. Die unmittelbar bevorstehende Ankunft eines Mitglieds der königlichen Familie übt eine sonderbare Wirkung aus, wie ich entdeckte. Was sollte ich ihr sagen? Plötzlich schienen all unsere Leistungen und all unsere Ziele so interessant zu sein wie eine Predigt in der Kirche. Die ganze Sache war ein großer Fehler. Ich wünschte mich nach Frankreich zurück, aber nun saß ich in der Klemme. Während ich auf ihre Ankunft wartete, kam ich mir vor wie jemand, der zum erstenmal eine Bühne betritt: Hände wie Windmühlenflügel, Füße wie mit Leim gefüllte Themseschuten und eine Leere im Kopf, wie nur eine gründliche Lobotomie sie hervorruft. In dem Augenblick, da sie den Wagen verließ und ich mich über ihre Hand beugte, waren all meine Anwandlungen verflogen. Ich begleitete eine schöne, elegante, hochintelligente Frau, die unerwartete Fragen stellte, die interessiert war. Ich wünschte, das Gefolge der Offiziellen, die hinter uns herschlurften und aufgeregt schnatterten, würde verschwinden, und mehr noch wünschte ich, die Presseleute würden verschwinden, die vor uns in die Knie gingen und wie eine Horde geistig gestörter Heuschrecken klickten. Ich glaube, es war diese Kombination, die mein Unglück herbeiführte und mich dazu trieb, in das fetteste aller Fettnäpfchen zu treten.

Wir näherten uns einer Reihe von Käfigen. In einem von ihnen befand sich damals ein herrlicher männlicher Mandrill, der auf den Namen Frisky hörte. Er stand – und das ist ein Ausdruck, den man nur bei einem Mandrill anwenden kann – in voller Blüte. Sein Nasenrücken, die Nase selbst und die Lippen waren scharlachrot, wie mit einem Lippenstift aufgetragen. An beiden

Seiten der Nase wölbten sich leuchtende, kornblumenblaue Schwielen. Sein Gesicht, eingerahmt von einem ingwergrünen Fell und einem weißen Bart, sah wie die wilde *juju*-Maske eines urtümlichen Stammes aus, zu dessen kulinarischen Aktivitäten das sanfte Rösten ihrer Nachbarn gehört. War Friskys Vorderseite bereits äußerst eindrucksvoll, wenn er grunzte und einem seine Zähne zeigte, so trotzte sein Hinterteil, wenn er sich umdrehte und es zur Schau stellte, jeder Beschreibung. Spärlich mit grünlichen und weißen Haaren bedeckt, sah es aus, als habe er sich gerade auf den frisch gestrichenen Klodeckel eines begeisterten britischen Patrioten gesetzt. Der äußere Rand seines Hinterteils war kornblumenblau (wie seine Genitalien) und der innere Rand scharlachrot wie ein glühender Sonnenuntergang. Ich hatte bemerkt, daß die Frauen, die ich herumgeführt hatte, von Friskys Rückseite tiefer beeindruckt waren als von seiner Vorderseite, und so hatte ich mir eine alberne Redensart angewöhnt, die ich nun – idiotischerweise – anbrachte. Als wir uns dem Käfig näherten, drehte Frisky sich um und stellte seinen Sonnenuntergang-Hintern zur Schau.

«Wunderbares Tier, Madam», sagte ich zu der Prinzessin. «Würden Sie nicht auch gern so ein Hinterteil haben?»

Hinter mir konnte ich im Gefolge ein jähes Luftholen und ein paar verzweifelte Quietschlaute, wie von sterbenden Feldmäusen, hören. Düster erkannte ich, daß ich etwas Falsches gesagt hatte. Die Prinzessin prüfte aufmerksam Friskys Anatomie.

«Nein», sagte sie entschieden. «Ich glaube nicht.»

Wir gingen weiter.

Nachdem sie abgefahren war, genehmigte ich mir ein paar kräftige Drinks, um mein inneres Gleichgewicht wiederzufinden, und gelangte zu der Erkenntnis, daß ich – um im tierischen Bereich zu bleiben – eine ungeheure Eselei begangen hatte. Ich hatte eigentlich die Prinzessin bitten wollen, unsere Schirmherrin zu werden; aber diese Chance hatte ich jetzt vertan. Welche Prinzessin mit gesundem Menschenverstand würde auch nur im Traum daran denken, wenn die führende Persönlichkeit dieser Organisation sie gefragt hatte, ob sie ihre eigene adäquate Anatomie nicht mit der eines Mandrills tauschen wollte? Es war nicht zu entschuldigen; es war ein für allemal aus.

Einige Wochen später schrieb ich auf Drängen meiner Mitarbeiter der Prinzessin und bat sie doch, die Schirmherrschaft zu übernehmen. Zu meinem maßlosen Erstaunen und meiner Freude erwiderte sie, daß sie dazu bereit sei. Ich weiß nicht, ob er etwas damit zu tun hatte, aber ich schenkte Frisky eine Rolle Smarties – deren glühende Farben so sehr den seinen glichen – als Zeichen meiner Dankbarkeit.

Mit der Bettelschale unterwegs

Es ist mir immer als einfachste Sache der Welt erschienen, Geld für Dinge aufzutreiben, die von zweifelhaftem Wert für unseren Planeten sind. Die meisten Naturschutz-Organisationen laufen hinter Spenden her wie ein verhungernder Hund hinter einem Knochen; dabei ist ihr lobenswertes Ziel, etwas aus den Trümmern der Welt zu retten. Aber wenn man Geld braucht, um ein nukleares U-Boot, einen hübschen kleinen Topf mit Nervengas, eine oder zwei Atombomben zu kaufen, dann stehen die dazu nötigen Mittel seltsamerweise sofort zur Verfügung.

Wie jede altruistische Organisation haben wir von Anfang an bereits an finanzieller Anämie gelitten, und eine meiner Hauptaufgaben war und ist es, wie verrückt herumzureisen, um Gelder aufzubringen. Ich habe also die unangenehme Aufgabe übernommen (denn ich hasse sie und bin auch nicht gut darin, da ich glücklicherweise wenig von einem Bauernfänger habe); tatsächlich ist es mir gelungen, von völlig unerwarteter Seite und von einigen erstaunlichen Leuten Spenden zu sammeln.

Einen mir völlig Unbekannten, ein kanadisches Mitglied des Trusts, brachte ich dazu, 100000 Pfund für unser neues Reptilienhaus zu stiften – nur mit dem Argument (als er sich über das alte Reptilienhaus beklagte), daß ich, wenn er das Geld für mich auftreiben könnte, das beste Reptilienhaus der Welt bauen würde.

Von einem Schüler erhielt ich einen Brief mit einer Postanweisung über fünfzig Pence. Er entschuldigte sich für den geringen Betrag (es war sein wöchentliches Taschengeld), er hoffe aber, daß uns seine Spende helfen würde.

Von einem alten Rentner bekam ich einen Brief mit zwei Pfund. Bei seiner kleinen Rente könne er nicht mehr geben. Er hoffe aber, daß er damit unsere Arbeit unterstützen könne.

Von einem Rechtsanwalt in Kalifornien erhielten wir eine telefonische Anfrage, ob wir «Gerald Durrells Stationary Ark» seien. Wir sagten ja, man könne uns so nennen. Woraufhin er uns mitteilte, daß eine Mrs. Nubel gestorben sei und uns 100 000 Pfund hinterlassen habe. Weder hatte ich sie jemals kennengelernt, noch war sie ein Mitglied unseres Trusts; deshalb vermuteten wir, daß sie eines meiner Bücher über unsere Arbeit in Jersey gelesen hatte.

Ich erinnere mich lebhaft an einen besonders harten Winter. Es war zu der Zeit, als ich meinen Geschäftsführer entlassen und selbst die Leitung des Zoos übernommen hatte. Während die Weihnachtszeit näherrückte, brachte sie doch wenig Freude. Für die meisten Menschen mochte es eine festliche Zeit sein, nicht aber für mich. Es war die Schlechtwetter-Zeit, in der keine Besucher kamen – selbst die abgehärtetsten Jersey-Einheimischen kamen nicht auf die Idee, bei Nieselregen und heulendem Sturm aus dem Haus zu gehen, um sich den Zoo anzuschauen. Es war eine Zeit, da die Tiere mehr Hunger hatten, da die Rechnungen für ihr Futter sich stapelten, da man dreimal soviel Strom verbrauchte als sonst, um die Tiere nicht frieren zu lassen. Es war eine Zeit, da die Tiere niedergeschlagen waren, weil sie keine Menschen hatten, die sie bestaunten. Es war eine Zeit, da die Wärter, zitternd und mit blaugefrorenen Nasen, ihren Pflichten in ein Meter hohem Schnee nachkamen und da ich mich fragte, wovon ich ihren nächsten Wochenlohn bezahlen sollte. Es war, wie Shakespeare es so treffend gesagt hat, der «Winter unseres Mißvergnügens», und ich zog mir den Mantel an und machte mich auf den Weg in die Stadt, um der Einladung meines Bankmanagers zu einem Gespräch zu folgen.

Ich habe den starken, wenn auch möglicherweise paranoiden Eindruck, daß ich mehr Zeit im Büro unseres Bankmanagers verbrachte als im Zoo. Wir hatten das Glück, daß unser Bankmanager, anders als viele seiner hartherzigen Artgenossen, ein charmanter, freundlicher und verständnisvoller Mann war. Wenn Bankmanager nach dem Tod in den Himmel kommen (wofür im Gegensatz zum letzten Weg der Steuerprüfer manches spricht), sitzt unser Bankmanager jetzt sicher mit einer voll bezahlten Harfe und Flügeln auf einer rosigen Wolke, denn an jenem düsteren Tag rettete er mir das Leben. Wir begrüßten uns mit jener falschen Freundlichkeit, wie sie unweigerlich in den Sprechzimmern von Zahnärzten, den Büros von Bankmanagern und in Todeszellen anzutreffen ist. Dann setzten wir uns und prüften die Zahlen. Es waren dieselben Zahlen, die wir zehn Tage zuvor geprüft hatten, aber unser Bankmanager stellte mit gut gespielter Überraschung fest, daß sie sich nicht verändert hatten.

«Hmm… ja», sagte er und ließ seinen Finger die Zahlenkolonnen auf- und niederwandern, als ob er nach einem Fehler in der Addition suchte. «Ja, es sieht so aus, als ob Sie etwas knapp bei Kasse seien.»

Ich sagte nichts. Es gab nichts zu sagen.

«Soweit ich sehe», sagte er und blickte die Decke an, «brauchen Sie etwas Geld, um durch… eh… diesen wirklich schlimmen Winter zu kommen.»

«Zweitausend Pfund», sagte ich.

Er zuckte zusammen. «Sie können wohl nicht… aus irgendeiner Quelle… Ja, ich verstehe… nun ja, zweitausend Pfund, eine Menge Geld, und… Sie haben jetzt Ihr Konto bei uns überzogen… lassen Sie mich sehen… zehntausend Pfund; hmm, und es gibt keine Möglichkeit, daß Sie…? Eh… ich verstehe.» Er dachte darüber nach. Er zog einen kleinen Notizblock zu sich heran, auf den er einen Namen, eine Adresse und eine Telefonnummer schrieb. Er riß das Blatt ab und schob es mir, wie aus Versehen, über den Tisch zu. Er stand auf und ging in seinem Büro auf und ab.

«Auf dieser Insel gibt es natürlich viele Leute, die… äh… Ihnen helfen würden, wenn Sie wüßten, in welcher Lage Sie sind», sagte er. «Ich als Bankmanager bin natürlich wie ein Arzt an meine Schweigepflicht gebunden. Ich darf unter keinen Umständen den Namen, die Adresse und Telefonnummer irgendeines Bankkunden preisgeben oder auch nur andeuten, daß er über beträchtliche Guthaben verfügt. Es ist ein Jammer.»

Er verstummte und seufzte tief auf, zweifellos bedrückt von der schweren Last seiner Schweigepflicht. Dann richtete er sich auf und wurde heiterer.

«Kommen Sie nach einigen Tagen wieder, wenn Sie Ihre Probleme besser im Griff haben», sagte er strahlend und drückte mir fest die Hand.

Ich ging zum Zoo zurück. Es fällt mir schwer, Leute um Geld zu bitten, selbst wenn sie es mir schulden; aber dieses Stück Papier stellte mich vor ein Problem, das in keinem Lehrbuch stand und auf das ich überhaupt nicht vorbereitet war. Was sagt man an einem kalten Winterabend, wenn man einen völlig Unbekannten anruft, um ihn um 2000 Pfund zu bitten? «Oh, hallo, mein Name ist Durrell, und ich habe ein Problem» – was ihn vielleicht auf den Gedanken bringen würde, daß einer der Gorillas kurz vor der Entbindung stand und ich ihn für einen hochspezialisierten Tierarzt hielt. «Ich bin vom Zoo und möchte Ihnen einen Vorschlag machen, der Sie bestimmt interessieren wird» – der Satz barg so viele versteckte Andeutungen und Fallen, daß ich ihn sofort wieder verwarf. «Würden Sie wohl 2000 Pfund beisteuern, damit ich mein überzogenes Konto ausgleichen kann?» klang etwas zu direkt und hatte einen leichten Beigeschmack von Mafia. Schließlich legte ich mir, mit feuchten Händen und einer Stimme, die in einem Sumpf zu ersticken drohte, etwas zurecht, was genug Interesse wecken, aber gleichzeitig zu keinen Mißverständnissen führen würde.

«Ah, mein Name ist Durrell», sagte ich zu der leisen, höflichen Stimme, die den Anruf beantwortet hatte. «Ich... äh... vom Zoo. Man hat mir Ihren Namen gegeben, weil ich ein Problem habe, zu dem ich gern Ihren Rat einholen würde.»

«Ja, gerne», sagte Mr. X. «Wann ist es Ihnen recht?»

«Nun, würde es Ihnen jetzt gleich passen?» fragte ich, die alte Weisheit im Sinn, daß man einen Vogel fangen sollte, solange er noch auf dem Zweig sitzt; aber ich war überzeugt, daß er nein sagen würde.

«Aber natürlich», sagte er. «Kennen Sie den Weg? Ich erwarte Sie in einer halben Stunde.»

Die Fahrt zu ihm hinaus, durch heftige Windböen, gegen die Windschutzscheibe prasselnden Regen und am Himmel aufflakkernde Blitze, bot das ganze Drum und Dran eines Hollywood-Dramas. Es fehlte nur noch, daß Boris Karloff die Tür öffnete. Statt dessen öffnete Mr. X selbst. Hochgewachsen, mit einem großen, ruhigen Gesicht, intelligenten Augen und einem Ausdruck bezaubernder Gutmütigkeit – wie ein großer, zuverlässiger, alter Apportierhund –, drückte er sein Bedauern darüber aus, daß ich naß geworden war, nahm mir meinen Mantel ab und machte eine einladende Geste zum Wohnzimmer, in dem ein Fernseher in leuchtenden Farben flackerte, freilich ohne das Geheimnisvolle und Phantastische eines Dickens'schen weihnachtlichen Kaminfeuers.

«Treten Sie ein», sagte Mr. X. «Mein Vater sieht gerade fern.» Sein Vater schien fünfundachtzig Jahre alt zu sein, aber er hätte auch jünger sein können. Er sah bestimmt halb so alt aus, wie ich mich fühlte; ich mochte mich also täuschen.

«Kann ich Sie irgendwo sprechen, wo wir ungestört sind?» fragte ich.

«Nun, warum nicht?» sagte Mr. X. «Kommen Sie in mein Schlafzimmer.»

«Danke», sagte ich.

Er führte mich in ein sehr kleines Schlafzimmer, in dem ein riesiges Doppelbett stand. Bis dahin hatte ich nicht gewußt, wie schwer es ist, in einem kleinen Zimmer, in dem die einzige Sitzgelegenheit ein Doppelbett ist, über geschäftliche Angelegenheiten zu reden. Wir saßen auf der Kante des überdimensionalen Bettes mit einem Drink in der Hand wie ein jungfräuliches Brautpaar vor der Hochzeitsnacht.

«Also», sagte Mr. X. «Was kann ich für Sie tun?»

Ich sagte es ihm.

Er hörte zu, ohne eine Frage zu stellen.

«Aber selbstverständlich helfe ich Ihnen», sagte er und bemühte sich, mir noch einen Drink einzugießen – ein Unternehmen, das uns auf der teuren, wie ein Trampolin federnden Matratze des Bettes näher und näher zusammenrückte. «Wieviel brauchen Sie?»

Ich nannte mit heiserer Stimme den Betrag, wobei ich mir vorkam wie eine schlampige und außergewöhnlich unattraktive Prostituierte, die ein leichtes Opfer gefunden hat. Ich erinnere mich, wie das Scheckbuch hervorgeholt, mit der Selbstsicherheit der Macht glattgestrichen und die magische Summe sorgfältig ausgefüllt wurde, und dann war ich wieder draußen in der wilden Winternacht, und der Scheck wärmte meine Brieftasche. Der Mann war taktvoll und reizend gewesen und hatte mir zu keiner Zeit das Gefühl gegeben (selbst nicht auf diesem Trampolin von

Bett), daß ich in seiner Schuld stehe. Das erforderte unter den gegebenen Umständen die Nonchalance eines Mannes von Welt. Ich war entschlossen, unser erstes Orang-Utan-Baby nach ihm zu nennen. Drei Monate später tauchte Mr. X plötzlich in den Schlagzeilen auf. Angeblich hatte er anständige Bürger Jerseys um einen Teil ihres Reichtums erleichtert und sah sich deshalb nun gezwungen, längere Zeit in einem der nicht gerade luxuriösen Gefängnisse Ihrer Majestät zu verbringen. Ich wünschte, ich hätte ihn viel früher kennengelernt. Nicht nur wegen seines Charmes, sondern auch wegen seiner betrügerischen Begabung. Er hätte mir viel beibringen können.

Im Laufe meiner beruflichen Karriere als Robin Hood des Naturschutzes bin ich weit gereist und habe viele Abenteuer erlebt, manche amüsant, andere weniger amüsant; aber ich habe nie gedacht, daß ich bei meinen Bemühungen, Geld aufzutreiben, mit zwei Ländern in Berührung kommen würde, wie sie unterschiedlicher nicht sein könnten. Und doch sind beide auf ihre Weise unauflöslich verbunden mit der Geschichte unserer Arbeit in Jersey. Eines dieser Länder ist das mächtigste und reichste der Erde – die Vereinigten Staaten von Amerika –, und das andere ist eine von Armut gequälte, abgelegene Insel im Indischen Ozean. Letztere erregte zuerst meine Aufmerksamkeit.

An der Südostküste Afrikas liegt ein gewaltiges Stück Land, 1600 Kilometer lang und an der breitesten Stelle 480 Kilometer breit, vom Aussehen an ein mißglücktes Omelett erinnernd. Madagaskar, das ist sein wohlklingender Name, ist die viertgrößte Insel der Welt. Vom biologischen Standpunkt aus ist Madagaskar wahrscheinlich einer der faszinierendsten Landstriche dieses Planeten. Der Grund dafür ist, daß sich Madagaskar in ferner Vergangenheit, als die Kontinente in ihre Form gepreßt wurden und auf der glühenden, heißem Haferbrei nicht unähnlichen Erdoberfläche hin- und herwanderten wie Papierboote auf einem Teich, von seinem Mutterland Afrika trennte und wie eine riesige, mit einer Unzahl von Pflanzen und Tieren beladenen Arche nach rechts unten trieb, um seine jetzige Position einzunehmen. Das heißt, daß all seine Pflanzen und Tiere sich isoliert und völlig anders als ihre Verwandten auf dem Festland entwickelten.

Fast alle Lebewesen, die diese außergewöhnliche Insel bewohnen, sind nirgendwo sonst auf der Erde zu finden und erscheinen hier in erstaunlicher Vielfalt: Lemuren oder Makis, vom mächtigen, schwarzweißen Indri, der die Größe eines vierjährigen Kindes erreicht, bis zu den Mausmakis, von denen der kleinste nicht größer als eine Streichholzschachtel ist; Kugelasseln von der Größe eines Golfballs; eine ganze Reihe von igelähnlichen Tenreks, von denen einige imstande sind, eine unmäßige Zahl von Jungen zur gleichen Zeit zur Welt zu bringen; Schildkröten so hoch wie Schemel und einige klein wie Untertassen; eine Orchidee, die so gewaltig und komplex ist, daß sie nur von einem Falter mit einem superlangen Rüssel befruchtet werden kann, und eine Fülle anderer biologischer Wunder.

Leider ist Madagaskar ein recht typisches Beispiel dafür, wie wir unsere Welt zerstören. Einst dicht bewaldet, reich an Pflanzen und Tieren, ist die Insel jetzt im Niedergang begriffen. Überweidung durch Zebuherden (die als Statussymbole und nicht nur als Fleischlieferanten gehalten werden) und unökologische und verhängnisvolle Methoden, Wälder abzuholzen und niederzubrennen, um der ständig wachsenden Bevölkerung landwirtschaftliche Nutzflächen zu erschließen, haben die madagassischen Wälder so dezimiert, daß sie inzwischen zu neunzig Prozent verschwunden sind. Das bedeutet nicht nur das Verschwinden vieler Bäume und anderer Pflanzen, sondern auch das der Tiere, die von ihnen abhängen. An ihre Stelle tritt die Erosion, die das Land verändert, austrocknet und zerfurcht, wie das Alter ein menschliches Gesicht austrocknet und mit Runzeln überzieht. Wenn man heute Madagaskar überfliegt, kann man sehen, wie diese gigantische Insel ausblutet, denn ohne die Wälder wird der Boden die Flüsse hinunter in das Meer gespült – große, gewundene Ströme von Laterit, wie Blut aus aufgeschlitzten Adern, die sich in das Blau des Indischen Ozeans ergießen.

Es erübrigt sich zu erwähnen, daß das Schicksal Madagaskars von höchster Bedeutung für die Naturschützer ist, denn bei dem gegenwärtigen Ausmaß der Zerstörung von Habitaten werden Hunderte einzigartiger Lebensformen (von denen viele möglicherweise von großem Wert für den Menschen sind) innerhalb der nächsten zwanzig bis dreißig Jahre, vielleicht sogar noch früher, verschwinden. Aber es ist schwer, dem Naturschutzgedanken Geltung zu verschaffen, da der Bildungsstand der madagassischen Bevölkerung niedrig ist und ihre wirtschaftlichen Probleme eminent sind. Als die Franzosen die Insel unter ihrer Herrschaft hatten, erklärten sie große Gebiete zu Reservaten, taten jedoch entsetzlicherweise wenig oder gar nichts dafür, daß sie entsprechend verwaltet und geschützt wurden. Überdies unternahmen sie nichts, um der einheimischen Bevölkerung ein Bewußtsein vom Wert des faszinierenden und wichtigen Landes zu vermitteln, das ihr Erbe war. Bis vor kurzem hatte der Mann auf der Straße nur eine Möglichkeit, etwas über die einzigartige Fauna seines Landes zu erfahren – indem er sich die Rückseite der Streichholzschachteln anschaute, auf denen verschwommen und grellbunt einige Lemurenarten abgebildet waren. So war es eine vordringliche Aufgabe, solange der Naturschutz in Madagaskar noch keine Resultate zeigte, Zuchtgruppen aller madagassischen Tiere aufzubauen, die man beschaffen konnte.

Wir haben es immer für sinnvoll gehalten, mit einer weitverbreiteten Art zu arbeiten, die mit einer gefährdeten verwandt ist; auf diese Weise kann man die besten zur Pflege und Aufzucht erforderlichen Techniken entwickeln, so daß man bereits über einige Erfahrung mit einem ähnlichen Tier verfügt, wenn man die gefährdete Art aufnimmt. Braunbären zu halten wäre beispielsweise eine nützliche Erfahrung, wenn man die Absicht hat, eine Kolonie der viel selteneren Brillenbären zu gründen. Als wir uns entschlossen, verschiedene Arten der madagassischen Fauna zu erwerben, um Zuchtkolonien aufzubauen, wählten wir zuerst die drei Arten, die leicht erhältlich waren und von denen keine unmittelbar vom Aussterben bedroht war. Es waren der Kleine Igeltenrek, der Große Igeltenrek und der Katta, einer der hübschesten der Lemuroiden. Die Tenreks sind seltsame, primitive Tierchen, die sich wie kleine, stachelige Aufziehspielzeuge bewegen. Wenn man sie vom Boden aufhebt, ziehen sie ihre flexible Stirnhaut zu einem äußerst mißbilligenden Runzeln über die Nase, und sie gebären eine erstaunliche Anzahl von Jungen mit einem Wurf (dem größten bei Säugetieren bekannten Wurf, bis zu einunddreißig bei einer Art). Die Tenreks kommen nur bei Nacht hervor, um sich von Insekten, rohen Eiern und Fleisch zu ernähren, bleiben stets unter sich und können selbst bei Aufbietung aller Phantasie nicht als «niedlich» bezeichnet werden.

Trotz anfänglicher Rückschläge hatten wir bald blühende Kolonien aufgebaut. Was die Großen Igeltenreks anbelangt, beinahe zu sehr gedeihende, denn im Laufe der Jahre haben wir über 500 von ihnen gezüchtet. Einer unserer männlichen Kleinen Igeltenreks, der voll ausgewachsen bei uns eintraf, schlug den Langlebigkeitsrekord für diese Art; als er starb, muß er wenigstens vierzehneinhalb Jahre alt gewesen sein – ein unglaubliches Alter für ein so zartes und empfindliches Geschöpf.

Auch mit unseren Kattas hatten wir Erfolg. Diese reizenden Tiere in ihrem schwarzweißen und aschgrauen, leicht rosig schimmernden Fell haben lange, elegante, schwarzweiß gestreifte Schwänze und gelbe Augen. Sie sehen aus, als ob sie geradewegs einer der seltsameren Zeichnungen Aubrey Beardsleys entsprungen seien. Wenn sie gehen, tun sie es auf eine angeberisch herumstolzierende Art, wobei sie ihren Schwanz wie ein Banner in die Luft strecken. Kattas sind große Sonnenanbeter, und sobald nur der schüchternste Sonnenschein durch die Wolken dringt, setzen sie sich hin – die Pfoten auf den Knien oder ausgestreckt, den Kopf hoch erhoben mit verzückt geschlossenen Augen – und saugen die lebenspendenden Strahlen in sich auf. Unser erstes Pärchen hörte auf die phantasielosen Namen Polly und Peter (sie wurden getauft, bevor sie zu uns kamen), und es bestand kein Zweifel, daß Polly, soweit man das bei Lemuren sagen kann, die Hosen anhatte. Der arme Peter wurde ständig herumkommandiert, von allen bequemeren Zweigen gedrängt, von den sonnigsten Plätzen vertrieben und gezwungen, alle besseren Leckerbissen seinem Hausdrachen zu überlassen. Er schien unter dieser Behandlung jedoch keineswegs zu leiden, deshalb griffen wir nicht ein. Polly war natürlich eine echte Primadonna, stolzierte in ihrem Käfig umher, döste in der Sonne, wobei sie ihre Arme in die Höhe reckte, damit ihren Achselhöhlen die wohltätige Wirkung der ultravioletten Strahlen zuteil wurde, oder tanzte anmutig umher und versuchte, die Schmetterlinge zu fangen, die versehentlich in ihren Käfig geflattert waren. Wenn sie bei Laune war, pflegte sie uns auch etwas vorzusingen – ein Auftritt, der so verblüffend wie musikalisch schräg war.

«Komm, Polly, sing uns etwas vor, du hübsches, kleines Mädchen», redeten wir ihr gut zu.

Polly reckte sich und putzte sich, dann starrte sie mit gelben Augen nachdenklich in die Ferne, als sinne sie darüber nach, ob man es wert sei, in den Genuß ihres Talents zu kommen. Bei weiterem guten Zureden begann sie plötzlich, indem sie sich an einem Zweig festhielt, wie eine Sängerin sich an ihren Noten festhält. Sie warf den Kopf zurück, öffnete weit den Mund und gab sich ihrem Gesang hin mit all der Begeisterung und dem Feuer einer lemuroiden Maria Callas.

«Au», sang sie dann. «Ar-au, ar-au, ar-au, ar-au.»

Dann machte sie eine Pause und wartete auf den Applaus, bevor sie mit dem zweiten Vers begann.

«Ar-au, au, au, rau», jaulte sie. «Ar-au, ar-au.»

Das Volumen und die Kraft ihrer Stimme machten die Anspruchslosigkeit des zu Wiederholungen neigenden Textes mehr als wett.

Wann Peter schließlich seinen ganzen Mut zusammennahm und Polly verführte, wußten wir nicht, er muß sie jedoch in einem ihrer seltenen schwachen Momente erwischt haben, denn sie überraschte uns alle durch die Geburt eines schönen, kräftigen Katta-Babys. Es war ein liebenswertes Baby, mit großen, schwermütigen Augen und einem kleinen Gesicht, spitzen, koboldhaften Ohren und dünnen Armen und Beinen, die ihm ein Aussehen verliehen, als hätte es das letzte Stadium der Auszehrung erreicht, ein lemurenhafter Oliver Twist: Dieses bezaubernde Baby ritt zunächst auf Polly herum, klammerte sich an ihrem Bauch fest, die kleinen Hände und Füße in ihrem Fell vergraben. Als er älter wurde, wurde er kühner und begann auf Pollys Rücken zu reiten, wie ein winziger, melancholisch aussehender Jockey auf einem hohen Roß. Sobald er einmal die Welt beobachtet und in sich aufgenommen hatte, wurde er selbstsicherer, und sein Ausdruck wechselte von dem der Melancholie zu dem der Verschmitztheit. Er wagte sich von Pollys Rücken herunter und erforschte Teile ihrer gemeinsamen Domäne, und wenn eine eingebildete Gefahr ihn bedrohte, kehrte er schleunigst in die Sicherheit der Arme seiner Mutter zurück. Er tanzte und drehte sich auf zierliche Weise, badete wie seine Eltern in der

Sonne und nahm sich die Freiheit heraus, ihre Schwänze als Schaukel zu benutzen. Er lernte sogar, mit Polly zusammen zu singen – eine schrille, etwas unsichere Begleitung, die nicht dazu beitrug, das Lied melodischer zu machen oder den Text zu bereichern.

Wir hatten das Glück, nach den Kattas eine Gruppe von Mayotte-Schwarzkopfmakis erwerben zu können, die von einer Insel in den Komoren vor der Küste Madagaskars kommen. Es waren große, feingliedrige Tiere mit blassen Augen und einem wolligen, fast schafartigen Fell in verschiedenen Braun-, Zimt- und Schwarztönen. Sie gewöhnten sich bald an ihre neue Umgebung, und nach erstaunlich kurzer Zeit gebar eines der Weibchen ein Junges. Durch bittere Erfahrung lernten wir damals eines der psychischen Probleme des männlichen Schwarzkopfmakis kennen, wenn er mit den Freuden der Vaterschaft konfrontiert wird. Kaum war das Baby geboren, da entriß das Männchen es seiner Mutter und tötete es. Diese Kinderfeindlichkeit des Männchens war ein großer Schock für uns; wir mußten nun Mittel und Wege finden, die bösen Absichten der männlichen Makis gegenüber ihren Sprößlingen zu vereiteln. In jedem Käfig richteten wir einen eigenen Bereich für die Mutter ein, also einen Käfig im Käfig. Sobald eine Geburt bevorstand, wurde das Weibchen in die Entbindungsabteilung gesperrt. Obgleich es vom Männchen getrennt war, konnte es durch den feinen Maschendraht von ihm gesehen, gerochen und betastet werden. Was wichtiger war, das Männchen konnte die Geburt miterleben und sich an die Vorstellung gewöhnen, daß das Weibchen ein Baby hatte. Wenn das Baby groß genug war, wurde der Maschendraht entfernt, und das Männchen nahm die Anwesenheit des Babys als gegeben hin.

Eines Morgens stand ich mit Jeremy vor dem Schwarzkopfmaki-Käfig. Wir bewunderten die Possen eines jungen Pärchens, das vor einiger Zeit Nachwuchs bekommen hatte.

«Wenn sie sich weiter so vermehren, werden wir bald ihr Quartier vergrößern müssen», sagte Jeremy.

«Ja», sagte ich. «Und das wird einen Haufen Geld kosten.»

«Ich weiß», sagte Jeremy und fügte wehmütig hinzu: «Es wäre toll, wenn wir ganz neue Käfige für die Makis hätten, was?»

«Ja, das wäre toll», sagte ich.

Das Baby-Maki schwang sich geschickt vom Schwanz seiner Mutter zum Schwanz seines Vaters, fügte ihm einen schmerzhaften Biß zu und entging der Bestrafung durch rasche Flucht.

«Ich will vielleicht nach Amerika fahren», sagte ich.

«Amerika», sagte Jeremy. «Sie sind noch nie dort gewesen, nicht wahr?»

«Nein. Aber ich spiele mit dem Gedanken, hinzufahren und eine Art amerikanischer Zweigstelle des Trusts zu gründen.»

«Um Geld aufzutreiben?»

«Natürlich», sagte ich. «Jeder scheint nach Amerika zu fahren, um dort an Geld zu kommen. Ich sehe wirklich nicht ein, warum ich da eine Ausnahme machen sollte.»

«Nun, ja. Es könnte eine interessante Reise werden», sagte er nachdenklich. Keiner von uns wußte, wie interessant die Reise wirklich werden würde.

Ich hatte beschlossen, nicht zu fliegen, da ich der Meinung war, daß der Flug in und über ein fremdes Land einem das Gefühl der Entfernung nimmt und man dadurch viel versäumt. So wollte ich an Bord der «QE II» nach New York übersetzen und dann mit dem Wagen und dem Zug einen großen Teil der Vereinigten Staaten bereisen. Daß alle Amerikaner, denen ich begegnete, mich für verrückt erklärten, versteht sich von selbst, aber ich kannte damals nur sehr wenige Amerikaner, und so blieb mein Entschluß, Amerika vom Boden aus zu besichtigen, unerschüttert. Ich hatte Vorträge in so weit auseinanderliegenden Orten wie San Francisco, Chicago und New York vereinbart; die Reise würde also lang und anstrengend werden. Ich brauchte jemanden, so beschloß ich, der auf mich aufpaßte und mich beschützte, eine Art Privatsekretär, jemanden, der die Hotels buchte, Fahrkarten besorgte und sonstige Dinge erledigte, damit ich Zeit hatte, so viele Trustmitglieder wie möglich aus den Reihen derer zu werben, die meine Vorträge hörten und mit denen ich sonst zu tun hatte. Ich entschied mich für meinen alten Freund Peter Waller, der seit einigen Jahren mit der Royal Covent Garden Opera Company zu tun hatte und in letzter Zeit seinem Freund Steve Eckart geholfen hatte, die American School in London aufzubauen. Mit seiner großgewachsenen, schlanken Figur und seinem guten Aussehen schätzte man Peter auf höchstens vierzig, tatsächlich war er wesentlich älter. Er hatte viel Charme, und Frauen – besonders ältere Frauen – waren in ihn vernarrt. Ich hielt ihn für den idealen Mann, um mich vor den alles in Beschlag nehmenden Matronen der amerikanischen Frauenvereine zu schützen, über die ich so schreckliche Sachen gehört hatte; schließlich würden auf meinem amerikanischen Pfad, so dachte ich, Gefahren auf mich lauern, denen ein Mann, der nur an die mit einer Wildtier-Expedition im Dschungel verbundenen Komplikationen gewöhnt war, nicht gewachsen war. Peter erwies sich als reizender, liebenswerter Begleiter, der sorgfältig über mein Wohl wachte, obgleich es Zeiten gab, in denen seine Fähigkeiten als Kammerdiener den in sie gesetzten Erwartungen nicht ganz entsprachen.

Abgesehen von einer Reihe eleganter Anzüge, die ich mir eigens für diesen Anlaß schneidern ließ, nahm ich mehrere hundert Exemplare unseres Jahresberichts (ein umfangreiches Dokument) und mehrere tausend Broschüren mit, in denen die Arbeit des Trusts beschrieben wurde. Infolge irgendwelcher Verzögerungen beim Drucker wurden diese erst im allerletzten Augenblick geliefert, und anstatt sie in festen Kartons zu verstauen, hatte man sie zu unordentlichen Bündeln zusammengepackt, eingeschlagen in braunes Papier und mit einem wahren Spinnennetz von Schnüren zusammengebunden. Es war keine Zeit mehr zum Umpacken, und so trafen Peter und ich bei der «QE II» ein, als hätten wir ein Zigeunerlager geplündert und alles mitgenommen, was nicht mehr gebraucht wurde. Ein äußerst verbindlicher und aristokratischer Zahlmeister (der aussah wie einer der Botschafter Ihrer Majestät) sorgte dafür, daß unser Zigeunerlager sicher im tiefsten Inneren des Schiffes verstaut wurde. Danach wurden wir in unsere Kabinen geführt.

Ich hatte das Glück, daß einige alte Freunde Peters mit uns reisten – Margot und Godfrey Rockefeller und ihre beiden Kinder. Margot – die darauf hinwies, daß sie die armen Rockefellers seien – war eine höchst attraktive Frau mit einem schönen, von vorzeitig weiß gewordenem Haar umrahmten Gesicht und blauen Augen, scharf wie die eines Falken. Sie hatte einen spitzbübischen Sinn für Humor und eine beachtliche komödiantische

Begabung; so konnte sie ihr Gesicht verziehen und mit hoher Fistelstimme sprechen, daß sie an die berühmten Hollywood-Puppen erinnerte. Im Gegensatz dazu war Godfrey ein untersetzter, muskulöser Mann mit einem großen, runden, gutmütigen, stets lächelnden Gesicht und humorvollen, schläfrigen Augen. Ihre Kinder waren ein bezaubernder Junge und ein reizendes Mädchen, Parker und Caroline, die ich damit ärgerte, daß ich sie die Baby Rocks nannte.

Der Anfang der Reise war höchst angenehm, und Godfrey, der über einen unbegrenzten Vorrat an Scotch zu verfügen schien, den er irgendwo in seiner Kabine versteckt hatte, bestand darauf, daß wir uns alle vor den Mahlzeiten zu einem Drink trafen. Und dann gerieten wir in schlechtes Wetter. Am nächsten Morgen zogen sich Godfrey und Peter in ihre Kojen zurück. Ich hatte jedoch wenig Zeit, sie zu bedauern, denn ich war mit meinen eigenen Problemen beschäftigt. Beim Frühstück hatte mich der elegante und aristokratische Zahlmeister angesprochen und mir die unangenehme Nachricht überbracht, daß meine Zigeunerlager-Pakete während der Nacht aufgegangen waren und der Gepäckraum jetzt knietief unter Trust-Literatur stand. Könnte ich, fragte er, etwas dagegen unternehmen? Die Aussicht, Hunderte von Jahresberichten und Gott weiß wie viele tausend Broschüren wieder einzupacken, war wenig erfreulich, aber Margot rettete mich. Sie rief die Baby Rocks, und wir vier gingen hinunter in den Gepäckraum, bewaffnet mit Packpapier und Schnüren, die uns der freundliche Zahlmeister zur Verfügung gestellt hatte, und inspizierten die Verheerung. Wenn ich sage, daß wir knietief in Trust-Informationen steckten, ist das milde ausgedrückt. Finster machten wir uns an die Arbeit. Wir brauchten den ganzen Tag, aber endlich war das letzte Bündel verpackt und zusammengebunden.

«Gott sei Dank», sagte Margot und sah auf ihre schmutzigen Hände. «Was für eine Arbeit!»

«Aber was für eine Geschichte läßt sich daraus machen!» sagte ich.

«Wieso, welche Geschichte?» fragte Margot argwöhnisch.

«Wie ich den Atlantik auf der ‹QE II› überquerte, eingesperrt mit drei Rockefellers, die mein Gepäck zusammensuchten.»

«Ich werde Sie gerichtlich belangen», warnte Margot mich. «Außerdem würde sowieso niemand glauben, daß die Rockefellers so dämlich sind.»

Am letzten Abend der Reise versammelten wir uns in Godfreys Kabine, um etliche Flaschen Champagner zu leeren, die er besorgt hatte, um unsere Ankunft in New York am nächsten Tag zu feiern. Unter der Wirkung dieser erlesenen Flüssigkeit fühlte Peter sich bemüßigt, uns von seinen Jugendjahren in der Wiener Ballettschule zu berichten.

«Die Disziplin, meine Lieben», sagte er, schlug die Hände zusammen und sah gegen die Decke. «Die Disziplin. Ihr habt keine Vorstellung. So streng, aber es lohnt sich.»

«Wie meinen Sie das?» fragte Godfrey, der wie ein gestrandeter Wal auf dem Boden der Kabine lag. «Kein Alkohol?»

«Keinen Tropfen», sagte Peter erschauernd. «Stunden und Stunden und Stunden an der *barre*, bis man das Gefühl hat, daß einem die Beine abfallen. Einfach strapaziös.»

«Und alles ohne Alkohol?» fragte Godfrey ungläubig.

«Nicht einen Tropfen, Süßer, nicht einen winzigen Tropfen.»

«Hingabe», sagte Godfrey und wandte sich an mich. «Absolute Hingabe. Wüßte nicht, wie ich ohne Alkohol tanzen könnte.»

«Was mußten Sie sonst noch machen?» fragte Margot.

«Nun», sagte Peter, der jetzt bei seinem fünften Glas Champagner war. «Man ließ uns in so einem kleinen Kasten tanzen, ich habe den Namen vergessen, um sicherzustellen, daß man nur eine kleine Fläche zur Verfügung hat, und wenn man sie überschritt, war man unten durch.»

«In einem Kasten tanzen?» sagte Godfrey. «Was für einen Kasten?»

«Nun, ziemlich flach, ungefähr so», sagte Peter und wies auf einen kleinen runden Tisch, der zum Mobiliar der Kabine gehörte.

«Aber das ist ja nicht größer als ein Sombrero», sagte Godfrey. «Darauf kann man doch nicht tanzen.»

«Mexikaner tanzen auf ihren Hüten», sagte Margot nachdenklich und füllte die Gläser nach.

«Aber Peter ist kein Mexikaner», stellte Godfrey klar. «Er ist Ire.»

«Iren tanzen nur in Holzschuhen», sagte ich, um die Sache vollends zu verwirren.

«Nun ja, ob Ire oder nicht, ich glaube nicht, daß er auf diesem Tisch tanzen kann», sagte Godfrey abschließend und nahm einen kräftigen Schluck Champagner.

Wir hätten gewarnt sein sollen. Das Schiff schlingerte immer noch von einer Seite auf die andere, aber wir schrieben das den gesundheitsfördernden Eigenschaften des Champagners und nicht den Unbilden der Witterung zu.

«Natürlich kann ich darauf tanzen», sagte Peter, verärgert darüber, daß jemand seine Fähigkeiten in Frage stellte. «Ich werde euch zeigen, was wir damals taten.»

Er schob den Tisch in die Mitte der Kabine und blickte ihn gedankenverloren an.

«Ich habe zuviel an», sagte er und entkleidete sich mit großer Würde bis auf seine Unterhosen.

«Deswegen stehen Ballettänzer in so einem schlechten Ruf», sagte Godfrey. «Sie müssen sich ständig entblößen.»

«Ich habe mich nicht entblößt», sagte Peter indigniert. «Habe ich mich entblößt, Margot?»

«Noch nicht», sagte Margot gleichmütig.

Peter kletterte auf den Tisch und hob die Arme über den Kopf, Hände und Finger in anmutiger Haltung. Er stellte sich auf die Zehen und sah uns schelmisch an.

«Singt etwas», schlug er vor.

Nach einigem Nachdenken stimmte Godfrey eine kaum wiederzuerkennende Version der Nußknackersuite an. Peter schloß verzückt die Augen, wirbelte herum, vollführte einige *grand pliés* und stellte sich auf die Zehenspitzen, um eine weitere Pirouette zu drehen, als das Schiff abermals von einer größeren Welle getroffen wurde. Mit einem Schrei fiel unser armer Nijinskij vom Tisch und schlug mit Armen und Beinen schwer auf den Boden. Wie ein Jungvogel, der auf dem Nestrand Flugübungen gemacht und dabei sein Gleichgewicht verloren hat, um in eine fremde, erschreckende Welt zu fallen, lag Peter mit weißem Gesicht auf dem Boden und hielt seinen Oberschenkel umklammert.

«Au!» schrie er. Die Ähnlichkeit mit einem Lemuren war verblüffend. «Au! Mein Bein! Ich habe mir das Bein gebrochen!»

Das, dachte ich, hatte mir gerade noch gefehlt. Wir sollten am nächsten Morgen in New York eintreffen, und mein Sekretär hatte sich das Bein gebrochen.

Wir drängten uns um unseren gefallenen Helden, benetzten die weiß gewordenen Lippen mit Champagner und versicherten ihm, daß er nicht in unmittelbarer Lebensgefahr schwebe und daß, wichtiger noch, sein Bein nicht gebrochen sei. Er hatte sich den Oberschenkelmuskel nur stark verzerrt. Die Verletzung war jedoch so schlimm, daß er ins Krankenhaus mußte, um sich dort röntgen und behandeln zu lassen. Als wir in New York anlegten, wurde also mein käsiges Faktotum mit dem Krankenwagen abtransportiert, und ich blieb allein den Gefahren der Neuen Welt ausgesetzt.

Zum Glück hatte ich zunächst nur Verabredungen im Big Apple oder an Orten wahrzunehmen, die nicht weit davon entfernt lagen; so kam ich einigermaßen zurecht, während Peter im Krankenhaus darniederlag und Rechnungen in so astronomischer Höhe bei mir eingingen, daß ich über unsere Versicherung nicht dankbar genug sein konnte. Die Medizin in Amerika scheint ein überaus lukratives Geschäft zu sein; ich bin erstaunt, daß die Mafia es noch nicht übernommen hat.

Während ich in New York war, berichtete eine junge Frau, die Peters Stellvertretung übernommen hatte, mir immer wieder von einem gewissen Dr. Thomas Lovejoy und wie wunderbar er sei. In ihren Augen war er ein Geschenk Gottes für alles und jeden, und es war klar, daß sie völlig vernarrt in ihn war. Sie sagte, sie habe versucht, ein Zusammentreffen zu arrangieren, aber der begehrte Lovejoy sei so schwer zu greifen wie ein Irrwisch. Dann standen wir eines Morgens, als wir gerade ein paar Einkäufe erledigt hatten, vor Macy's, als die junge Frau einen durchdringenden Freudenschrei ausstieß.

«Sehen Sie», schrie sie. «Sehen Sie, da ist Tom Lovejoy.»

Ich blickte interessiert in die angegebene Richtung, um dieses ungreifbare Musterbild von einem Mann in Augenschein zu nehmen. Ich sah einen jüngeren Mann, der über den Bürgersteig auf uns zugetänzelt kam, mit zerzaustem Haar, dunklen Augen, in denen ein leicht ironischer Glanz lag, einem gutgeschnittenen Gesicht und einem einnehmenden Lächeln. Ich sah sogleich, was ihr Herz höher schlagen ließ. Ich mochte ihn sofort und hatte das Gefühl, daß er auch mich mochte. Jetzt, da wir dieses Einhorn auf so glückliche Weise eingefangen hatten, nahmen wir ihn unverzüglich in Beschlag, führten ihn in eine nahe gelegene Gaststätte und füllten ihn mit Bier ab, während ich ihm berichtete, was ich in Amerika vorhatte. Er hörte ruhig zu und gab mir einige ausgezeichnete Ratschläge. Er wurde mir immer sympathischer, besonders als ich entdeckte, daß er einer der seltenen Wissenschaftler war, die ihre Arbeit ernst nehmen und doch über sich und andere lachen können. Ja, es war eigentlich dieser unerhörte Sinn für Humor, der uns miteinander verband. Wenn man als Naturschützer nicht lachen kann, muß man weinen, und wenn man weint, ist man der Verzweiflung nahe. Tom versprach mir, sich mit mir zusammenzusetzen, wenn ich meine Rundreise beendet hatte, um zu besprechen, wie der Trust am besten in Amerika aufgebaut werden könnte.

Kurz danach tauchte Peter aus dem Krankenhaus auf, und wir begannen unsere Marathon-Tour durch die USA.

Amerika war phantastisch, und diese erste Reise hatte viele Höhepunkte. Wir waren in New York angekommen während einer Hitzewelle, deren warme und drückende Luft alles in den Schatten stellte, was ich außerhalb Westafrikas je erlebt hatte. Wie Kumuluswolken in fischförmigen Bänken lag der braune Smog zwischen den Wolkenkratzern, so daß ihre Spitzen wie riesige Zuckerwürfel einsam ins Sonnenlicht ragten, während ihre unteren Teile sich in den dichten Smogbänken verloren. Der Anblick war unglaublich; es sah aus wie eine Marsstadt Ray Bradburys. Ich verliebte mich in New York, obgleich ich im allgemeinen keine Städte mag. Auf unserer Fahrt nach Chicago – ein Ort, der mich gleichgültig ließ –, wo ich vor einem Auditorium von etwa 2000 Menschen sprechen sollte, bekluckte Peter mich wie eine Henne, um seinen Ballett-Fauxpas wieder gutzumachen. Doch während er sich um die unwichtigsten Kleinigkeiten kümmerte, neigte er dazu, das Ganze aus den Augen zu verlieren. So entdeckte ich, als ich vor dem Auditorium stand, daß wir die Hälfte der Filme über den Trust im Hotel vergessen hatten. Ich bin immer nervös, wenn ich einen Vortrag halten soll, und dieser Patzer trug nicht gerade dazu bei, mich zu beruhigen.

Doch es sollte noch schlimmer kommen in Chicago. Bei einer Cocktailparty, die freundlicherweise von Bekannten für die potentiellen großen Spender unter den Zuhörern gegeben wurde, stand ich neben einem Sofa, auf dem ein magerer, grauhaariger Mann saß. Plötzlich wandte sich eine ziemlich furchterregend aussehende Frau mit hellblauen Haaren, einem Gesicht wie ein Tomahawk und einer Stimme, die in jedem Steinbruch Blöcke hätte zerschneiden können, an mich.

«Mr. Djuroll», kreischte sie, «mein Name ist Avenspark, und das hier ist mein Mann.» Sie wies mit einer besitzergreifenden Geste auf den zerbrechlich wirkenden Mann neben mir. Wir verbeugten uns voreinander. «Mr. Djuroll», fuhr sie fort, «mein Mann und ich sind zweihundertundfünfzig Meilen gereist, um Ihren Vortrag heute abend zu hören.»

«Das ist sehr schmeichelhaft...» begann ich.

«Zweihundertundfünfzig Meilen», sagte sie, ohne meinen Einwurf zu beachten. «Zweihundertundfünfzig Meilen, und mein Mann ist schwerkrank.»

«Wirklich?» sagte ich und wendete mich mitfühlend Mr. Avenspark zu. «Das tut mir leid.»

«Ja», fuhr sie mit ihrer schädelsprengenden Stimme fort. «Er hat Krebs.»

Es war, wie ich entdeckte, schwer, auf eine solche Feststellung etwas zu erwidern. «Ich hoffe, daß es Ihnen bald bessergeht», war kaum passend. Während ich mir den Kopf zerbrach, kam Peter glücklicherweise zu meiner Rettung und zog mich fort. Das machte bis zu einem gewissen Grad die vergessenen Filme wieder gut.

Wir bestiegen den Zug von Chicago nach San Francisco. In die für uns reservierten Abteile führte uns ein kleiner, uralter, schwarzer Schlafwagenschaffner mit schneeweißem Haar, der so aussah, als sei er geradewegs aus der Szenerie von *Vom Winde verweht* spaziert. Zu meiner großen Freude sprach er auch so.

«Dies is' Ihr Abteil, Sah», sagte er. «Und dies rechts danebm is' das von Ihrem Freund, Sah. Ich geh rasch Ihr Gepäck hol'n, Gen'lemen.»

Ich wußte, daß die Trennwände zwischen den Abteilen dieser Klasse sich zurückschieben lassen; und als der Schaffner mit unserem Gepäck wiederkam, bat ich ihn, die Trennwand zu öffnen.

«Mach ich, Sah», sagte er, drehte an den Knöpfen, die die einzelnen Abschnitte zusammenhielten, und nach wenigen Augenblicken hatten wir ein geräumiges Abteil mit zwei Betten, zwei Waschbecken, zwei Schränken, zwei Sesseln und zwei Fenstern, durch die wir das vorbeiziehende Amerika bewundern konnten. Es war ein hektischer Tag in Chicago gewesen, und wir hatten eine Belohnung verdient.

«Und nun», sagte ich, «hätten mein Freund und ich gern eine Flasche Korbel-Champagner, bitte.»

«Gewiß, Sah, gewiß. Hol' ich Ihn' sogleich», sagte er.

Er kam zurück – der Zug glitt gerade aus dem Bahnhof in die offene Landschaft –, einen Eiskübel in der Hand mit einer gut gekühlten Flasche dieses ausgezeichneten amerikanischen Schaumweins.

«Soll ich sie öffnen?»

«Ja, bitte. Und stellen Sie eine zweite auf Eis, für alle Fälle», sagte ich.

«Mach ich, Sah», sagte er und drehte an dem Korken.

Nachdem er mich hatte kosten lassen, schenkte er den Wein ein, legte sorgfältig eine schneeweiße Serviette um die Flasche und stellte sie wieder in den Eiskübel.

«Is' das alles, Sah?» fragte er.

«Ja, danke», sagte ich.

Er blieb an der Tür stehen. «'tschuldigen Sie, Sah, wenn ich das sage», sagte er. «Aber es is' wirklich 'n echtes Vergnügen, Gen-'lemen zu bedien', die zu reisen versteh'n.»

Während wir es uns bequem machten und den Wein schlürften, machte ich Peter mit meinen Ansichten über das Zugreisen vertraut.

«Das ist wirklich eine der besten Arten zu reisen», sagte ich. «Wer ist schon gern 8000 Meter hoch in einer Sardinenbüchse mit Leuten eingesperrt, von denen man weiß, daß sie in Panik geraten, wenn etwas passiert? Mit einem Zug ist es etwas ganz anderes. Man sitzt nicht zusammengekrümmt in dieser pränatalen Haltung da, sondern kann umhergehen. Man reist mit ziviler Geschwindigkeit und sieht gemütlich und aufs beste bedient zu, wie die Welt an einem vorüberzieht. Vor allem ist man auf dem Erdboden und weiß, daß der Pilot einen nicht plötzlich von der anregenden Tatsache in Kenntnis setzt, daß der Steuerbordmotor in Brand geraten und kein Grund zur Panik sei. Bahnreisen, mein lieber Peter, mögen langsam sein, aber sie sind sicher.»

Just in diesem Moment machte der Zug plötzlich einen Ruck, als ob er gegen eine Ziegelmauer geprallt sei. Unsere Champagnergläser vollführten einen Steptanz und verschütteten dabei ihren Inhalt, und große Holz- und Metallstücke begannen am Schaufenster vorbeizufliegen. Mit kreischenden Rädern kam der Zug stotternd zum Stillstand.

«Meinst du, daß wir mit etwas zusammengestoßen sind?» fragte Peter nervös.

«Unsinn», sagte ich ungerührt. «Züge stoßen nicht zusammen.»

«Aber wir sind in Amerika», meinte Peter.

«Das stimmt», sagte ich. «Steigen wir aus und sehen wir nach.»

Wir schlossen uns den anderen Fahrgästen an und gingen die Schienen entlang bis zum Anfang des Zuges, wo unsere stolze Lokomotive, traurig in eine Dampfwolke gehüllt, stand. Wie sich herausstellte, hatte ein gewaltiger Laster mit einem ebenso gewaltigen Anhänger versucht, vor unserem Zug über einen Bahnübergang zu gelangen. Es war beim besten Willen nicht auszumachen, was den Fahrer zu dieser Wahnsinnstat veranlaßt hatte. Der Laster hatte den Übergang geschafft, aber wir hatten den hinteren Teil des Anhängers erwischt und zusammengestaucht. Wir konnten die Wucht des Zusammenstoßes daran ermessen, daß unser massiver, stählerner Schienenräumer sich wie Spaghetti verbogen hatte. So mußten wir drei Stunden warten, bis eine Ersatzlokomotive eintraf. Es war das letzte Mal, daß ich Peter über die Annehmlichkeiten des Zugreisens belehrte. Ich glaube, er war heilfroh, den Gefahren dieser Art des Reisens entkommen zu sein; als wir San Francisco erreichten, entdeckte ich erst im Taxi auf dem Weg zum Hotel, daß er meine gesamte Garderobe in einem der Schränke unseres Schlafwagenabteils hängen gelassen hatte.

Nachdem ich mich in San Francisco verliebt und Los Angeles hassen gelernt hatte – ich kenne keine andere Stadt, die einen so unpassenden Namen trägt –, hielt ich endlich meinen letzten Vortrag in einem unglaublich exklusiven und teuren Country Club, in dem man erst Mitglied werden konnte, wenn man seine erste Million Dollar gemacht hatte. Es schien der richtige Ort für meine Bettelschale. Der Saal war voll von neureichen Amerikanern, von Frauen mit violettem Haar, Hälsen wie Geier und den winzigen verräterischen Spuren des letzten Faceliftings, die sich unter der echten oder falschen Bräunung abzeichneten. Sie waren mit Juwelen behängt wie Weihnachtsbäume und klimperten beim Gehen wie Spieldosen. Wenn ich einer von ihnen hinter einem Busch auflauern und ihr die Bommeln abreißen könnte, dachte ich, würde das den Trust wahrscheinlich für einige Jahre seiner Solvenzprobleme entheben. Doch meine Erziehung als Gentleman hielt mich von der Anwendung einer solch leichten und schnellen Technik ab.

Die Männer, die zu diesen Frauen gehörten, hatten alle offensichtlich vierzig bis fünfzig Kilo Übergewicht. Ihre Stimmen besaßen jenes reiche Timbre, wie es durch regelmäßiges Gurgeln mit Kies entsteht, und ihre Gesichter sahen aus wie große wunde Babypopos. Sie fuhren in elektrischen, fransenbehangenen Golfwagen durch die Gegend, so daß sie sich keinerlei Gefahr des Gewichtsverlusts aussetzten. Überall in Amerika hatte ich reizende, höfliche und entwaffnend liebenswerte und großzügige Menschen kennengelernt, so daß diese Ansammlung von Schreckensgestalten mich etwas aus der Fassung brachte, um es vorsichtig auszudrücken. Mein Spendenaufruf an diese Mondmenschen sollte nach dem Dinner erfolgen. Dem Dinner voraus gingen zwei Stunden, in denen so viel getrunken wurde, wie ich es selten erlebt habe. Wenn man nach einem Scotch fragte, wurde einem etwas von der Größe einer kleinen Blumenvase in die Hand gedrückt, das einen halben Liter alkoholischer Flüssigkeit, vier Eiswürfel, von denen jeder die *Titanic* zum Sinken gebracht hätte, und einen Teelöffel Sodawasser enthielt, in dem verloren drei oder vier Bläschen schwammen.

Als das Essen aufgetragen wurde, gab es unter meinen potentiellen Zuhörern wohl keinen mehr, der noch halbwegs nüchtern war. Zum Essen gab es natürlich für jeden Gang die entsprechenden Weine und schließlich Brandy in Cognacschwenkern, die so groß wie Suppenterrinen waren. Die Frau neben mir (die eine recht gelungene Imitation der Kronjuwelen an sich herumschleppte) war, vermutlich aus Gesundheitsgründen, auf vorwiegend flüssiger Diät und stocherte nur in ihrem Essen herum. Die wenigen Bemerkungen, die sie an mich richtete, fanden ihren Ausdruck in einem, wie mir schien, seltenen und unverständlichen mitteleuropäischen Dialekt. Ich nickte und lächelte und machte intelligente Bemerkungen wie «Ja», «Wirklich?» und «Oh». Dann kam mein großer Augenblick. Der Mann, der diese schreckliche Prüfung organisiert hatte, stand auf, suchte sich vergeblich Gehör im lauten Gebrüll der Nach-Tisch-Konversation zu verschaffen, hielt eine kurze Rede, die völlig in dem Stimmengewirr unterging, und setzte sich ziemlich unsicher wieder. Das war mein Einsatz. Ich erhob mich. Alle hörten auf zu reden und starrten mich an wie Eulen.

Mein herzergreifender Appell, den Tieren der Welt zu helfen, richtete sich an eine Zuhörerschaft, die sich aus den unsympathischsten Säugetieren zusammensetzte, denen ich je begegnet bin. Während ich in meinen Ausführungen fortfuhr, begann die murmelnde Unterhaltung von neuem, und ich vernahm ein seltsames Geräusch neben mir. Ich drehte mich um und gewahrte zu meinem nicht allzu großen Erstaunen, daß die Frau mit den Kronjuwelen (zweifellos eingelullt durch meinen wohlklingenden englischen Akzent) eingeschlafen war. Das Gewicht der Juwelen hatte ihren Kopf auf den vor ihr stehenden Teller gezogen, der unglücklicherweise die Reste eines üppigen Erdbeersoufflés enthielt. Ihr Gesicht ruhte in dieser rosafarbenen Lava, die sich fest um ihre Nasenlöcher schloß. Während sie rasselnd schnarchte, blubberte das Erdbeersoufflé mit gurgelnden und platzenden Geräuschen fröhlich vor sich hin. Sie sah aus wie jemand, der Eiscreme durch einen Strohhalm zu saugen versucht.

Ich war froh, mich wieder setzen und diesen exklusiven Club verlassen zu können, um kaum mehr als hundert großzügig gespendete Dollar reicher.

Am nächsten Tag mußten wir unbedingt eine der ersten Maschinen nach New York bekommen, denn ich hatte nicht nur eine Fernseh- und eine Radiosendung zu bestreiten und verschiedene Interviews zu geben, sondern auch noch einen Vortrag zu halten. So ging ich früh am nächsten Morgen, nachdem ich gepackt und gefrühstückt hatte, in Peters Zimmer, um mich davon zu überzeugen, daß er nicht verschlafen hatte. Eine traurige, gequälte Stimme bat mich, einzutreten. Sein Frühstückstablett stand auf dem Bett, aber er war nirgends zu sehen.

«Wo bist du?» rief ich.

«Hier drinnen, Gerry-Schätzchen, hier bin ich», klang es schwach aus dem Badezimmer.

Ich steckte meinen Kopf durch die angelehnte Tür und sah Peter splitterfasernackt in der Badewanne stehen. Er hielt ein großes Handtuch an die Brust gepreßt, mit einem Ausdruck völligen Entsetzens auf dem Gesicht.

«Was ist los?» fragte ich überrascht.

«Schau mal», krächzte er und wies nach unten.

Ich schaute. Ein Blutstrom floß sein Bein hinunter und bildete eine große Lache in der Wanne.

«Du meine Güte! Wie ist das passiert?»

«Ich weiß es nicht», sagte Peter und sah aus, als ob er im nächsten Augenblick in Tränen ausbrechen würde. «Ich glaube, ich habe mich beim Abtrocknen mit meinem Siegelring geschnitten.»

«In Ordnung, komm her und leg dich aufs Bett. Ich werde es mir einmal ansehen», sagte ich und dachte etwas lieblos, daß Peter es darauf *abgesehen* hatte, sich gerade zu der Zeit, da wir ein volles Programm hatten, mit dem Siegelring aufzuschlitzen. Er legte sich aufs Bett, und ich entdeckte, daß der Ring sauber eine Hauptader in jenem Teil seiner Anatomie zerschnitten hatte, wo es unmöglich war, eine Aderpresse anzulegen, ohne meinen Freund in einen Eunuchen zu verwandeln. Ich fragte mich, wie um alles in der Welt ich das Blut stillen konnte. Mein verzweifelter Blick fiel auf das Frühstückstablett. Ein Salzfaß stand darauf. Ich tupfte schnell das Blut von der durchtrennten Ader ab und schüttete den Inhalt des Salzfasses darauf. Das Ergebnis war nicht ganz, was ich erwartet hatte. Peters Ausbildung als Balletttänzer machte sich überraschend bemerkbar. Er hüpfte mit einem Sprung aus dem Bett, der Nijinskij zur Ehre gereicht hätte, verspritzte Blut und Salz in alle Richtungen und stieß lange, jodelnde Schmerzensschreie aus. Ich mußte mehrmals im Zimmer hinter ihm herjagen, bevor ich ihn dazu bewegen konnte, sich wieder aufs Bett zu legen – freilich erst, nachdem er mir das Versprechen abgenommen hatte, kein Salz mehr anzuwenden. Die Anstrengung hatte natürlich die Ader gereizt, aus der jetzt das Blut wie aus einem Springbrunnen hervorsprudelte. Es lag auf der Hand, daß etwas unternommen werden mußte, damit Peter nicht verblutete und wir noch unser Flugzeug erreichten.

Ich rief die Rezeption an. Ja, sicher hätten sie eine Erste-Hilfe-Ausrüstung. Worum es denn gehe? Mein Freund, sagte ich, habe sich geschnitten, in der Hoffnung, man würde annehmen, daß er sich beim Rasieren geschnitten habe. Könnte ich hinunterkommen und den Verbandskasten mit nach oben nehmen? Sicher könnte ich das. Ich ermahnte Peter, ruhig liegenzubleiben, und eilte nach unten. Ich erreichte die Rezeption zur gleichen Zeit wie eine kichernde Schar amerikanischer Teenager, die zu allen Seiten um mich herum standen.

«Das tut mir leid, das mit Ihrem Freund», sagte der Portier und stellte den Verbandskasten auf den Tresen. «Wo hat er sich denn geschnitten?»

«Ich... hm... das heißt... Nur ein Kratzer, blutet wie verrückt, wissen Sie», sagte ich.

Die amerikanischen Mädchen betrachteten mich interessiert, durch meinen Akzent neugierig geworden. Der Portier öffnete den Kasten, durchwühlte den Inhalt und holte eine Rolle Heftpflaster hervor.

«Wie wär's damit, Sir?» fragte er hilfsbereit.

Bei all den unschuldigen jungen Mädchen, die um mich herum standen, konnte ich unmöglich erklären, daß ein Heftpflaster nicht an jenem Teil der Anatomie anzubringen war, an dem ich pflegerisch tätig werden wollte.

«Wenn ich vielleicht den ganzen Kasten mitnehmen könnte», sagte ich und griff danach. «Wesentlich einfacher, wissen Sie.»

«Nun, natürlich, Sir», sagte der Portier erstaunt. «Aber das ist ein medizinischer Verbandskasten.»

«Er ist ganz ausgezeichnet, davon bin ich überzeugt», sagte ich, drückte den Verbandskasten gegen die Brust und bahnte mir rückwärts einen Weg durch die Schar der jungen Frauen. «Ich möchte nur einmal hineinschauen... Vielen Dank... Bringe ihn zurück.»

Ich schaffte es zum Lift. Sobald ich sicher in Peters Zimmer war, durchsuchte ich den Kasten, der groß und bemerkenswert gut mit allen möglichen medizinischen Hilfsmitteln ausgestattet war. Das einzige, was fehlte, war ein blutstillendes Mittel. Beim weiteren Wühlen in dieser Schatzkammer stieß ich jedoch auf eine Spraydose mit der Aufschrift «Newskin». Ich drückte versuchshalber auf den Düsenknopf, und heraus kam ein feines, spinnwebähnliches Zeugs, das sich sofort wie kristallisierter Zucker verhärtete.

«Ah, genau das richtige», sagte ich, um Peter aufzumuntern, und fragte mich, was es wohl sei. Ich stillte das Blut vorübergehend mit dem Finger, dann zielte ich mit der Spraydose und drückte auf den Knopf. Vielleicht hatte ich zu stark gedrückt. Auf jeden Fall spie die Spraydose eine gewaltige Wolke des Spinnennetzes aus, und nach einer Sekunde hatten sich Peters äußere Genitalien in etwas verwandelt, was an eines jener bizarren Vogelnester erinnerte, die man in Südamerika findet. Es stoppte die Blutung, ich fragte mich jedoch besorgt, ob das Material sich beim Trocknen zusammenziehen würde. Nach einigen Augenblicken stellte sich jedoch heraus, daß es keine nachteilige Wirkung hatte; so half ich Peter ohne weitere Umstände in seine Kleider, und wir rasten zum Flugplatz, den wir eine halbe Minute vor dem Abflug unserer Maschine erreichten.

Nach unserer Rückkehr nach New York führte ich die verabredeten Gespräche mit Tom Lovejoy. Wir arbeiteten die Formalitäten aus, die es dem Wildlife Preservation Trust International ermöglichen würden, als amerikanische Geldbeschaffungsorganisation des Trusts zu fungieren. Um genauer zu sein: Ich sagte, was der Trust brauchte, und Tom zimmerte einen Plan zurecht, wie es zu beschaffen war.

Es gibt Zeiten, in denen es schwer ist, mit der Bettelschale unterwegs zu sein; aber in diesem Fall wurde ich für meine Bemühungen reichlich belohnt durch die wunderbaren und großzügigen Menschen, die ich in Amerika traf und die dann die ersten Vorstandsmitglieder wurden, als ich den WPTI gründete. Im

Laufe der Jahre hatten wir Grund genug, unseren amerikanischen Freunden dankbar zu sein, denn die meisten großen Spenden und Fördermittel kamen von der anderen Seite des Atlantik. Ohne diese Hilfe wären wir weit langsamer vorangekommen. Ich muß jedoch darauf hinweisen, daß es unter den begehrten amerikanischen Exportgütern mehr gibt als Dollar; und hier gelangen die Lemuren Madagaskars wieder ins Spiel, diesmal in der unglaublichen Verkleidung als Ehestifter.

Die Duke University in North Carolina war mit Recht berühmt dafür, daß sie die größte Sammlung von Lemuren außerhalb Madagaskars besaß. Ihre Zuchterfolge und die Forschung, die sie betrieb, waren ausgezeichnet. Deshalb war es ein Schock, als ich einen Brief von einem unserer wissenschaftlichen Berater, Professor François Bourlière, erhielt (einem der bedeutendsten Primatologen Frankreichs), der mir mitteilte, daß die große Lemuren-Sammlung der Duke University aus Geldmangel aufgelöst werden sollte. Ob ich glaube, daß der Trust etwas unternehmen könne? Wir konnten natürlich nichts in finanzieller Hinsicht tun, aber wenn die schreckliche Nachricht, daß die Sammlung aufgelöst werden sollte, stimmte, konnten wir sicherlich einigen Arten ein Heim bieten. Ich hatte mich gerade mit der Absicht getragen, meinen Krug noch einmal am Dollarbrunnen zu füllen, deshalb rief ich unseren inzwischen etablierten Aufsichtsrat an und teilte ihm mit, ich würde gern die Duke University besuchen, bevor ich meine Kampagne begann, und man stimmte mir bereitwillig zu.

Wir hatten verabredet, daß ich zuerst nach Durham fliegen sollte, um dort die leidgeprüfte Margot Rockefeller zu treffen, deren Baby Rock Caroline an der Duke studierte. Margot, sprühend vor guter Laune wie immer, holte mich am Flugplatz ab, und während der Fahrt setzte ich sie kurz über die Bedeutung der Duke-Primatensammlung ins Bild.

«Wenn sie so bedeutend ist, warum wird sie dann nicht von der Universität angemessen unterstützt?» fragte sie durchaus logisch.

«Ich habe nicht die geringste Ahnung. Ich kann nur vermuten, daß die Ehemaligen wie üblich mehr daran interessiert sind, die

Football-Mannschaft zu unterstützen als einen Haufen stinkender Lemuren.»

«Nun, wenn die Sammlung wirklich so bedeutend ist, ist es eine Schande», sagte Margot empört.

Zu unserer Ankunft hatte man den roten Teppich ausgerollt, und eine Schar von Professoren erklärte uns die Lage der Dinge. In den nächsten drei Stunden war ich in meinem Element, inspizierte einen Käfig nach dem anderen mit ihren herrlichen Insassen – Rotschopfmakis, bunt wie Plakate; Kattas, die wie ein Schmuckfries in einer Reihe saßen; Sifakas, die sich an ihren Sitzstangen festklammerten und aussahen wie viktorianische Spielzeugaffen, mit ihrem blassen, silbrigen Fell und ihren schwarzsamtenen Gesichtern mit großen, goldenen Augen. Es gab Mongozmakis, in Felle von unterschiedlichen Schokoladentönen gekleidet und mit blassen Augen, die sie auf eigenartige Weise wie Raubtiere aussehen ließen, und Mausmakis, die wie Distelwolle in ihren Käfigen umhersprangen, wobei die walnußgroßen Köpfe nur aus riesigen topasfarbenen Augen und zarten, wie Blütenblätter schimmernden Ohren zu bestehen schienen. Beim Mittagessen drehte sich die Unterhaltung ausschließlich um Lemuren. Ich sah, wie die arme Margot vor dem Gewicht dieser wissenschaftlichen Lawine erbleichte. Ich selbst litt unter der Zeitumstellung und konnte auch nicht recht mithalten. Nach dem Essen setzten wir uns nochmals für zwei Stunden zusammen, um über Lemuren zu reden, und dann taumelten Margot und ich zurück in unser Motel, in dem Wissen, daß die Professoren in ihrer Herzensgüte eine Dinnerparty am selben Abend für uns arrangiert hatten. «Ich glaube nicht, daß ich das aushalte», sagte Margot erschöpft. «Ich hätte nichts dagegen, aber ich verstehe nur die Hälfte von dem, was sie sagen. Müssen sie ständig zehnsilbige Wörter verwenden?»

«Ja», sagte ich bedauernd. «Es beweist, daß sie Akademiker sind und nicht zum ungebildeten Plebs wie Sie und ich gehören.»

«Nun, ich weiß nicht, wie ich diese Party durchstehen soll», sagte Margot.

«Sie brauchen nicht zu kommen», sagte ich. «Die Party ist eigentlich für mich. Sie können sagen, daß Sie sich den Fuß verrenkt haben oder so was.»

«Nein, mein Bester. Ich habe bis jetzt durchgehalten und werde Sie auch heute abend nicht im Stich lassen», sagte Margot mit der Stimme einer Märtyrerin.

«Kommen Sie vorher auf mein Zimmer, und ich gebe Ihnen einen hübschen Drink, um Sie in Partystimmung zu bringen», sagte ich.

Später versuchten wir, uns mit Hilfe einer Flasche Scotch aufzumöbeln, so daß wir, als wir das Haus unseres Gastgebers erreichten, hochrot im Gesicht und voller falscher Leutseligkeit waren. Glücklicherweise war jeder mit seinem dritten Drink beschäftigt (von der Größe, die nur in Amerika üblich ist), so daß unser Eintreffen unbemerkt blieb. Alle Professoren hatten ihre Frauen mitgebracht, die ebenfalls vielsilbig sprachen. Für Margot und mich schien wenig Hoffnung zu bestehen, und ich bemerkte den gequälten Ausdruck auf ihrem Gesicht. Auch ich sah mich verzweifelt im Raum um und suchte nach einem Winkel, in dem ich mich verstecken konnte. Da fiel mein Blick auf eine junge Frau, die auf etwas saß, das zu meiner Zeit als Puff bezeichnet wurde, ihren Drink schlürfte und äußerst attraktiv aussah. Ich schaute auf ihre Hände, die keinen Ring trugen. Ich schaute mich um, ob irgendein muskulöser junger Mann in der Nähe war, der so aussah, als ob er seine Besitzansprüche geltend machen könnte. Es gab niemanden. Eine der Annehmlichkeiten in Amerika ist es, daß man sich völlig Unbekannten selbst vorstellen kann, ohne daß sie vor Entsetzen in Ohnmacht fallen. So ging ich zu dem Mädchen hinüber.

«Hallo», sagte ich. «Ich bin Gerry Durrell.»

«Ich weiß», sagte sie. «Ich bin Lee McGeorge.»

«Was machen Sie?» fragte ich und hoffte, sie würde mir nicht mitteilen, daß sie mit einem der Professoren verlobt und der Verlobungsring gerade in der Reinigung sei.

«Ich studiere», sagte sie.

«Was studieren Sie?» fragte ich und hoffte, daß sie nicht Psychologie, Kernphysik oder Historiendramen des späten 17. Jahrhunderts sagen würde.

«Ich beschäftige mich mit tierischer Kommunikation», sagte sie. «Zumindest ist das das Thema meiner Doktorarbeit.»

Ich starrte sie völlig verblüfft an. Wenn sie mir gesagt hätte, daß ihr Vater ein reinblütiger Indianerhäuptling und ihre Mutter ein Marsmensch sei, hätte ich nicht erstaunter sein können. Tierkommunikation in all ihren Formen ist zufällig ein Thema, das mich brennend interessiert.

«Tierische Kommunikation?» fragte ich wie ein dummer Junge. «Sie meinen die Art, in der Tiere miteinander kommunizieren, Pfeifen, Grunzen, Blöken und so weiter?»

«Nun, grob gesagt, ja», sagte sie. «Ich habe zwei Jahre Feldforschungen in Madagaskar betrieben und die Geräusche der Waldtiere studiert.»

Ich starrte sie unverwandt an. Daß sie zweifellos attraktiv war, war eine Sache, aber attraktiv zu sein *und* Tierkommunikation zu studieren, das erhob sie fast in den Rang einer Göttin.

«Gehen Sie nicht weg», sagte ich und stand auf. «Ich hole uns noch einen Drink, und Sie erzählen mir alles über Madagaskar. Ich bin noch nie dort gewesen.» So unterhielten wir uns in den nächsten beiden Stunden über Madagaskar und stritten uns heftig über Tierkommunikation. Wir sind nicht überall der gleichen Meinung, dachte ich, aber jedenfalls haben wir keine Schwierigkeit, miteinander zu kommunizieren, von Säugetier zu Säugetier gewissermaßen.

Gegen zehn Uhr stand unser Gastgeber auf und sagte, es sei Zeit, zum Dinner zu gehen. Ich hatte gedacht, wir würden dort essen, wo wir waren; aber offensichtlich sollten wir in irgendein Restaurant gehen. Wie sich herausstellte, war Lee die einzige, die den Weg zu diesem Wasserloch kannte; so wurde ausgemacht, daß sie uns mit ihrem Wagen voranfahren sollte.

«Gut, ich fahre mit Ihnen», sagte ich fest. «Dann können wir unser Gespräch fortsetzen.»

Ihr Wagen war winzig und aus unerklärlichen Gründen voller welker Blätter und Hundehaare. Wir setzten uns in Bewegung, gefolgt von einer Art Leichenzug von Professoren und ihren Frauen, alle in höchst ausgelassener Stimmung, Margot Rockefeller in ihrer Mitte. Lee und ich setzten unser Gespräch fort und waren so darin vertieft, daß wir erst nach geraumer Zeit merkten, daß Lee eine falsche Abzweigung genommen hatte und jetzt dauernd im Kreis herumfuhr, gefolgt von der vertrauensvoll hinter uns herfahrenden Elite der akademischen Welt. Nach mehreren vergeblichen Versuchen fanden wir die richtige Straße und betraten unter den mißbilligenden Blicken der Kellner anderthalb Stunden zu spät das Restaurant. Während des Essens unterhielten Lee und ich uns weiter, und gegen zwei Uhr morgens fuhr sie mich zurück in mein Motel.

Als ich am nächsten Morgen aufwachte, schien mein Kopf bei der leisesten Bewegung zu bersten. Ich blieb still liegen und dachte über Lee nach. War es, dachte ich, der alkoholische Nebel, der sie mir als so intelligent hatte erscheinen lassen? Schön, ja, aber intelligent? Ich rief Dr. Alison Jolly an, die beste Kennerin Madagaskars und seiner sympathischen Lemuren.

«Sagen Sie, Alison, kennen sie ein Mädchen namens Lee McGeorge?»

«Aber sicher», sagte sie. «Duke University.»

«Nun, was halten Sie von ihr?» fragte ich und wartete gespannt auf ihre Antwort.

«Sie ist ohne Frage einer der hellsten Köpfe auf dem Gebiet des Tierverhaltens, der mir seit vielen Jahren über den Weg gelaufen ist», sagte Alison.

Mein nächstes Problem war nicht so leicht zu lösen. Wie stellt man es an, ein junges, hübsches Mädchen auf sich aufmerksam zu machen, wenn man korpulent, grauhaarig und alt genug ist, um ihr Vater zu sein? Mir, der erfolgreich auf allen Kontinenten Tiere gesammelt hatte, schien das Problem, wie dieser Fang zu bewerkstelligen war, unlösbar, um es vorsichtig auszudrücken. Dann erinnerte ich mich plötzlich an das einzige Attribut, das mich von allen anderen unterschied: Ich hatte einen Zoo. Ich mußte sie dazu bringen, nach Jersey zu kommen, um meine einzigartige Errungenschaft zu sehen. Aber wie konnte ich das bewerkstelligen, ohne die schlimmsten Verdächtigungen in ihrem Herzen aufsteigen zu lassen? Diese Frage beschäftigte mich während der nächsten Tage; dann kam mir eine glänzende Idee. Ich rief sie an.

«Hallo, spreche ich mit Lee McGeorge?» fragte ich.

«Ja», sagte sie.

«Hier ist Gerry Durrell», sagte ich.

«Ich weiß», sagte sie.

«Woher wissen Sie das?» fragte ich erstaunt.

«Sie sind der einzige, der mich anrufen könnte, der einen englischen Akzent hat», sagte sie.

«Oh», sagte ich, von ihrer Logik entwaffnet. «Nun, wie dem auch sei, ich rufe Sie an, weil ich zwei gute Nachrichten habe. Die erste ist, daß ich eine Spende erhalten habe, die es uns ermöglicht, das Hospital zu bauen, das wir brauchen.»

«Wunderbar», sagte sie. «Das ist phantastisch.»

Ich holte tief Luft. «Und die zweite Nachricht ist, daß eine alte Frau, ein Mitglied des Trusts, gestorben ist und uns in ihrem Testament etwas Geld vermacht hat. Wenn die Leute dem Trust Geld vermachen, spezifizieren sie normalerweise, wofür es verwendet werden soll; aber in diesem Fall hat sie es mir überlassen, es so zu verwenden, wie ich es für richtig halte.»

«Ich verstehe», sagte Lee. «Und was wollen Sie damit machen?»

«Nun, vielleicht erinnern Sie sich», sagte ich, «daß ich ein Verhaltensforschungszentrum und ein Tonaufnahmestudio einrichten wollte?» Das wenigstens war wahr.

«Sie wollen es also dafür verwenden. Eine großartige Idee», sagte sie begeistert.

«Nun, nicht ganz», sagte ich. «Es ist nur ein kleiner Betrag, nicht genug, um damit etwas aufzubauen, aber genug, um erste Untersuchungen darüber anzustellen, ob sich das Ganze realisieren läßt. Ich habe mich also gefragt... ob wir es dazu verwenden sollten... Sie nach Jersey kommen zu lassen, um mich beim Aufbau der Sache zu beraten. Was sagen Sie dazu?»

«Hört sich großartig an», sagte sie langsam. «Aber sind Sie sicher, daß Sie *mich* als Berater haben wollen?»

«Ganz sicher», sagte ich fest. «Bei Ihrer Erfahrung wüßte ich keinen besseren.»

«Nun, ich würde das wahnsinnig gerne machen, aber ich könnte nicht vor Ende des Semesters kommen.»

So kam sie, mit einem riesigen Tonbandgerät bewaffnet, und verbrachte sechs Wochen auf Jersey. Wie ich erwartet hatte, liebte sie den Zoo und war begeistert von der ganzen Idee des Trusts. Gegen Ende der sechs Wochen fragte ich sie mit einigem Bangen, ob sie mich heiraten wolle, und zu meinem Erstaunen sagte sie ja.

Ich bin von Natur aus ein bescheidener Mann, aber *eines* habe ich in meinem Leben erreicht, auf das ich ungeheuer stolz bin. Ich bin der einzige Mann seit Menschengedenken, der wegen seines Zoos geheiratet wurde.

Artenschutz mit Hindernissen

Auf dem Papier scheint das Anfangsstadium der Aufzucht in Gefangenschaft als Instrument des Artenschutzes ziemlich unkompliziert zu sein. Man wählt das Tier aus, das Hilfe braucht, und errichtet eine Zuchtkolonie. Aber es verhält sich nicht ganz so einfach. Die Geschichte des Zwergwildschweins ist ein gutes Beispiel. Sie machte uns um manche Erfahrung reicher. Sie lehrten uns, daß Feldforschungen unerläßlich sind, denn unsere Kenntnisse der meisten wildlebenden Arten sind dürftig. Sie lehrten uns, daß in vielen Teilen der Welt die Trägheit der Behörden oder die Kompetenzstreitigkeiten der betreffenden Stellen sich verhängnisvoll auf die Erhaltung der Arten auswirken kann. Und in diesem besonderen Fall lehrten sie uns, daß einige Arten nicht so gefährdet sind, wie wir glauben; denn als wir uns zum erstenmal für dieses kleine Tier interessierten, galt es als ausgestorben.

Das Zwergwildschwein, der kleinste Vertreter der Suidae, wurde zuerst 1847 in Assam in Nordindien von B. H. Hodgson beschrieben. Zunächst war man sich keineswegs sicher, ob dieses winzige Schwein überhaupt eine eigene Art oder nicht vielmehr das Junge des Indischen Wildschweins sei. Es erwies sich jedoch bald als tatsächlich neue Art und wurde auf den Namen *Sus salvanius* getauft. Ein paar Exemplare wurden von Museen erworben, und dann verschwand es wieder auf die geheimnisvolle Weise, wie es aufgetaucht war. Das wurde den Eingriffen des Menschen in sein natürliches Habitat zugeschrieben: das Elefantengras oder «Reet» wurde abgebrannt und untergepflügt, um Ackerland zu gewinnen – eine Praxis, die auch heute noch existiert. So schien es, als ob das Zwergwildschwein nur kurz auf der naturwissenschaftlichen Bühne aufgetreten war, um dann genauso wieder in Vergessenheit zu geraten wie die Dronte.

In einem so großen und so wenig von Wissenschaftlern besuchten Gebiet war es jedoch durchaus möglich, daß dieses kleine, scheue Geschöpf sich versteckt hielt und noch immer in einigen unberührten Flecken des Reetdickichts Unterschlupf fand. Ich nahm mir vor, eines Tages die Fährte des verschwundenen Zwergwildschweins aufzunehmen, und dachte dann nicht mehr daran, bis ein gewisser Captain Tessier-Yandell in mein Leben trat, begleitet von einem Otter – ein Entree, das ich jeder nichtssagenden Visitenkarte vorziehe. Was der Captain von mir wollte, war eine vorübergehende Unterkunft für seinen Otter. Er wollte, wenn er demnächst in den Ruhestand trat, Assam verlassen und nach Jersey ziehen, wo er seinen Otter wieder zu sich nehmen würde. Ich war eigentlich nicht scharf auf einen Otter, so reizend diese Tiere auch sind, aber dieses Exemplar war so bezaubernd, daß es im Nu mein Herz eroberte. Als wir in meinem Büro saßen und der Otter sich in jener wunderbaren, geschmeidigen Art, die diesen Tieren eigen ist, über den Fußboden schlängelte, sagte Tessier-Yandell, daß er für kurze Zeit nach Assam zurückkehren wolle und sich glücklich schätzen würde, jede Art für mich aufzutreiben, die ich haben wollte.

«Ein Zwergwildschwein», sagte ich spontan.

Er sah mich mit völlig leerem Gesichtsausdruck an. «Was ist ein Zwergwildschwein?» fragte er zögernd.

«Kleinster Vertreter der Schweinefamilie, angeblich ausgestorben. Aber ich gehe jede Wette ein, daß das nicht stimmt. Reizendes Tierchen», sagte ich begeistert. Ich hatte tatsächlich noch nie ein Zwergwildschwein gesehen, aber ich hege eine tiefe, warme Zuneigung für alle Mitglieder der Schweinefamilie. Weil es ein Schwein war und noch dazu ein so kleines, mußte es einfach reizend sein. Ich holte das einzige Bild hervor, das ich von dem Tier besaß, und wir betrachteten es eingehend. Zwergwildschweine weisen eine Schulterhöhe von etwa 35 Zentimetern auf und haben ungefähr die Form eines übergewichtigen Drahthaarterriers. Ihr Fell ist grauschwarz und borstig, und sie haben einen kleinen, aber äußerst beweglichen Rüssel. Auf den ersten Blick sehen sie tatsächlich wie das Junge eines Wildschweins aus, aber bei näherer Prüfung zeigt sich, daß der Kopf völlig anders geformt ist. Selbst ich, ein glühender Liebhaber von Schweinen, muß gestehen, daß ein ausgewachsenes Zwergwildschwein auch bei großzügiger Auslegung ästhetischer Wertmaßstäbe nicht als schön zu bezeichnen ist.

Zu meiner Freude schien Tessier-Yandell von der ganzen Idee fasziniert zu sein. «Ich werde meine Augen offen halten», sagte er. «Und ich werde die Einheimischen fragen. Sehen wir, was dabei herauskommt!»

Im Laufe der Jahre habe ich Dutzende von Leuten kennengelernt, die mir dasselbe versprachen; und nur wenige haben ihr Versprechen auch gehalten. Aber Tessier-Yandell stand zu seinem Wort. Nach erstaunlich kurzer Zeit schrieb er mir, um mich von der aufregenden Neuigkeit in Kenntnis zu setzen, daß das Zwergwildschwein tatsächlich existierte – wenn auch in kleiner Zahl –, und daß die Einheimischen von ihm wußten und versuchen würden, eines zu fangen. Er selbst könne leider dabei nicht mitwirken, da er bald abreise, aber er habe die ganze Sache den Leuten vom Assam Valley Wildlife Scheme übertragen, die bereits die äußerst seltene Weißflügel-Brautente aufzogen. Wenig später erhielt ich dann die phantastische Nachricht, daß das Zwergwildschwein gefangen worden war und nicht weniger als drei Paare in einer Teeplantage in Attareekhat eine Heimstatt gefunden hatten. Vier dieser wertvollen Schweine könnten uns gehören, wenn wir zwei Vorbedingungen erfüllten: 1. müßten wir die indische Regierung die Ausfuhr genehmigen lassen, und 2. müßten wir das britische Landwirtschaftsministerium ihre Einfuhr nach Jersey genehmigen lassen. (Die Einfuhr nach Jersey unterliegt denselben Bestimmungen, die im Vereinigten Königreich gültig sind.)

Das erste Problem wurde dadurch gelöst, daß ich Sir Peter Scott schrieb, der nicht nur einer unserer wissenschaftlichen Berater, sondern auch Vorsitzender der Species Survival Commission der International Union for the Conservation of Nature and Natural Resources (IUCN) war. Er schrieb sogleich an Ministerpräsidentin Indira Gandhi, die schon immer für den Naturschutz eingetreten war. Sie erteilte uns sofort die Genehmigung, drei Paare der Zwergwildschweine nach Jersey einzuführen. Damit war der bürokratische Teil der Operation erledigt; so dachten wir jedenfalls. Doch wir hatten das britische Landwirtschaftsministerium unterschätzt. Die meisten der amtlichen Tierärzte im Ministerium erbleichen und fallen in Ohnmacht, wenn man den Antrag stellt, Rinder oder Schafe oder Ziegen oder jegliche Art von Paarhufern nach Großbritannien einzuführen – aus Furcht, sie könnten den gesunden britischen Tierbestand mit so widerlichen ausländischen Krankheiten wie Milzbrand, Rinderpest, Bluetongue und Maul-und-Klauen-Seuche anstecken. Vor allem Schweine lösen gewöhnlich einen kollektiven Nervenzusammenbruch aus, da sie die edlen britischen Schweine mit Schweinepest oder *Pestis suum* verseuchen könnten.

Nach einer längeren Korrespondenz, die kühl begann, aber mit menschlicheren Tönen endete, erlaubten sie uns schließlich zögernd, die Schweine in einem europäischen Zoo auf dem Festland unterzubringen und dort aufzuziehen. Wenn sich ohne den geringsten Zweifel herausstellen sollte, daß in den letzten sechs Monaten keine der gräßlichen Krankheiten in der betreffenden Region aufgetreten war, durften wir die Jungen nach Jersey einführen. Damit schienen unsere Schwierigkeiten behoben, aber nicht ganz. Im übrigen Europa gelten ebenfalls Quarantäne-Bestimmungen, und unser Problem war jetzt, einen geeigneten Zoo zu finden, dem die Einfuhr von Wildschweinen gestattet war, der passende Unterkunftsmöglichkeiten besaß und überhaupt Zwergwildschweine *wollte*. Die ganze Geschichte war inzwischen so kompliziert, daß ich bedauerte, je von dem Tier gehört zu haben. Dann, als wir gerade begannen zu verzweifeln, kam uns der Züricher Zoo zur Hilfe. Sie würden die Schweine aufnehmen, würden versuchen, sie zu züchten und bei Erfolg den Nachwuchs (zumindest einige Tiere) nach Jersey verschiffen. Triumphierend (der ganze Vorgang hatte sechs Monate gedauert) bat ich Jeremy, sofort nach Assam zu fliegen und die kleinen Tiere in seine Obhut zu nehmen. Doch als Jeremy in Attareekhat eintraf, wurde er sofort in das hineingezogen, was der Fluch jedes Naturschützers ist – die Politik.

Seit einigen Jahren versuchte Assam damals (was es auch heute noch tut), sich von Indien zu lösen und autonom zu werden. Als Jeremy voller Begeisterung ankam, entdeckte er, daß die Beziehungen zwischen Indien und Assam äußerst heikel waren, um es vorsichtig auszudrücken. Und als er fröhlich sagte, er sei gekommen, um drei Paare von Zwergwildschweinen abzuholen, und seine von Frau Gandhi ausgestellte Genehmigung hervorzog, zeigten sich die Einheimischen alles andere als hilfsbereit. Er hatte das Gefühl, so willkommen zu sein wie ein Beerdigungsunternehmer auf einer Hochzeit. Vergeblich appellierte er an die örtlichen Behörden. Der Chief Conservator of Forests, der verantwortliche Mann, behauptete einfach, er habe nicht genug Schweine übrig. Übrig für was? fragt man sich. Er unternahm nichts mit denen, die seiner Obhut anvertraut waren, und er unternahm praktisch nichts, um den Lebensraum der wildlebenden Schweine zu schützen, was eigentlich seine Aufgabe war. Diese Konfrontation mit politischer Feindseligkeit und Bürokratie trieb Jeremy fast in den Wahnsinn. Telegramme nach und aus New Delhi hatten keine Wirkung. Der Conservator of Forests blieb unerbittlich. Jeremy hatte das Gefühl, nichts mehr tun zu können, und wollte gerade seine Niederlage eingestehen, als der Conservator zu dem Schluß gelangte, daß er die politische Karte ausgereizt hatte und es vielleicht unklug wäre, sich weiterhin so stur zu verhalten. Er hatte es der Zentralregierung gezeigt. Großzügig genehmigte er Jeremy, ein Paar der Zwergwildschweine mitzunehmen. Jeremy befand sich jetzt in einem Dilemma. Als der Trust gegründet wurde, hatten wir uns nach langen Diskussionen und eingehender Beratung mit Wissenschaftlern entschlossen, keine Zuchtkolonie mit weniger als drei Paaren aufzubauen, um die Genbasis nicht zu gefährden. Dieser festgeschriebene Grenzwert durfte nur in Ausnahmefällen unterschritten werden, wenn beispielsweise die wildlebende Population selbst nur aus acht oder zehn Exemplaren bestand. Nach sorgfältiger Überlegung kam Jeremy zu dem – völlig richtigen – Schluß, daß wir nach all der Zeit und Energie, die wir in das Projekt investiert hatten (vom Geld gar nicht zu reden), besser daran täten, das Angebot anzunehmen. So verstaute er die beiden Schweine in Kisten und flog ab, bevor der Conservator vielleicht seine Meinung änderte.

Die beiden Tiere kamen sicher in Zürich an und gewöhnten sich rasch an ihr Quarantäne-Quartier. Ihre Anpassung an die Bedingungen der Gefangenschaft und an eine ihnen fremde Nahrung war ein großer Erfolg, und wir sahen hoffnungsfroh in die

Zukunft. Zu unserer Freude warf die Bache fünf Ferkel. Leider waren es vier Männchen und nur ein Weibchen. Unsere eigentliche Strategie, drei Paare einer Art zum Aufbau einer Kolonie zu verwenden, erwies sich damit als richtig, denn jetzt hatten wir einen Überschuß an männlichen Tieren. Die beiden Elterntiere starben plötzlich, so daß nur noch die geschlechtlich ungleiche Gruppe der Ferkel übrig war. Sie gediehen prächtig. Als sie aber die Geschlechtsreife erreicht hatten, versetzte uns das Schicksal einen gemeinen Schlag. Unsere einzige Bache starb ebenfalls. Jetzt besaßen wir nur noch vier junge Eber. Inzwischen hatten die Beziehungen zwischen Assam und Indien ein äußerst unangenehmes Stadium erreicht, und unsere Chancen, nach weiteren Bachen Ausschau zu halten, waren gleich null. Wieder einmal, wie schon so oft in der Vergangenheit, behinderte die Politik den Naturschutz. In unserer Verzweiflung nahmen wir unseren Ebern Samen ab und befruchteten künstlich einige Sauen einer Hausschweinrasse, die sich durch einen äußerst kleinen Körperbau auszeichnete. Wir hofften auf weiblichen Nachwuchs, den wir dann wieder mit unseren Zwergwildschweinen kreuzen wollten, um so schließlich Nachkommen zu gewinnen, die genetisch gesprochen mit einem «echten» Zwergwildschwein eng verwandt waren. Unsere Versuche schlugen fehl, da die Sauen nicht trächtig wurden.

Dies ist also die traurige Geschichte des Zwergwildschweins, das man für ausgestorben hielt und das wiederentdeckt wurde, die Geschichte einer Rettungsaktion, die mißlang; und jetzt ist das kleine Tier wieder im Dunkel verschwunden. Zu Beginn dieser Geschichte wurden 40 bis 50 Prozent des Reetgebiets, des einzigen bekannten Lebensraums des Zwergwildschweins, jedes Jahr abgebrannt. Nach den letzten Berichten sind es inzwischen jedes Jahr 100 Prozent. Damit nicht genug, wird der letzte Zufluchtsort des Zwergwildschweins, das Manas-Tiger-Reservat, das nicht nur Heimat des Zwergwildschweins, sondern auch des äußerst gefährdeten Großen Panzernashorns und des Wildbüffels ist, inzwischen durch bewaffnete Stammesdissidenten bedroht, die in das Gebiet eingedrungen sind. Diese Leute haben Waldhüter getötet, Feuer gelegt und Nashörner erschossen. Obgleich die indische Armee eingegriffen hat und die Lage angeblich unter Kontrolle ist, scheint es, als ob das Zwergwildschwein, das dem Aussterben gerade noch einmal entkommen war, jetzt endgültig jenen Weg geht, den vor ihm die Dronte, das Quagga, die Wandertaube und eine Schar anderer Geschöpfe gegangen sind, die vergeblich versucht haben, mit dem schrecklichsten aller Raubtiere, dem völlig zu Unrecht so genannten *Homo sapiens*, zusammenzuleben.

Etwas von anderen Tieren herauszufinden ist schwer; so sollte man meinen, daß zumindest die Kommunikation innerhalb der eigenen Art eine recht einfache Sache ist, zumal selbst Sprachbarrieren überwunden werden können. Ich habe zu meinem Leidwesen erfahren müssen, daß dem nicht so ist und daß es schwerer ist, sich innerhalb unserer eigenen Art zu verständigen, als das Geschlechtsleben unbekannter Tiefseefische zu erforschen. Das lernte ich, als wir die Weißrohrfasanen bekamen.

Diese anmutigen und schönen Vögel bewohnen das Hochland von China und Tibet und werden (wie das meiste Federwild, das Guana- und Baumhuhn Südamerikas, das Perlhuhn Afrikas) immer seltener, da sie Jägern zum Opfer fallen und ihre Lebensräume zerstört werden. Der letzte wildlebende Weißrohrfasan war 1936 aus China ausgeführt worden, und die in Gefangenschaft lebende Population, die noch übrig war, bestand aus achtzehn Vögeln, die alle entweder zu alt oder brutunfähig waren. Als wir die Chance erhielten, einige Vögel aus China einzuführen, um eine neue Kolonie zu gründen, gingen wir daher begeistert darauf ein. Wir erhielten zwei Paare – ich habe an anderer Stelle von den Widrigkeiten berichtet, denen wir bei ihrer Aufzucht begegneten. Trotz allem waren wir schließlich erfolgreich, und es war ein Tag, den wir in unserem Kalender rot ankreuzten, als Shep Mallett, unser damaliger Vogelkurator, und ich vor der Voliere standen und liebevoll nicht weniger als dreizehn zarte und aufgeplusterte, in blaßgelben, mit schokoladenfarbenen Tupfen gesprenkelten Flaum gehüllte Babies betrachteten, die piepsend um ihre Pflegemutter, ein Bantamhuhn, herumliefen wie dreizehn jener blechernen Vögel zum Aufziehen, die Straßenverkäufer feilbieten. Wir hatten natürlich sorgfältig ein Archiv über diese wertvollen Babies angelegt, aber es fehlten uns bestimmte Informationen über den gegenwärtigen Status ihrer gefangenen und freilebenden Artgenossen. Wir erfuhren von dem holländischen Händler, bei dem wir die Tiere erworben hatten, daß er sie vom Pekinger Zoo hatte. Was lag also näher, als den Direktor des Zoos brieflich um die Informationen zu bitten, die wir brauchten?

Ich schrieb einen überschwenglichen Brief, in dem ich die Aufregung schilderte, als wir die Fasanen bekamen, informierte ihn dann über die Arbeit des Trusts und bat um seine Hilfe. Ich legte ein Exemplar unseres Jahresberichts, unseren Zooführer und Fotos der Fasanenjungen und ihrer Eltern in den Volieren bei. Tage vergingen, und aus Tagen wurden Wochen. Ich dachte, der Brief sei vielleicht in den Wirren der Kulturrevolution verlorengegangen. So schickte ich eine Kopie meines Originalschreibens (samt weiterer Fotos) mit einem Begleitbrief ab, in dem ich meiner Befürchtung Ausdruck gab, daß mein Originalbrief vielleicht verlorengegangen sei. Wochen vergingen, und nichts geschah. Ich schrieb ein drittes und schließlich ein viertes Mal, mit dem gleichen Ergebnis. Nach einiger Überlegung entschloß ich mich, anders vorzugehen. Ich schrieb an den chinesischen Botschafter in London, legte Kopien meiner verschiedenen Briefe an den Pekinger Zoo bei und bat ihn um seinen Rat und seinen Beistand. Nichts geschah. Ich schrieb noch einmal; ich sei sicher, sagte ich, daß mein Brief von der ineffizienten, dekadenten britischen Post fehlgeleitet worden sei, und legte Kopien von allem bei, was ich jemals über den Weißrohrfasan geschrieben hatte. Keine Antwort. Es war, als ob meine Feder nie einen Bogen Papier berührt habe. Ziemlich wütend (schließlich hatte ich sie nicht um Angaben über die Startrampen ihrer Atomraketen gefragt) setzte ich mich hin und schrieb an den Chargé d'Affaires an der Londoner Botschaft, erläuterte die Situation und legte Briefkopien bei. Der Papierstoß war inzwischen auf die Dimension eines Tolstojschen Manuskripts angewachsen und hatte mich ein kleines Vermögen an Porto gekostet. Schweigen. In meiner Verzweiflung kopierte ich die gesamte unbeantwortete Korrespondenz und schickte alles zusammen an unseren Botschafter in Peking, entschuldigte mich für die Mühen, die ich ihm bereitete, und bat ihn, mir zu helfen, die Mauer des Schweigens zu durchbrechen. Er schrieb mir höflich zurück, er habe meine Korrespondenz an den Direktor des Pekinger Zoos weitergeleitet, und das sei alles, was er tun könne. Er hoffe, daß ich eine befriedigende Antwort erhalten würde. Wenig zu meiner Überraschung erhielt ich überhaupt keine Antwort, und dabei ist es bis jetzt, fast dreißig Jahre später, geblieben. Ich hätte meine einseitige Korrespondenz ebensogut in den Kamin schreiben können.

Auch die Südamerikaner betrachten es als Ehrensache, keine Briefe zu beantworten. Wenigstens taten sie es, als wir zum erstenmal mit dem Vulkankaninchen zu tun hatten.

Das Vulkankaninchen ist eigenartig genug, um eine eigene Gattung zu bilden. Es lebt an den Hängen der vor Mexico City gelegenen Vulkane mit den unaussprechlichen Namen Popocatepetl und Ixtacihuatl. Es ist winzig klein, etwa so groß wie ein noch nicht ausgewachsenes europäisches Wildkaninchen, aber mit kleineren, hübscheren, eng am Kopf anliegenden Ohren, einem etwas runderen Profil und einer sehr wachsamen Haltung.

Ich erinnere mich an den Tag, als wir zum erstenmal die Seiten des Popocatepetl hinauffuhren, um nach dem Kaninchen Ausschau zu halten, dort, wo die Straße endete und das große Schneetreiben begann. Wir hatten nichts gesehen außer verstreuten Pinienwäldern und einem Meer von Zakatongras, großen goldenen Flechten, die aussahen wie die Perücken von hunderttausend Kurtisanen auf Perückenständern. Dann, als wir durch die klare Luft zurückfuhren in das von Smog gefüllte Tal, in dem Mexico City liegt, eine Stadt, deren Dunst immer übler wird, hörten wir plötzlich ein seltsames Geräusch, eine Mischung aus Zirpen und Bellen, und da, auf einem zierlichen Zakatonzweig, saß ein Vulkankaninchen, kompakt, aufrecht, und beobachtete uns aufmerksam. Ich schaute mir dieses anmutige, kleine Geschöpf an, das aussah, als ob es sich gerade gewaschen und herausgeputzt habe, und das uns mit seinen kleinen, hellen Augen beobachtete, dort oben auf dem Vulkan in der sauberen, kühlen, dünnen Luft in seinem Reich aus Zakatonbüscheln. Dann blickte ich hinunter ins Tal, wo die riesige, ausufernde Stadt unsichtbar unter einer dichten Smogglocke lag. Das Vulkankaninchen wußte sich seiner Umwelt anzupassen, ohne sie zu zerstören, dachte ich, während der Mensch, wohin er auch geht, seine Umgebung verschmutzt und sie nicht nur für sich, sondern auch für alle anderen Geschöpfe, die versuchen, mit ihm zusammenzuleben, unbewohnbar werden läßt.

Selbst damals in den sechziger Jahren konnte man bereits sehen, daß die Weiden und Äcker sich von Mexico City aus ausbreiteten und die Hänge des Vulkans hinaufkrochen, um den Lebensraum des Kaninchens zu bedrohen. Es war an der Zeit, etwas zu tun. Im Laufe von zwei Jahren schrieb ich elf Briefe an die entsprechende Behördenstelle in Mexico City, ohne je eine Antwort zu bekommen. Einige dieser Briefe schickte ich als Einschreiben, so daß niemand behaupten konnte, er habe sie nie erhalten. Schließlich wurde ich so wütend, daß ich mich entschloß, selbst nach Mexico zu fahren. Ich traf mehrere Verabredungen, um den Mann zu sprechen, mit dem ich «korrespondiert» hatte. Die meisten davon wurden ohne eine Entschuldigung in letzter Minute abgesagt. Als es mir schließlich gelang, ihn zu treffen, leugnete er schlankweg, etwas von der Sache zu wissen, obwohl ich ihm die Kopien meiner Briefe zeigte. Dann, um sein lateinamerikanisches *amour propre* zu beschwichtigen, das durch meinen schlecht verhohlenen Ärger und seine Langsamkeit verletzt worden war, ließ er mich unangemessen lange warten, ehe er mir die Genehmigung erteilte, die Kaninchen zu fangen und auszuführen.

Im Umgang mit der Bürokratie und mit umständlichen Bürokraten gibt es nur ein Mittel zum Erfolg – kalt sein wie ein Gletscher und sich wie ein Gletscher unerbittlich Zentimeter um Zentimeter vorschieben, bis man erreicht hat, was man will. Aber dieser Kampf erfordert – wie das Ringen mit einem Alligator – Zeit, Kraft und Mut; und manchmal fehlt die Zeit, weil die Sache dringend ist. Außerdem sind es nicht immer die Bürokraten, die die Probleme verursachen. Wir alle wissen von Charles Dickens' Mr. Bumble, daß «das Gesetz ein Esel ist» – aber wer ist nicht schon gesetzlichen Vorschriften begegnet, die nicht nur eselhaft, sondern dies auf monumentale, idiotische, völlig unverständliche Weise sind?

Sowohl Mangel an Zeit wie an juristischem *common sense* zeichnet den Fall der Schwarzen Strandammer aus, einen Fall, der so blödsinnig, so grotesk ist, daß er, wäre das Ende der Geschichte nicht so schrecklich, bei einer Festrede brüllendes, ungläubiges Gelächter hervorrufen würde. Man würde dem Redner nicht glauben, man würde ihm gratulieren zu seinen Übertreibungen und seinem sarkastischen Witz.

Die Schwarze Strandammer war – ich verwende absichtlich die Vergangenheitsform – ein hübscher kleiner Vogel, mit grauschwarzem, gelb geflecktem Gefieder und einem lieblichen Gesang. Er lebte in einem eng begrenzten Gebiet in den Salzmarschen an der Küste Floridas; als jedoch sein Habitat durch menschliche Aktivitäten trockengelegt und verschmutzt wurde, schrumpfte die Population bis auf fünf Vögel, alles Männchen, zusammen. Sie wurden eingefangen, und dann begann eine letzte Suche nach einem Weibchen, die freilich ergebnislos verlief. Diese fünf Strandammern waren also die letzten ihrer Art, die es auf der Erde gab. Ganz in der Nähe lebte jedoch ein naher Verwandter, die Scottsche Strandammer*, und so wurde vorgeschlagen, weibliche Scottsche mit den Schwarzen Strandammern zu kreuzen, um die Nachkommen rückzukreuzen, bis man einen Vogel hatte, der, genetisch gesprochen, so verwandt mit der Schwarzen Strandammer sein würde, daß er von diesem nicht mehr zu unterscheiden war. Das schien eine vernünftige Lösung zu sein, und jeder war der Meinung, daß sie einen Versuch wert sei. Das heißt, jeder bis auf die Leute vom US Fish and Wildlife Service, der staatlichen Organisation, deren Obhut die letzten Schwarzen Strandammern anvertraut waren und deren Aufgabe es war, dafür zu sorgen, daß der Vogel nicht ausstarb.

Es ging dabei nicht um finanzielle Fragen, denn das ganze Projekt sollte durch Gelder finanziert werden, die bereits von nicht-

* Durch Analyse der DNS der Strandammern wurde einige Jahre später entdeckt, daß die Scottsche mit der Schwarzen Strandammer nicht so eng verwandt ist wie mit einigen anderen Formen der Strandammer. Diese Tatsache ändert jedoch nichts an der Richtigkeit meiner folgenden Bemerkungen, zeigt freilich, daß die Artenschützer und die DNS-Wissenschaftler schon früher hätten zusammenkommen sollen.

staatlichen Stellen (zum Teil von unserem eigenen amerikanischen Trust) aufgebracht worden waren. Bundesmittel wurden also nicht in Anspruch genommen. Es ging allein um ein juristisches Problem, das in den folgenden Auszügen einer Pressemitteilung der Florida Audubon Society am besten zum Ausdruck kommt, in diesem Schrei in der Wildnis, wie sich herausstellen sollte:

ZUR SOFORTIGEN VERÖFFENTLICHUNG FREIGEGEBEN

SCHWARZE STRANDAMMER – EIN ABSCHIED FÜR IMMER?

MAITLAND: Die Florida Audubon Society wandte sich heute mit der dringenden Bitte an die Bundesbehörde, ein Kreuzungsvorhaben zu genehmigen, das verhindern würde, daß die Gene der Schwarzen Strandammer der Welt für immer verlorengehen.

Laut Peter Rhodes Mott, dem Präsidenten der Florida Audubon, sollte das Zuchtprogramm sofort beginnen, solange noch fünf männliche Schwarze Strandammern am Leben sind... «Wir können eine Zuchtpopulation von Strandammern zur Verfügung stellen, deren Gene im wesentlichen mit denen der Schwarzen Strandammern identisch sind. Wir haben bereits das Geld für das erste Jahr des Projekts aufgebracht.» Der Fish and Wildlife Service habe sich jedoch bisher geweigert, das Programm zu genehmigen. Die Anwälte des Service vertreten die Meinung, die Nachkommen einer Kreuzung zwischen den Scottschen und den Schwarzen Strandammern wären nie ‹reine› Schwarze Strandammern und könnten daher nicht als gefährdete Art angesehen werden. Das heißt, daß die Organisation Bundesmittel, die für gefährdete Arten ausgewiesen sind, nicht für dieses Zuchtprogramm ausgeben kann und daß sie den Nachkommen der Kreuzung, sollten sie freigelassen werden, keinen Schutz angedeihen lassen wird.

«Wenn der Service zu dem Schluß gelangt, daß es sich nicht lohnt, die Gene der Schwarzen Strandammer zu erhalten, und es besser wäre, das Geld zum Schutz spektakulärerer gefährdeter Arten auszugeben, können wir mit einer solchen Entscheidung leben», sagte Mott. «Aber wir sollten nicht zulassen, daß Anwälte mit ihren Haarspaltereien die seltenen Schwarzen Strandammern in Vergessenheit geraten lassen, vor allem, da es eine vernünftige und durchführbare Alternative gibt. Und wir sollten nicht zulassen, daß diese Art völlig verschwindet, nur weil der Fish and Wildlife Service seine eigene bürokratische Trägheit nicht überwinden kann. Mit einem Wort: wir können nicht tatenlos zuschauen, wie die letzten Schwarzen Strandammern, eine nach der anderen, wegsterben. Vor allem, wo es eine Alternative gibt und die Finanzierung von privater Seite gesichert ist.»

Aber die Schlacht hatte erst begonnen. Alle möglichen Leute beteiligten sich daran: der International Council of Bird Preservation; Dillon Ripley, der Sekretär des Smithsonian Instituts, selbst ein bedeutender Vogelzüchter und Ornithologe; und Dr. Hardy, der Kurator am Department of Natural Sciences des Florida State Museum. Dr. Hardy unterstützte das Vorhaben durch einen Brief, den er an den Direktor des US Fish and Wildlife Service in Washington schrieb. Hier sind Auszüge aus der Antwort, die er erhielt. Sie belegen, daß Amtssprache sich zu einer Kunstform entwickeln kann. Meine Übersetzung und Kommentare zu diesem bürokratischen Jargon sind kursiv gesetzt.

...

Obwohl Ihr Vorschlag einige interessante Möglichkeiten aufweist, sind wir nicht der Ansicht, daß die Kreuzung zwischen Schwarzen Strandammern und ähnlichen Strandammern erstrebenswert ist, und zwar aus folgenden Gründen:

1. Es ist ungewiß, ob die Kreuzung den Schwarzen Strandammern ähnliche Tiere hervorbringen wird und ob sie das Salzmarschen-Habitat akzeptieren werden, das jetzt von den Schwarzen Strandammern genutzt wird; ebenso ungewiß ist, ob die Hybriden fruchtbar sein werden. *(Diese Kreuzungen sind nie versucht worden; deshalb kann man natürlich nicht wissen, ob sie erfolgreich wären.)*

2. Eine Kreuzung wird zu einer ständigen Ausdünnung des Schwarze-Strandammer-Demos führen, was nicht wünschenswert erscheint. *(«Demos» bezeichnet im biologischen*

Fachjargon «eine Gruppe von Individuen, die sich mit hoher Wahrscheinlichkeit miteinander paaren». Da nur noch vier Männchen übrig waren, konnte man kaum von einem Demos sprechen, noch weniger von einer Ausdünnung und am allerwenigsten davon, ob die Kreuzung wünschenswert sei.)

3. Es liegen kaum Erkenntnisse darüber vor, ob die Rückkreuzung durchführbar ist und fast «reine» Schwarze Strandammern hervorbringen wird. *(Noch einmal: Man hat es noch nie versucht. Und was war dabei schon zu verlieren?)*

4. Wir sind nicht der Ansicht, daß das Vorhaben dahingehend ausgeweitet werden kann, Kreuzungen als Mittel zum Schutz gefährdeter Arten zu benutzen. *(Ich glaube, was er meinte, war: nichts zu tun halten wir für besser als etwas zu tun; denn etwas zu tun könnte einen Präzedenzfall schaffen, und wir alle hätten dann mehr Arbeit am Hals.)*

5. Eine Genehmigung dieses Projekts würde einen Präzedenzfall fur Kreuzungen schaffen, der nicht unterstützt werden kann. *(Ein einmal geschaffener Präzedenzfall verwandelt sich in ein wildes Ungeheuer, das alles verschlingt, was ihm in den Weg kommt. Er ist eine Büchse der Pandora, die man besser verschlossen hält. Strandammern sind entbehrlich, Bürokraten nicht.)*

Ich bedaure, daß wir verschiedener Meinung darüber sind, wie die Schwarze Strandammer zu erhalten ist. Nichtsdestoweniger sind wir Ihnen für Ihren Vorschlag sehr dankbar und hoffen, daß Sie die von uns geplanten Maßnahmen unterstützen. *(Die «Maßnahmen» bestanden darin, weiter nach einem Weibchen der Schwarzen Strandammer zu suchen!)*

Mit vorzüglicher Hochachtung usw. usw.

Ein Komentator beschrieb die Situation noch bissiger als ich:

Die für die Ablehnung angeführten Gründe beziehen sich u. a. auf die Metaphysik juristischer Haarspaltereien und die Angst, «einen Präzedenzfall zu schaffen». Da das Aussterben einen Präzedenzfall schafft, der für immer seine Gültigkeit behält, vermögen wir nicht, die juristische Begründung und das Zögern von Leuten zu verstehen (von denen einige einmal Biologen waren, bevor sie sich in Verwaltungsaufgaben verstrickten), die es besser wissen müßten. Es ist eine Ironie der Geschichte, daß die Population der Schwarzen Strandammer gerade von der Bundesorganisation den Todesstoß erhält, deren Aufgabe es wäre, sie vor dem Aussterben zu bewahren.

Während die Schlacht noch tobte, wurden die Strandammern älter und starben, eine nach der anderen. Dennoch gab der Fish and Wildlife Service seine bürokratische Einstellung nicht auf.

Am 16. Juni 1987 starb die letzte Schwarze Strandammer. So verschwand aus unserer Welt ein Vogel, der in den vierziger Jahren noch mehr als 6000 Exemplare zählte, nicht nur durch die Habgier und Gedankenlosigkeit des Menschen, sondern auch durch eine idiotische Bürokratie, die sich der unangenehmsten aller Spezies, des Rechtsanwalts, bediente. Ein ausgezeichneter junger Journalist, der über das Ende dieses Vogels im *Orlando Sentinel* berichtete, schloß mit folgender Bemerkung: «Wie der Kanarienvogel, der die Bergleute vor austretendem Grubengas warnte, übermittelt uns die ausgestorbene Schwarze Strandammer eine Botschaft: Wir sind alle in Gefahr.»

Das sind also einige der Situationen, denen wir in unserem Kampf um die Erhaltung gefährdeter Arten begegneten. Manchmal muß man gegen eine kleine Regierungsabteilung ankämpfen, manchmal nur gegen ein einzelnes Individuum (was die Aufgabe freilich nicht unbedingt leichter macht). Bei anderen Gelegenheiten findet der Kampf überall in der Welt und an weit voneinander entfernten Orten statt und schließt so viele diffuse Personen und Organisationen ein, daß man schier verzweifeln möchte. Der Fall, der mir dabei sofort in den Sinn kommt, betrifft den internationalen Handel mit wilden Tieren und Tierprodukten.

Zu der Zeit, da ich gerade den Zoo in Jersey aufzubauen begann, nahm ich an einer Konferenz teil, wo ich einem holländischen Tierhändler vorgestellt wurde, einem äußerst charmanten Mann, der ausgezeichnet Englisch sprach. Wie vermutlich die meisten Händler war er völlig gewissenlos. In jenen Tagen gab es (anders als heute) natürlich noch kein öffentliches Bewußtsein, was das Schicksal der wildlebenden Tiere betraf; noch weniger gab es internationale Gesetze zu ihrem Schutz. Selbstverständlich hatten einige Länder das, was ich immer als «Papierschutz» bezeichnet habe, um einige ihrer endemischen Arten vor dem Aussterben zu bewahren; aber das meiste, was davon in die Praxis umgesetzt wurde, geschah entweder mit halbem Herzen oder schlug selbst bei entsprechendem Druck fehl, da es an Geldern für das nötige Personal und die nötige Ausrüstung fehlte. Außerdem dachten sich die Händler (wie heute die Drogenschmuggler) immer neue und raffiniertere Methoden aus, die Gesetze zu umgehen.

Spät am Abend, als die Konferenz beendet war, sprach der holländische Händler mich an, da er gerade von meinem neuen Zoo gehört hatte, und fragte mich, ob er mir etwas verkaufen könne. Zu seiner Enttäuschung hatte er nichts, was ich brauchte oder hätte bezahlen können, wenn ich es gebraucht hätte. Da er jedoch ein geselliger Kerl war, blieben wir bis in den frühen Morgen zusammen, und unter dem Einfluß des Alkohols wurde er noch geselliger und etwas indiskret. Als der Trinkfestere von uns beiden hoffte ich natürlich, ein paar Berufsgeheimnisse aus ihm herauszuholen, und so traktierte ich ihn mit weiteren Drinks und unschuldigen Fragen.

«Mein lieber Gerry», sagte er, denn wir hatten inzwischen das Stadium erreicht, in dem man sich mit dem Vornamen anredet, und er stand unter dem Eindruck, daß wir Blutsbrüder seien. «Wenn Sie wollen, kann ich Ihnen jedes Tier in der Welt beschaffen, ob es geschützt ist oder nicht.»

«Ich glaube, Sie übertreiben», sagte ich lächelnd, als ob ich ein unartiges Kind zurechtwiese. «Das nehme ich Ihnen nicht ab.»

«Nein, nein, es stimmt, Gerry, Sie können mir das glauben», sagte er ernst. «Ich schwöre es beim Grab meiner Mutter.»

«Es tut mir leid, daß Ihre Mutter tot ist», sagte ich.

«Sie ist nicht tot», sagte er, ohne sich bei dieser Kleinigkeit aufzuhalten. «Aber ich schwöre es bei dem Grab, das sie einst bewohnen wird. Los, stellen Sie mich auf die Probe!»

Ich dachte einen Augenblick nach.

«Komodo-Warane», sagte ich, da ich wußte, daß diese größten aller Echsen auf ihrer Inselheimat von der indonesischen Regierung streng geschützt werden.

«Pah!» sagte er und nahm einen Schluck. «Können Sie nichts Schwereres finden? Komodo-Warane sind kein Problem.»

«Nun, wie würden Sie es anstellen...» insistierte ich, ehrlich interessiert.

«Wie Sie wissen», sagte er, mit einem wohlmanikürten Finger auf mich weisend, «hat die indonesische Regierung eine Barkasse, die die Gewässer um die Insel Komodo patrouilliert, ja?»

«Ja», sagte ich. «Eine Patrouille gegen Schmuggler und Wilderer.»

Er nickte und zwinkerte mir mit einem seiner feuchten braunen Augen bedeutungsvoll zu.

«Wissen Sie, wie schnell sie ist?» fragte er rhetorisch. «Sie macht höchstens fünfzehn Knoten.»

«Also?» fragte ich.

«Also habe ich einen Freund auf einer Nachbarinsel, der ein Boot hat, das fünfunddreißig Knoten macht. Also fahren wir nach Komodo, und mein Freund setzt mich dort ab. Natürlich bestechen wir die Einheimischen; die sind alle kriminell. Drei Tage fangen wir Warane. Mein Boot kommt zurück und holt mich ab. Die Zollbarkasse hat uns schon fünfmal verfolgt, aber wir haben sie glatt abgehängt. So gibt's Warane für Europa, Warane für Amerika.»

Er seufzte befriedigt auf und leerte sein Glas.

«In Ordnung», sagte ich provokativ. «Ich gebe Ihnen etwas Schwereres. Was wäre, wenn ich einen Großen Panda wollte?»

Ich war sicher, daß das den Ballon seiner aufgeblasenen Selbstgefälligkeit zum Platzen bringen würde. Er warf mir nur einen vernichtenden Blick zu.

«Warum fragen Sie mich nichts Schweres?» sagte er. «Immer diese blöden Sachen. Ein Panda ist leicht.»

«Und wie würden Sie es anstellen?» fragte ich.

«Ganz einfach. Den Panda fangen, ihn schwarz einfärben und ihn legal als Bären ausführen. Kein Zollbeamter würde den Unterschied merken.»

Ich ging zu Bett.

Zu der Zeit, da ich mich mit dem erfindungsreichen holländischen Händler unterhielt, vollzog sich der internationale Handel mit Wildtieren praktisch ohne Vorschriften, ob die Tiere auf dem

Papier oder tatsächlich in ihren Ländern unter Schutz standen oder nicht. Die Schutzbestimmungen waren ohnehin entweder unzureichend oder schwer durchzusetzen. Die allgemeine Einstellung dem Schicksal der gefährdeten Arten gegenüber war unglaublich herzlos. Tiger, gefleckte Katzen, Krokodile und Meeresschildkröten waren gefährdet, weil die Modeindustrie nach ihren Fellen, Häuten und Panzern verlangte. Die Zahl der Affen und Menschenaffen in den Tropen nahm ständig ab, weil medizinische Institute in Europa und Amerika sie für Experimente brauchten. Hunderttausende von Vögeln, Reptilien, Amphibien und Fischen wurden von Zoohandlungen aufgekauft; und nur wenige überlebten die gutgemeinte, aber alles andere als artengemäße Pflege ihrer neuen Herren.

Inzwischen ist es jedoch darum ein wenig besser bestellt. Nachdem sie zehn Jahre lang den internationalen Tierhandel untersucht hatte, arbeitete die IUCN die Convention on International Trade in Endangered Species (CITES) aus. Das Abkommen wurde 1973 von einundzwanzig Nationen unterzeichnet – inzwischen ist die Zahl auf mehr als neunzig angewachsen. Der Zweck des Abkommens ist es, den internationalen Handel mit wildlebenden Pflanzen und Tieren und ihren Produkten – zum Beispiel Elfenbein, Felle und Häute – zu überwachen und zu regulieren und die Arten zu schützen, die durch ihn bedroht werden. Das Abkommen will den betreffenden Nationen keineswegs den Handel mit ihren wilden Tieren untersagen, will aber sicherstellen, daß er wirksam und das heißt in diesem Falle durchsetzbar kontrolliert wird. So ist CITES besser als gar nichts, obwohl es immer noch Löcher gibt, durch die skrupellose Händler schlüpfen können. Eines davon ist die Tatsache, daß ein Land das Abkommen unterzeichnet haben mag, sein Nachbar (oder seine Nachbarn) möglicherweise jedoch nicht, und das öffnet dem Schmuggel Tür und Tor, denn eine Pflanze oder ein Tier, die aus einem Land kommt, das CITES nicht unterzeichnet hat, kann nicht vom Zoll beschlagnahmt werden.

Aus eben diesem Umstand erwuchs eine komplizierte Situation. Es ging um den illegalen Handel mit dem *Golden-headed lion tamarin*, dem Goldkopf-Löwenäffchen, aus Brasilien. Dieser kleine und hübsche Primat war durch ständiges Jagen für den

Zoohandel in seinem Bestand stark dezimiert worden. Überdies waren seine heimatlichen Wälder mit beängstigender Geschwindigkeit gerodet worden, um Platz für Ackerland und Weiden zu schaffen. Plötzlich bot ein belgischer Tierhändler zum allgemeinen Erstaunen vierundzwanzig Exemplare zum Verkauf an. Sie stellten schätzungsweise ein Viertel der gesamten Population dar, und die Tatsache, daß sie im Zoohandel auftauchten, war entsetzlich. Nähere Nachforschungen zeigten, daß sich weitere Tiere in Zoos oder in privater Hand in Japan, Hongkong, Frankreich und Portugal befanden. Insgesamt wurden vierundfünfzig Goldkopf-Löwenäffchen lokalisiert. Es stellte sich heraus, daß diese Tiere alle illegal in Brasilien gefangen worden waren, wo sie unter Artenschutz stehen, denn Brasilien ist eines der Unterzeichner des CITES-Abkommens. Gleich nach dem Fang wurden sie nach Guyana geschmuggelt und dort von Tierhändlern verkauft. Die Tatsache, daß sie nicht aus Guyana stammen konnten – denn dort ist die Wahrscheinlichkeit, wildlebende Exemplare zu finden, genauso hoch wie die, eine Kolonie von Eisbären in der Sahara zu finden –, machte keinen Unterschied. Damals zählte Guyana nicht zu den Unterzeichnern des CITES-Abkommens, ebensowenig wie Belgien; und diese Länder konnten machen, was sie wollten. So befand sich möglicherweise die Hälfte der Gesamtpopulation dieses zierlichen Äffchens in privaten Sammlungen oder Zoos.

Unverzüglich begannen die Naturschützer tätig zu werden. Es war schlicht nicht hinzunehmen, daß ein so hoher Prozentsatz der Gesamtpopulation dieses einzigartigen Geschöpfes auf solche Weise über die ganze Erde verstreut wurde. Außerdem waren die Tiere illegal gefangen und aus ihrem Heimatland Brasilien ausgeführt worden. Wenn irgend möglich, mußten sie nach Brasilien zurückgebracht werden. Wenn sich das nicht bewerkstelligen ließ, sollten sie zusammengeführt werden, um den Kern einer Zuchtkolonie zu bilden. Das war leichter gesagt als getan. Jeremy beteiligte sich äußerst aktiv an all diesen Plänen, denn er hatte alle Arten von Krallenaffen tief in sein Herz geschlossen. Der erste Schritt bestand darin, den belgischen Tierhändler zu veranlassen, die in seinem Besitz befindlichen Tiere herauszugeben. Verständlicherweise war er nicht bereit, das zu tun, da die

Tiere für ihn eine beträchtliche Auslage darstellten. Inzwischen waren die IUCN, der World Wildlife Fund, die brasilianische Regierung, der National Zoo in Washington und wir selbst mit der Sache befaßt. Wir alle waren entschlossen, die Tiere nicht zu kaufen (was wir hätten tun können), damit es nicht so aussah, als ob wir den illegalen Handel mit Tieren stillschweigend duldeten oder gar unterstützten.

Die Verhandlungen fanden auf höchster Ebene statt. Die brasilianische Regierung bat die belgischen Behörden, ihren Einfluß geltend zu machen, um die Tiere in ihre Heimat zurückzuschaffen; auch der Herzog von Edinburgh, Prinz Philipp, schaltete sich als Präsident des WWF ein. Schließlich wurde der öffentliche Druck so stark, daß zu unserer Erleichterung der belgische Tierhändler sich – wenn auch widerwillig – bereit erklärte, alle Tiere bis auf acht nach Brasilien zurückzuschicken. Seinem guten Beispiel folgend, sandten auch die Japaner die in ihrem Besitz befindlichen Tiere zurück nach Brasilien; schließlich wurden die Besitzansprüche auf einige der Tiere, die sich in anderen Teilen der Welt befanden, wieder an die Brasilianer abgetreten. Dann tauchte ein anderes Problem auf, da die brasilianischen Behörden – völlig unerfahren in den komplizierten Praktiken des Artenschutzes – nicht verstehen konnten, warum wir die Äffchen nach der Rückführung in ihre Heimat nicht einfach im nächstbesten Wald wieder aussetzten. Natürlich kann man Tiere, die in Gefangenschaft aufgewachsen sind, nicht einfach in einem ihnen fremden Waldgebiet aussetzen; das würde ihren sicheren Tod bedeuten. Es gelang uns schließlich, die Brasilianer davon zu überzeugen, daß die Tiere am besten im Primatenzentrum in Rio de Janeiro untergebracht wären, um dort als Basis einer Zuchtkolonie zu fungieren. Das geschah auch, und wenig später wurden zwei weitere Gruppen gegründet, eine in Washington und eine in Jersey. Während inzwischen alle diese Kolonien gedeihen, bemühen wir uns mit Hilfe der brasilianischen Regierung darum, einige der übriggebliebenen Wälder zu retten, um die Goldkopf-Löwenäffchen, wenn ihre Zahl in Gefangenschaft genügend angewachsen ist, dort ebenso wieder anzusiedeln, wie es uns mit einem ihrer Verwandten, dem Löwenäffchen, gelungen ist – eine Geschichte, auf die ich später zurückkommen werde.

CITES ist ein gewaltiger Schritt in die richtige Richtung – ein Schritt, der vor fünfundzwanzig Jahren noch undenkbar gewesen wäre –, und doch hat der Handel mit wildlebenden Arten, sei er legal oder illegal, unglaubliche Ausmaße angenommen. In den fünf Jahren nach Inkrafttreten des Abkommens stiegen die sogenannten legitimen Importe von Produkten wildlebender Arten allein in den USA von vier Millionen «Posten» auf 187 Millionen «Posten». Nur drei Jahre später erreichte der Handel ein Volumen von einer Milliarde Dollar! Jedes Jahr werden mehr als zwanzig Millionen Schmetterlinge aus Taiwan exportiert, um aufgespießt und getrocknet die Wände bürgerlicher Wohnungen überall in der Welt zu «verschönen». Und Hunderttausende von Meeresgeschöpfen werden jedes Jahr getötet, damit ihre Panzer und Schalen Staub auf Kaminsimsen ansetzen können.

Der unersättliche Hunger nach Elfenbein hat die Bestände des Afrikanischen Elefanten dezimiert; und da die Hörner des Nashorns ihr Gewicht in Gold wert sind, ist die Zahl dieses wunderbaren vorsintflutlichen Lebewesens auf wenige tausend zurückgegangen. Wie im Drogenhandel sind es die riesigen Gewinne, die die raffgierigen Händler reizen. Wenn das Fell eines Ozelots 40000 US-Dollar einbringt – wozu ist das Tier dann gut, wenn nicht als totes Tier? Neun Greifvögel, die kürzlich nach Saudi-Arabien eingeschmuggelt wurden, wurden für 200000 US-Dollar verkauft. Im Vergleich zu diesen – legal oder illegal – erworbenen Summen erscheinen die Gelder, die in den Artenschutz gesteckt werden, lächerlich gering. Angesichts des Ausmaßes des Tierhandels und der wirtschaftlichen Zwänge in einigen Ländern ist es kein Wunder, daß die Lücken des CITES-Abkommens so groß sind.

Selbst wenn ein Land das Abkommen unterzeichnet hat, ist es keineswegs verpflichtet, die gesetzlichen Bestimmungen zu beachten, die ein anderes Land aufgestellt hat. Es kann in seinem eigenen Interesse Ausnahmebestimmungen erlassen. Ein anderes Problem liegt darin, daß man von überlasteten Zollbeamten nicht verlangen kann, daß sie Zoologen sind; natürlich haben sie Schwierigkeiten, die verbotenen Arten auf der Artenschutzliste zu identifizieren. Auch kann in manchen Fällen ein äußerst seltenes Tier genauso aussehen wie sein weitverbreiteter Verwandter, so daß nur ein Fachmann sie auseinanderhalten kann. Ein weiteres Problem ist, was mit den Tieren passieren soll, die der Zoll als verbotene Arten erkannt und konfisziert hat. Man kann sie nicht einfach in ihr Ursprungsland zurückschicken und dort aussetzen, und im allgemeinen gibt es in einem solchen Ursprungsland, wenn überhaupt, nur wenige Leute, die über genügend Fachwissen verfügen, um für diese Geschöpfe zu sorgen. Was sollen die Zollbeamten also tun? Fast immer sehen sie sich gezwungen, die Tiere in einen Zoo oder eine ähnliche Einrichtung zu geben. Vor einigen Jahren wurden wir selbst gebeten, bei einem solchen Problem zu helfen.

Madagaskar besitzt mehrere Arten von Schildkröten, die alle selten sind und alle wenigstens auf dem Papier unter Artenschutz stehen. Eine der größten und schönsten ist die Madagassische Strahlenschildkröte. Ein voll ausgewachsenes Exemplar ist etwa sechzig Zentimeter lang und wiegt ungefähr fünfunddreißig Pfund. Auf dem honigfarbenen Panzer zeichnet sich ein lebhaftes schwarzes Sternmuster ab. Wir hatten bereits eine Anzahl dieser hübschen Reptilien in Jersey, und an mehreren anderen Orten in Europa und Amerika wurden sie gezüchtet. So schien das Überleben dieser Art, wenn auch nicht in der Wildnis, so doch in Gefangenschaft, gesichert zu sein. Denn obwohl es unter Artenschutz steht, wird das Tier immer noch von einigen Menschen verzehrt, und natürlich fordern die schrecklichen (von Menschen angelegten) Brände, die die noch bestehenden Wälder Madagaskars dezimieren, ihren Zoll unter so langsamen Geschöpfen wie den Schildkröten.

Wir waren nicht darauf vorbereitet und etwas verblüfft, als wir eines Tages einen Anruf von einem Beauftragten der britischen Wildlife Division des Umweltministeriums erhielten. Was, fragte er, wußten wir über die Strahlenschildkröte? Wir sagten, daß sie aus Madagaskar stamme und daß wir sie züchteten. Das sei eine ausgezeichnete Nachricht, sagte er, da er hoffe, daß wir ihm bei einem kleinen Problem helfen könnten. Zollbeamte in Hongkong hätten sich mit ihm in Verbindung gesetzt, denn sie hätten einige in die Kronkolonie eingeschmuggelte Strahlenschildkröten entdeckt und konfisziert. Aber nun wüßten sie nicht, wohin mit ihnen, und ob wir helfen könnten. Etwas verwirrt antworteten wir, daß wir unser Bestes tun würden. Wie viele Schildkröten es denn seien? Fünfundsechzig, sagte der Mann stolz. Sie seien aus Madagaskar herausgeschmuggelt worden und für chinesische Küchen bestimmt gewesen, um dort in schmackhafte Steaks, Eintöpfe, Pasteten und ähnliche Delikatessen verwandelt zu werden. Nachdem wir unsere Hilfe zugesagt hatten, mußten wir nun natürlich auch helfen, und so machten wir einen ganzen Raum im Reptilienhaus frei. Bald trafen fünfundsechzig Strahlenschildkröten ein, einige so groß wie eine Untertasse, andere so groß wie ein Fußschemel. Die meisten von ihnen waren in guter Verfassung, aber einige litten unter den Folgen falscher Ernährung und der schlechten Behandlung, der sie auf der Überfahrt ausgesetzt gewesen waren. Vier starben wenige Tage nach ihrer Ankunft, aber der Rest gedieh prächtig. Es war ein atemberaubender Anblick, wenn man die Tür des Raumes öffnete und den Fußboden buchstäblich mit den Panzern dieser wunderbaren Reptilien gepflastert fand.

Es war natürlich unmöglich, sie nach Madagaskar zurückzuschaffen, aber wir informierten die madagassischen Behörden, mit denen wir in anderen Naturschutz-Angelegenheiten zusammenarbeiteten. Sie baten uns, das Problem selbst zu lösen. Sobald die Tiere wieder ganz gesund waren, schickten wir gemäß einem Zucht-Leihabkommen mit der madagassischen Regierung Männchen und Weibchen an andere Zoos, die bereits Zuchtgruppen besaßen und denen sie als genetische Auffrischung ihrer Bestände hochwillkommen waren. Wenn ich auf dieses Ereignis zurückblicke, finde ich, daß wir damals Glück hatten: Statt der fünfundsechzg Schildkröten hätten es schließlich auch fünfzig Komodo-Warane oder hundert Leoparden oder sogar eine Herde Elefanten sein können.

Die einzige Lösung, diese schreckliche Vergewaltigung der Natur, ihrer wildlebenden Pflanzen und Tiere zu verhindern, liegt in der Aufklärung. Die Menschen müssen lernen, daß alles in der Natur sich in einem endlosen Kreislauf erneuert, wenn es klug genutzt und nicht vergeudet wird. Wenn sie lernen, daß ihr natürliches Erbe etwas ist, auf das sie stolz sein können, etwas, das gehütet werden muß und nicht selbstsüchtig um kurzzeitiger

Gewinne wegen verschwendet werden darf, wird die daraus resultierende behutsame Nutzung der Natur allen zum Vorteil gereichen. Ein Beispiel dafür ist die Geschichte eines schönen Vogels aus der Karibik, des Blaumaskenpapageien, eines herrlichen Geschöpfes mit grünem, rotem, gelbem und blauem Gefieder. Als Dr. David Jeggo, unser Vogelkurator, vor etwa fünfzehn Jahren von seinem traurigen Schicksal erfuhr, hatte die Zahl dieses einst weitverbreiteten Vogels so stark abgenommen, daß nur noch etwa hundert in Freiheit lebten und einige wenige in kleinen Käfigen in Gefangenschaft dahinkümmerten, als Einzeltiere gehalten und daher nicht imstande, sich fortzupflanzen. Verschiedene Faktoren waren für diesen Zustand verantwortlich: die Vernichtung des Lebensraums der Tiere durch Rodung der Wälder, ungehemmte Bejagung, da Jaquot (wie dieser Vogel auf St. Lucia genannt wird) zu jeder Jahreszeit, besonders aber zu Weihnachten als Leckerbissen gilt, und ein blühender Handel mit Jungtieren, die an Papageienliebhaber in Europa und den USA verkauft wurden.

Abgesegnet durch die Regierungsstellen in St. Lucia, durften wir sieben Jungtiere (die einzigen Blaumaskenpapageien, deren Ausfuhr genehmigt wurde) fangen und nach Jersey bringen – in der Hoffnung, mit ihnen eine Brutkolonie aufbauen zu können. Wie alle vom Aussterben bedrohten Tiere blieben sie Eigentum der Regierung. Sie gewöhnten sich gut ein, und wir machten uns große Hoffnungen; doch erwarteten wir keine sofortigen Ergebnisse, da Papageien in der Regel langsame Brüter sind. In der Zwischenzeit unternahmen Gabriel Charles, der Chief of Forestry, und das dortige Landwirtschaftsministerium energische Versuche, die übriggebliebenen Wälder auf den Bergen der Insel zu retten, die nicht nur eine wichtige Wasserscheide für die Einwohner von St. Lucia bilden, sondern auch den letzten Zufluchtsort der Papageien darstellen. Ein totales, für die ganze Insel geltendes Jagdverbot und eine Zählung aller in Gefangenschaft befindlichen Papageien waren weitere Schritte in die richtige Richtung. Außerdem wurde ein junger Engländer, Paul Butler, angestellt, der eine Kampagne zur Rettung des Papageien in die Wege leiten sollte; er wußte, daß Aufklärung der Schlüssel zum Erfolg ist.

Von uns erhielt er riesige Plakate mit einer Abbildung des Papageien, die er in Schulen, Ämtern, sogar in Geschäften und Bars aufhängte. Er hatte die weitsichtigen Verantwortlichen dazu bewogen, den Blaumaskenpapageien zum Nationalvogel St. Lucias zu erklären, und er brachte Broschüren für Schulen heraus, in denen das Schicksal Jaquots und die Bedeutung seiner heimatlichen Wälder beschrieben wurde. Nach drei Jahren gab es keinen Menschen mehr auf St. Lucia, der nicht wußte, daß der Papagei der Nationalvogel der Insel war und daher geschützt werden mußte. Ihn zu schützen hieß natürlich, seine heimatlichen Wälder und die Wasserscheide zu schützen.

Dann brach die Katastrophe in Form des Hurrikans Allen über die Insel herein. Große Waldgebiete wurden vernichtet, und wir fürchteten das Schlimmste für die wildlebenden Papageien. Die riesigen umgestürzten Bäume lagen wie verschüttete Streichhölzer quer übereinander, und es war unmöglich, in das Durcheinander einzudringen, um die toten Tiere zu zählen und den lebenden zu helfen. Wir wurden dringend um Beistand gebeten, und nach vierundzwanzig Stunden hatten wir David Jeggo, mit einer gewaltigen Kettensäge bewaffnet, in ein Flugzeug gesetzt. Glücklicherweise war, wie David entdeckte, die Zerstörung der Wälder zwar schlimm, der Verlust an Vögeln jedoch nicht so groß, wie wir befürchtet hatten. Tatsächlich – und dies legt ein Zeugnis für die gute Arbeit von Gabriel Charles und Paul Butler ab, der jetzt überall auf der Insel unter dem liebevollen Spitznamen Paul Parrot, Papageien-Paul, bekannt ist – tatsächlich waren die überlebenden Papageien, schwach und nahe am Verhungern, von den Einwohnern St. Lucias selbst sorgfältig eingesammelt, gepflegt und den Waldhütern übergeben worden. Gabriel meinte später zu mir, daß die Leute, wenn der Hurrikan *vor* der Aufklärungskampagne zugeschlagen hätte, die hilflosen Papageien eingesammelt hätten, um sie zu essen.

Inzwischen war unser Zuchtprogramm in Jersey in vollem Gang. Wir hatten vierzehn dieser wunderbaren Vögel aufgezogen. Wir mußten allmählich daran denken, einige von ihnen zurückzuschicken, um auf St. Lucia eine eigene Zuchtkolonie aufzubauen. Der Trust gab dem Forestry Department die nötigen finanziellen Mittel, um Vogelhäuser zu errichten, und David

Jeggo wurde hingeschickt, um bei der Konstruktion und beim Aufbau zu helfen. Zwei unserer Papageien im geschlechtsreifen Alter wurden ausgewählt, aber wir mußten sicherstellen, daß sie das *richtige* Geschlecht hatten. Es gibt viele Vogelarten, bei denen sich wie beim Blaumaskenpapagei die Männchen nicht ohne weiteres von den Weibchen unterscheiden lassen; und vor der Erfindung eines wunderbaren Instruments lebten oft zwei Männchen oder zwei Weibchen traurig zusammen, während jeder sich fragte, warum die armen Dinger nicht brüteten.

Das Instrument heißt Laparoskop und wurde natürlich ursprünglich für die Humanmedizin erfunden, hat sich jedoch inzwischen für den Veterinär als von unschätzbarem Wert erwiesen. Es besteht aus einer starken Lichtquelle, einem flexiblen Schlauch aus Glasfaserelementen von der Dicke eines Bleistifts und einer präzisen optischen Einheit, die man Endoskop nennt. Die ganze Einrichtung ermöglicht es, das Innere eines Menschen oder eines anderen Säugetiers unter leichter Anästhesie zu betrachten – fast ohne Verletzungsrisiko für den Patienten. Im Falle der Vögel wird eine kleine Öffnung unter dem Flügel geschaffen, ein Einschnitt, der nur so groß ist, daß sich das Instrument einführen läßt. Dann kann man es sanft an den verschiedenen Organen vorbeibewegen, bis man ein klares Bild von den Geschlechtsorganen gewinnt, zwei ovalen Hoden beim Männchen und einem Bündel von Eiern beim Weibchen, das genauso aussieht wie eine Traube reifer Beeren.

Nach dem Bau der Vogelhäuser auf St. Lucia gingen wir als nächstes daran, den Premierminister zu bitten, persönlich nach Jersey zu kommen und die Vögel in Empfang zu nehmen. Simon Hicks, der Sekretär unseres Trusts, wurde mit einer Einladung nach St. Lucia geschickt. Der Premierminister antwortete, er würde gerne kommen, wenn wir einen passenden Termin festsetzen könnten. Wir wandten uns dann an die British Airways, um ein ausgezeichnetes Programm zu nutzen – «Dem Naturschutz helfen» genannt – das uns die Möglichkeit einräumt, kostenlos (wenn Kapazitäten frei sind) Tiere und Ausrüstungsgegenstände in verschiedene Teile der Welt zu schaffen, wo wir, wie in Mauritius oder Madagaskar, Naturschutz-Vorhaben verwirklichen. Auch andere Naturschutzorganisationen können von dieser Möglichkeit Gebrauch machen. So setzten wir uns mit den entsprechenden Leuten in Verbindung und fragten vorsichtig an, ob sie uns helfen könnten, etwas aus der Karibik zu befördern. In der Annahme, daß es sich um Tiere handelte, erklärten sie, sie wollten sehen, was sie für uns tun könnten. Als wir dann preisgaben, daß es sich um den Premierminister von St. Lucia handelte, waren sie zunächst etwas überrascht, gingen dann aber, als wir ihnen die Lage erklärten, bereitwillig darauf ein und sagten uns zu, den Premierminister samt seinem Gefolge nach Jersey zu fliegen.

Der große Tag brach an. Unglücklicherweise war ich krank und durfte – auf Weisung des Arztes – nur der Übergabe-Zeremonie beiwohnen. Wir hatten ein Podium vor unseren Zuchtvolieren errichten und Mikrofone installieren lassen, damit der Gouverneur von Jersey, Sir William Pillar, der Premierminister und ich unsere Reden halten konnten. Der Himmel war leider grau und verhangen, und ein leichter Dauerregen hatte eingesetzt – was jedoch die vielen Besucher, die Zeitungsreporter und Fernsehteams nicht abgeschreckt hatte. Schließlich trafen die offiziellen Gäste ein. Zwei riesige Wagen, schimmernd wie Walfische, glitten unter flackerndem Blaulicht majestätisch die Auffahrt herauf, begleitet von makellos uniformierten Polizisten auf Motorrädern. Es war äußerst eindrucksvoll. Als der Premierminister zusammen mit Sir William ausstieg, stimmten die Schüler der Trinity School die Nationalhymne von St. Lucia an, was den Premierminister, der Habachtstellung angenommen hatte, zu überraschen und tief zu bewegen schien. Die Kinder hatten seit Wochen geübt und sangen die schöne Hymne ganz allerliebst. Die Vögel in den Volieren hinter uns waren völlig überdreht durch das ganze Spektakel, kreischten und quäkten, so daß unsere Reden fast nicht mehr zu verstehen waren. Als der Premierminister seine Ansprache hielt, wurde der Regen heftiger; so mußte ich einen riesigen, rotweißen Golf-Regenschirm über ihm aufspannen. Es war das erste Mal, daß ich einem Premierminister den Regenschirm hielt; aber ein großer Reiz im Leben eines Naturschützers liegt gerade darin, daß er sich immer wieder auf neue Situationen einstellen muß.

Nachdem die Zeremonie beendet war, führten wir den Premierminister und seine Frau zu einer kurzen Besichtigung durch das Gelände und baten sie dann zum Tee zurück in das Herrenhaus. Nach ihrer Abfahrt blieb Paul Butler noch da, um einige Naturschutz-Angelegenheiten mit mir zu besprechen, und er erzählte mir diese Geschichte, die, wie ich finde, sehr schön zeigt, was Aufklärung bei der Rettung einer gefährdeten Art bewirken kann.

Ein amerikanischer Gentleman traf auf dem Flugplatz von St. Lucia ein, stieg in ein Taxi und bat, zu den Papageien-Wäldern gefahren zu werden. Aus irgendeinem, nur ihm bekannten Grund wurde der Taxifahrer argwöhnisch. Er glaubte, daß der Mann nichts Gutes im Schilde führe. Pflichtbewußt fuhr er den nichtsahnenden Amerikaner jedoch hinauf in den Wald an einen Platz, an dem häufig Papageien zu finden waren, und verließ ihn mit dem Versprechen, nach einigen Stunden wiederzukommen. Dann raste er so schnell er konnte zum nächsten Telefon und ließ sich mit dem Forestry Department verbinden. Er unterrichtete den zuständigen Beamten detailliert über den Papageien-Schmuggler, da er Geschichten über diese Männer gehört hatte, die Vögel narkotisieren, um sie schichtweise unter den doppelten Böden ihrer Koffer zu verstecken. Er hatte nicht den mindesten Anhaltspunkt für seine Anschuldigung, aber das Forestry Department nahm seinen Hinweis sehr ernst und sah sich so mit einem vertrackten diplomatischen Problem konfrontiert. Der Mann war Amerikaner, und wie alle Inseln der Karibik war St. Lucia auf Touristen aus den Vereinigten Staaten angewiesen. Einen amerikanischen Bürger unter dem Verdacht des Papageienschmuggels festzunehmen und seine Koffer zu durchsuchen würde für Schlagzeilen sorgen und, wenn der Mann unschuldig war, ungeheures Aufsehen erregen. Nach einigem Überlegen kamen die Leute vom Forestry Department auf einen raffinierten Plan. Sie riefen das FBI in Miami an und erläuterten ihr Dilemma. Könnte das FBI helfen? Das FBI konnte und wollte und kam selbst auf einen raffinierten Plan. Es ließ sich von St. Lucia den Namen des Mannes und die Nummer seines Rückflugs geben. Als das Flugzeug in Miami landete, gab das FBI bekannt, daß es eine Bombendrohung gegeben habe und daß das Gepäck aller Passagiere durchsucht werden müsse. Natürlich wurde nur das

Gepäck des angeblichen Papageien-Schmugglers durchsucht. Wie sich herausstellte, fand man nicht einmal eine Papageienfeder unter seiner Habe. Aber es war gut zu wissen, daß die ganze Lawine von Ereignissen durch einen Taxifahrer ausgelöst worden war, der – in der Zeit, bevor das Landwirtschaftsministerium, das Forestry Department und Paul Butler ihre Kampagne gestartet hatten – den Amerikaner vielleicht gefragt hätte: «Was für Papageien?» oder schlimmer: «Soll ich Ihnen helfen, ein paar zu fangen?»

Die Puzzle-Taktik

In all den Jahren hat Jeremy immer von der «facettenreichen Methode» des Trusts für die Aufzucht in Gefangenschaft gesprochen; und obwohl wir uns immer über diese oft wiederholte und etwas umständliche Formulierung lustig gemacht haben, bringt sie unserer Arbeit und den Grund für ihren Erfolg auf eine treffende Formel. Tatsächlich besteht die facettenreiche Methode des Trusts aus drei Phasen, jede von der anderen unterschieden, aber jede mit den anderen beiden verzahnt wie die Stücke eines Puzzlespiels.

Phase eins ist die Auswahl der Arten, von denen man glaubt, daß sie am meisten von der Hilfe profitieren werden, die Errichtung einer Zuchtkolonie in Jersey und dann, wenn die Zahl der Tiere groß genug ist, der Aufbau von «Satelliten-Kolonien» in anderen Zoos von gutem Ruf, gewöhnlich in Europa oder Amerika. An diesem Punkt kann man mit einer gewissen Berechtigung davon sprechen, daß, falls keine Katastrophe eintritt, die Art in Gefangenschaft gerettet ist. Phase zwei ist die Gründung von Kolonien im Heimatland der betreffenden Art, denn schließlich ist das der Ort, wo die gefährdeten Arten aufgezogen werden *sollten*. Das Klima stimmt, die geeignete Nahrung steht zur Verfügung, und vor allem können die Einheimischen ihre eigenen Tiere dort sehen und lernen, sie zu würdigen. Die dritte Phase ist die schwierigste: die Aussetzung der Tiere in ein Habitat wildlebender Arten, sei es in Jersey, in einer unserer Satelliten-Kolonien oder in ihrem eigenen Land. Diese letzte Phase ist eine Geschichte für sich, die ich im nächsten Kapitel erzählen werde.

Es wurde bald klar, daß selbst die erste Phase zwecklos war, wenn nicht die Regierung des Landes, aus dem die Tiere stammten, sich an unseren Bemühungen beteiligten. Im Laufe der Jahre ist mir schmerzlich bewußt geworden, wie wenig über Artenschutz bekannt ist und wie wichtig diese Kenntnis für die Menschen ist, die Entscheidungen zu treffen haben – die Politiker. Ich besitze ein kleines schwarzes Heft, in das ich die idiotischsten Äußerungen der Führer der Welt eintrage, damit ich sie wortwörtlich zitieren kann, wenn ich mich über die Regierungen beklage und die Leute denken, daß ich übertreibe.

Oben auf meiner Liste steht natürlich Ex-Präsident Reagan. Sein Verständnis der ökologischen Probleme und seine Sorge um die Umwelt lassen sich, glaube ich, in zwei Feststellungen zusammenfassen: Erstens, daß Bäume die Umwelt verschmutzen; und zweitens, daß es keine Rolle spielt, ob die Redwood-Wälder in Stücke gehauen werden, denn, wie der Präsident treffend bemerkte, wenn man einen Redwood gesehen hat, hat man alle gesehen. Mein nächster Preis für törichte oder geistig zurückgebliebene Äußerungen geht sicherlich an jenen indischen Minister, der – konfrontiert mit der Opposition von Umweltschutzorganisationen, als er einen Staudamm bauen wollte, der wichtige Waldgebiete samt ihrer Flora und Fauna überfluten würde – ärgerlich sagte, daß «wir uns diesen ökologischen Luxus nicht leisten können». Wenn Ökologie zum Luxus wird, sind wir alle tot.

Der Bergbauminister in Queensland / Australien gewann mein Herz mit seinen Mitteilungen an die Presse, als die Pläne, am Großen Barriere-Riff nach Öl zu bohren, auf Widerstand stießen. Zunächst, sagte er, gebe es so etwas wie Ölschlick überhaupt nicht. Falls doch, fügte er dann hinzu, entgegen einer Wahrscheinlichkeit von eins zu einer Milliarde Öl entweichen sollte, mache das nichts, da (und hier zitiere ich ihn wörtlich) «jeder Schuljunge weiß, daß Öl auf der Wasseroberfläche schwimmt und Korallen unter der Oberfläche leben; deshalb kann kein Schaden entstehen». Man fragt sich, was für ein Niveau die Schule hatte, die der Minister besucht hat – vorausgesetzt, daß er überhaupt zur Schule gegangen ist. Ein hochrangiger brasilianischer Amtsträger soll gesagt haben, daß es keinen «Beweis» dafür gebe, daß die Rodung von Wäldern das Klima verändere. Wenn man an die riesigen, durch die Vernichtung von Wäldern zur Wüste gewordenen Gebiete denkt, fragt man sich, welche Art von Biologieunterricht der Minister in *seiner* Schule genossen hat.

Als ich in Neuseeland war, mußte ich (zur Strafe für meine Sünden) mit dem gesamten neuseeländischen Kabinett zu Mittag essen – ein grauenhaftes Erlebnis, vor allem deshalb, weil einer der Minister sich über den Wildlife Service ausließ, der einige der Wildschafe auf einer Insel im Süden eliminieren wolle, denn diese beherbergte die Brutkolonie einer seltenen, nur noch auf dieser und einer anderen Insel vorkommenden Albatrosart. Die Idee sei lächerlich, sagte er. Er habe sein Leben lang Schafe gezüchtet, und er habe noch nie gehört, daß ein Schaf auf ein Gelege oder einen am Boden nistenden Vogel getreten sei. Ich erwiderte, der Grund für die Eliminierung der Schafe sei wahrscheinlich der, daß ihre Zahl zu groß geworden sei und daß sie durch Überweiden den Lebensraum der Albatrosse zerstörten.

«Das mag der Grund sein», räumte er ein. «Aber was ist schon dabei, wenn die Albatrosse die Insel verlassen? Sie liegt so weit im Süden, daß niemand dorthin fährt, um sich die verdammten Vögel anzusehen.» Ich entgegnete, es gebe viele Rembrandts auf der Welt, die ich nie sehen würde; aber ich würde deswegen nicht vorschlagen, sie alle zu verbrennen. Er antwortete nicht. Vielleicht hat er mich nicht verstanden. Wahrscheinlich dachte er, Rembrandt sei eine Biermarke. Nach diesen Erfahrungen sah ich, als die Zeit dafür gekommen war, der Aussicht, mit Regierungsstellen zusammenarbeiten zu müssen, mit einiger Sorge und Beklemmung entgegen. Doch tatsächlich hat sich diese Zusammenarbeit in den meisten Fällen als relativ unkompliziert erwiesen.

Als ich dieses Buch schrieb, hatte ich jedoch eine Diskussion mit Jeremy über ein Projekt, das wir in einem Land, das namenlos bleiben soll, finanziell zu unterstützen gedachten. Ich fragte ihn, warum wir damit nicht vorankämen. «Wahlen», sagte Jeremy traurig. «Die Partei, die jetzt an der Macht ist, unterstützt, wie Sie wissen, unser Vorhaben. Aber in ein, zwei Monaten sind Wahlen, und wenn die andere Partei sie gewinnt, wird sie wahrscheinlich jede Entscheidung, die von *dieser* Partei getroffen wurde, rückgängig machen. Deshalb hielten wir es für klüger abzuwarten.» So konnte ein wichtiges Naturschutz-Vorhaben nicht vorankommen, weil einige kleine Politiker sich erst produzieren mußten, während die ihnen anvertraute Natur weiter in Vergessenheit geriet.

Aber im großen und ganzen arbeiten wir recht gut mit den Regierungen zusammen. Der Hauptgrund dafür sind nach meiner Meinung die Abkommen, die wir treffen und in Verträgen niederlegen, die von beiden Seiten unterzeichnet werden müssen. Sie haben sich als unbezahlbar erwiesen. Sie bürgen dafür, daß alle Tiere und ihre Nachkommen das Eigentum des Ursprungslandes bleiben und zu jeder Zeit zurückgeholt werden können. Das beweist, wenn es eines Beweises bedarf, daß es nicht unsere Absicht ist, auf bequeme Weise an seltene Tiere zu kommen, sondern daß wir zum Wohle ihrer Fauna mit den Regierungen zusammenarbeiten. So brauchen die betreffenden Regierungen nicht zu befürchten, daß wir «koloniale Ausbeuter gefährdeter Arten» sind. Ein zweiter Grund, weshalb diese Verträge so wertvoll sind, liegt darin, daß sie schriftlich die Art und Weise festlegen, in der die zweite und dritte Phase unserer facettenreichen Methode des Artenschutzes zu verwirklichen sind.

Während unsere Zuchtergebnisse in Jersey sich ständig verbesserten, war es Phase zwei, der Aufbau von Zuchtkolonien *in situ*, die uns am meisten Sorge bereitete. Obgleich außer Frage stand, daß die Tiere in ihrem Heimatland aufgezogen werden sollten, gab es in der Regel niemanden dort, der genügend Sachkenntnisse für eine solche Aufgabe besaß, selbst wenn wir die nötigen finanziellen Mittel zur Einrichtung eines Zuchtzentrums bereitstellten. Es war klar, daß wir Leute für diese Aufgabe ausbilden mußten, und das hieß, daß sie nach Jersey kommen mußten. So entwarfen wir den Plan für ein Ausbildungszentrum, einen Komplex, den wir später unsere «Mini-Universität» nennen sollten, mit Wohnungen für die Studenten, einem Vorlesungssaal und vielen anderen notwendigen Einrichtungen. Es würde ein großes und teures Gebäude werden, und obgleich ich den Gedanken haßte, unser schönes Land mit Beton vollzupflastern, schien es keine andere Möglichkeit zu geben, wenn der Trust seiner Aufgabe nachkommen wollte. Wir erhielten die Baupläne des Architekten, versenkten uns darein, brachten unsere Einwände vor und erhielten dann eine revidierte Version, von der wir hofften, daß die Fehler korrigiert waren und daß wir nichts Wesentliches übersehen hatten.

Wieder einmal nahm ich meine Bettelschale in die Hand und flog in die Vereinigten Staaten; und dank der typischen amerikanischen Großzügigkeit flossen die Spenden reichlich. Aus einer anderen Quelle in Großbritannien kamen die Mittel, die uns erlaubten, Stipendien für Leute aus den sogenannten «Schwellenländern» auszuschreiben, die nicht über das nötige Kleingeld verfügten, um zur Ausbildung nach Jersey zu kommen. So waren nicht nur der Bau des neuen Hauses, sondern auch die Stipendien finanziell abgesichert. Mit dem Gebäude war ich jedoch nicht glücklich. Da unsere Mittel begrenzt waren, konnten wir uns keine aufwendigen Verschönerungen leisten, und trotz der Versuche unseres ausgezeichneten Architekten, mir den Plan schmackhaft zu machen, hatte ich immer noch das Gefühl, daß das neue Haus wie ein Schuhkarton aus Beton wirken würde. Da ich gesehen habe, welche Schandtaten im Namen der Göttin Beton in Zoos der ganzen Welt begangen worden sind, betrachte ich diese nützliche Substanz eher mit einem gewissen Widerwillen. Es ließ sich jedoch nichts mehr daran ändern – so dachte ich jedenfalls. Dann geschah etwas sehr Merkwürdiges. Es zeigte, daß das Schicksal auf unserer Seite stand.

Seit vielen Jahren kam zweimal die Woche eine gewisse Mrs. Boizard in unsere Wohnung, um wie ein Wirbelsturm durch sie hindurchzufegen und sie blitzblank zurückzulassen. Mrs. Boizards jüngere Tochter Betty hatte gleich nach ihrem Schulabgang für den Trust zu arbeiten begonnen. Im Laufe der Jahre übernahm sie die Buchhaltung des Zoos und regiert dort jetzt mit eisernem Stab. Wenn Mrs. Boizard da war, kam Betty immer für fünf Minuten zu einem Plausch in die Wohnung. Bei einer dieser Gelegenheiten sagte Mrs. Boizard: «Wie ich sehe, hat Leonard du Feu sein Haus zum Verkauf angeboten.» Betty vernahm das mit äußerstem Erstaunen. Leonard war unser nächster und am schwersten geprüfter Nachbar. Nie hatte er sich beklagt, wenn die Tiere nachts seltsame Geräusche ausstießen, ja er hatte nicht einmal protestiert, als unser südamerikanischer Tapir Claudius entwischte, ein Beet gerade aufblühender Anemonen zertrampelte und dann weiter in Leonards Garten eindrang, um all seine Glasabdeckungen zu zerbrechen. Leonard war ein Nachbar, der nicht mit Gold aufzuwiegen war. Sein Land in Jersey war seit undenklichen Zeiten im Besitz seiner Familie (etwa seit fünfhundert Jahren), und seine Felder konnten es, wie man sagte, mit unseren aufnehmen. Sein Haus lag zwei Gehminuten von unserem Herrenhaus entfernt und bestand eigentlich aus drei Häusern in einem, mit einem kleinen Cottage für die Arbeiter, einem riesigen Keller und einem massiven Nebengebäude aus Granit. Wir waren selbst in unseren kühnsten Träumen nie auf die Idee gekommen, daß Leonard den Familienbesitz je verkaufen würde; doch wenn die Kinder einmal erwachsen und fortgezogen sind, ist es schwer, ein Haus, das aus drei Häusern besteht, instandzuhalten.

Atemlos lief Betty nach unten in das Büro und teilte dem erstaunten John Hartley die Neuigkeit mit, der mich sofort in meinem Haus in der Provence anrief, wo ich gerade ein Buch schrieb. Ich sagte John, er solle mit Leonard Verbindung aufnehmen, und betete, daß wir nicht zu spät kamen. Als John endlich mit unserem damaligen Nachbarn sprach, teilte dieser ihm mit, daß der Besitz seit einem Monat zum Verkauf angeboten werde und er sich beim besten Willen nicht erklären könne, warum er nicht früher an uns als mögliche Käufer gedacht habe. Auf den ersten Blick wirkte die ganze Sache ziemlich unkompliziert, aber es stellte sich heraus, daß sie alles andere als das war, denn seit den Tagen, da wir den Zoo aufgebaut hatten, hatten sich die Zeiten gewandelt. Nicht weniger als drei vom Parlament in Jersey eingesetzte Ausschüsse mußten uns erst ihren Segen erteilen, ehe wir den Besitz kaufen und ihn der von uns gewünschten Verwendung zuführen konnten. Das Parlament hatte gerade strenge Gesetze mit klar definierten Richtlinien darüber verabschiedet, wie Grundstücke (besonders landwirtschaftlich genutzte Grundstücke) zu verwenden seien, und es erübrigt sich zu sagen, daß keine dieser Richtlinien den Zwecken entsprach, die wir mit dem Erwerb von Les Noyers im Sinn hatten. Jersey ist jedoch stolz auf uns, und bei dieser Gelegenheit (wie oben bei früheren) brachte man uns ein erstaunliches Maß an Vertrauen entgegen. Ich will damit keineswegs sagen, daß das Recht gebeugt wurde; aber es wurde vielleicht ein bißchen zurechtgebogen, und dann gehörte Les Noyers uns.

Wenn ich sage, daß wir vor Freude außer uns waren, dann ist

das stark untertrieben. Statt des massiven Betonklotzes, den wir als unser Ausbildungszentrum in Betracht gezogen hatten besaßen wir jetzt ein elegantes, wunderschönes Gutshaus mit festen Nebengebäuden und acht Morgen Land. Es gab einige Einschränkungen hinsichtlich der Art, in der wir das Land nutzen durften, aber sie störten uns nicht, denn es war das Haus mit seinen Nebengebäuden, das wir wollten. Sobald das Grundstück in unseren Besitz übergegangen war, begannen wir mit der Renovierung. Ein Teil des Hauses wurde in Schlaf- und Wohnräume für die Studenten, ein anderer Teil in eine Wohnung für den Hausverwalter verwandelt. Wir richteten eine schöne Bibliothek ein, die wir die William Collins Library nannten, denn bevor er starb, hatte Sir William (mein Verleger) uns äußerst großzügig ein Exemplar jedes zoologischen und naturhistorischen Buches vermacht, das Collins je verlegt hatte oder in Zukunft verlegen würde. In dem großen Nebengebäude ließen wir einen geräumigen Vorlesungssaal mit vierundsechzig Sitzen und den modernsten audio-visuellen Einrichtungen bauen. Darüber lagen Büros, ein kleines Museum, eine grafische und fotografische Abteilung, eine Dunkelkammer und ein Fernsehzimmer. Und damit hatten wir erst die Hälfte der riesigen Scheune aus Granit in Anspruch genommen.

Jetzt, da wir ein Ausbildungszentrum besaßen, brauchten wir natürlich auch einen Ausbilder. Wir wußten, daß er etwas ganz Besonderes sein mußte, jemand, der biologisch qualifiziert war, der aber auch taktvoll und einfühlsam mit den unterschiedlichsten Menschen aus allen Teilen der Welt umgehen konnte – jemand, der zugleich ein Beichtvater und eine Vaterfigur war. Um dieses Ideal zu finden, setzten wir eine Anzeige auf. Natürlich wurden wir mit Bewerbungsschreiben überschwemmt; aus diesem Stapel mußten wir erst einmal die unmöglichen Kandidaten aussortieren, wie etwa die Dame aus Penge, die Tiere liebte, vierzehn Katzen besaß und einmal die Ferien auf Mallorca verbracht hatte, und den achtzehnjährigen Schüler aus Somerset, der uns schrieb, daß er immer schon Ausländer gemocht habe, obwohl sie anders seien, und daß er immer schon den Wunsch gehabt habe, sie zu unterrichten. Aus dieser Flut fischten wir also vierzehn mögliche Kandidaten heraus, die wir zu einem Bewerbungsgespräch nach London einluden.

Ich weiß, daß es eine nervenaufreibende Sache ist, zu einem Bewerbungsgespräch zu gehen, aber die Leute, die sich um eine Stellung bewerben, sollten auch an diejenigen denken, die ein solches Gespräch führen. Leute auszuwählen, ohne sie zu kennen, ist eine mörderische Aufgabe. Man hat ihren Lebenslauf vor sich; aber für eine Stelle wie diese sucht man eine ganz bestimmte Persönlichkeit, denn wir sind eine kleine Organisation und können uns einen faulen Apfel in unserem Korb nicht leisten. Manchmal, wenn der Kandidat nervös ist, ist es schwierig, zu einer richtigen Einschätzung zu gelangen. Glücklicherweise gibt es eine strikte Prozedur, was die zur Verfügung stehende Zeit betrifft, wobei die Regeln sind, daß jeder, der vor dem Ausschuß sitzt, nicht schwafeln darf und ohne mit der Wimper zu zucken und ohne sein Urteil beeinträchtigen zu lassen, ungeheure Mengen schlechten Kaffees in sich hineinschütten können muß. Diesmal gelang es uns, ziemlich schnell die ungeeigneten Kandidaten zu eliminieren, beispielsweise den jungen Mann, der mit offener Hose in den Raum geschlurft kam, uns allen lässig zuwinkte und fragte, ob einer von uns Feuer für seine Zigarette habe. Wir waren fast einstimmig der Meinung, daß sein Lebenslauf gefälscht war. Wir waren so schnell fertig, daß wir plötzlich überrascht feststellten, daß nur noch ein Bewerber übrig war. Unter den Kandidaten, die wir gesehen hatten, hatte es vielleicht einen oder zwei gegeben, die möglicherweise in Betracht kamen; aber keiner von ihnen hatte uns zu Begeisterungsstürmen hingerissen. John ging in das Vorzimmer und kam mit der Nachricht zurück, daß der letzte Bewerber nicht erschienen sei.

«Nun», sagte ich. «Da kann man nichts machen. Wir werden noch einmal annoncieren müssen.»

«Und diesmal sollten wir zu verstehen geben, daß fünfzehn Katzen zu haben nicht das gleiche ist wie einen Doktorgrad in Biologie», sagte John.

«Ja. Und daß, obwohl Ausländer keine Engländer sind, ein guter Ausbilder versuchen sollte, darüber hinwegzusehen», sagte Lee. «Schließlich bin ich auch Amerikanerin.»

«In Ordnung. Ich schlage vor, daß wir alle irgendwo hingehen, wo wir diesen üblen Kaffeegeschmack mit einem guten, nicht ausländischen Drink wegspülen können, einem Brandy oder Ginger Ale», sagte ich.

Das Schicksal hat immer eine durchtriebene Rolle in der Geschichte des Trusts gespielt. Es hat immer bis zur letzten Minute gewartet, bevor es zu unserer Rettung kam. Als wir unsere Unterlagen zusammenschoben, klopfte es an der Tür, und auf unser einstimmiges «Herein!» betrat Dr. David Waugh den Raum, der letzte Bewerber, der seinen Bus, seinen Zug und alles verpaßt hatte, was man verpassen kann, aber dennoch gekommen war. Wir konnten nichts anderes tun, als ihn mit einer Tasse kalten Kaffee zu versorgen und ihn so gründlich auszufragen, als ob wir vom CID seien und ihn verdächtigten, Jack the Ripper zu sein. Während er unsere Fragen beantwortete, wurde immer klarer, daß dieser letzte Bewerber derjenige war, den wir wollten. Erleichtert schickten wir ihn hinaus, beglückwünschten uns zu unserer Findigkeit und machten uns auf den Weg zur nächstgelegenen Kneipe.

So trat David seine Stellung an, und seine erste Aufgabe war es, unser Ausbildungsprogramm zu entwerfen. Das tat er schnell und mit gutem Gespür für die Flexibilität, die ein so komplexes Programm erfordert. Ein Freund von mir sagte einmal über irgendein Programm: «Was nötig ist, ist strikte Flexibilität.» Obwohl die Begriffe einander widersprechen, ergeben sie eine surrealistische Art von Sinn. So haben wir uns immer um «strikte Flexibilität» bemüht, und genau das war es, was David bei seiner Planung gelang. Doch während er an dem Programm arbeitete, war uns bewußt, daß wir jemanden einstellen mußten, der David im Umgang mit seinen Vereinten Nationen im Kleinformat beistand, eine Hausmutter, wie die Amerikaner es nennen. Ihre Fähigkeiten mußten denen Davids entsprechen: Sie sollte einen bunt zusammengewürfelten Haufen von Leuten aus aller Welt betreuen, sie lieben, sie mit fester Hand lenken und vor allem mit dem fertig werden, was man gemeinhin als exzentrische Eigenheiten bezeichnet, was aber doch nur unterschiedliche Auffassungen sind, hervorgerufen durch sprachliche Unzulänglichkeiten, unterschiedliche Kulturen oder Religionen oder einfach die Tatsache, daß sie Heimweh haben und sich einsam fühlen.

Olwyn ist, wenn sie mir das zu sagen gestattet, das vollkommene Ideal einer Hausmutter. Von kräftiger Statur, stets makellos gekleidet, erinnert sie an eine Bäuerin, die gewohnt ist, Essen für zehn Kinder, einen Ehemann und acht Feldarbeiter zu kochen, die die Kuh melkt, die Eier unter den Hennen hervorholt, die Schweine füttert und vor Morgengrauen aufsteht, um Brot zu backen. Eine Frau mit einem großen Herzen, die alles schafft, was sie sich vorgenommen hat. Und genau das war es, was von ihr und David verlangt wurde.

Olwyns Kochkünste sind phantastisch, dazu hat sie die seltene Eigenschaft, wie nur große Köche sie haben, sich mit ihren Gerichten ihrem Publikum anzupassen. Ohne mit der Wimper zu zucken, wurde sie mit einem Studenten aus Pakistan fertig, dessen große Leidenschaft Sandwiches mit Thunfisch, Bratkartoffeln, Tomatenketchup und Marmelade waren, ebenso, wie sie mit Studenten fertig wurde, die nach Sardinen und Zitronenquark oder Hefeextrakt und Zitronenquark verlangten. Angesichts solcher Wünsche hätte manche Frau verzagt, nicht aber Olwyn. Sie fand sich sogar mit dem Kalifornier ab, der jede Woche ein gewaltiges Carepaket bekam, das nur Schokolade und Süßigkeiten von Marken enthielt, die es im rückständigen Jersey nicht gab, und mit den Mädchen aus Uruguay, die ständig umherwanderten und nach heißem Wasser für ihre Maté-Kannen verlangten – die sie umklammert hielten wie Babies, die ihre Stofftiere an sich drückten –, wobei eine von ihnen darauf bestand, nicht weniger als vierzehn Orangen am Tag zu essen.

Olwyns Probleme waren nicht rein kulinarischer Art. Wir hatten einen Studenten aus Nigeria, der Olwyn beharrlich – mit Recht, wie mir scheint – «Mama» nannte. Zwei Tage nach seiner Ankunft ging er zu ihr und sagte: «Mama, ich haben schrecklich Schmerz im Bauch.» Das Schlimmste befürchtend, fragte Olwyn ihn aus und gelangte dann zu dem Schluß, daß er nur an akuter Verstopfung litt. Freundlich, aber bestimmt gab sie ihm ein Zäpfchen und erklärte ihm, wie es anzuwenden sei und daß er nach einer halben Stunde Erleichterung spüren würde; er sollte sich also in der Nähe der Toilette aufhalten. Der Vorfall zeigt, daß, selbst wenn man glaubt, verstanden worden zu sein, es klug ist, sich dessen zu vergewissern. Er kam nach einer Stunde zurück und sagte, das Zäpfchen habe nicht gewirkt.

«Was hast du getan?» fragte Olwyn.

«Mama, ich gehen nach Latrine, ich tun dies rein und ziehen raus. Ich tun dies dreißig Minuten, wie Mama hat gesagt. Ich haben Schmerz im Bauch immer noch.»

Auch David hatte seine Probleme. Eines Tages, als er einem madagassischen Studenten, dessen Sprachkenntnisse nur mangelhaft entwickelt waren, Englischunterricht gab, erfand David eine Geschichte, in der ein Mann sich den Arm brach. Die Studenten wurden dann gefragt, was der Mann sich gebrochen hatte. Der madagassische Student, der offensichtlich einen gebrochenen Arm für zu schwach hielt, führte eine ganze Liste von Dingen an, die der Mann sich gebrochen hatte – Augen, Leber, Lungen, Magen, Ohr, Herz und Zunge. Auf die Frage, warum er all diese unzerbrechlichen Organe der menschlichen Anatomie aufgeführt habe, erwiderte er, daß er diese Wörter kenne und stolz darauf sei, seine Kenntnisse unter Beweis stellen zu können.

Bei einer anderen Gelegenheit fragte David jeden der Studenten nach seinem Nationalvogel. Alles verlief zu seiner Zufriedenheit, bis er zu dem Studenten aus Ghana kam, der mit gerunzelten Brauen nachgrübelte.

«Ein Adler, Sah», sagte er schließlich.

«Was für ein Adler?» fragte David.

Der Student dachte abermals nach, lange und tief.

«Ein ausgestorbener Adler, Sah», sagte er schließlich triumphierend.

Dann gab es die beiden Studenten aus Thailand, die in einem besonders strengen Winter eintrafen, als der Schnee hoch und verharscht gleichmäßig den Boden bedeckte. Dieser Stoff, den sie noch nie zuvor gesehen hatten, faszinierte sie. Unglücklicherweise fanden die meisten ihrer Studien im Freien statt, wo sie die Kälte am bittersten spürten. Nach einer Woche beklagten sie sich bei David, daß ihre Füße juckten. Nähere Nachforschungen ergaben, daß sie, wenn sie nach Hause kamen, als erstes ihre Schuhe und Socken auszogen und ihre Füße auf die Heizung legten. Es war nicht verwunderlich, daß sie an Frostbeulen litten; aber es ist auch nicht verwunderlich, daß Frostbeulen in Thailand unbekannt sind.

Ich hätte nie gedacht, daß unsere Mini-Universität noch zu

meinen Lebzeiten solche Ausmaße annehmen würde; aber ehe ich mich's versah, spielte ich mit Studenten aus Brasilien, Mexiko, Liberia, Indien und China Krocket auf dem Rasen von Les Noyers, und daß sie mich freundlicherweise immer gewinnen ließen, war nicht der einzige Grund für meinen Stolz. Tatsächlich bewerben sich bei uns weltweit mehr Studenten um einen Platz im Ausbildungsprogramm, als wir unterbringen können (etwa dreißig pro Jahr), und es ist schmerzlich für sie und für uns, daß wir sie auf die immer länger werdende Warteliste setzen müssen. Wir bekommen buchstäblich Bewerbungen aus allen Teilen der Welt: nicht nur aus Südamerika, Afrika, Asien, Indonesien und Japan, sondern auch aus Europa, den USA, Kanada und Australien erreichen uns Anfragen von jungen Menschen, die von unserem Ausbildungsprogramm profitieren wollen. In die zweite Gruppe fallen vor allem Jugendliche, die eine Berufsausbildung suchen und die für ihre Überfahrt und unsere bescheidenen Studiengebühren selbst aufkommen können. Daher müssen wir darauf achten, daß sie nicht die Studenten aus ärmeren Ländern verdrängen, denn unser Platz ist begrenzt. Doch diese bunte Mischung aus allen Nationen hat sich bewährt, denn alle verfolgen leidenschaftlich dasselbe Ziel – die Erhaltung gefährdeter Arten. Es ist gut für sie, daß sie sich gegenseitig kennenlernen und plötzlich überrascht feststellen, daß alle Länder Probleme mit ihrem Naturschutz haben, nicht nur ihre eigenen, und daß sie einander durch den Austausch von Ideen und Informationen helfen können.

Während die vielen Facetten in der Arbeit des Trusts, was die Erhaltung der Arten betrifft, im Laufe der Jahre auf ein gesundes Maß reduziert wurden, galt es doch auch, vieles andere zu verfeinern. Die tägliche Routine auf dem Zoogelände mußte gewahrt und verbessert werden, um die ganze Maschinerie unserer sich ständig erweiternden Organisation in Gang zu halten. Man denke etwa an das, was von tierärztlicher Seite erforderlich ist, um einem großen Bestand gefährdeter Arten die nötige Pflege angedeihen zu lassen.

Ich habe einmal in einem meiner Bücher geschrieben, daß die gefährlichsten Tiere, die man unbeaufsichtigt in einem Zoo herumlaufen läßt, ein Architekt und ein Tierarzt sind. Entsprechend habe ich mich daran gewöhnt, daß Architekten sich mir mit schlecht verhohlenem Argwohn nähern, als ob ich Iwan der Schreckliche sei, und Tierärzte um mich mit all der Vorsicht herumschleichen, die sie normalerweise einem wildgewordenen Stier oder einem tollwütigen Hund entgegenbringen. Das einzig Tröstliche daran ist wahrscheinlich, daß es beweist, daß sie keine Analphabeten sind oder sich wenigstens ein Buch haben vorlesen lassen.

Ich erinnere mich, wie ich, als ich zum erstenmal sowohl unseren Tierarzt als auch unseren Humanmediziner bat, nach einem kranken Menschenaffen zu sehen, beträchtliche Verlegenheit hervorrief, die ich, in meiner Unschuld, überhaupt nicht verstehen konnte. In den größten Zoos Europas und Amerikas zögert man keinen Augenblick, die Dienste eines Humanmediziners oder auch, wenn es sein muß, eines Zahnarztes in Anspruch zu nehmen. Aus dem Bemühen, die vielfältigen wundervollen Maschinen, vom Menschen bis zur Maus, zu verstehen und zu reparieren, haben sich drei Wissensströme unabhängig voneinander entwickelt: die Erforschung des Menschen, die gesammelten Erkenntnisse über die Krankheiten der Haustiere und als letzter Strom (der bis vor kurzem nur ein Rinnsal war) das Studium der Wildtiere in der Gefangenschaft. Natürlich stand der Mensch im Vordergrund, deshalb sind die Forschungen auf diesem Gebiet am intensivsten betrieben worden. Aber da die drei Ströme sich nicht miteinander vermischten, geriet die Veterinärmedizin ins Hintertreffen. Zwar lernte der Tierarzt, die Praktiken der Humanmedizin auch auf seinem Gebiet anzuwenden, doch nur bei Haustieren; und wenn ein Schimpansenbaby oder ein Riesenotter aus Guyana in seinem Sprechzimmer auftauchte, sah er sich vor eine Aufgabe gestellt, die er nur mit einem gewissen Bangen in Angriff nahm. Unter dieser bornierten Einstellung der Veterinärmedizin hatten die kleineren Zoos zu leiden.

In meiner Jugend wohnte ich zahlreichen Autopsien bei, bei denen der Kadaver des Tieres in Stücke gehackt wurde und die Diagnose unweigerlich TB lautete. Niemand schien sich zu fragen, warum so viele unterschiedliche Tiere, von Straußen bis zu Antilopen, nur an dieser Krankheit litten und ob es dafür nicht ein Präventiv- oder Heilmittel gab. Glücklicherweise sind diese Zeiten endlich vorbei. Jetzt werden Kenntnisse und Techniken frei ausgetauscht.

Vor einigen Jahren tauchte Tony Allchurch bei uns auf. Als junger begeisterter Tierarzt stieg er als Partner von Nick Blampied ein, der uns, wie schon sein Vater, jahrelang treue Dienste leistete. Ich glaube, daß Tony – wie die meisten Tierärzte, die etwas taugen – fasziniert war von der Verschiedenheit der Patienten, die wir ihm boten, und von den irritierenden und raffinierten Methoden, die die Tiere anwandten, um sein Leben zwar unerträglich, aber interessant zu machen.

Eine der ersten Aufgaben Tonys, lange bevor wir unser hochtechnisiertes Hospital hatten, bestand darin, bei einer Operation Oscars, eines unserer großen Orang-Utans, zu assistieren. Oscar hatte einen schlimmen Zahn, und Jack Petty, unser ortsansässiger Zahnarzt, war verständlicherweise nicht scharf darauf, den schmerzenden Backenzahn zu untersuchen, bevor das Tier nicht tief und fest eingeschlafen war. In jenen Tagen wußten wir noch nicht viel von den Geheimnissen der Anästhesie bei diesen Tieren, und um uns selbst und die Versicherungsgesellschaft zu beruhigen, hatten wir die örtliche Polizei um Hilfe gebeten. Ein riesiger, strammer Beamter wurde uns geschickt, bewaffnet mit einem doppelläufigen Gewehr, um Wache zu stehen, während Tony Oscar betäubte und Jack den Zahn behandelte. Tony sagte später, er sei wirklich dankbar gewesen, daß Oscar nicht aus der Narkose erwachte, denn er habe sich darauf gefaßt gemacht, die volle Ladung aus beiden Läufen auf den Pelz zu kriegen, während Oscar unverletzt davongekommen wäre.

«Ich traue keinen Orang-Utans», erklärte Tony. «Aber riesigen Polizisten mit Gewehren traue ich noch weniger.»

Tony ist jetzt unser Verwalter und Tierarzt, und während eines verhältnismäßig normalen Tages muß er sich mit allem befassen, von einem Kaiserschnitt bei einem Gorillaweibchen bis zu einer verstopften Wasserleitung in der Damentoilette.

Eine andere Facette unseres Wirkens ist die Öffentlichkeitsarbeit, die wir als Ergänzung der beruflichen Ausbildung in Les Noyers ansehen. Unser Mann dafür, Phillip Coffey, gehörte früher zu den Wärtern und sorgte für unsere Orang-Utans und Gorillas. Die Geduld, die Liebe und das Verständnis, die für die Pflege der Großaffen erforderlich sind, kamen Phillip gut zustatten, als er unser Lernprogramm für Schulkinder entwickelte. Jedes Jahr nutzen mehr als 7000 Kinder den Jersey Zoo als «Klassenzimmer», und weitere 7000 sind Mitglieder des «Dodo Club», eines für unsere Junioren gegründeten Verbandes. Phillip und David Waugh sind mit den letzten Vorbereitungen eines «Zoo Educators' Course» beschäftigt, an dem Zoo-Pädagogen von überall aus der Welt teilnehmen werden, vor allem aus den Entwicklungsländern. Es ist der erste Kursus dieser Art, und wir freuen uns, daß er hier abgehalten werden wird. Hoffentlich findet er viele Nachfolger in der ganzen Welt.

Wir produzieren ein breites Spektrum von Publikationen, in denen wir unsere diversen Tätigkeiten beschreiben. So gibt es unser Wissenschaftsjournal *Dodo*, dessen Chefredakteur Jeremy ist. Erbarmungslos treibt er unsere Abteilungsleiter, Studenten und zu Besuch weilenden Wissenschaftler an, ihre Beiträge rechtzeitig einzureichen, ob sie sich mit den Methoden der Aufzucht eines seltenen Flughundes oder mit den Ergebnissen einer Untersuchung über die Ökologie und das Verhalten einer gefährdeten wildlebenden Art befassen. Es gibt unser Mitteilungsblatt *On the Edge*, das dreimal im Jahr an alle Mitglieder verschickt wird, und ein eigenes Mitteilungsblatt für die Mitglieder des Dodo Club, den *Dodo Dispatch*. Jeder Ausgabe des *Dispatch* liegt ein großes farbiges Poster mit einer Abbildung einer der Arten bei, mit der wir uns gerade beschäftigen. Wir lassen immer einen Sonderdruck der Poster mit einem Artenschutz-Slogan in der Sprache des Landes anfertigen, aus dem das Tier stammt, und verschicken sie an Schulen, Büros und Geschäfte des betreffenden Landes, um die lokalen Aufklärungsprogramme zu unterstützen. Damit die Verbindung mit unseren früheren Studenten des International Training Centre nicht abreißt und sie auf dem laufenden bleiben, verschicken wir (mittlerweile an fast 300 Leute in 65 Ländern) ein Mitteilungsblatt mit dem Namen *Solitaire*, in dem Berichte über Jersey und unsere ausländischen Projekte stehen, Berichte von den Studenten selbst über ihre Arbeit und Informationen zu laufenden Artenschutzmaßnahmen in diesen und anderen Ländern.

Natürlich verbringen unsere Leute nicht den ganzen Tag damit, Tiere zu pflegen, Kurse abzuhalten oder Berichte zu schreiben. Tatsächlich führen sie ein recht abwechslungsreiches Leben, denn wir schicken sie in alle Länder der Erde, um Feldforschungen zu betreiben und unsere Zuchtprojekte *in situ* zu beaufsichtigen. So fliegt Jeremy regelmäßig nach Brasilien, um unsere dortige Arbeit zum Schutz der Primaten im Auge zu behalten. David Jeggo fungiert als Berater bei den Zuchtprojekten, die wir für Papageien in der Karibik in die Wege geleitet haben, und arbeitet mit an Zählungen der wildlebenden Papageienpopulationen. Bryan Carroll (unser Säugetier-Kurator) sammelt Informationen über wildlebende Flughunde, und Quentin Bloxham, unser Reptilien-Kurator, ist mit einer ähnlichen Arbeit über Reptilien in Madagaskar und anderen Ländern beschäftigt. Manchmal sind die Wege, auf denen wir die nötigen Informationen bekommen, seltsam und alles andere als alltäglich. Als wir zum Beispiel unseren Research Assistant William Oliver damit beauftragten, Feldforschungen über das Zwergwildschwein anzustellen, erkannte er, daß es nur eine Möglichkeit gab, etwas über ihr Privatleben herauszufinden. Er fing ein Zwergwildschwein ein und legte ihm ein Halsband mit einem Sender um. Auf dem Rücken eines Elefanten ritt er dann durch das hohe Gras und stellte mit Hilfe seines Empfängers fest, wie das winzige Schwein seinen Tag verbrachte. Das kleinste Schwein der Welt hoch auf einem Elefanten thronend mit einem Radiosender zu verfolgen, das ist sicherlich eine Erfahrung, die nicht jeder Artenschützer macht.

Das sind also einige Beispiele, die unsere facettenreiche Methode des Artenschutzes illustrieren. Was wir tun, ist nicht mehr und nicht weniger als das, was alle anderen Zoos auf der Erde tun, um gefährdete Arten zu retten. Aber wir sind in unserer Arbeit durch zwei Umstände unterstützt worden, um die uns andere Umweltorganisationen beneiden. Der erste ist, daß es uns gelungen ist, eine Vielzahl von hochtalentierten und engagierten Leuten anzuziehen – und, was wichtiger ist, zu halten. Der zweite ist, daß ich das Glück hatte, Bücher zu schreiben, die so populär wurden, daß sie mir viele Türen öffneten, die anderen Organisationen verschlossen blieben.

Ich glaube, das Geheimnis unserer hervorragenden Mitarbeiter liegt darin, daß wir nicht nur «irgendein Zoo» sind. Wir haben uns bestimmte Ziele gesetzt und verfolgen sie unbeirrt mit unserer Arbeit. Und das, glaube ich, macht uns einzigartig, und das ist es, was die Leute anspricht, die zu uns kommen. Und wir sind glücklich dran, daß im allgemeinen die Mitarbeiter uns und nicht wir die Mitarbeiter suchen. Zumindest scheinen sie in unser Netz zu schwimmen. Der Fall unseres Trustsekretärs Simon Hicks bietet dafür ein gutes Beispiel.

Als wir Simon zum erstenmal trafen, war er Direktor des National Conservation Corps in Großbritannien. Menschen, denen es am Herzen liegt, etwas für den Naturschutz zu tun, können dieser ausgezeichneten Organisation beitreten und unentgeltlich ihre Zeit und ihre Fähigkeiten zur Verfügung stellen, um verdreckte Flüsse und Dorfteiche zu säubern, Pflanzungen gegen die Erosion anzulegen, Zäune, Dämme und Brücken zu bauen und ähnliche anstrengende, aber notwendige Arbeiten zu verrichten. Simon war mit einer solchen Mannschaft angerückt, um uns bei einigen Vorhaben zu unterstützen. Groß und schlank, gutgewachsen, sommersprossig, mit großen blauen Augen, lockigem roten Haar und einer Stupsnase, strahlte er eine unglaubliche Begeisterung aus. Er vibrierte geradezu vor Energie. Es war, als ob man neben einem Dynamo stünde – nicht einem dieser schwachbrüstigen kleinen Dynamos, sondern einem der Art, wie sie auf der «QE II» benutzt werden. Er besaß enormen Charme und nahm die Sache mit einer Effizienz in Angriff, wie ich sie kaum je wieder erlebt habe. Ich war beeindruckt. Ich bat Jeremy und John Hartley um ihre Meinung. Sie waren ebenfalls beeindruckt. Die Arbeit des Trusts hatte gewaltige Ausmaße angenommen, und wir brauchten dringend jemanden an der Spitze, der Jeremy und John etwas entlasten konnte, und Simon erschien uns wie ein Geschenk des Himmels, wenn wir ihn für uns gewinnen könnten.

«Schauen wir ihn uns noch einmal näher an», sagte ich. «Wir könnten ihn unter irgendeinem Vorwand bitten, noch einmal vorbeizukommen. Um uns bei der Neuanlage der Wasserwiesen zu beraten oder so etwas.»

«Glauben Sie, daß das nötig ist?» fragte Jeremy, wie immer vorsichtig.

«Ja», sagte ich. «Denken Sie daran, Jeremy, das Gesicht, das am Morgen auf dem Kopfkissen liegt, sieht vielleicht ganz anders aus als das am Abend zuvor.»

Jeremy errötete. «Ich verstehe, was Sie meinen», sagte er zweifelnd.

So kam Simon zu uns, und er steuerte die Frische bei, die wir brauchten. Seine Begeisterungsfähigkeit, seine Weigerung, bei irgendeinem Projekt die Waffen zu strecken, wie schwer oder unmöglich es auch erscheinen mochte, seine Vitalität – alles war grenzenlos. Eine südamerikanische Freundin von mir brachte es auf eine Formel. Ich sagte ihr, sie müsse Simon kennenlernen; es sei eine Erfahrung, die keine Frau versäumen dürfe. Ich rief ihn unten in seinem Büro an.

«Si», sagte ich. «Eine Dame aus Südamerika ist bei mir, und ich würde Sie gern mit ihr bekanntmachen. Können Sie für einen Augenblick heraufkommen?»

«Ja, ja», sagte Simon. Seine Stimme war deutlich im ganzen Raum zu hören. «Ausgezeichnet, ja, ich bin in einer Sekunde oben.»

Ich legte auf.

«Jetzt hören Sie!» sagte ich.

In der Ferne hörte man einen Knall, danach etwas, das wie das Grollen eines Gewitters klang. Dann kamen zwei weitere Knalle, wie von mächtigen Kanonen abgefeuert. Es folgte ein Donnern von Füßen, die die Stufen zu unserer Wohnungstür hinauftobten, als ob die gesamte russische Armee, neu beschuht, bei uns eindrang. Dann ein Knall an der Wohnungstür, der alle früheren Knalle an Lautstärke übertraf. Meine Freundin fuhr zusammen und verschüttete den Inhalt ihres Glases.

«Simon glaubt, daß Türen dazu erfunden wurden, Leute davon abzuhalten, etwas zu erledigen», erklärte ich freundlich.

Er stürmte ins Zimmer, gleich einem Vulkanausbruch, und zerdrückte die Hand meiner Freundin zu Brei. Er redete zehn Minuten, lachte und erzählte äußerst charmant Witze, während er sich ein kaltes Bier einverleibte.

«Nun», sagte er und blickte auf seine Armbanduhr. «Ich fürchte, ich muß gehen. Hab da ein paar Freiwillige, die ich auf Trab bringen muß. Keine Zeit, tut mir leid. Hoffe, Sie bald wiederzusehen. Ausgezeichnet. War mir ein Vergnügen.»

Er preßte ihre Hand wieder in seinen Daumenschraubengriff und verschwand. Sie lehnte sich zurück und verfolgte das Dröhnen und Geknalle seines Abgangs, wie man den Rückzug einer Armee verfolgt.

«Was haben Sie gesagt? Wie war sein Name?» fragte sie.

«Simon», sagte ich. «Simon Hicks.»

«Sie sollten ihn Hurrikan-Hicks nennen», sagte sie mit Entschiedenheit. Und so ist es bei Hurrikan-Hicks geblieben.

Simons Begeisterung für seine neue Arbeit kannte keine Grenzen. Binnen kürzester Zeit hatte er das Patenschaftsprogramm für die Insassen unseres Zoos umgekrempelt, das bisher nur eine kleine Summe zum Unterhalt einiger weniger Tiere beigetragen hatte. Jetzt machte es einen hübschen Profit, und wir hatten eine lange Warteliste für Patentiere. Das Programm basiert auf dem Prinzip, daß man die Patenschaft für ein Tier übernehmen kann, indem man einen Beitrag zu seinem Unterhalt leistet und dafür namentlich auf einem Schild am Käfig oder Gehege genannt wird. Es eignet sich offenbar besonders für gequälte Eltern, Onkel und Tanten, die nicht wissen, was sie einem Kind zu Weihnachten oder zum Geburtstag schenken sollen. So übernehmen sie die Patenschaft im Namen des betreffenden Jugendlichen. Das Angebot ist natürlich gestaffelt, so daß ein Frosch nicht soviel kostet wie ein Gorilla; und obwohl der Beitrag in keiner Weise die tatsächlichen Kosten deckt, die wir pro Jahr für ein Tier aufbringen müssen, stellt er eine willkommene Hilfe dar. Überdies gibt er sowohl Erwachsenen als auch Kindern das Gefühl, uns in unserer Arbeit zu unterstützen, und sie empfinden einen gewissen Stolz, wenn sie kommen und «ihr» Tier sehen.

Als ich unsere Schwesterorganisation in Amerika gründete, nannten wir sie ursprünglich SAFE (Save Animals From Extinction), doch wir mußten den Namen ändern in Wildlife Preservation Trust International (eine etwas pompöse Bezeichnung), weil die Amerikaner der Meinung waren, daß SAFE zu sehr nach Prophylaxe klang. Simon hatte jedoch keine derartigen Bedenken, ließ sofort den Namen urheberrechtlich schützen und ersann eine neue Möglichkeit, Spenden anzuregen. Er ließ für jede Spezies Karten drucken; jede Karte hatte einzelne Kästchen mit bestimmten Bezeichnungen, etwa «Tierärztliche Versorgung», «Pflege», «Rückkehr in die Wildnis» und so weiter. Wer uns unterstützen wollte, konnte das ankreuzen, was ihn am meisten interessierte, und das Geld wurde dann für den entsprechenden Bereich verwandt.

Neben all diesen Tätigkeiten wollte Simon an den Ausbildungskursen für unsere ausländischen Studenten teilnehmen, und das tat er auch. Er fütterte die Tiere und reinigte ihre Käfige. Mit zunehmender Sachkunde führte er auch Besuchergruppen durch den Zoo und erzählte ihnen etwas über unsere Arbeit und die Biologie der Tiere. Er besitzt jedoch ein erstaunlich unschuldiges Gemüt, das ihn zum perfekten Opfer von Neckereien macht. Nachdem ich einmal (ohne sein Wissen) zugehört hatte, wie er mit einer Gruppe von Mitgliedern des Trusts sprach, ließ ich ihn in mein Büro kommen. «Simon», sagte ich. «Ich muß einmal sehr ernst mit Ihnen reden.»

«Ja, was liegt an?» sagte er, leicht beunruhigt.

«Es geht um diese Vorträge, die Sie den Trustmitgliedern halten», sagte ich. «Ich habe Ihnen neulich zugehört.»

«O mein Gott. Das haben Sie nicht, oder?»

«Doch», sagte ich streng. «Das meiste, was Sie da vortrugen, war zwar in Ordnung, aber ich finde, Sie hätten all diesen Leuten keine Unwahrheiten erzählen sollen.»

«Unwahrheiten?» krächzte er.

«Nun, vielleicht keine Unwahrheiten», räumte ich ein. «Ich meine, vielleicht glauben Sie wirklich, daß Schneeleoparden aus der Sahara kommen.»

Er starrte mich an und merkte plötzlich, daß ich ihn auf den Arm genommen hatte.

«Mein Gott, tun Sie mir das nicht an», sagte er. «Ich habe einen ganz trockenen Mund bekommen.»

Es war zu dieser Zeit, daß Simon in eine komplizierte Situation mit unseren Orang-Utans geriet. Unser riesiger Orang aus Sumatra, Gambar, war äußerst empfindlich gegen jeden, der sein Revier verletzte, und sehr eifersüchtig auf seine Frau Gina. Er hielt Simon – dessen Haar, grob gesagt, die Farbe eines Orang-Utans hat – für einen Nebenbuhler, der unzüchtige Absichten gegenüber Gina hegte. Wann immer Simon sich näherte, zog sich

Gambar an den Gitterstäben hoch und schwang sich von einer Seite zur anderen wie ein gewaltiger lederner Rucksack, wobei er dem ausgedienten Autoreifen, der an einer Kette in seinem Käfig hing, mächtige, laut dröhnende Schläge versetzte. Um sein Imponiergehabe abzurunden, packte er danach Gina und begann zu Simons äußerster Verlegenheit, sich heftig mit ihr zu paaren. Das ging so weit, daß Simon sich weigerte, in die Nähe des Käfigs zu gehen, wenn er Trustmitglieder herumführte.

«Oh, da, Orang-Utans», pflegten sie zu rufen, wenn sie Gambar aus der Ferne erspäht hatten.

«Ja, ja, ganz toll», pflegte Simon aufgeregt zu stammeln. «Aber ich muß Ihnen *zuerst* das Lemuren-Gehege zeigen.»

Simon gestand mir, daß Gina einen so anklagenden Blick in den Augen hatte, wenn Gambar sie bestieg, daß es ihm das Herz zerriß.

«Es ist schrecklich», sagte er. «Sie scheint mir die Schuld dafür zu geben.»

«Machen Sie sich nichts daraus», sagte ich. «Denken Sie nur daran, wie berühmt Sie einmal werden, wenn Gambar von uns gegangen ist. Die *News of the World* werden Ihnen eine hübsche Summe für Ihre Lebensgeschichte zahlen.»

«Was?» sagte Simon. «Wieso von uns gegangen? Wovon reden Sie?»

«Sie werden der einzige Mann in der Geschichte sein, der von einem Orang-Utan bezichtigt wurde, ihm seine Frau abspenstig gemacht zu haben», erklärte ich.

Die Popularität meiner Bücher hat mir viele Türen geöffnet, besonders bei denen, die man gemeinhin «die Prominenten» nennt. Es ist eine enorme Hilfe, wenn man weiß, daß der große Boss einer Organisation ein begeisterter Durrell-Leser ist, da man ihn dann, ohne zu erröten, anrufen und um einen Gefallen bitten kann, anstatt mühsam die steile und oft mit Hindernissen vollgestellte bürokratische Leiter zu erklimmen. Eine solche Persönlichkeit kann einen auch oft mit Dutzenden anderer bekanntmachen, die sich als hilfreich erweisen können, so daß das Ganze sich wie eine Gänseblumenkette rundet. Ein Beispiel dafür ist das Problem, als wir einen geeigneten Schutzherren für unsere aufblühende amerikanische Schwesterorganisation finden mußten.

Es war etwa zu dieser Zeit, daß Tom Lovejoy, nachdem er den amerikanischen Vorstand mit einer Reihe äußerst kooperativer und großzügiger Leute besetzt hatte, zu dem Schluß kam, daß das, was wir jetzt brauchten, eine Galionsfigur war, jemand, der in Amerika gut bekannt war und der Organisation Glanz verleihen konnte. Tom rief mich an, um die Sache mit mir zu besprechen.

«Wie wär's mit Fürst Rainier?» schlug ich vor. «Er mag Tiere und hat selbst einen Zoo in Monaco.»

«Seine Frau wäre besser», sagte Tom. «Keiner in Amerika hat je etwas von Fürst Rainier gehört, aber jeder weiß, wer Grace Kelly ist.»

«Sehr wahr», sagte ich. «Aber ich kenne sie nicht.»

«Ich gehe jede Wette ein, daß David Niven sie kennt», sagte Tom. «Und ihn kennen Sie ja. Er war der Brautführer Ihres Gorillaweibchens, nicht wahr?»

«Ja, aber ich hasse es, meine Freunde zu bitten, Nutzen aus ihren Freunden zu schlagen.»

«Er kann nur nein sagen», erwiderte Tom gleichmütig.

Also rief ich David an und bat ihn um seine Hilfe.

«Ich hasse es, meine Freunde mit solchen Sachen zu behelligen, Gerry», sagte er. «Aber ich sage Ihnen, was ich tun werde. Ich verschaffe Ihnen eine Einladung bei ihr, aber danach bleibt alles Ihnen überlassen, und das werde ich ihr auch sagen.»

«Wunderbar, David», sagte ich. «Das ist in Ordnung. Ich brauche nur einen Fuß in der Tür, und dann können Tom und ich den Rest erledigen. Ich bin sicher, es klappt. Tom hat fast soviel Charme wie Sie.»

«Schmeichelei bringt Sie bei mir nicht weiter, Mr. Durrell», sagte David streng.

«Das Problem bei euch zweitrangigen Schauspielern liegt darin, daß ihr die Wahrheit nicht vertragen könnt», sagte ich und legte auf, bevor er antworten konnte.

Nach angemessener Zeit willigte Fürstin Gracia ein, uns zu empfangen, und ein Termin wurde festgesetzt. Tom war in Hochstimmung.

«Gute alte Miss America», sagte er.

«Bis jetzt hat sie sich noch auf nichts eingelassen», warnte ich ihn. «Und um Gottes willen nennen Sie sie nicht gute alte Miss America. Sie ist eine Fürstin, verdammt noch mal.»

«Nur durch Heirat», sagte Tom.

«Sie müssen lernen, mein lieber Tom, daß die, die durch Heirat Fürstinnen werden, sich manchmal ihrer Würde und gesellschaftlichen Stellung mehr bewußt sind als die, die als Fürstinnen geboren werden.»

«Muß ich einen Hofknicks machen?» fragte Tom.

«Nein», sagte ich. «So sehr ich es auch genießen würde, Sie vor Fürstin Gracia knicksen zu sehen, sollten wir ihr das wohl ersparen. Da Sie jedoch so ungehobelt sind, ist das mindeste, was ich tun kann, Ihnen ein paar Lektionen zu erteilen, wie Sie sich zu benehmen haben, wenn wir ihr vorgestellt werden. Ich mache das, wenn wir uns in Frankreich treffen.»

Da man nicht jeden Tag in den Palast von Monaco eingeladen wird, fühlten wir uns verpflichtet, die Sache stilvoll zu begehen. Daher bezog ich mit meiner weiblichen Entourage (meiner Frau, meiner Sekretärin und einer langjährigen Freundin) ein ausgesprochen feines Hotel in Banknotenrascheln-Hörweite. Nachdem wir mit einem köstlichen Kir als Aperitif unsere Geschmacksknospen in ein Höchstmaß von Erwartung versetzt hatten, wurden wir von einem hinreichend servilen *maître d'hôtel* in den Speisesaal geführt und von einer Schar aufmerksamer Kellner in Empfang genommen. Die köstliche Gurkensuppe, kalt wie die Nase eines Eisbären, war ausgelöffelt, und die Kellner servierten mit ernstem Schweigen den frischen, in Champagner pochierten Lachs, als Thomas Lovejoy den Raum betrat. Er sah aus wie der einzige Überlebende eines heftigen Erdbebens in Mesopotamien. Bei seinem Anblick gab der *maître d'hôtel* ein klägliches Quieken von sich, wie ein kleines Meerschweinchen, das unvermutet von den Hufen eines Zugpferdes niedergetrampelt wird. Ich muß sagen, daß ich ein gewisses Verständnis für den Mann hatte.

In einer Aktentasche, die aus der Haut eines uralten, an Lepra leidenden Krokodils verfertigt zu sein schien, trug Tom offenbar alles, was ihm an irdischem Hab und Gut verblieben war. Sein

Anzug sah aus, als ob siebzehn Landstreicher in ihm geschlafen und ihn dann einer Mülltonne überantwortet hätten. Sein Hemd war grün wie der Bauch eines Fisches, bis auf die Gegend um den Hals, wo es rabenschwarz war. Seine Krawatte – einst zweifellos ein prächtiges Stück – sah aus, als ob sie sorgfältig von einem der weniger intelligenten Dinosaurier zermampft und anschließend wieder ausgewürgt worden sei. Seine Schuhe vervollständigten das Ensemble. Charles Chaplin hatte Jahre mit dem Versuch verbracht, seine Schuhe so hinzukriegen wie diese, doch ohne Erfolg. Zerbeult und zernarbt, die Zehen nach oben gerichtet wie Fahnenstangen, die Sohlen in unmittelbarer Gefahr, ihren Halt am oberen Teil der Fußbekleidung zu verlieren – es waren Galoschen, in denen, wenn man so unklug war, sie näher zu untersuchen, alle möglichen ansteckenden Krankheitskeime zu lauern schienen.

«Hallo, Leute», sagte Tom und ließ sich mit der ganzen Wucht seiner unfreundlichen Erscheinung in einen Sessel fallen. «Tut mir leid, daß ich zu spät komme.»

Meine weibliche Entourage betrachtete ihn wie eine Kröte, die in ihrer Suppe aufgetaucht war. Da saßen sie, in Samt und Seide gekleidet, sorgfältig hergerichtet, teure Düfte ausströmend wie ein frisch gemähtes Heufeld, und in ihre Mitte stahl sich das Phantom der Oper.

«Wir hoffen, daß Sie Fürstin Gracia in ihrem Palast nicht *so* vorgestellt werden wollten», sagten sie drohend und gleichzeitig.

«Wieso?» fragte Tom erstaunt. «Was ist los mit mir?»

Sie sagten es ihm. In einem langen Leben, in dem ich verfolgt habe, wie Frauen ihre Männer auseinandernehmen, habe ich noch nie etwas so rundum Abschätziges zu hören bekommen. Er wurde nach oben geschickt und mußte sich trotz seines Protestes aller Kleidungsstücke, die er auf den Leibe hatte, entledigen. Während er auf meinem Bett saß, in ein Badetuch gehüllt, machte sich die Reinigungsbrigade an die Arbeit.

«Ich weiß nicht, was an meinem Aussehen nicht in Ordnung sein soll», sagte er bekümmert. «Ich habe gestern mit dem Präsidenten von Peru zu Mittag gegessen, und er hat nichts gesagt.»

«Es gibt einige Frauen, die einen Mann nach seiner Kleidung beurteilen, und ich bin sicher, Fürstin Gracia ist eine von ihnen.

Sie haben besondere Sehorgane dafür. Wenn sie sich in einem Raum mit dreihundert Leuten befinden, entdecken sie unweigerlich einen mikroskopisch kleinen Fleck Eigelb auf der Krawatte eines Mannes, der am anderen Ende des Raumes steht.»

«Ich kann doch nichts dafür, daß mein Gepäck in Paris liegengeblieben ist, oder?» sagte er.

«Nun, das können sie ihr nicht sagen», bemerkte ich. «Dann glaubt sie noch, daß Sie immer wie ein Lumpensammler herumlaufen.»

Toms Garderobe wurde wieder hereingebracht und sah nicht mehr ganz so schlimm wie vorher aus. Während er sich ankleidete, erteilte ich ihm eine Lektion in Hofetikette.

«Denken Sie daran, sich zu verbeugen, wenn Sie ihr die Hand geben», sagte ich. «Und reden Sie sie nur mit Eure Hoheit oder Ma'm an.»

«Wieso Ma'm?» fragte Tom.

«Ma'm, Sie wissen doch, eine Abkürzung für Madam.»

«Kann ich sie nicht Mrs. Rainier nennen?»

«Nein, das können Sie nicht. Bleiben Sie einfach bei Eure Hoheit.»

So bestiegen wir ein Taxi und fuhren den Berg hinauf, wo das rosarote Märchenschloß hoch über dem schimmernden Mittelmeer liegt. Am Tor wurden wir von effizient wirkenden Wachsoldaten in Uniformen angehalten, die für *No, No, Nanette* oder ein ähnlich aufwendiges, in Ruritanien spielendes Musical entworfen zu sein schienen. Man führte uns in das Domizil des Sekretärs der Fürstin, wo wir einen Augenblick zu warten gebeten wurden.

«Schniekes Ambiente», sagte Tom und sah sich in dem reich mit Marmor und Blattgold ausgestatteten Raum um.

«Um Himmels willen, vergessen Sie nicht, was ich Ihnen gesagt habe», schärfte ich ihm ein. Da Tom der Vorsitzende unseres amerikanischen Aufsichtsrats war, sollte er die Fürstin als erster begrüßen. Einen Augenblick später öffnete der Sekretär die Tür und führte uns in das Privatbüro. Fürstin Gracia, atemberaubend schön und elegant, erhob sich hinter ihrem Schreibtisch und kam uns lächelnd entgegen, um uns zu begrüßen. Zu meinem Entsetzen sah ich, daß Tom ihr freundlich zuwinkte.

«Hallo, Grace», sagte er.

In dem verzweifelten Bemühen, wieder gutzumachen, was an Schaden angerichtet worden war, ergriff ich mannhaft das Wort.

«Hoheit ist äußerst gütig, uns zu empfangen», krächzte ich. «Dies ist Dr. Lovejoy, der Vorsitzende unseres amerikanischen Aufsichtsrats, und mein Name ist Durrell.»

«Bitte, setzen Sie sich doch und sagen Sie mir, was ich für Sie tun kann», sagte sie mit jener Art von Lächeln, die jeden heißblütigen Mann in einen stammelnden Idioten verwandelt.

Tom und ich setzten uns auf ein großes Sofa, Fürstin Gracia in unserer Mitte, und versuchten, ihr die Ziele des Trusts zu erklären. Obwohl die Fürstin aufmerksam zuhörte, hatte ich das sichere Gefühl, daß die Antwort nein lauten würde. Ich war überzeugt, daß sie uns nur empfangen hatte, um David Niven einen Gefallen zu tun, und daß sie jetzt nach einer höflichen Ausrede suchte, um uns unsere Bitte abzuschlagen. Also spielte ich meine Trumpfkarte aus. Gerade als sie sagen wollte, sie habe so viele Verpflichtungen und sei wirklich nicht in der Lage..., schob ich ihr rasch ein großes Foto zu, auf dem unser neugeborenes Gorillababy zu sehen war, wie es auf dem Bauch auf einem weißen Frotteetuch lag. Die Worte erstarben ihr auf den Lippen, und wie ein Schulmädchen stieß sie einen kleinen Begeisterungsschrei aus. Es hätte nicht viel gefehlt, und sie hätte das Foto an sich gedrückt.

«Hoheit, dies sind die Tiere, denen wir zu helfen versuchen», sagte ich.

«Oh, es ist niedlich», girrte sie. «Ich habe noch nie etwas so Niedliches gesehen. Kann ich es meinem Mann zeigen?»

«Es gehört Ihnen. Ich habe es für Sie mitgebracht», sagte ich.

«Oh, ich danke Ihnen», sagte sie, die Augen verzückt auf das Foto gerichtet. «Nun erzählen Sie mir, wie ich Ihnen helfen kann.»

Zehn Minuten später verließen wir den Palast. Unser amerikanischer Trust hatte Ihre Hoheit Fürstin Gracia von Monaco als Schirmherrin gewonnen.

«Ich wußte, daß das Gorillafoto sie überzeugen würde», sagte ich triumphierend zu Tom, als wir ins Taxi stiegen. «Jede Frau, der ich es gezeigt habe, ist rein närrisch geworden. Es bringt die Mutter in ihnen zum Vorschein.»

«Ich glaube nicht, daß es etwas mit dem Foto zu tun hatte», sagte Tom.

Ich starrte ihn an.

«Was meinen Sie damit, daß es nichts mit dem Foto zu tun hatte?» sagte ich. «Es war das Bild, das den Ausschlag gab.»

«Nein, was sie wirklich rumgekriegt hat, war das bißchen Eigelb, das ich auf meiner Krawatte hatte», sagte Tom grinsend.

Rückkehr in die Wildnis

Vor vielen Jahren, als wir gerade den Trust gegründet hatten, versuchte ich immer wieder, den Leuten klarzumachen, was Aufzucht in Gefangenschaft eigentlich bedeutet. Unvermeidlich kam dann die Frage: «Welchen Tieren haben Sie schon die Freiheit wiedergegeben?», als ob die ganze Übung nur darin bestehe, ein paar Exemplare großzuziehen, sie in Kisten zu verladen und zurück in ihre Ursprungsländer zu fliegen, um sie dort im nächstbesten Waldstück auszusetzen. Nichts könnte weiter von der Wahrheit entfernt sein.

Aufzucht in Gefangenschaft zum Zweck der Artenerhaltung ist ein Unternehmen, das voller Probleme steckt; und erst, wenn sie überwunden, das heißt, wenn die Phasen eins und zwei unserer facettenreichen Methode erfolgreich durchlaufen sind, kann man ernsthaft mit Phase drei beginnen – das heißt, die in Gefangenschaft aufgezogenen Tiere in Gebieten freilassen, in denen die entsprechenden Arten ausgestorben sind, oder in neuen Regionen unmittelbar im oder unweit des natürlichen Einzugsbereichs der jeweiligen Art, sofern er geeignete Lebensräume bietet, oder aber in Gebieten, in denen die endemische wildlebende Population eine Auffrischung durch neue Tiere benötigt. Phase drei ist der schwierigste Teil.

Die Schwierigkeit besteht vor allem darin, daß die Rückführung von in Gefangenschaft aufgewachsenen Tieren in ihre natürlichen Habitate etwas völlig Neues ist, eine neue Kunst, wenn man so will, die nur durch Erfahrung zu lernen ist. Zunächst einmal sind keine zwei Arten in ihren Bedürfnissen völlig gleich, und man muß erst herausfinden, was für eine Art lebensnotwendig ist. Zweitens kann man ein Tier, das bereits in der dritten oder vierten Generation in Gefangenschaft lebt, nicht einfach wieder in die Wildnis entlassen. Obwohl ihm Nahrung in Hülle und Fülle zur Verfügung steht, würde es wahrscheinlich verhungern, da es daran gewöhnt ist, seine Früchte oder was auch immer fein zerkleinert in einer Schüssel vorzufinden. Es wäre dasselbe, als wenn man einen Millionär, der lange im Ritz gelebt hat, zwänge, mit einer Zeitung als Decke auf einer Parkbank zu schlafen und sich sein Essen aus Abfalltonnen zusammenzuklauben. Es dürfte eine gewisse Zeit in Anspruch nehmen, ihn mit dieser Lebensweise vertraut zu machen.

Die bisher entwickelten Methoden sind ziemlich einfach, aber der ganze Vorgang muß, wie gesagt, auf das einzelne Tier abgestimmt werden – unter Berücksichtigung des spezifischen Ortes, an dem er sich vollzieht. Unser erster Versuch, die Rosentaube auf Mauritius auszusetzen, ist ein Beispiel dafür, wie leicht man etwas falsch machen kann. Wir hatten uns entschlossen, die Vögel zunächst in ein «Übergangsheim» im Botanischen Garten von Pamplemousses zu schaffen. In diesem großen Areal gab es reichlich Blätter und Früchte, und da viele Zugangswege kreuz und quer durch den Garten führten, konnten wir die Bewegungen und Reaktionen der Vögel gut beobachten. So bauten wir eine spezielle Voliere, deren eine Seite zwei Tauben beherbergte, die freigelassen werden sollten, während die andere zwei weitere als «Köder» enthielt, die hoffentlich die freigelassenen Vögel dazu ermuntern würden, im Garten zu bleiben.

Die ersten beiden Tauben waren sorgfältig aus dem Zuchtzentrum am Black River ausgewählt worden, einem Komplex von Volieren und Gehegen, den die Regierung von Mauritius mit Geldern, die zum großen Teil von unserem Trust stammten, errichtet und mit Personal ausgestattet hatte. Nachdem die Tauben sich dort eingewöhnt und ihrer neuen Umgebung angepaßt hatten, kam der große Tag, an dem wir sie aussetzen wollten. Ich sollte das selbst tun und war zu diesem feierlichen Anlaß nach Mauritius gekommen. Wir hatten uns vorgestellt, daß die Tiere, sobald sie frei waren – oder ihnen zumindest der Weg in die Freiheit offenstand – die Voliere weiterhin als Zufluchtsort benutzen würden, an dem ständig Futter für sie bereitstehen sollte, bis sie völlig unabhängig geworden waren. Am verabredeten Tag fand ich mich pünktlich ein, und mit großem Schwung – denn es war ein bedeutsames Ereignis – zog ich die Schnur, um die Klappen zu heben, die den Tauben den Weg in die Freiheit weisen würden.

Die Schnur riß.

Es folgte eine peinliche Pause, während jemand sich bemühte, eine neue Schnur zu finden. In diesem Augenblick hatte ich großes Mitgefühl mit jenen Damen, die, feierlich gewandet, immer wieder Sektflaschen gegen den Bug eines neuen Ozeandampfers schmettern, ohne eine Wirkung zu erzielen. Schließlich wurde die Schnur herbeigeschafft, und die Klappen hoben sich. Die Tauben benahmen sich wunderbar, flogen hinaus und setzten sich auf das Dach der Voliere. Wir dachten, sie würden jetzt ihre Freiheit nutzen und in die Bäume der näheren Umgebung fliegen. Nichts dergleichen. Sie blieben stur auf dem Dach sitzen, ohne sich zu rühren, und sahen aus wie die mißlungenen Ergebnisse der Bemühungen eines dilettantischen Tierausstopfers. Ich wünsche mir, daß all die Idioten, die ständig von der Grausamkeit der Gefangenschaft und den Freuden der Freiheit schwafeln, diese Vögel hätten sehen können.

Im nachhinein erwies es sich als ungünstig, daß das Aussetzen der Tiere nicht öffentlich bekanntgegeben wurde. Dies geschah auf Wunsch der Behörden, und damals wirkte es auch wie eine durchaus vernünftige Forderung. Wir ließen in Pamplemousses insgesamt elf Vögel frei, und schließlich nahmen sie all ihren Mut zusammen und erprobten die neugewonnene Freiheit, indem sie alle Bereiche des ausgedehnten Gartens erkundeten. Bald mußten sie mit einer neuen Gefahr fertig werden. Kleine Jungen mit Schleudern zogen durch das Gelände und bemühten sich, Ringeltauben für ihr Mittagessen zu erlegen. Man konnte von ihnen nicht erwarten, daß sie den Unterschied zwischen einer Rottaube und einer Ringeltaube kannten, abgesehen davon, daß die eine dicker und daher begehrenswerter ist (das Fleisch einer Rottaube hat überdies einen unangenehmen Geschmack und ist deshalb ungenießbar). Dieser Umstand, verbunden mit der an Schwachsinn grenzenden vertrauensseligen Natur der Rosentaube war verhängnisvoll. Mehrere der Tiere fielen den tödlichen Waffen der jungen Jäger zum Opfer. Es bleibt zu fragen, ob eine große öffentliche Kampagne einen Unterschied gemacht hätte. Können öffentliche Kampagnen kleine Jungen mit Schleudern beeinflussen? Das weiß niemand. Doch trotz der Schleudern paarten sich einige der Vögel und brachten Junge zur Welt, die sie freilich im Brutstadium verließen – wahrscheinlich, weil sie sich von den Menschen gestört fühlten.

Alles in allem war unser erster Versuch, die Vögel auszusetzen, kein großer Erfolg; und so fingen wir sie wieder ein und brachten sie zurück zum Black River. Dennoch hatten wir eine Menge gelernt. Die Vögel flogen nicht sogleich fort ins blaue Unbekannte, sondern blieben zunächst in der Nähe des Ortes, an dem sie freigelassen worden waren. Dort konnten sie gefüttert werden, bis sie sich an ihre Umgebung gewöhnt hatten. Dann begannen sie sich von den Blättern und Früchten sowohl der exotischen als auch der einheimischen Pflanzen zu ernähren – eine wichtige Beobachtung, da sich in den Wäldern von Mauritius, in die sie eines Tages zurückkehren würden, exotische Pflanzen ausgebreitet haben. Und schließlich hatten wir bewiesen, daß in Gefangenschaft aufgezogene Vögel sich außerhalb der Gefangenschaft fortpflanzen können.

So gingen wir mit Zuversicht daran, den nächsten Schritt zu planen, der darin bestehen sollte, die Vögel in einem abgelegenen Teil von Mauritius, dem Macchabe Forest, freizulassen. Wieder bauten wir Volieren und brachten die Vögel darin unter. Vor ihrer Freilassung wurden jedoch diesmal die Tauben mit kleinen Radiosendern ausgestattet, so daß wir sie verfolgen konnten; denn es ist eine Sache, einen Vogel in einem Botanischen Garten zu finden, doch eine ganz andere, ihn in den dichten Wäldern und tiefen Tälern von Macchabe aufzuspüren. Nach ihrer Freilassung folgten die Vögel keinem festen Verhaltensmuster. Einige verließen sofort den Bereich, in dem wir ihre Sender empfangen konnten, und verschwanden manchmal für Wochen, um dann geheimnisvoll wieder aufzutauchen. Andere flogen in den Wald, aber kehrten jeden Tag in ihre Voliere zurück, um das zusätzliche Futter aufzupicken, das wir für sie bereitgestellt hatten. Wieder andere entfernten sich nur einige hundert Meter von ihrer Voliere und blieben dort monatelang. Allmählich wurde deutlich, daß die Vögel sich an den Zustand der Freiheit gewöhnten und von Tag zu Tag selbständiger wurden. Sie wählten die Blätter und Früchte, die ihnen besonders schmeckten. Dennoch boten wir ihnen vorsichtshalber weiterhin zusätzliches Futter an, da mit dem Wechsel der Jahreszeiten bestimmte Nahrungsquellen verschwanden und die Gefahr bestand, daß die Vögel verhungerten. Inzwischen, da ich dieses Buch schreibe, sind gerade zwei der freigelassenen Tauben wieder an ihrem Futterplatz aufgetaucht, jede mit einem Jungen im Gefolge. So läßt sich mit aller Vorsicht sagen, daß dieser zweite Versuch, die Vögel in die Freiheit zu entlassen, ein Erfolg war.

Das freut uns aus zwei Gründen. Es beweist, daß Vögel, die seit mehreren Generationen in Gefangenschaft leben, sich wieder den Bedingungen der freien Wildbahn anpassen können. Noch wichtiger ist, daß wir den Vogel außerhalb des von uns so genannten Taubenwalds ansiedeln konnten. Das ist ein Tal tief in den Bergwäldern, das mit einigen Kryptomerien besetzt ist. Die gesamte wildlebende Taubenpopulation (im Jahre 1978 wahrscheinlich weniger als fünfundzwanzig Exemplare) brütet dort. Alle Vögel in einem Gebiet brüten zu lassen, das nur ein paar Hektar groß ist, war natürlich äußerst riskant, da eine unbekümmerte Gruppe der dort eingeführten Affen oder ein ebenso unbekümmerter Primat – ein Mann mit einem Gewehr – oder auch nur ein schlimmer Wirbelsturm die Rottauben für immer hätte vernichten können. Doch die Wildtauben ließen sich nicht bewegen, woanders zu brüten. Wir befanden uns wirklich in der typischen Lage, alle Eier in einem Korb zu haben; doch jetzt, da es uns gelungen ist, eine neue Kolonie in Macchabe aufzubauen, hoffen wir, daß die Vögel in diesem Gebiet bleiben und sich vermehren. Wenn sie das getan haben, können wir weitere Kolonien in geeigneten Habitaten auf der ganzen Insel errichten. Sollte dann der ursprünglichen Kolonie etwas zustoßen, ist wenigstens nicht die ganze Art verloren.

Mit einem ganz anderen Problem wurden wir durch den Waldrapp oder *Geronticus eremita*, einen Ibis, konfrontiert. Er wollte unbedingt an einem Ort brüten, wo sich eine Stadt ausgebreitet hatte. Diese großen Vögel tragen ein dunkles, im Sonnenlicht schimmerndes Federkleid. Sie haben nackte Köpfe und lange korallenrote Schnäbel und sehen so aus, als ob sie ständig beleidigt seien. Ihr stimmliches Repertoire ist groß und besteht aus einer

Reihe komisch wirkender Wisper-, Schnurr- und Grunzlaute und dem Geräusch, das in lateinamerikanischen Ländern einem kräftigen Aushusten vorangeht. Die außergewöhnlichen und nützlichen Vögel waren einmal weit verbreitet, von der Türkei und dem Mittleren Osten über Nordafrika bis Europa, und brüteten so weit nördlich wie die Alpen. Im Mittelalter betrachtete man die Jungen als Delikatesse, die nur den Adligen vorbehalten blieb; doch würde ich mich nicht wundern, wenn einige fette Jungvögel auch den Weg in die Kochtöpfe armer Bauern fanden. Die frühesten schriftlichen Erwähnungen dieses Vogels stammen aus dem 16. Jahrhundert, vor allem aus Salzburg, wo er als Waldrabe bezeichnet wurde. Der Erzbischof von Salzburg erließ 1528 einige Gesetze, um das Tier zu schützen (damit, wie ich vermute, die Aristokraten weiterhin die Jungvögel verzehren konnten, die Bauern aber nicht); doch sie erwiesen sich als wirkungslos.

Wenn ich gesagt habe, der Vogel sei nützlich, so meine ich damit, daß er – wie viele Vögel – Ungeziefer vertilgt. Er ernährt sich vorwiegend von den Larven schädlicher Insekten, freilich auch von Fröschen, kleinen Fischen und Säugetieren. Wenn man die Körpergröße des Waldrapps und die Tatsache bedenkt, daß er bis zu vier Junge hat, müssen einst Unmengen von Insektenlarven vertilgt worden sein, um die Art so gedeihen zu lassen, wie sie gedieh. Früher kündigte die Ankunft des Vogels auf den von ihm zum Brüten bevorzugten Klippen den Einzug des Frühlings an, und seine jährliche Wiederkehr war, besonders in der türkischen Stadt Biriçek, der Anlaß zu einem fröhlichen Fest. Aber dann wurde das DDT erfunden und – das wird es auch heute noch – rücksichtslos verwendet. Darunter litten vor allem die Ibisse, deren Nahrungsquellen kontaminiert wurden. Sie waren bereits durch Bejagung aus ihren alten Brutgebieten in Europa vertrieben worden, und auch in Nordafrika und im Mittleren Osten ging ihre Zahl rapide zurück. Die Kolonie in Biriçek war die einzige, die im Nahen Osten noch übriggeblieben war; doch die Stadt breitete sich in Windeseile aus. Viele der neuen Gebäude, die rund um die Klippen, wo die Ibisse brüteten, aus dem Boden schossen, besaßen flache Dächer, auf denen die Bewohner in heißen Sommernächten zu schlafen pflegten. Natürlich waren die Leute nicht beglückt über die Tatsache, daß die Vögel (die freilich als erste da waren) beträchtliche Mengen von Guano auf die Schläfer fallenließen. So erlegten sie die Ibisse mit Steinen oder dem Gewehr, und was sie einst mit einem Volksfest gefeiert hatten, empfanden sie jetzt als Ärgernis. Die türkische Regierung versuchte vergeblich, die Vögel zu schützen; doch als Folge von Nachstellungen durch den Menschen einerseits und Insektiziden andererseits begann die Population zu schwinden. Heute gibt es im Nahen Osten *keine* wildlebenden Ibisse mehr. Die einzig anderen wildlebenden Populationen, von denen wir wissen, leben in Marokko, Algerien und Saudi-Arabien, aber das sind kleine und schwache Gruppen.

Sowohl der Zoo in Innsbruck als auch der in Basel zogen zufällig Ibisse in Gefangenschaft auf, und letzterer stellte uns die Gründungsmitglieder unserer Kolonie zur Verfügung. Wir besitzen Satelliten-Kolonien in den Zoos von Edinburgh, Chester und Philadelphia und haben den Bau von Volieren in Marokko ermöglicht, wo jetzt aus Beständen von uns und anderen europäischen Zoos eine neue Kolonie entsteht. Die Jungen, die hier in Volieren ausgebrütet werden, werden den Kern einer Population bilden, die einmal an sorgfältig ausgewählten Orten ausgesetzt werden soll. Wir schmieden bereits Pläne für ähnliche Programme in anderen Teilen Nordafrikas. Wenn man den Ägyptologen Glauben schenken will, war es vielleicht der Waldrapp, der als erster Vogel Noahs Arche verließ. Es ist eine beglückende Vorstellung, eine wildlebende Kolonie dieser Vögel beispielsweise auf einer Klippe in der Nähe von Luxor zu gründen und zuzuschauen, wie sie zwischen den uralten Stätten hindurchfliegen, deren Fundamente sie bereits überflogen, als diese Stätten errichtet wurden.

Der Versuch, den Ibis auszusetzen, steht noch aus. Vor einigen Jahren, kurz nachdem wir die Tauben in die Freiheit entlassen hatten, hatten wir das gleiche mit einer anderen Spezies vor. In diesem Fall handelte es sich um ein Säugetier, eine Biberratte aus Jamaika. Die Sache sah durchaus erfolgversprechend aus, aber was dann geschah, zeigt, daß ein Vorhaben, das auf den ersten Blick einfach und unkompliziert erscheint, sehr schwierig werden kann, wenn man nicht aufpaßt.

Biberratten oder Nutrias sind eine Gruppe von Nagetieren, die fast ausschließlich auf den karibischen Inseln vorkommen. Es gibt verschiedene Arten auf Kuba, Jamaika und den Bahamas. Die Jamaika-Art, von den Einheimischen als «Coney» bezeichnet, ist ein grünbraunes Tier, etwa von der Größe eines Pudels, und sieht aus wie ein zu lang geratenes Meerschweinchen. Es ist das einzige größere endemische Säugetier, das jetzt noch auf der Insel zu finden ist. Früher trat es in großer Zahl auf und bildete eine Hauptnahrungsquelle für die Einheimischen und die endemische Boa Constrictor. Doch die Jagd mit modernen Waffen und die Zerstörung der Wälder, in denen die Tiere leben, haben ihre Bestände arg dezimiert. Der Trust erhielt die ersten Nutrias 1972 – zwei Männchen und ein Weibchen, die in den John Crow Mountains gefangen worden waren – und acht weitere im Jahre 1975. Eines dieser Tiere schenkte dem ersten je in Gefangenschaft geborenen Jungen das Leben, und während der nächsten zehn Jahre folgten in 61 Würfen 95 weitere Junge. Unserem Prinzip folgend, nicht alle Eier in einem Korb aufzubewahren, verliehen wir neunzehn dieser Tiere zu Zuchtzwecken an sechs andere Zoos in vier verschiedenen Ländern.

Als sich 1972 unsere prächtigen neuen Nutria-Gehege der Vollendung näherten, erhielt ich einen Anruf von Fleur Cowles, einer unserer Treuhänderinnen. Sie erzählte mir, daß der Hollywoodstar James Stewart und seine Frau Gloria sie besuchen wollten und sie die Absicht habe, mit ihnen nach Jersey zu kommen. Immer auf dem Quivive, ließ ich fragen, ob Mr. Stewart vielleicht unser neues Nutria-Zuchtzentrum eröffnen würde, um etwas Publicity für den Trust zu machen. Seine Antwort war ja, er freue sich darauf.

Am verabredeten Tag fuhr ich zum Flugplatz, um sie abzuholen. Stewart war ohne jeden Dünkel ganz er selbst, mit jenem Cowboygang, den er kultiviert hatte, und jener unnachahmlichen Art, die Wörter beim Sprechen langsam und bedächtig fallen zu lassen. Gloria war eine gutaussehende Frau, vom Scheitel bis zur Sohle makellos gepflegt, wie es typisch für reiche Amerikanerinnen ist, mit einem immensen Charme, aber einem leichten Glitzern in den Augen, das mich fragen ließ, was wohl passieren würde, wenn einmal nicht alles zu ihrer Zufriedenheit verlief.

Sie war der Typ temperamentvoller Frauen, dem *maîtres d'hôtel* sofort mit serviler Ergebenheit entgegeneilen, um zu verhüten, daß ihre wildesten Alpträume wahr werden. Als wir draußen vor dem Flughafen auf den Wagen warteten und über dies und jenes redeten, war James Stewart plötzlich verschwunden. Eine Minute zuvor war er noch dort – hoch aufgeschossen, schlaksig, ein leises Lächeln auf dem Gesicht –, in der nächsten hatte er sich still und heimlich wie eine Rauchwolke in Luft aufgelöst. Man hätte es nicht für möglich gehalten, daß ein so großer Mann (in jedem Sinne des Wortes) so unbemerkt verschwinden konnte.

«Wo ist Jimmy?» fragte Gloria plötzlich und anklagend, als ob wir ihn vor ihr versteckt hielten. Wir alle blickten uns suchend um.

«Vielleicht ist er zur Bedürfnisanstalt gegangen», sagte ich, eine Umschreibung benutzend, die ich in Amerika gelernt hatte und besonders liebte.

«Das hat er schon im Flugzeug erledigt», sagte Gloria. «Wo zum Teufel steckt er?»

Da wir also die Bedürfnisanstalt als mögliches Versteck ausschließen konnten, wußte ich beim besten Willen nicht, wohin er gegangen sein konnte. Glorias wachsende Unruhe bereitete mir Unbehagen. War er gekidnappt worden? Ich konnte schon die Schlagzeilen in der Regenbogenpresse sehen: «James Stewart bei Nutria-Party entführt – Berühmter Schauspieler so gefährdet wie die Tiere, die er retten wollte.» Das war nicht gerade die Publicity, die ich mir für den Trust wünschte.

In diesem Augenblick fuhr John mit dem Wagen vor. «Soll ich Mr. Stewart sagen, daß wir abfahren können?»

«Wo ist er?» fragten wir alle zugleich.

«Er ist draußen auf dem Rollfeld und sieht sich ein Flugzeug an», sagte John.

«Bitte, holen Sie ihn», sagte Gloria. «Er kann die Finger nicht von Flugzeugen lassen.»

«Wie ist er dorthin gekommen?» fragte ich, denn die Sicherheitsbestimmungen sind sehr streng auf Jersey.

«Können Sie sich vorstellen, daß jemand ihn aufhält, wenn er sieht, wer er ist?» fragte John.

Der Ausreißer eilte mit großen Schritten auf uns zu.

«Eh... nette kleine Maschine da draußen», meinte er. «Ja, ordentliche Sache, sehr anständig. Klein, aber oho, wissen Sie. Ganz anständig. Hab sie noch nie vorher gesehen.»

«Steig in den Wagen, Jimmy», sagte Gloria. «Du hältst alle auf.»

«Ja, ja», sagte Jimmy, der sich keiner Schuld bewußt war und überhaupt nicht zuhörte. «Bin froh, daß ich das gesehen habe. Wirklich anständig.»

Nach dem Mittagessen eröffnete er mit großem Charme unser Nutria-Zentrum. Er habe, sagte er, seit er sie zum erstenmal gesehen habe, und das sei ungefähr fünf Minuten her, Rundohren immer schon geliebt. Als die Prozedur vorbei war, fuhren wir zum Dinner in das Haus eines Freundes.

Während des Aperitifs im Wintergarten und beim anschließenden ausgezeichneten Essen schien Jimmy nicht ganz bei der Sache zu sein. Ich führte das auf die Zeitumstellung zurück, die auf jeden eine lähmende Wirkung hat. Nach dem Essen gingen wir ins Wohnzimmer, wo Jimmy seine schlaksige Gestalt langsam in die Tiefen eines gewaltigen Sofas versenkte. Er ließ den Blick durch den Raum schweifen und heftete ihn schließlich fest auf einen Gegenstand, der ihn zu interessieren schien.

«Oh, da ist ein Klavier», sagte er, liebevoll einen Stutzflügel betrachtend, der in einer Ecke stand.

«Jimmy, nein!» sagte Gloria mit einem warnenden Unterton.

«Ja, wirklich, ein Klavier», sagte Jimmy, als ob er die Entdeckung des Jahrhunderts gemacht hätte. «Ein richtiger kleiner Flügel.»

«Jimmy, du läßt das bleiben», sagte Gloria.

«Ein kleines Lied...» sagte Stewart nachdenklich und begann sich aus dem Sofa emporzuwinden, einen fanatischen Glanz in den Augen. «Das Lied, das ich so gern mag... Wie geht es noch?»

«Bitte, Jimmy, spiel nicht», sagte Gloria verzweifelt.

«Oh, ich weiß... ‹Ragtime Cowboy Joe›...» sagte Jimmy und näherte sich dem Instrument. «Ja, das ist es, ‹Ragtime Cowboy Joe.›»

«Jimmy, ich flehe dich an», sagte Gloria mit brechender Stimme.

«Ja, nettes, kleines Lied, der ‹Cowboy Joe›.» Jimmy setzte sich auf den Klavierhocker. Er hob den Deckel, und der Stutzflügel grinste ihn an wie ein Krokodil.

«Nun... Sehen wir mal, wie geht sie noch, die Melodie...» sagte Jimmy und haute mit seinen langen Fingern auf die Tasten. Wir wurden sofort von zwei Tatsachen in Kenntnis gesetzt. Die erste war, daß Jimmy Stewart völlig unmusikalisch war, und die zweite, daß er nicht Klavier spielen konnte. Außerdem hatte er bis auf die Titelzeile den ganzen Text vergessen. In all den Jahren, da ich ihn auf der Leinwand gesehen und bewundert hatte, hatte ich so etwas noch nicht erlebt. Er spielte völlig falsch, und er sang völlig falsch und versuchte dabei, beides miteinander in Einklang zu bringen. Mit seiner rauchigen, krächzenden Stimme sang er immer wieder die Titelzeile des Lieds, unermüdlich mit dem Anfang beginnend, wenn er dachte, daß er etwas ausgelassen hatte. Es war, als ob ein Mann ohne Arme versucht, den Ärmelkanal zu durchschwimmen, und doch war es irrsinnig komisch. Aber niemand wagte zu lachen, da er so stolz auf seine Darbietung war. Schließlich beendete er «Ragtime Cowboy Joe» zu seiner völligen Zufriedenheit und drehte sich vergnügt zu uns um.

«Möchte jemand noch ein anderes Lied hören?» fragte er einladend. Ich hätte gern noch mehr gehört, aber es sollte nicht sein.

«Jimmy, wir müssen gehen», sagte Gloria.

Und sie gingen.

Von dem großen James Stewart etwas so Einmaliges geboten bekommen zu haben, das war eine große Ehre, aber ich bin sicher, daß Gloria nicht dieser Meinung war.

Es ist immer aufregend, wenn ein neues Tier im Zoo eintrifft und man Zeuge wird, wie es sich in seinem neuen Quartier einlebt. Die Rundohren, wie Jimmy Stewart sie getauft hatte, schienen jedoch eine Ausnahme zu bilden. So hübsch sie auch waren, mit ihren mächtigen Hinterläufen, die sie aussehen ließen, als ob sie viel zu große Hosen anhätten, fehlte es ihnen doch an jeder *joie de vivre*. Sie waren so fröhlich wie eine Schar von Kirchenvorstehern, die einen der Ihren zu Grabe tragen. Es gab nur eines, was man als exzentrisches Verhalten hätte bezeichnen können. Wie die meisten Tiere hatten sie nicht in Lehrbüchern die Beschreibungen ihres Verhaltens nachgelesen, und daher wußten sie nicht, daß sie eigentlich terrestrisch lebende Wesen waren. Schwerfällig und völlig ausdruckslos kletterten sie an den Ästen in ihrem Käfig und ließen sich dicht unter der Decke nieder – offensichtlich hielten sie sich für einen Schwarm flugunfähiger Vögel. Zwar beobachtete ich gelegentlich, daß die Jungen sich in einer Art von Freistilringen übten, aber auf eine sehr gesetzte Weise. Man fühlte sich an übergewichtige viktorianische Kinder erinnert, die widerwillig miteinander spielen, weil ihre Eltern es von ihnen erwarteten.

Als die Zahl der Jungen, die wir aufgezogen hatten, groß genug war, dachten wir daran, sie auszusetzen. Unser damaliger Research Assistant William Oliver flog nach Jamaika, um die nötigen Vorbereitungen zu treffen. Dazu gehörten die Wahl eines geeigneten Geländes (eines Ortes, der vom Blickwinkel der Nutrias aus zufriedenstellend war, besonders also, wo sie keine natürlichen Feinde hatten) und die Beteiligung des Hope Zoo in Kingston an dem Unternehmen. Zwischen 1985 und 1986 wurden insgesamt vierundvierzig unserer auf Jersey aufgezogenen Nutrias verschifft und in eigens für sie gebauten Käfigen im Hope Zoo untergebracht. Inzwischen wurde die Vegetation des Geländes erforscht, auf dem wir sie aussetzen wollten. Nichts sollte ihnen fehlen, was sie an Nahrung brauchten. Dann wurden sie in das vorgesehene Gelände geschafft und die jeweiligen Familiengruppen in einem für den Übergang gedachten Gehege freigelassen, in dessen Mitte sich ein künstlich angelegter Felsbau befand. Nach etwa zwei Wochen, als die Tiere sich an ihre neue Umgebung gewöhnt hatten, entfernten wir den Zaun und beobachteten dann in den nächsten drei Monaten aufmerksam die Fortschritte, die jede Gruppe machte.

Die ersten Berichte waren sehr ermutigend. Nur drei Tiere verschwanden während dieser ersten Beobachtungsphase, aber der Rest begann sich selbst zu versorgen und blieb in guter Verfassung. Unsere Hoffnungen schienen sich zu erfüllen. Doch als wir das Gelände gegen Ende des Jahres wieder inspizierten, konnten nur noch acht Nutrias lokalisiert werden. Diese Tiere, zu denen zwei auf dem Gelände gezeugte und geborene Junge gehörten, waren in ausgezeichneter Verfassung. Obwohl wir sechs Wochen suchten, fanden wir jedoch keinen ihrer Artgenossen.

Im nächsten Jahr entdeckten wir zwei Tiere, von denen eines auf Jersey aufgezogen und das andere vermutlich in der Wildnis geboren war. Beide waren in guter Verfassung; aber wo die anderen Exemplare verblieben sind, bleibt bis zum heutigen Tag ein Rätsel. Die von uns beobachteten Tiere haben sich den Bedingungen der freien Wildbahn vortrefflich angepaßt und verhalten sich wie normale wildlebende Nutrias. Das von uns ausgewählte Gelände scheint mit seinem reichen Nahrungsangebot und dem Fehlen natürlicher Feinde seinem Zweck in idealer Weise zu entsprechen. Wir gelangten daher zu dem Schluß, daß die verschwundenen Tiere entweder erkrankt oder streunenden Hunden oder Katzen zum Opfer gefallen sind. Wir arbeiten jetzt mit dem Hope Zoo zusammen, um eine weitere Zuchtkolonie aufzubauen und sie mit Hilfe von Studenten der University of the West Indies in einem zweiten Versuch auszusetzen.

Alle Enttäuschungen, die man erlebt, wenn man Tiere in die Freiheit entläßt, werden mehr als wettgemacht durch die Zusammenarbeit mit andern Menschen und die Freude über einen Erfolg. So auch im Fall des Löwenäffchens. Diese bezaubernden Tiere – mit ihren Verwandten, den Seidenäffchen, die kleinsten Primaten – leben im Regenwald an der Küste Brasiliens. Leider ist dieser Wald rücksichts- und gedankenlos zerstört worden, und alles, was von ihm übriggeblieben ist, sind einzelne Bauminseln, manche ganz vor den anderen abgeschnitten. Daher leben die Tiere isoliert innerhalb strikt begrenzter Territorien, ohne die Möglichkeit zu haben, ihre genetischen Ressourcen durch Paarung mit den oft nur wenige Kilometer entfernt von ihnen weilenden Artgenossen aufzufrischen. Früher bedeckte der atlantische Regenwald ein Gebiet von 350000 Quadratkilometern; jetzt sind davon noch fünf Prozent übrig, und Axt, Feuer und Bulldozer sorgen dafür, daß dieser Rest immer kleiner wird. Dabei werden nicht nur die Löwenäffchen vernichtet – oder zumindest an den Rand der Vernichtung getrieben –, sondern auch unzählige andere Lebewesen, die dieses einzigartige Ökosystem bilden. Einen tropischen Baum zu fällen ist – wegen der zahllosen Arten, die in, auf und um ihn herum leben – gleichbedeutend mit der Zerstörung einer ganzen Stadt.

Das Löwenäffchen ist wahrscheinlich eines der schönsten Säugetiere überhaupt. Etwas größer als ein neugeborenes Kätzchen, besitzt es unglaublich lange, sensible Finger, und sein Fell sieht buchstäblich aus wie gesponnenes Gold. Dieses Fell steht in einer halb aufgerichteten Mähne vom Kopf ab und gibt dem Tier sein löwenähnliches Aussehen. Wie alle Marmosetten und Tamarinen bewegen sich die Tiere mit unglaublicher Schnelligkeit, so daß es fast unmöglich ist, ihre Bewegungen mit dem Auge zu verfolgen. Sie sind Allesfresser, ernähren sich jedoch hauptsächlich von Früchten und Insekten, ohne freilich, wenn sich die Gelegenheit bietet, einen Baumfrosch zu verschmähen. Wie neuere Untersuchungen gezeigt haben, dringen sie am Tage sogar in hohle Bäume ein, um die dort schlafenden Fledermäuse zu jagen. Ihre Stimmen erinnern an die von Vögeln, wenn sie sich durch eine Reihe von zwitschernden, piepsenden und schnatternden Lauten miteinander verständigen.

Nicht nur durch die Zerstörung der Regenwälder verloren diese bezaubernden kleinen Tiere ihren Lebensraum, sie waren vielmehr auch bei Tierhändlern sehr begehrt und wurden überdies für biomedizinische Forschungen benutzt, so daß Ende der sechziger und Anfang der siebziger Jahre klar wurde, daß die Art stark gefährdet war. Ihr Bestand wurde damals auf nicht mehr als 150 Tiere geschätzt. Es ist vor allem den brillanten Arbeiten Dr. Adelmar F. Coimbra-Filhos, des jetzigen Direktors des Primatenzentrums in Rio de Janeiro, zu verdanken, daß ihre bedrohliche Lage einer breiteren Öffentlichkeit bekannt wurde. 1972 fand eine Konferenz statt, die sich mit dem Schicksal dieser Tiere beschäftigte und auf der zum erstenmal versucht wurde, einen Überblick nicht nur über die wildlebenden, sondern auch über die in Gefangenschaft lebenden Populationen zu gewinnen. Offensichtlich war von größter Wichtigkeit, daß man eigenständige Populationen in Gefangenschaft aufzog und zugleich die Probleme in der Wildnis in Angriff nahm. Daß entsprechende Bemühungen so erfolgreich verliefen, ist im entscheidenden Maße der hingebungsvollen Arbeit Dr. Devra Kleimans zu verdanken. Zwischen 1972 und 1980 besaßen nur wenige – zumeist amerikanische – Zoos Löwenäffchen. Diese Zoos erweiterten sorgfältig ihre kleinen Bestände, mit einem erstaunlichen Ergebnis. Die Zahl der in Gefangenschaft lebenden Tiere wuchs innerhalb von fünf Jahren von 153 auf 330 – fast doppelt so viele, wie in Freiheit lebten. Jedes Jahr wurden fünfzig bis sechzig Löwenäffchen geboren, so daß es bald eine ausreichend stabile Population gab, um möglicherweise einige der in Gefangenschaft aufgezogenen Tiere in die Freiheit zu entlassen. Mehrere Zoos bildeten ein Konsortium, das sich allein mit dieser Aufgabe befaßte.

1978 erhielten wir unser erstes Löwenäffchen-Paar und schlossen uns ebenfalls dem Konsortium an. Die Ankunft der Löwenäffchen rief eine Sensation hervor. Es ist eine Sache, eine Abbildung oder ein Farbfoto eines Tieres zu sehen, aber eine ganz andere, es tatsächlich vor Augen zu haben. Diese kleinen Primaten, glitzernd wie Dublonen, jagten mit einer derartigen Geschwindigkeit in ihrem Käfig umher, daß sie wie durch die Luft geschleuderte Goldbarren aussahen. Während sie solcherart ihr neues Domizil erkundeten, zwitscherten und zirpten sie unaufhörlich und stießen zwischendurch spitze Schreie aus, als ob jeder von ihnen ein Fremdenführer sei, der die anderen auf Sehenswürdigkeiten aufmerksam zu machen suchte.

Als sie sich schließlich an ihre neue Umgebung gewöhnt hatten, wurden sie zur Attraktion unserer Marmosetten-Gehege, denn sie waren die bei weitem auffälligste und faszinierendste dieser Primatengruppe. Schließlich kam der Tag, an dem das Weibchen Zwillinge gebar (was normal ist), zwei winzige Goldklumpen, die leicht in einer Kaffeetasse Platz gefunden hätten. In der ersten Zeit klammerten sie sich an das dichte Fell ihrer Eltern, mit dem sie so verschmolzen, daß sie nur schwer auszumachen waren, denn ihre kleinen Gesichter waren nicht größer als ein Markstück. Als sie älter wurden, wurden sie mutiger und verließen die Sicherheit des elterlichen Körpers, um auf eigene Faust den Käfig zu erkunden, kehrten jedoch sofort dorthin zurück, wenn sie irgendeine noch so entfernte Gefahr witterten. Es war ein entzückender Anblick, wie sie im Sonnenlicht hinter Schmetterlingen herjagten, die unvorsichtig genug gewesen waren, durch den Maschendraht zu flattern. Sie vollführten die unglaublichsten, anmutigsten Ballettsprünge, wenn sie sich drehten und wendeten, hochschnellten und die Pirouetten um sie drehenden Insekten zu erhaschen suchten. Und wenn dann das Licht auf sie fiel, funkelte ihr Fell in unzähligen Farben, von Sandsteinrot bis zum hellsten Gold eines Eherings. Ich schlug vor, sie Fort und Knox zu nennen, doch aus irgendeinem Grund traf mein Vorschlag auf so viel Widerstand von allen Seiten, daß ich die Idee wieder aufgeben mußte.

Mittlerweile waren die Pläne, die in Gefangenschaft aufgezogenen Löwenäffchen freizusetzen, weiter gediehen. Natürlich mußte ein Programm dieser Größe mit äußerster Vorsicht und Sorgfalt in die Wege geleitet werden. Ein ökologisches Gutachten mußte erstellt werden, um einen Überblick über die wildlebenden Löwenäffchen-Populationen zu gewinnen. Danach galt es, ein geeignetes Waldgebiet zu finden, das von keiner wildlebenden Population bewohnt war. Fünfzehn Tiere aus US-Zoos wurden ausgewählt und in das Primatenzentrum von Rio geschickt. Ein Tier, das vielleicht bereits in der dritten Generation in Gefangenschaft lebt, ist an regelmäßige Mahlzeiten gewöhnt und braucht seinen festen Standort nicht zu verlassen, um sich Nahrung zu suchen. Vor allem gibt es in der gut geschützten Welt der Gefangenschaft keine Räuber in Gestalt von Schlangen und Greifvögeln, und selbst der *Homo sapiens* erscheint als gefälliger, Geschenke austeilender Freund. So müssen die Tiere äußerst behutsam an die rauhe Wirklichkeit eines Lebens im Wald gewöhnt werden. Einmal entdeckten wir, daß sie völlig verschreckt waren, als Baumzweige sich unter ihrem Gewicht bogen. In guten Zoos sind Äste und Zweige fest an ihren Platz genagelt, so daß ein Zweig, der beim Hinaufklettern nachgibt, eine völlig neue Erfahrung darstellt, die es zu bewältigen gilt. Die Tiere mußten lernen, wilde Früchte zu essen, die sie noch nie zuvor gesehen hatten. Und hierbei entdeckten wir interessanterweise, daß die Jungtiere dies schneller lernten als die Alttiere, denen sie dann zeigten, wie man so etwas macht.

Die Freisetzung erfolgte also Schritt für Schritt, und in gleichem Maße, wie Tiere *und* die für das Projekt verantwortlichen Menschen Erfahrungen sammelten, stellte sich der Erfolg ein. Ein Foto zeigt ein in Gefangenschaft aufgezogenes Exemplar beim Vertilgen eines Frosches, eines ihm unbekannten Wesens, das nie Bestandteil seiner Nahrung in Washington war – ein Beweis, daß die Tiere sich in ihrer Umgebung gut zurechtgefunden hatten. In der nächsten Phase wurden in Gefangenschaft aufgezogene Tiere zusammen mit wildlebenden ausgesetzt. Es war ein großer Tag, als ein in Gefangenschaft geborenes Weibchen, das sich mit einem wildlebenden Männchen gepaart hatte, Zwillinge zur Welt brachte. Zu diesem Zeitpunkt hatten wir über fünfundzwanzig Löwenäffchen auf Jersey aufgezogen und konnten es wagen, fünf unserer Tiere wegzugeben. Sie wurden als Familienverband in einem Waldstück ausgesetzt, in dem es keine wildlebenden Tamarinen gab. Zu unserem Stolz brachte unsere Gruppe zum erstenmal überhaupt Nachkommen hervor, deren Eltern *beide* in Gefangenschaft geboren und aufgewachsen waren. Dies ist der Beweis, falls es eines Beweises bedarf, daß die Aufzucht in Gefangenschaft, wenn alle Beteiligten zusammen auf ein gemeinsames Ziel hinarbeiten, der richtige Weg in die richtige Richtung ist. Auf diesem Wege sollte es uns möglich sein, zahllose gefährdete Arten vor dem Aussterben zu retten.

Ich erinnere mich an ein köstliches Picknick mit Roger Payne und seiner Familie während meines zweiten Aufenthalts in Amerika. Roger hat viel auf dem Gebiet der Erforschung der Wale getan und ist verantwortlich für die Aufzeichnung jener wunderbaren traurigen Walgesänge, denen man immer wieder zuhören kann, während man zu gern wüßte, was diese gewaltigen und außergewöhnlichen Tiere einander zu sagen haben. Damals wollte Roger von mir wissen, was der Trust eigentlich bezwecke, und ich bemühte mich, ihm unsere Ziele und Absichten zu erläutern.

Schließlich sagte Roger: «Ich glaube, ich weiß, was Sie meinen – Sie ziehen sie auf, um sie *dort* wieder auszusetzen, vorausgesetzt, es gibt ein *Dort*, wo man sie aussetzen kann.» So beschrieb er mit einem treffenden Satz die großen Probleme der Aufzucht in Gefangenschaft: Nennen wir es in Ermangelung eines besseren Wortes das «Dort-Syndrom». Der Fall des Rodriguez-Flughunds macht deutlich, was ich damit sagen will.

Rodriguez ist eine kleine Insel 650 Kilometer östlich von Mauritius. Einer der ersten Siedler, Leguat, hat sie als Paradies beschrieben, dicht bewaldet und bevölkert von einer Unzahl prächtiger Geschöpfe. Dort lebte der Einsiedler oder Solitär, ein seltsamer, langbeiniger, flugunfähiger Vogel, dem heutigen afrikanischen Stelzgeier nicht unähnlich. Auch eine Art der Riesenschildkröte gab es dort, und zwar in solchen Mengen, daß man angeblich eine Wegstunde über ihre Rücken laufen konnte, ohne den Boden zu berühren – wie Eichhörnchen in vergangenen Zeiten über Hecken und Bäume von London nach Aberdeen hüpfen konnten, ohne die Erde zu berühren. In diesem tropischen Paradies gab es auch einen Gecko, der einen Meter maß, einen flugunfähigen Papageien und viele andere Naturwunder. Jetzt liegt Rodriguez im blauen Meer unter der brennenden Sonne – ausgetrocknet, erodiert –, kaum noch mit Grün bewachsen und mit einer sich fröhlich ausbreitenden menschlichen Population. Vorbei ist es mit dem Einsiedler, mit dem flugunfähigen Papagei und dem Riesengecko, und vorbei ist es mit der Schildkrötenpanzerstraße. Alles, was geblieben ist, sind einige kleine Waldstücke, und im größten von ihnen, der Cascade des Pigeons, lebt eine Kolonie der goldfarbenen Flughunde, die nirgendwo sonst auf der Welt zu finden sind. John Hartley und ich waren 1976 nach Rodriguez geflogen und hatten aus dieser 120-köpfigen Kolonie achtzehn Flughunde mitgenommen. Einige wurden in den Volieren von Mauritius am Black River untergebracht (wo auch die Rottaube ein Asyl gefunden hatte), während drei Männchen und sieben Weibchen nach Jersey verschickt wurden. Aus dieser Kernkolonie haben wir nicht weniger als neunzig Junge aufgezogen und Satelliten-Kolonien sowohl in Großbritannien als auch in Amerika gegründet. Wir besitzen jetzt genug, um daran denken zu können, sie wieder auszusetzen. Aber wo?

Es liegt auf der Hand, daß auf Rodriguez kein Platz für sie ist. Die Kolonie, der John und ich die Zuchtgruppen entnommen hatten, ist jetzt glücklicherweise auf etwa 800 Tiere angewachsen, da es in letzter Zeit keine Hurrikane gegeben hat und die Cascade des Pigeons von tiefgreifenden Eingriffen durch den Menschen verschont geblieben ist. Aber 800 Flughunde sind das Äußerste, was die restlichen natürlichen Wälder auf Rodriguez verkraften können. Selbst wenn das jetzt betriebene Aufforstungsprogramm sich als Erfolg herausstellen sollte, werden viele Jahre vergehen, ehe die neuen Wälder den Flughunden einen Lebensraum bieten können. Und selbst wenn es möglich wäre, eine weitere Kolonie in der Cascade des Pigeons anzusiedeln, bliebe das Problem der Hurrikane. Es ist nur eine Frage der Zeit, bis einer dieser Stürme die kleine Insel heimsucht und die Bäume der Cascade des Pigeons wie Streichhölzer knickt.

Wir hatten an den Chagos-Archipel gedacht, der etwa 1500 Kilometer nördlich von Rodriguez liegt. Diese unbewohnten Inseln liegen außerhalb des Zyklonengürtels und der Passatwinde. Wahrscheinlich ist das der Grund, warum keine Flughunde dorthin gelangt sind und sie bevölkert haben. Es gibt drei Atolle in der Inselgruppe, die eine Kolonie von Flughunden aufnehmen könnten: Diego Garcia, Peros Banhos und Salomon. Einst gab es Kopraplantagen auf den Inseln, aber sie wurden 1972 aufgegeben. Einige der seinerzeit von den Koprapflanzern angelegten Obst- und Gemüsegärten sind jetzt verwildert; sie könnten den Flughunden als Nahrungsquelle dienen.

Leider ist Diego Garcia wie so viele herrliche Inseln jetzt eine Militärbasis, und die Einreise unterliegt strengen Bestimmungen. Die beiden anderen Atolle könnten jedoch einer Kolonie von Flughunden genügend Raum zum Leben bieten. Freilich ist es unklug, Fremdtiere in ein schon vorhandenes Ökosystem einzugliedern. Wir haben gesehen, welche Verheerungen sie anrichten können – sei es das Rotwild in Neuseeland, die Kaninchen in Australien oder die Esel auf den Galápagos-Inseln. Doch auf den betreffenden Atollen wurde die ursprüngliche Vegetation entfernt, um Platz für die Kopraplantagen zu schaffen. Außerdem sind Ratten, Katzen, Schweine und Ziegen dort eingeführt worden, die mittlerweile wild sind – mit all den Auswirkungen, die solche Tiere auf ein Ökosystem haben. Daher würde eine Ansiedlung von Rodriguez-Flughunden auf den Inseln die Lage nicht verschlimmern, aber sie könnte dazu beitragen, die Art vor dem Aussterben zu bewahren, und sich möglicherweise sogar segensreich auf die Regeneration der Pflanzenwelt auswirken.

Es ist erwiesen, daß Flughunde in Wäldern eine wichtige Rolle bei der Befruchtung von Blüten spielen. Außerdem fressen sie

Früchte: Die darin enthaltenen Samen wandern durch ihren Körper, während sie von einem Platz zum anderen fliegen, fallen mit den Ausscheidungen zu Boden und schlagen Wurzeln. So wird die entsprechende Art eines fruchttragenden Baumes über weite Gebiete verbreitet. Es ist dumm zu fragen – wie es viele Leute mit verächtlichem Unterton tun –, wozu dieses oder jenes gut sei. Jede Pflanze und jedes Tier erfüllt einen bestimmten Zweck, wenn er auch nicht unmittelbar einleuchtend sein mag. Die Aktivitäten der Flughunde helfen vielen anderen Lebensformen, dem Menschen eingeschlossen.

Wir baten um die Genehmigung, Diego Garcia zu besuchen. Dies verweigerten uns die Behörden. Statt dessen sollten wir unsere Aufmerksamkeit den anderen beiden Inseln zuwenden. Das tun wir jetzt in der Hoffnung, einen sicheren Platz für unsere kleinen goldenen fliegenden Teddybären zu finden. Und wir wünschen uns, daß dieser Platz nicht in ein Atombombentestgelände verwandelt worden ist, wenn wir ihn einmal gefunden haben. Alles ist möglich in einer Welt, in der Töten wichtiger zu sein scheint als Bewahren.

Während der Rodriguez-Flughund unter dem «Dort-Syndrom» leidet, werden gerade einige andere Tiere aus dem Indischen Ozean davon geheilt. Das ist die Geschichte von Round Island – wohl das Eindrucksvollste, was wir bisher erreicht haben: die Rettung einer ganzen Insel und ihrer Bewohner vor dem ökologischen Vergessen.

Als John Hartley und ich auf Mauritius waren, um das Zuchtprojekt für die Rottaube in die Wege zu leiten, wurde ich auf die Probleme aufmerksam, mit denen Round Island, eine etwa 140 Hektar große Vulkaninsel zwanzig Kilometer nordöstlich von Mauritius, zu kämpfen hatte. Erstaunlicherweise gibt es auf diesem winzigen Fleck Erde nicht weniger als zwei Echsen- und zwei Schlangenarten sowie mehrere Pflanzenarten, die nirgendwo anders vorkommen. Außerdem ist Round Island eine der wenigen hohen tropischen Inseln, die frei von Ratten und Mäusen ist, und ein wichtiger Standort für mehrere brütende Seevögel. Vor vielen Jahren war Round Island eine Art Mauritius *en miniature*, das heißt, die hoch gelegenen Teile der Insel waren dicht mit Harthölzern, unter anderem Ebenholz, bewachsen, während auf den unteren Hängen eine mit Palmen bestandene Savanne lag. Dann setzte Anfang des 19. Jahrhunderts irgendein Narr einige Ziegen und Kaninchen aus, von allen Tieren die zerstörerischsten. Man hätte ebensogut einen Säbelzahntiger in eine Schafherde setzen können. Was die Ziegen nicht fraßen, fraßen die Kaninchen, und bald waren die Hartholzwälder völlig verschwunden, die Palmensavanne kämpfte um ihr Überleben, und die rasch erodierende Insel versank langsam, aber sicher, im Meer. Bei meinem ersten Besuch sah sie aus wie die rote, zerfurchte Totenmaske eines uralten Indianers. Nur spärliches Unterholz und einige verstreute Pandanusbäume waren übriggeblieben. Ganz klar mußte schnell etwas getan werden, wenn wir die Reptilien retten wollten: ihr Habitat wurde ihnen noch im Wachsen buchstäblich weggefressen. John und ich kehrten zweimal auf die Insel zurück, denn die Regierungsstellen auf Mauritius stimmten mit uns darin überein, daß die Reptilien nur durch Aufzucht in Gefangenschaft – zunächst auf Jersey und später vielleicht auf Mauritius – vor dem Aussterben bewahrt werden konnten. Es seien bereits Maßnahmen getroffen worden, hörten wir, mit den Kaninchen und Ziegen fertig zu werden.

Ich habe Tiere in vielen Teilen der Erde gefangen, und keiner dieser Fänge war leicht. Auf Round Island hingegen taten die Reptilien ihr Äußerstes, uns dabei behilflich zu sein. Die Telfairschen Skinke, eine Echsenart, waren so zahm, daß sie sofort begeistert zu uns huschten, wenn wir uns unter den grünen, wie eine Hand geformten Blättern eines Pandanusbaumes zum Picknick niederließen. Die großen Reptilien mit ihren glatten, braungrau gefärbten Schuppen, die wie ein Regenbogen funkelten, wenn die Sonne darauffiel, hatten spitze, intelligente Gesichter und dicke schwarze Zungen. Sie drängten sich um uns, kletterten uns in den Schoß und ließen sich auf die gefälligste Weise mit hartgekochten Eiern, Tomaten und Passionsfrüchten füttern, wobei sie Bier und Coca Cola aus unseren Gläsern tranken und sich so artig benahmen wie Damen bei einem Kaffeekränzchen. Wir kamen uns richtig gemein vor, als wir am Ende des Picknicks unsere wohlerzogenen Gäste einfach hochhoben und sie mit dem

Kopf voran in einen weichen Sack steckten – ganz so wie in *Alice im Wunderland*, wo der verrückte Hutmacher und der Hase die Maus einfach in die Teekanne stecken.

Dann gingen wir daran, den Guntherschen Gecko einzufangen, eine zwanzig Zentimeter lange, rundliche Echse mit großen goldenen Augen, fächerförmigen Haftpolstern an den Zehen und einer schwarz und aschgrau gefleckten, samtweichen Haut. Die Geckos waren nicht so gesellig wie die Skinke. Sie hielten sich vorwiegend in der Palmen-Savanne auf, wo sie sich in halber Höhe an die Baumstämme klammerten. Wir mußten sie mit einer raffinierten Methode fangen: Wir angelten sie. Wir hatten Bambusstäbe mit, an denen wir Nylonschlingen angebracht hatten. Die Geckos waren äußerst kooperativ und blieben ruhig sitzen, bis wir ihnen die Schlinge über den Kopf und den dicken Hals geschoben hatten. Dann ging es nur noch darum, sie in einen Sack zu befördern. Das mußte sehr sanft und mit äußerster Behutsamkeit geschehen, denn wenn die Echse in Panik geriet und sich gegen die Schlinge wehrte, konnte die äußerst dünne Haut am Hals leicht von der Nylonschnur durchschnitten werden. Es gelang uns jedoch, die Tiere unverletzt einzufangen, und am Ende hatten wir zwanzig Skinke und sechzehn Geckos in unseren Säcken.

Als nächstes kamen die Schlangen dran. Die beiden auf Round Island lebenden Arten sind nicht giftig und entfernt mit der Schlangenfamilie verwandt, zu der die Boa Constrictor des tropischen Amerika gehört. Inzwischen gelten sie als eigene Familie. Eine von ihnen ist ein etwa einen Meter langes, olivgrünes Tier mit hellerer Zeichnung. Am Tage schläft es in den welken Palmwedeln der Latanien, von denen noch einige im Savannengebiet übrig sind. Diese Schlangen waren leicht zu fangen, da sie nur dalagen und sich widerstandslos aus dem Palmwedel heben ließen. Aber da sie sich nicht bewegten, waren sie nur schwer auszumachen. Mit der anderen Schlangenart hatten wir überhaupt kein Glück. Sie lebt unterirdisch und ist deshalb kaum zu lokalisieren. Die letzte war 1975 gesichtet worden; seitdem hatte man nichts wieder von ihr gehört, so daß sie als ausgestorben galt. Obgleich wir überall nach dem Tier suchten, fanden wir keine Spur und gelangten zu dem traurigen Schluß, daß es wohl tatsächlich ausgestorben sein muß.

Als wir nach Mauritius zurückkehrten, war wegen der Pläne, die Kaninchen und Ziegen auf Round Island auszurotten, ein heftiger Streit entbrannt. Den Behörden war als einzige Lösung Gift genannt worden, weil das schwierige Terrain keine andere Methode zuließ. Deshalb hatte man sich für Strychnin entschieden. Es ist ein äußerst unangenehmes Gift, aber damals leider das einzig erhältliche, das man tagelang in der sengenden Sonne liegenlassen konnte, ohne daß es seine Wirkung verlor. Im Nachhinein erwies sich diese Entscheidung als noch unglücklicher, denn später fand man heraus, daß das Strychnin nicht nur die Ziegen und Kaninchen, sondern auch einige der Reptilien hätte vergiften können. Aber es war dringend erforderlich, Round Island so schnell wie möglich von den Pflanzenfressern zu befreien. Dann gab jemand, der mit dem Projekt zu tun hatte, ein Zeitungsinterview, in dem er die Pläne der Regierung offen darlegte. Die Folge war ein riesiger Tumult.

Mehrere Tierschutzorganisationen in Großbritannien griffen den Fall auf und gebärdeten sich wie hysterische alte Tanten. Einer ihrer Vertreter ging sogar soweit, Peter Scott gegenüber (der zu vermitteln suchte) zu behaupten, es sei besser, alle Arten auf Round Island aussterben zu lassen, als ein einziges Kaninchen zu töten. Der Society for the Prevention of Cruelty to Animals auf Mauritius, die sich bis dahin als äußerst hilfreich erwiesen und die bisherigen Maßnahmen unterstützt hatte, wurde die Sache zu heiß, machte einen Rückzieher und verkündete, es sei grausam, die Kaninchen und Ziegen zu vergiften; man werde bestimmt alles tun, um das zu verhindern. Vergeblich gaben wir zu bedenken, daß die Kaninchen und Ziegen bei ihrer gegenwärtigen Reproduktionsrate selbst ihre Nahrungsquelle vernichten und so allmählich verhungern würden – sicher ein schlimmerer Tod als der durch Gift. Eine englische Gesellschaft, die sich dem Wohl der Tiere verschrieben hatte, schickte sogar einen Scharfschützen auf die Insel, der sich bemühte, die Ziegen mit Hilfe seiner Büchse zu dezimieren. Zu unserer Überraschung gelang ihm das auch. Ich sage zu unserer Überraschung, denn die Tiere waren äußerst wachsam und hatten sich an den Rand des Vulkankraters zurückgezogen, das schwierigste und gefährlichste Terrain auf der ganzen Insel. Aber es gab immer noch die unverdrossen vor sich hin mümmelnden Kaninchen; und so blieb alles in der Schwebe.

Während dieser anstrengenden Zeit trat ein amüsantes Ereignis ein, das unsere Bürde ein wenig leichter machte. Der Mann in England, der am meisten Schwierigkeiten bei der Bekämpfung der Kaninchenplage machte, war ein gewisser Dr. Glenfiddis Balmoral. So hieß er natürlich nicht wirklich; sein richtiger Name war jedoch genauso ungewöhnlich. John Hartley und ich besuchten gerade zusammen mit meinem Freund Wahab Owadally, dem Chief Conservator of Forests auf Mauritius, eine vom Londoner Zoo veranstaltete Konferenz, und als ich die Teilnehmerliste überflog, fiel mein Blick auf den Namen des gefürchteten Doktors. Ich war mir sicher, ihn zur Vernunft bringen zu können, wenn wir drei nur irgendwo die Möglichkeit zu einem privaten Gespräch fänden. Wir planten unser Kidnapping mit großer Umsicht. Zuerst fragte ich Michael Brambell, den damaligen Kurator für Säugetiere des Londoner Zoos, ob er uns sein Haus am Regent Park-Kanal, unweit des Konferenzsaals, zur Verfügung stellen könnte. Dann bat ich eine Persönlichkeit von Rang und Namen, mich dem Herrn vorzustellen. Er erschien mir als ein netter, vernünftiger Mann, und ich war erstaunt, daß er einen so extremen Standpunkt in der Frage des bereits als «Häschen-Blutbad» bezeichneten Vorhabens einnehmen konnte. Ich sagte ihm, meine Kollegen und ich würden gern etwas mit ihm besprechen; ob er Lust habe, in einer Konferenzpause mit uns auf einen Drink in Michaels Haus zu kommen. Er stimmte bereitwillig zu. Leider wählte er für unsere Zusammenkunft die Zeit, in der jemand einen Vortrag über die Zucht von Seekühen hielt – Tiere, für die ich eine stille Leidenschaft hege. Ich mußte darauf verzichten; Round Island war zu wichtig. Es ist eines der vielen Opfer, die ich im Namen des Naturschutzes auf mich genommen habe.

So bugsierten wir den guten Doktor in Michaels Haus, machten uns über den Inhalt der Hausbar her, und die Wirkung eines gewaltigen Gin Tonic versetzte unser Opfer bald in mildere Stimmung. Ich begann, ihm das Problem von Round Island darzulegen. Der gute Doktor hörte aufmerksam zu und nickte verständnisvoll. Als ich erlahmte, übernahm Wahab die Führung und erläuterte ausführlich, warum die Kaninchen zu einem langsamen Tod durch Verhungern verurteilt seien. Er malte ein so düsteres Bild, daß wir alle Tränen in den Augen hatten. Dann trat John auf den Plan und sprach ausführlich von der enormen biologischen Bedeutung der Insel und davon, wie verbrecherisch es sei, sie durch Kaninchen zerstören zu lassen. Während dieser Ausführungen hatte der gute Doktor immer wieder zustimmend genickt und ermutigende Bemerkungen wie «Völlig richtig – ganz Ihrer Meinung – ja, sehr wahr» von sich gegeben. So war es wie ein Schock, als wir ihn schließlich, nachdem wir unser Pulver verschossen hatten, sagen hörten: «Aber ich weiß wirklich nicht, wie ich Ihnen helfen kann.»

Ich sah ihn ungläubig an.

«Aber Sie sind doch Dr. Glenfiddis Balmoral, nicht wahr?»

«Ja», sagte er erstaunt.

«Von der Society for the Greater Protection of Fur and Feather?»

«Nein, nein», berichtigte er mich. «Von der Society for the Preservation and Better Understanding of the Coleoptera.»

Es war der falsche Mann. Aber wer wäre auch auf die Idee gekommen, daß es zwei Doktoren mit demselben ungewöhnlichen Namen gab? Das Schmerzlichste dabei war, daß ich meinen Vortrag über die Seekühe versäumt hatte.

Inzwischen waren Samen von den seltenen Palmen auf Round Island im Botanischen Garten von Mauritius ausgesät worden, wo sie zu prächtigen Bäumen heranwuchsen. Auch die Aufzucht der Reptilien, die wir nach Jersey mitgebracht hatten, verlief äußerst erfolgreich. Vom Guntherschen Gecko haben wir 235, vom freundlichen Telfairschen Skink 327 und – wahrscheinlich die größte Leistung – von der Round-Island-Boa 31 Tiere aufgezogen. Wir haben Exemplare der Skinke und der Geckos zu Zuchtzwecken an Zoos in den USA, in Deutschland, Frankreich, Großbritannien, Holland und Kanada verliehen und damit ihren Bestand stabilisiert. Einige der Boas wurden, wie es sich gehört, nach Kanada an die Reptile Breeding Foundation geschickt, deren Besitzer Geoff Gaherty uns seinerzeit durch ein großzügiges Geschenk ermöglicht hatte, unser eigenes Reptilienhaus aufzubauen.

Wir besaßen jetzt sowohl Palmen als auch Reptilien, die wieder auf Round Island angesiedelt werden konnten. Dem standen nur die lästigen Eindringlinge im Wege. Wir hatten das «Dort», in das wir die einheimischen Pflanzen und Tiere aussetzen konnten, aber das «Dort» war dafür noch nicht geeignet.

Seit ich vor vielen Jahren Neuseeland besucht hatte, war ich mit den führenden Leuten des New Zealand Wildlife Service, wahrscheinlich dem besten der Welt, in Verbindung geblieben. In einem meiner Briefe erwähnte ich unser Problem mit Round Island und bat sie um Rat. Ich wußte von ihren eigenen Schwierigkeiten mit den Ratten und streunenden Katzen auf ihrer Insel. Unverzüglich kam eine Antwort von Don Merton, der mir mitteilte, er habe eine Lösung für unser Problem. Sie hatten ein neues Gift entwickelt, das auch bei extremen Temperaturen nicht seine Wirkung verlor, nur auf Säugetiere ansprach und, anders als Strychnin, schmerzlos war. Er sei sicher, sagte Don, daß er und einige seiner Kollegen beurlaubt würden, wenn wir einen entsprechenden Antrag beim Wildlife Service stellten, er würde gerne den Job für uns erledigen. Das hörte sich fast zu schön an, um wahr zu sein, aber nach Erledigung der Formalitäten erschienen Don und seine Freunde tatsächlich auf Mauritius, kiloweise Gift im Gepäck und mit Zelten, Ölzeug und anderen wichtigen Gegenständen ausgerüstet. Eine langwierige Arbeit stand ihnen bevor, denn auf 140 Hektar eines Terrains, das aussah wie die Oberfläche des Mondes, Tausende von Kaninchen zu vergiften, war kein leichter Job. Die schwere Ausrüstung mußte mit einem Hubschrauber nach Round Island geschafft werden, da es unmöglich war, mit einem Boot zu landen und sie über die fast senkrechten Klippen nach oben zu schleppen. Gerade als sie alles gepackt hatten und bereit zum Aufbruch waren, gab der uns von der Regierung zur Verfügung gestellte Hubschrauber seinen Geist auf. Wir hatten uns schon mit dem Gedanken abgefunden, diese so wichtige Mission auf unbestimmte Zeit verschieben zu müssen, als mehrere glückliche Umstände uns retteten. Ein Zerstörer der australischen Marine stattete Mauritius einen Freundschaftsbesuch ab, mit einem funkelnagelneuen Hubschrauber an Bord. Unsere verzweifelten Anrufe bei der Australischen Botschaft wurden positiv beantwortet, und die australische Marine erhielt den Befehl, uns zu helfen. Don und sein Team wurden, samt Gift und Ausrüstung und samt einem Wasservorrat für sechs Wochen (denn es gab kein Süßwasser auf der Insel), von der HMAS «Canberra» nach Round Island gebracht, wo der Hubschrauber die ganze Ladung auf dem einzigen Stückchen Land absetzte, das man als flach bezeichnen konnte. Hier schlugen Don und seine Männer ein Lager auf und begannen mit ihrer Arbeit.

Sie gaben ihr Bestes, und nach sechs Wochen ging Don davon aus, daß alle Kaninchen vernichtet waren. Um jedoch ganz sicher zu gehen, kehrte er mit seinem Team ein Jahr später noch einmal auf die Insel zurück. Der Grund dafür war einfach: Wenn auch nur ein halbes Dutzend Kaninchen beiderlei Geschlechts am Leben geblieben wäre, hätte die Aktion das Gegenteil von dem bewirkt, was wir beabsichtigten. Sie hätte eine Bevölkerungsexplosion unter den übriggebliebenen Kaninchen ausgelöst und uns wieder an unseren Ausgangspunkt zurückgeworfen. Es fand sich jedoch keine Spur eines Kaninchens. Don schickte mir ein Foto, auf dem deutlich zu sehen war, daß die zerfurchte, ausgetrocknete, erodierte Oberfläche der Insel bereits wieder einen Hauch frischen Grüns trug. Damit hatte Round Island eine zweite Chance zu überleben. Natürlich ist die Arbeit damit noch nicht beendet. Neue Palmen werden gepflanzt, und hoffentlich auch Harthölzer. Wir hoffen, daß die Insel in fünfzig Jahren wieder so aussieht, wie sie vor zweihundert Jahren ausgesehen hat, und daß sie ihren seltsamen und einzigartigen Bewohnern einen sicheren Lebensraum bietet.

Kürzlich besuchte uns ein berühmter Autor, Richard Adams, der einen Bestseller über Kaninchen geschrieben hat, *Watership Down* (*Unten am Fluß*). Jeremy führte ihn durch den Zoo, wie immer voller Begeisterung für unsere Arbeit und die Auswirkungen, die sie auf viele andere Bereiche hat. Er berichtete Adams enthusiastisch von dem, was wir auf Round Island geleistet hatten, als er plötzlich einen Fehler beging.

«Ja», sagte er vergnügt, «und nachdem wir die Ziegen ausgerottet hatten, gelang es uns, Tausende von Ka... Ka... Ka...» Jeremy stockte. Wie kann man dem Mann, der *Watership Down* geschrieben hat, erzählen, daß man 3000 Kaninchen vernichtet hat, ohne ein gewisses Maß an Mißvergnügen hervorzurufen?

Sie sahen sich einen Augenblick schweigend an. Jeremy errötete.

«Es ist schon in Ordnung», sagte Richard Adams freundlich. «Ich weiß nicht, warum jeder glaubt, daß ich Kaninchen mag, nur weil ich ein Buch über sie geschrieben habe.»

So hatte der Trust in Zusammenarbeit mit der Regierung von Mauritius und mit Unterstützung des New Zealand Wildlife Service und der australischen Marine Round Island gerettet. Wir hatten, wie ich Roger Payne schrieb, ein «Dort» gerettet, um «sie» wieder darin heimisch zu machen. Aber darüber hinaus haben wir, wie ich glaube, die Vorstellung von einem «Zoo», die allgemein in der Öffentlichkeit herrscht, um eine Dimension erweitert. Wir haben nicht nur unter Beweis gestellt, daß Aufzucht in Gefangenschaft, sei es auf Jersey oder im Ursprungsland der betreffenden Art, von größter Bedeutung ist, sondern wir haben auch gezeigt, daß ein «Zoo» dazu beitragen kann, den Lebensraum der Tiere zu retten und zu schützen, die er betreut.

Was wir für Round Island geleistet haben, wird nach meiner festen Überzeugung als Modell für viele Teile der Welt dienen, in denen es ähnlich empfindliche und gefährdete Ökosysteme gibt. Wir haben also, wie ich hoffe, gezeigt, daß die Zoologischen Gärten mehr sein können als sterile viktorianische Menagerien (von denen es immer noch zu viele gibt), daß sie einen wesentlichen Beitrag dazu leisten können, die Lebensformen zu bewahren, die mit uns zusammen auf der Erde sind. Wir glauben, das ist die Aufgabe aller Zoos, besonders derjenigen in reichen Ländern. Und wenn sie aus finanziellen Gründen auch nicht an so entfernten Orten wie den Maskarenen tätig werden können, werden sie doch, wenn sie danach suchen, vor ihrer Tür ein Round Island finden, dem sie helfen können. Denn überall auf der Welt ist die Natur gefährdet und bedarf der Hilfe.

Ein Fest der Tiere

So wurde 1984 das Jahr eines doppelten Geburtstages, denn vor fünfundzwanzig Jahren hatte ich den Zoo gegründet, und vor einundzwanzig Jahren hatte er seine Metamorphose durchlaufen und war zum Jersey Wildlife Preservation Trust geworden. Es stand uns wohl an, anläßlich der Geburtstagsfeier einen vorsichtigen Blick auf die Fortschritte zu werfen, die wir seitdem gemacht hatten.

Was hatten wir erreicht? Nun, zunächst glaube ich, hatten wir bewiesen, daß ein Zoo ein wichtiges Rädchen in der Maschinerie des Naturschutzes sein kann und sein sollte. Wenn die Aufzucht in Gefangenschaft vor fünfundzwanzig Jahren in Gegenwart einer Gruppe ernstzunehmender Naturschützer erwähnt wurde, zuckten sie zusammen und wechselten das Thema, als habe man vorgeschlagen, Nekrophilie als Mittel der Geburtenkontrolle einzusetzen. Aber vor drei Jahren veröffentlichte die IUCN eine Absichtserklärung, in der die Aufzucht in Gefangenschaft als wichtiges Instrument des Artenschutzes bezeichnet wurde. Das Dokument bietet eine interessante Lektüre, denn es beschreibt genau die Richtlinien, denen wir seit einem Vierteljahrhundert folgen und die ich seit meinem sechzehnten Lebensjahr propagiere! Wir freuen uns jedoch, daß das Naturschutz-Establishment der Aufzucht in Gefangenschaft endlich den Rang einräumt, der ihr gebührt. Aber warum hat es so lange gedauert? Ich will nicht meckern. Es ist schön, so erlauchte Schüler in die Arme schließen zu können, wenn auch mit Verspätung.

Wir haben Zuchtkolonien gefährdeter Arten nicht nur auf Jersey und in mehreren anderen geeigneten Zoos in Europa und Amerika entwickelt, sondern auch in den Ländern, aus denen die Tiere stammen. Es gibt Einrichtungen zur Aufzucht dieser Tiere, die mit unserer Hilfe entworfen und gebaut wurden, an Plätzen wie Brasilien, St. Lucia, Mauritius, Marokko und Madagaskar. Die letztgenannte, äußerst erfolgreiche Zuchtkolonie weicht insofern von unseren sonstigen Gepflogenheiten ab, als sie eine der seltensten Schildkröten der Welt, die Pflugscharschildkröte oder Angonoka, enthält – eine Art, die wir nicht in unserem Zoo auf Jersey haben. Vielleicht wird sie in einigen Jahren bei uns vertreten sein, aber im Augenblick kommt es darauf an, ihren Bestand zu stabilisieren. Dieses Projekt betreut unser Conservation Field Officer in Madagaskar, Don Reid, mit großem Erfolg. Natürlich haben wir es nicht allein in die Wege geleitet, sondern mit Hilfe vieler Organisationen, vor allem des Worldwide Fund for Nature; doch Lee koordiniert das ganze Unternehmen, und mit den bisher erzielten Fortschritten ist es ein Vorbild dafür, wie ein solches Vorhaben zu planen und zu verwirklichen ist.

Unsere zweite wichtige Leistung ist unsere Mini-Universität, unser International Training Centre for Conservation and Captive Breeding of Endangered Species, um die Einrichtung bei ihrem vollen Namen zu nennen. Stipendiaten aus Entwicklungsländern kommen dorthin, um später in Einklang mit den Regierungen in ihrer Heimat die Aufzuchtprogramme zu verwirklichen, die wir entwickelt haben.

Erst kürzlich kam Jeremy von einer IUCN-Konferenz in Costa Rica zurück, auf der er zweiundzwanzig unserer früheren Absolventen aus so weit voneinander entfernt liegenden Ländern wie Thailand und Brasilien getroffen hatte. Alle waren begierig, Neues aus Jersey zu erfahren – ihrer Alma mater sozusagen – und tauschten ihrerseits untereinander Neuigkeiten und Meinungen aus. Jeremy sagte, es sei wie ein großes Familientreffen gewesen. Der Gedanke, daß der Trust so viele von ihrer Aufgabe begeisterte junge Menschen aus so vielen Teilen der Welt ausgebildet hat, macht mich glücklich.

Das Ausbildungszentrum ist jetzt der University of Kent in Großbritannien angegliedert, die unseren Studenten die Möglichkeit bietet, ein Diplom im «Umgang mit Gefährdeten Arten» zu erwerben, das erste seiner Art. Wir haben Zugang zu den hochtechnisierten Computer-Einrichtungen der Universität und können so schnell und zuverlässig die Informationen für unsere Arbeit aus allen Teilen der Welt speichern. Außerdem hat die

Universität 1989 ein neues Institut gegründet – ich fühlte mich sehr geehrt, als man meinen Namen dafür erbat. So wird dieses Institut – das erste seiner Art in Großbritannien – die Bezeichnung Durrell Institute of Conservation and Ecology, abgekürzt DICE, tragen.

Unsere anderen Aktivitäten, sowohl auf Jersey als auch außerhalb, haben mit unseren Hauptentwicklungen Schritt gehalten. Die Ergebnisse unserer wissenschaftlichen Forschungen – nicht nur über die Tiere im Jersey Zoo (mit ihren vielen Aspekten der Veterinärmedizin, der Ernährung und der Aufzucht), sondern auch über das Verhalten und die Ökologie wildlebender Arten – stehen Interessierten in Bibliotheken der ganzen Welt zur Verfügung. Unsere Bemühungen um Öffentlichkeitsarbeit haben sich rasch entfaltet; von ihnen profitieren nicht nur die Schüler auf Jersey, sondern auch die Menschen auf Madagaskar, die Poster von Lemuren und Pflugscharschildkröten überall in Schulen und öffentlichen Gebäuden sehen können.

Unsere Mitglieder auf der ganzen Welt, besonders aber in Nordamerika, haben unsere Arbeit unterstützt. Wie ich berichtet habe, besuchte ich 1973 die Vereinigten Staaten, und dank der tatkräftigen Hilfe Tom Lovejoys und meiner anderen amerikanischen Freunde wurde der Wildlife Preservation Trust International ins Leben gerufen. 1986 war Simon Hicks maßgeblich daran beteiligt, den Wildlife Preservation Trust in Kanada zu gründen. Abgesehen davon, daß sie unseren Spielraum beträchtlich erweitert haben, geben diese beiden Schwesterorganisationen unseren amerikanischen und kanadischen Mitgliedern die Möglichkeit, ihre Beiträge und Spenden von der Steuer abzusetzen, was wiederum dem Trust als Ganzem zustatten kommt.

Schließlich sehen wir jetzt allmählich den Lohn unserer Arbeit: wir haben in Gefangenschaft aufgezogene Tiere erfolgreich in die Freiheit entlassen. So seltene Tiere wie die Rottaube und das Löwenäffchen haben sich an ihr neues Leben in den Wäldern gewöhnt und, was wichtiger ist, angefangen, sich zu vermehren. Es ist ein wunderbares Gefühl, nach all den Jahren, die wir damit verbracht haben, Zuchtkolonien aufzubauen, jetzt die Tiere dort aussetzen zu können, wo sie hingehören, und ihre Art wachsen und gedeihen zu sehen.

Wir haben all das, was wir uns zum Ziel gesetzt haben, als wir den Trust gründeten, in Angriff genommen, einiges gründlich, anderes weniger gründlich. Aber wenigstens steht der Apparat und läßt sich weiter ausbauen. Es tut jedoch gut, Anerkennung zu bekommen, und eines der schönsten Komplimente, die uns je gemacht wurden, kam von Dr. Warren Iliff, dem Direktor des Dallas Zoo und ehemaligen Präsidenten der American Association of Zoological Parks and Aquaries, als er 1988 eine Rede an der Southern Methodist University in Texas hielt. Er sagte: «Wenn man Leute fragt, welches der beste Zoo der Welt ist, sagen einige San Diego, andere sagen Bronx. Aber wenn man die Zoo-Leute selbst fragt, also die Leute, die professionell mit Zoos zu tun haben, einschließlich der Direktoren von Zoos, sagen sie: der Jersey-Zoo.» Eine solche Feststellung von der anderen Seite des Atlantiks, wo es Mega-Zoos gibt, die mit Mega-Summen finanziert werden, ist ein Kompliment, das man gern hört.

Wir haben auch insofern Glück gehabt, daß ich, wie schon gesagt, Bücher geschrieben habe, die populär wurden und die uns geholfen haben, Mitglieder zu gewinnen. Sie haben den Menschen die Bedeutung der Aufzucht in Gefangenschaft vor Augen geführt und mich in Kreise geführt, die mir sonst verschlossen geblieben wäre. Das wurde mir sehr klar, als wir unsere Geburtstagsfeier planten.

Da wir eine kleine Organisation sind, kommen die «Jungs» (wie ich Jeremy, John, Simon und Tony sehr zu ihrem Mißvergnügen nenne) häufig am Ende eines Tages auf einen Drink zu uns in die Wohnung. Sie kommen auch manchmal während des Tages, wenn wir wichtige Angelegenheiten zu besprechen haben, die wir gewöhnlich durchdiskutieren, bevor wir sie dem Vorstand oder dem Aufsichtsrat vortragen. Auf diese Weise trennen wir die Spreu vom Weizen und ersparen den Ausschußkomitees endlose Debatten. Wenn ich koche – eine Kunst, die ich gern ausübe –, sitzen die Jungs am Küchentisch; wenn nicht, ziehen wir uns in das Wohnzimmer zurück, wo einige mit dem Fußboden vorlieb nehmen müssen, während Papiere und Notizzettel überall in einem scheinbar chaotischen – tatsächlich jedoch sehr geordneten – Durcheinander herumliegen.

Zu besonderen Gelegenheiten, etwa der Geburt eines Gorillababys oder einer neuen Liebe zwischen zwei Löwenäffchen, trinken wir Champagner – der nicht, wie ich mich beeile hinzuzufügen, mit den Geldern des Trusts bezahlt wird, sondern aus meinem Keller stammt. An diesem besonderen Morgen fühlten wir uns genötigt, die Korken knallen zu lassen, da wir gerade erfahren hatten, daß Princess Anne nach Jersey kommen würde, um an unserer Geburtstagsfeier teilzunehmen. Alles, was wir zu tun hatten, war, der Sache das nötige Dekorum zu verleihen.

«Die Prinzessin hat sich bereit erklärt, das Ausbildungszentrum zu eröffnen», sagte Simon, der auf dem Teppich lag und sein Champagnerglas umklammert hielt. «Das ist ausgezeichnet. Das kann als erstes über die Bühne gehen.» Obgleich unsere Mini-Universität schon vor zwei Jahren ihren Betrieb aufgenommen hatte, war sie noch nicht «offiziell» eröffnet worden, und wir wollten natürlich, daß unsere Schirmherrin das tat.

«Und was dann?» fragte ich, denn es war vorwiegend Simons Aufgabe, die ganze Geschichte zu arrangieren.

«Ein Mittagessen», sagte er. «Im ausgewählten Kreise. Nur Trust-Mitglieder.»

«Reden?» fragte John.

«Ich hoffe, Gerry wird eine halten. Dann wird die Prinzessin darauf antworten», sagte Simon.

«O Gott! Ich hasse es, Reden zu halten. Ist es nötig?»

«Unbedingt», sagte Simon. «Geht nicht, daß die Prinzessin eine Rede hält, und der Gründer sitzt herum und schweigt.»

«Nur ein paar einfache Worte», meinte John aufmunternd.

«Gut. Wenn sie so einfach sind, können Sie sie mir ja schreiben», sagte ich.

«Sie ändern immer alles, was ich für Sie schreibe», sagte John indigniert.

«Nur deshalb, weil Sie nicht schreiben können», sagte ich. «Weiter, Simon. Was machen wir am Abend?»

«Ich habe eine glänzende Idee», sagte Simon mit leuchtenden Augen. Wir alle stöhnten. Jeremy schloß die Augen, und ein schmerzerfüllter Ausdruck glitt über sein Gesicht, so daß er dem Duke of Wellington noch ähnlicher wurde – nach einer Niederlage. Wir alle kannten Simons glänzende Ideen.

«Was ich vorschlagen möchte», fuhr Simon fort, ohne unser einhelliges Entsetzen zu beachten, «ist, daß wir Gorey Castle mieten und dort ein Bankett veranstalten.»

Das übertraf alle früheren glänzenden Ideen Simons. Gorey Castle, eine im 13. Jahrhundert erbaute Festung, überragt den kleinen Fischerhafen, der zu seinen Füßen in einer halbmondförmigen Bucht liegt. Das mächtige Bauwerk mit seinen von keiner Kanonenkugel zernarbten Mauern, Türmen und Zinnen scheint gerade frisch erbaut zu sein. Es sieht aus wie eine Hollywood-Filmkulisse, und wenn es von Flutlicht angestrahlt wird, erwartet man jeden Augenblick, daß Errol Flynn sich von einer Brustwehr herunterschwingt. Die Festung ist das auffälligste Gebäude auf Jersey und wurde von Sir Walter Raleigh bewohnt, als er im Jahre 1600 Gouverneur der Insel war. Die Vorstellung, eine solche Sehenswürdigkeit zu mieten, war verführerisch, aber, wie ich einsah, leider völlig unrealistisch.

«Gorey Castle mieten!» sagte Tony schockiert. «Man kann keine *Festung* mieten!»

«Nun, wenn man weiß, für wen es ist, kriegen wir sie vermutlich sogar umsonst», schob Simon den Einwand beiseite. «Dann dachte ich, daß wir dieses Bankett vielleicht mittelalterlich gestalten. Wir können etwa zweitausend Leute dort unterbringen, schätze ich. Wir tragen alle Kostüme aus der Zeit und rösten einen Ochsen am Spieß und dann ...»

«Zweitausend Leute!» rief Lee. «Wer soll sie bedienen?»

«Kellner», sagte Simon, überrascht, daß Lee nicht selbst auf diese einfache Antwort gekommen war.

«Wo wollen Sie sie hernehmen? Es gibt nicht einmal genug auf der ganzen Insel», wandte Jeremy ein.

«Wir fliegen sie ein», sagte Simon, von seiner Idee begeistert. «Wir fliegen sie ganz einfach ein.»

«Aber wo sollen sie schlafen?» fragte Jeremy verzweifelt.

«In Zelten», sagte Simon. «Wir schlagen im Festungshof Zelte auf.»

Ich sah im Geist eine Schar mürrischer portugiesischer und spanischer Kellner vor mir, mit elisabethanischen Halskrausen und federbesetzten Hüten, wie sie in strömendem Regen aus ihren Zelten krochen.

«Wie sieht's mit den sanitären Einrichtungen aus?» fragte Tony, der in seiner Hausmeisterrolle gerade am vorigen Tag ein paar unangenehme Stunden damit verbracht hatte, eine Rohrverstopfung in der Damentoilette zu beseitigen, und so zu einer eher düsteren Betrachtungsweise neigte.

«Wir lassen Latrinen ausheben», sagte Simon sofort.

«Wer hebt sie aus?» fragte Jeremy.

«Freiwillige», sagte Simon.

«Und wenn wir keine Freiwilligen bekommen?» fragte Jeremy.

«Bitten wir die Kellner, sie auszuheben», schlug John vor.

«Und wo wollen Sie einen Ochsen hernehmen?» fragte Tony, dessen veterinäre Seite jetzt zum Vorschein kam.

«Kaufen», sagte Simon.

«Das Gesundheitsamt wird niemals Latrinen im Gorey Castle zulassen», sagte Jeremy.

«Abgesehen von der Hygiene – der Geruch», fügte Tony einfühlsam hinzu.

«Besser ein Festessen mit Kräutern als ein verbrannter Ochse», zitierte ich die Bibel falsch.

«Wir werden auch ein Bankett arrangieren», beharrte Simon auf seiner Idee. «Mit Rehbraten und so.»

«Wir könnten Blei schmelzen und es von der Brustwehr auf die Leute gießen, die uns unsympathisch sind», schlug John hilfsbereit vor.

«Blei ist wahnsinnig teuer», sagte Jeremy, der den Vorschlag ernstgenommen hatte.

Ich hatte das Gefühl, daß das Gespräch ausuferte. Daher öffnete ich noch eine Flasche Champagner.

«Sehen Sie», sagte ich. «So faszinierend diese Idee mit der Festung auch ist – sie steckt voller Tücken. Und ich habe nicht den Wunsch, im Palast Erklärungen darüber abgeben zu müssen, warum ich die Prinzessin ausgerechnet in einer Wind und Regen ausgesetzten Festung bewirten mußte, mit halbgaren Ochsen, von der Brustwehr tropfendem Blei und einem Haufen eingeflogener Kellner, die sich darüber beschweren, daß ihre Hosen ihre Figur nicht zur Geltung bringen oder zu unbequem sind.»

«Soll das heißen, daß Sie meine Idee nicht gut finden?» fragte Simon geknickt.

«Eine ausgezeichnete Idee, aber vielleicht für eine andere Gelegenheit», sagte ich. «Aber *ich* habe eine Idee. Wie wär's mit einer Art Fest für die Tiere? Wir laden all die Berühmtheiten ein, die ich kenne und die mit Naturschutz zu tun haben. Dann kann jeder auf die Bedeutung hinweisen, die Tiere für ihn haben.»

Simons Züge hellten sich auf. «Sie meinen so eine Art von Show?» fragte er zögernd. Seine Augen begannen wieder zu leuchten.

«Nun ja», sagte ich unbestimmt. «Ich denke an Schauspieler und Schauspielerinnen, die Gedichte über Tiere rezitieren. Vielleicht ein Ballett. Man könnte Yehudi Menuhin dazu bewegen, etwas wie den ‹Karneval der Tiere› zu spielen. Etwas in der Art.»

«Ja, ja, ausgezeichnet», sagte Simon, den Blick in die Ferne gerichtet, als ob er alles vor sich sähe. «Wir machen es unten in St. Helier, im Fort Regent. Da ist eine riesige Bühne mit allem Drum und Dran. Scheinwerfer, einem riesigen Filmprojektor, Quadrophonie. O ja, es wird einfach toll. Ausgezeichnet.»

So wurde das «Fest der Tiere» geboren. Die Liste der Mitwirkenden war äußerst eindrucksvoll und interessant, da ich so viele Berühmtheiten auf unterschiedlichste Weise kennengelernt hatte.

Was die Rezitation der Gedichte betraf, so dachte ich an zwei kontrastierende Stimmen, eine männliche und eine weibliche. Von all den ausgezeichneten Schauspielern, die ich kannte, gab es einen, dessen Stimme sich mir wie keine andere eingeprägt hatte: Sir Michael Hordern. Wenn er sprach, war es, als lausche man einem herrlichen Vintage Port, dem die Fähigkeit zu sprechen gegeben war – reich, tönend, leuchtend. Ich kannte ihn nicht persönlich, aber ich wußte, daß er meine Bücher gelesen hatte und sie schätzte. Daß er zusagte, freute mich. Hinsichtlich der weiblichen Stimme gab es für mich nicht den mindesten Zweifel. Seit ich sie zum erstenmal in dem zauberhaften Film *Geneviève* (*Die feurige Isabella*) gesehen hatte, in dem es um das Oldtimer-Rennen London-Brighton ging, hatte ich mich unsterblich in Dinah Sheridan verliebt. Später hatte ich sie in dem Film *Where No Vultures Fly* gesehen, mit dem sie mich noch mehr betörte. Ich wußte jedoch, daß sie verheiratet war, und das – ehrenhaft und aufrecht, wie ich bin – hatte mich davon abgehalten, sie aufzusuchen und ihr mein Herz zu Füßen zu legen. Ein anderer Grund lag natürlich darin, daß ich selbst verheiratet war. So hatte ich mich, nicht ohne inneren Kampf, mit einem Leben ohne Dinah Sheridan abgefunden.

Dann, kurz vor unserem großen Geburtstagsfest, geschah zweierlei. Ich wollte nach London fliegen und entdeckte, daß *Present Laughter* wieder aufgeführt werden sollte, ein sehr komisches Stück meines alten Freundes Noël Coward, der seit einigen Jahren einer unserer amerikanischen Treuhänder war. Zu den Mitwirkenden gehörte zu meiner großen Freude Dinah Sheridan. Ich entschloß mich, die Aufführung zu besuchen, um mein Idol endlich einmal in Fleisch und Blut vor mir zu sehen. Während des Fluges durchblätterte ich das Bord-Magazin und stieß auf ein Interview mit ihr. Unter den nichtssagenden Fragen, die bei einem solchen Interview gestellt werden, ist unvermeidlich eine, die sich danach erkundigt, mit wem man bei einem Schiffbruch auf einer einsamen Insel stranden möchte. Sie hatte geantwortet: «Mit Gerald Durrell.» Ich traute meinen Augen nicht.

«Mein Gott, sie möchte mit mir auf einer einsamen Insel stranden», sagte ich zu Lee.

«Wer möchte das?» fragte meine Frau argwöhnisch.

«Dinah Sheridan.»

«Warum denn das bloß?» fragte Lee in jener ernüchternden Art, die Ehefrauen an sich haben.

«Weil ich ein prächtiger, aufrechter Kerl mit hohen moralischen Grundsätzen bin», sagte ich.

«Wenn sie das gesagt hat, sieht man, daß sie dich nie kennengelernt hat», sagte Lee vernichtend.

Doch ich ließ mich nicht vernichten. Ich war Feuer und Flamme. Sie hätte sich für den blöden Attenborough oder den blöden Peter Scott entscheiden können; aber nein, sie hatte sich für mich entschieden. So kaufte ich ein Dutzend sorgsam ausgewählter Teerosen, unbefleckt von Blattläusen, Ohrwürmern, Klopfkäfern oder ähnlichem Ungeziefer, und ließ sie hinter die Bühne schicken, mit einer Karte, auf die ich geschrieben hatte:

«Ich bin der, der am lautesten geklatscht hat. Kann ich Sie nach der Aufführung sehen?» Die Antwort lautete «Ja».

Der Witz Cowards, verbunden mit der brillanten Schauspielkunst Dinahs, machte den Abend für mich zu einem unvergeßlichen Erlebnis. Als wir später in ihrer Garderobe einen Scotch tranken, gestand ich ihr, daß ich sie seit Jahren bewunderte, und wir beschlossen, uns trotz meiner Gattin Lee häufiger zu sehen. Als sie davon ihren Mann Jack in Kenntnis setzte, schrieb dieser mir einen sehr formalen Brief, in dem er mich beschuldigte, die Gefühle seiner Frau ihm gegenüber durch übertriebene Verehrung und Teerosen zum Erkalten gebracht zu haben. Er forderte mich zu einem Duell beim Morgengrauen im Hyde Park. Ich nahm an, wies jedoch darauf hin, daß ich, als Geforderter, die Wahl der Waffen habe. Ich schlug Champagnerkorken auf eine Entfernung von fünfzig Schritt vor. Damit begann unsere Freundschaft, und es stand fest, daß Dinah beim Fest der Tiere auftreten würde.

Yehudi Menuhin hatte ich in Frankreich kennengelernt, als wir meinen älteren Bruder Larry besuchten. Unser kleines Haus liegt etwa vierzig Kilometer von dem Dorf entfernt, in dem mein Bruder lebte (vierzig Kilometer ist die angemessene Entfernung, die man zu seinem älteren Bruder wahren sollte), und Lee und ich waren hinübergefahren, um mit Larry und den Menuhins zu Mittag zu essen – eine äußerst nette Begegnung, denn Yehudi und seine Frau waren reizend. Das Mittagessen dehnte sich aus, es gab reichlich Wein und viel zu essen, und gegen vier Uhr begannen wir, uns nach einem Bett zu sehnen. Das Wort «Mittagsschläfchen» war zu hören. Glücklicherweise besaß Larry ein großes Haus mit vielen Zimmern; so suchten Lee und ich uns einen Schlafplatz aus und waren bald eingeschlafen. Als wir aufwachten, hörten wir den Klang einer Geige.

«Wer hat das Grammophon angestellt?» fragte Lee.

«Das ist Yehudi. Er übt», sagte ich.

Wir schlichen auf den Treppenabsatz, und aus einem nahe gelegenen Zimmer drangen die süßen Klänge einer von einem Meister gespielten Geige. Ich bin in meinem Leben schon von vielen Geräuschen aus meinem Mittagsschlaf geweckt worden – dem Zwitschern von Vögeln, dem Donnern eines Gewitters, dem

Rauschen eines Flusses und dem seidigen Plätschern eines Wasserfalls –, aber noch nie auf so schöne Weise wie damals.

Natürlich baten wir die Menuhins und Larry, am nächsten Tag zu uns zum Essen zu kommen, und da ich entdeckt hatte, daß Yehudi Linsen, Reis, Erbsen und ähnliche Dinge mochte, kreierte ich eigens für ihn ein Menuhin-Currygericht von gewaltigen Ausmaßen. Wir wollten an unserem langen Tisch auf der Veranda essen. Da es zahllose Beilagen geben sollte, hatte Lee, um Zeit zu sparen, all die Löffel, Messer, Gabeln, Kellen und so weiter sorgfältig in bestimmter Reihenfolge auf einem großen Tablett bereitgestellt. Unsere Gäste trafen ein, und nach ein paar Drinks ging Lee in die Küche, um letzte Hand an das Mahl zu legen. Yehudi folgte ihr kurz darauf und sah ihr bei der Arbeit zu.

«Bitte, lassen Sie mich Ihnen helfen», sagte er, und ohne Lees Antwort abzuwarten, nahm er das Tablett mit den Bestecken und trug es auf die Veranda, bevor sie ihn aufhalten konnte. Strahlend näherte er sich dem Tisch und kippte die mühevoll geordneten Bestecke in einem großen, glitzernden, klirrenden Durcheinander auf die Tischfläche. Ich sah Lees entsetztes Gesicht und führte Yehudi wieder zu seinem Sessel, gab ihm noch einen Drink und machte mich daran, meiner verzweifelten Frau zu helfen, die Eßinstrumente auseinanderzusortieren.

«Ich habe *soviel* Zeit darauf verwandt», flüsterte sie.

«Mach dir nichts draus. Sieh es mal von dieser Seite: Welche Gastgeberin kann schon von sich behaupten, daß Yehudi Menuhin ihr den Tisch gedeckt hat?» sagte ich.

So schrieb ich Yehudi bald darauf ein paar Zeilen, und großzügig, wie es seine Art ist, antwortete er, er freue sich, unsere Sache unterstützen zu können, und würde gern etwas mit dem Jersey-Jugendorchester spielen.

Wir hatten jetzt einen bekannten Schauspieler und eine nicht weniger bekannte Schauspielerin, die Gedichte vortragen würden, ein Orchester und einen berühmten Geiger. Aber Tiere berühren und bereichern unser Leben auf vielerlei andere Weise, die ich illustrieren wollte. Im Tanz beispielsweise, in Liedern, im Fernsehen und in der Malerei. Einer unserer Freunde, Jeremy James Taylor, der sich bereit erklärt hatte, die Show zu produzieren, ließ seine Beziehungen zum Royal Ballet spielen. Zu meiner Freude wollten sie eine Truppe aufstrebender Talente bei uns auftreten lassen.

Einige Jahre zuvor hatte ich einen Spot mit der munteren Isla St. Clair für eine Kindershow im Fernsehen gemacht. Während der Proben hatte sie viel über unsere Tätigkeit gesprochen und äußerst interessiert gewirkt an dem, was wir taten – so interessiert, daß sie einen Fehler beging. Wenn ich irgendwann einmal ihre Hilfe brauche, sagte sie, sollte ich es sie wissen lassen. Ihre süße und liebliche Stimme hatte mich bezaubert. Sie würde die ideale Besetzung sein, um Tiere in Liedform darzustellen. Ich rief sie an, erinnerte sie an ihr Versprechen und bat sie nach Jersey. Sie sagte zu und hatte auch tatsächlich ein reizendes Lied über einen Zoo in ihrem Repertoire, das sie vortragen wollte.

Dann hatte ich Zeit, weiter nachzusinnen. Was war mit den Pflanzen? Ohne Pflanzen können Tiere schließlich nicht überleben. Es gab natürlich nur einen, der für diesen Aspekt in Betracht kam, und das war David Bellamy. Ein boshafter Gedanke schoß mir durch den Kopf. In ihrer brillanten Zwei-Mann-Show *At the Drop of a Hat* hatten Flanders und Swann den Song «Mesalliance» aufgenommen, in dem es um ein Geißblatt und eine Winde ging, die sich ineinander verlieben, aber nie zusammenkommen, weil das Geißblatt sich im Uhrzeigersinn und die Winde sich gegen den Uhrzeigersinn dreht. Und so «zogen sie ihre Wurzeln hoch und welkten dahin». Durch Erpressung und Korruption luchste ich Isla und David schließlich die Zustimmung ab, den Song im Duett zu singen – eine höchst unangemessene Kombination, denn David hat – er ist sicherlich beleidigt, wenn ich das sage – eine Stimme, die an den Paarungsruf eines verliebten Walrosses erinnert.

Die Wahl eines Tierfilmers fiel mir leicht. Wer konnte dafür besser geeignet sein als David Attenborough?

Ich kannte David schon, als er noch ein bescheidener BBC-Produzent war. Wir wurden einander in einer Kneipe vorgestellt, wo wir einen ganzen Morgen damit verbrachten, über Tiere und Reisen zu sprechen. Einige Jahre später rief David mich an und fragte mich, ob ich eine Radiosendung im Zoo mit ihm machen wolle. Ich sagte zu, und ein Termin wurde ausgemacht.

Damals besaßen wir noch Chumley und Lulu, unser unkeusches Schimpansenpärchen. Wenn man ihn besuchte, pflegte Chumley sich – nach einem hysterischen Morgengruß, der darin bestand, daß er seine Zähne fletschte, laute Schreie ausstieß und sich im Käfig hin- und herschwang – auf den Boden niederzulassen und mit der Konzentration und Sorgfalt eines Chirurgen, der dem Premierminister den Schädel öffnet, eine Orange zu zerpflücken. Lulu, die die tadellosen Manieren ihres Gatten gegenüber dem schwächeren Geschlecht kannte, nahm die Gelegenheit wahr: während Chumley mit seiner Orange beschäftigt war, stopfte sie sich den Mund voll mit Trauben, sammelte so viele Früchte zusammen, wie sie nur konnte, und setzte sich darauf – in der Hoffnung, sie würden der Aufmerksamkeit ihres Gemahls entgehen. Wenn Chumley die Operation seiner Orange beendet hatte, aß er die einzelnen Stücke auf und schmiß Lulu die Schalen an den Kopf. Chumley pflegte von unten aus dem Handgelenk zu werfen, aber seine Geschicklichkeit und Treffsicherheit waren erstaunlich. Nachdem er auf diese Weise Lulu seine Zuneigung bekundet hatte, sprang er sie in dem Augenblick an, da sie es am wenigsten erwartete, gab ihr einen Klaps auf den Hinterkopf und zerrte sie mit lautem Geschrei von dem Obsthaufen weg, den sie unter ihrem Gesäß versteckt hatte. Dann setzte er sich hin, stopfte sich eine Banane in den Mund, zermampfte sie zu einem Brei, spuckte ihn auf die Hand und untersuchte ihn gründlich mit seinem dicken Zeigefinger wie jemand, der das Wechselgeld aus einem Automaten zählt.

Chumley verstand es, einen immer wieder in die größte Verlegenheit zu bringen. Sobald man eine Gruppe erlauchter Besucher durch den Zoo führte, war er garantiert auf dem Posten. Er schien zu wissen, daß die Leute wichtige Persönlichkeiten waren und daß man von ihm bestes Benehmen erwartete. Ein böser Glanz ließ seine Augen aufleuchten, während er die Lage abschätzte und sich eine Strategie ausdachte, wie am meisten Unheil anzurichten war. Meistens begann er damit, daß er Lulu verprügelte. Er zog sie an den Haaren, traktierte sie mit Fausthieben und sprang auf ihr herum. Er tat das aus zwei Gründen. Erstens hatte Lulu die lauteste und durchdringendste Stimme, die ich je bei einem Schimpansen gehört habe – eine Mischung aus dem Pfeifen einer verrückt gewordenen Lokomotive und dem Quietschen einer Gabel auf dem Teller. Und zweitens hatte er entdeckt, daß nichts das Interesse seines Publikums so erregte wie ein kleiner häuslicher Streit. Nachdem er sich der ungeteilten Aufmerksamkeit seiner Zuschauer vergewissert hatte, vergewaltigte er entweder seine Gattin, oder er setzte sich auf einen Ast und begann mit großem Vergnügen, unaussprechliche Dinge bei sich selbst zu tun, so daß die Damen in der Gruppe tief erröteten und sich mit ihren Prospekten Luft zufächelten. Dann, wenn jeder durch seine vorübergehende Bewegungslosigkeit in das Gefühl falscher Sicherheit gewiegt war, pflegte er eine große Handvoll zerkauter Früchte hervorzuwürgen und sie über seine Zuschauer zu verteilen, die sich jetzt, mit klebrigen Fruchtresten bedeckt, so schnell wie möglich vom Käfig entfernten. Menschen auf diese Weise in die Flucht zu schlagen war für Chumley das höchste der Gefühle. Mehr konnte er nicht erreichen, und nichts im Leben bot ihm solch köstliches Vergnügen.

Trotz der vielen Jahre, die ich nun schon Besucher durch den Zoo führe, habe ich mich Chumleys Käfig nie ohne ein Gefühl äußersten Unbehagens nähern können – ein Gefühl, das stets berechtigt war. So erinnere ich mich lebhaft an den Tag, an dem David Attenborough kam, um die Radiosendung mit mir aufzunehmen.

Die Gestaltung des Programms war ganz einfach: David und ich schlenderten von Käfig zu Käfig und erzählten Anekdoten über die Tiere, denen wir in den verschiedenen Teilen der Welt begegnet waren. Es war eine jener Sendungen, die heute nicht mehr ankäme, denn das Publikum verlangt mittlerweile Technicolor und riesige Nahaufnahmen der Tiere, über die man gerade spricht. Aber damals, in den lange zurückliegenden glücklichen Jahren des Dampfradios, waren die Leute noch nicht so anspruchsvoll. Als erstes führte ich David durch den Zoo, um zu entscheiden, welche seiner Insassen wir ins Programm nehmen sollten und wer was über welches Tier sagen sollte. Es war sein erster Besuch, und obwohl wir damals noch im Anfangsstadium waren, war er von den Tieren und unseren Einrichtungen begeistert. Wir waren so in unser Gespräch vertieft, daß wir uns Chumleys Käfig näherten, ohne daß bei mir die Alarmglocke läutete. Beim Anblick der Affen stieß David einen Freudenschrei aus und eilte auf den Käfig zu. Zufällig waren wir in jener Woche mit exotischen Früchten geradezu überschwemmt worden. Die Schimpansen hatten ihren Teil des Überflusses mit lautstarkem Vergnügen in sich hineingeschlungen; ihrer Verdauung jedoch hatte das nicht gutgetan. Zu sagen, daß der Käfig mit Wurfmaterial der klebrigsten Art wohl versorgt war, wäre eine Untertreibung. Chumley, der sein Opfer arglos auf sich zukommen sah, war entzückt. Er nahm zwei große Handvoll Munition auf, und feuerte sie, als David an die Gitterstäbe trat, zielgenau ab. David wurde mittschiffs getroffen, und sein makellos weißes Hemd sah aus, als habe jemand einen Kübel Unrat über ihm entleert. Er stand völlig entgeistert da, während Chumley, durch seinen Erfolg ermuntert, zwei weitere Handvoll aufnahm, die ihr Ziel mit gleicher Treffsicherheit erreichten. David ähnelte einem wandelnden Misthaufen, als ich ihm zur Rettung kam. Unter tausend Entschuldigungen führte ich ihn ins Herrenhaus, wo er sich waschen konnte, und lieh ihm ein sauberes Hemd. Nach einem sehr großen Drink beruhigte er sich etwas, aber danach näherte er sich allen Käfigen mit äußerster Vorsicht und ließ mich, wenn irgend möglich, vorangehen.

In der Hoffnung, daß die Zeit sein Gedächtnis getrübt hatte, rief ich David an, erinnerte ihn an mein Hemd, das er mir nie zurückgegeben hatte, und bat ihn, zu unserem Fest die bezaubernde Passage aus *Life on Earth* vorzuführen, in der er, umgeben von Berggorillas, im Wald sitzt – eine der bewegendsten Sequenzen des Films. Auch unser langjähriger gemeinsamer Freund Chris Parsons (der Chef der BBC Natural History Unit, als *Life on Earth* gedreht wurde), damit nagelte ich David fest, hatte sich für die Projektionstechnik schon zur Verfügung gestellt. David willigte sofort ein; und er hielt sein Wort, wenn er mir auch mein Hemd nicht zurückgab.

Wie die Tiere im Fernsehfilm waren auch die Tiere in der Malerei kein Problem. Wer hätte das besser unter Beweis stellen können als David Shepherd? Dieser hervorragende Maler hatte schon seit langem sein Herz an die Flora und Fauna Afrikas verloren, vor allem an die Elefanten. Seine lebendigen und magisch anmutenden Darstellungen der Dickhäuter und anderer Tiere hatten ihm weltweit Bewunderung eingetragen. Das Geld, das er mit seinen Werken verdiente, hatte er für eine eigene Stiftung zum Schutz der afrikanischen Wildnis verwandt. Vor unserer ersten Begegnung sagte man mir, daß wir uns gut verstehen würden, da er genauso verrückt sei wie ich. Als wir uns dann kennenlernten, entdeckte ich tatsächlich gewisse Ähnlichkeiten; aber ich behaupte immer noch, daß David mir manches voraus hat, denn meine Idiotie würde nicht so weit gehen, mit einer Palette in der Hand einem BBC-Filmteam zu folgen, um einen Elefanten in seiner natürlichen Umgebung zu malen. Ich weiß nicht, wie oft sie auf dieser lächerlichen und gefährlichen Expedition angegriffen wurden, aber ich weiß, daß Chris Parsons, der Produzent der Filme, mit grauen Haarsträhnen und einem gequälten Ausdruck in den Augen aus Afrika zurückkehrte. David willigte ein, in Jersey den Film vorzuführen, wo er von einem Elefanten gejagt wird, und über die Bedeutung der unberührten Natur im allgemeinen und ihrer Bedeutung für die bildende Kunst im besonderen zu sprechen.

Johnny Morris hatte seit Jahren die dümmlichen Zoohalter des viktorianischen Typs in einer Fernsehserie mit dem Titel *Animal Magic* porträtiert. Ich kannte ihn seit Jahren – einen zurückhaltenden, freundlichen Mann, dessen Mimik bemerkenswert und unglaublich komisch war. Als er einmal einen Film auf den Scilly Islands drehte, hatte ich ihm meinen Hund (der ebenfalls auf den Namen Johnny hörte) als Mini-Star zur Verfügung gestellt. Jetzt wies ich ihn bescheiden darauf hin, daß eine Hand die andere wäscht. Johnny sagte zu; er werde gern eine komische Geschichte darüber erzählen, wie er Schwierigkeiten mit einem Elefanten hatte.

So war jetzt alles mehr oder weniger geregelt, aber noch immer lief Simon wie ein Wahnsinniger durch die Gegend. Hotels mußten gebucht, Blumen bestellt und eine Menge anderer Dinge erledigt werden. Seine Arbeit wurde durch die harten Tatsachen der Meteorologie nicht erleichtert. Wir wußten aus bitterer Erfahrung, daß ein Sturmtief, das irgendwo im Atlantik (etwa bei den Falkland-Inseln) auftaucht, unweigerlich auch Jersey besucht, um uns Schwierigkeiten zu bereiten. Wenn zwischen den südpolaren Eiskappen und dem Ärmelkanal Nebel aufkommt, pflegt er sich mit hundertprozentiger Sicherheit wie ein undurchsichtiger Teewärmer über Jersey zu stülpen, so daß Flugzeuge weder landen noch starten können. Das geschieht in der Regel, wenn wir einen Langweiler zu Besuch haben, den wir so schnell wie möglich loswerden wollen, oder wenn wir uns auf die Ankunft eines geschätzten Freundes freuen. Diesmal war es ein heftiger Seitenwind, und wenige Stunden vor der Show kreiste David Attenborough samt einigen für die Aufführung wichtigen Utensilien über der Insel: Der Pilot sagte, daß er nicht landen könne, und Simon sagte ihm, daß er unbedingt landen müsse. Schließlich landete der Pilot tatsächlich, bevor Simons rote Haare weiß geworden waren.

Jetzt waren alle VIPs auf festem Boden und in verschiedenen Hotels untergebracht. Simon mußte ihnen besondere Pässe ausstellen, die ihnen den Zugang zu der riesigen Halle in Fort Regent gestatteten, da die zum Schutz der Prinzessin getroffenen Sicherheitsmaßnahmen natürlich äußerst streng waren. Simon war so damit beschäftigt, die sämtlichen Kleinigkeiten zu regeln, daß er den Paß für sich selbst vergaß, und während die Stars die Halle betreten durften, wurde Simon von den Sicherheitsbeamten angehalten. Er versicherte ihnen, er sei der Organisator der Show, aber sie blieben steinhart. Er dürfe nicht ohne Paß an ihnen vorbei. Als er am Rande eines Nervenzusammenbruchs stand, identifizierte ihn schließlich jemand, und man ließ ihn widerstrebend hinein.

So begann das Fest. In der Eröffnungsrede erläuterte ich, daß wir mit der Veranstaltung auf die Bedeutung der anderen Tiere der Erde aufmerksam machen wollten, die unser Leben in so mannigfacher Weise beeinflussen. Während ich sprach, wurde ich von Simons reizenden eineiigen Zwillingstöchtern flankiert (damals vier Jahre alt), die als Dronten verkleidet waren. Ich fürchtete die ganze Zeit, daß sie mit ihren schweren Kostümen unter dem Licht der Scheinwerfer ersticken könnten. Die Dronte war, darauf wies ich hin, unser Symbol, daher war es nur recht und billig, wenn zwei Dronten mit mir auf der Bühne standen – leider kein Brutpärchen, wie ich bedauernd hinzufügte.

Es war ein schwungvoller Abend; unsere Stars unterhielten sich so gut, wie sie ihr Publikum unterhielten. Während ich meine Freunde betrachtete, die mit ihren vielfältigen Talenten so bereitwillig und großzügig unsere Sache unterstützt hatten, ließ ich den Tag noch einmal Revue passieren. Es war ein langer und anstrengender Tag gewesen, und das Wetter hatte es nicht gut mit uns gemeint. Wann immer wir das Glück haben, unsere Schirmherrin begrüßen zu können, suchen heulende Stürme und Schauerböen die Insel heim, wie sie normalerweise nur in Monsungebieten zu finden sind. So mußten wir auch diesmal in letzter Minute umdisponieren und Festivitäten, die ursprünglich im Freien stattfinden sollten, in geschlossene Räume verlegen. Aber abgesehen von der unfreundlichen Witterung erlebte ich die größeren Schrecken des Tages selbst nicht mit.

Da war zum Beispiel die Sache mit Motabas Kopf. Man möchte annehmen, daß die mit einem königlichen Besuch verbundenen Probleme einem auch ohne den eingeklemmten Kopf eines Gorillas schon genug zu schaffen machen, aber wie ich bereits zu Anfang dieses Buches sagte, kann jeden Augenblick alles mögliche passieren, wenn man mit 1500 Tieren zusammenlebt. Man lernt, damit zurechtzukommen; man gewöhnt sich daran. Doch wenn die Umstände dazu führen, daß der Kopf eines Gorillas das Besuchsprogramm einer Prinzessin gefährdet, hat man das Gefühl, vom Schicksal unfair behandelt zu werden.

Folgendes geschah – und ich bin froh, daß ich es nicht wußte, als ich die Prinzessin auf dem Gelände umherführte: Der Regen hatte vorübergehend aufgehört, als wir das Ausbildungszentrum eröffneten und der Prinzessin einige unserer vielfarbigen, vielsprachigen und vielseitig interessierten Studenten aus allen Winkeln der Erde vorgestellt wurden. Es war eigentlich vorgesehen, daß wir danach zum Herrenhaus gingen, wo die Prinzessin sich ins Gästebuch eintragen sollte. Anschließend sollte sie den Zoo besichtigen und genau um elf Uhr am Gorilla-Haus eintreffen. Königliche Besuche werden mit der Stoppuhr geplant, und wenn wir das Gorilla-Haus nicht genau um elf Uhr erreichten, war der Ablauf der sich anschließenden Ereignisse gefährdet.

Richard Johnstone-Scott, zweifellos der beste und erfahrenste Affenwärter der Welt, hatte sich das Wetter angesehen und beschlossen, daß er seine heißgeliebten Schützlinge der Prinzessin nicht vom Regen durchnäßt im Freigehege präsentieren würde, sondern im angrenzenden überdachten Käfig, ihrer Schlafstätte. Er hatte den genialen Einfall, eine Art Instant-Dschungel zu schaffen, und stapelte die Schlafstätte bis zur Decke voll mit Eichen-, Kastanien- und Lindenästen. Die Wirkung war spektakulär, und als die Affen in den Käfig gelassen wurden, brüllten und grollten sie wie Vulkane – eine für Gorillas typische Art, Wohlgefallen zu äußern.

In diesem Augenblick wurde Prinzessin Anne in das Herrenhaus geleitet, um sich ins Gästebuch einzutragen. Wir sollten in vier Minuten bei den Gorillas eintreffen.

Und genau in diesem Augenblick entschloß sich Motaba, seinen Kopf durch die Stäbe an der Decke zu stecken, die zweierlei Zweck dienten: Sie hinderten allzu neugierige Hände daran, die Decke des Raumes niederzureißen, und fungierten als eine Art von Barren, an dem die jungen Affen sich im Schwinghangeln üben konnten. Motaba hatte die eine Stelle gefunden, an der die Stäbe ein wenig weiter auseinanderstanden, und natürlich genau dort seinen Kopf durchgesteckt.

Richard war außer sich, genau wie Motabas Eltern, Nandi und Jambo. Es war eine vertrackte Geschichte, ganz unabhängig von unserem königlichen Besuch. Motaba begann – wie alle Kinder es in einer ähnlichen Situation tun würden – zu heulen und zu kreischen, was seine Eltern noch mehr erregte.

Als eine der Freiwilligen arbeitete damals bei uns eine von allen geliebte Waliserin, Mrs. Hayward. Angesichts dieses Spektakels hielt sie es für das Beste, Jeremy als Direktor des Zoos zu verständigen. Jeremy war natürlich bei der königlichen Besucherin. Mrs. Hayward sauste im Galopp aus dem Gorilla-Haus, an den Rottauben und den Palawan-Fasanen vorbei, die erschreckt auseinanderstoben, eilte über den Damm, wo die Flamingos sie beunruhigt beäugten, rannte an der gewaltigen Granitmauer entlang die Auffahrt hinauf, preschte durch den granitenen Torbogen aus dem 15. Jahrhundert in den Vorhof und hatte gerade keuchend vor Aufregung die Tür zum Herrenhaus erreicht, als sie ein muskulöser Arm packte und der Lauf einer Pistole sich gegen ihre Rippen preßte.

«Wohin wollen wir denn so eilig?» fragte der Sicherheitsbeamte mit milder Stimme.

«Ich muß Mr. Mallinson sagen, was mit dem Gorillakopf passiert ist», schnaufte sie.

«Sehr glaubwürdig», sagte der Sicherheitsmann.

«Aber es ist wahr», krächzte sie. «Der arme Gorilla steckt mit dem Kopf in den Gitterstäben, und nur Mr. Mallinson kann ihn retten.»

«Nun, da drinnen sind alle damit beschäftigt, wichtige Dokumente zu unterzeichnen», sagte der Sicherheitsbeamte. «Machen Sie sich keine Sorgen. Bleiben Sie hier, bis sie herauskommen, und *dann* können Sie ihnen von Ihrem Gorillakopf berichten.» Und nachdem er sich davon überzeugt hatte, daß sie eine unbewaffnete arme Irre war, steckte er seinen Revolver wieder ins Halfter.

Inzwischen hatte sich die Lage im Gorilla-Haus entschieden zugespitzt. Bedrängt von dem Geschrei ihres Sprößlings, versuchten Nandi und Jambo ihn dadurch zu befreien, daß sie ihn nach unten zogen. Richard befürchtete, daß die gutgemeinten Bemühungen Motaba den Hals brechen könnten, so stieg er eilends auf das Dach des Hauses und riß eine Luke auf, unter der Motaba baumelte. Alle unsere Gorillas lieben Richard so, wie er sie liebt, aber in Streßsituationen benehmen sich Affen – wie Menschen – oft seltsam. Als Richard die Dachluke öffnete, schoß Jambos gewaltiger, muskulöser Arm durch die Gitterstäbe, und Richard fiel mit dem Rücken aufs Dach, auf diese Weise einem Schlag ausweichend, der Muhammad Ali zu Boden gestreckt hätte, ganz zu schweigen von jemandem mit einer zierlichen Figur. Als er wieder auf die Füße kam, hatte Jambo seinen Sprößling so weit die Gitterstäbe entlang geschoben, daß Richard ihn nicht mehr erreichen konnte. Richard mußte eine zweite Dachluke öffnen, wurde jedoch abermals von dem besorgten Vater am Eingreifen gehindert. Alles, was er tun konnte, war, Jambo gut zuzureden, der inzwischen (klug, wie er war) entdeckt hatte, daß es falsch war, Motaba nach unten zu ziehen, und jetzt mit seiner mächtigen Pranke das Hinterteil des Kindes abstützte.

Durch den dichten Regen sah Richard die Pilzköpfe der Regenschirme über die Auffahrt schaukeln. Die Besucher mußten in wenigen Augenblicken eintreffen. Plötzlich war zu seinem Erstaunen Motaba nicht mehr da. Gestützt von der riesigen Hand seines Vaters hatte er die Stelle zwischen den Gitterstäben gefunden, die ihm ermöglicht hatte, den Kopf hindurchzustecken, und jetzt zog er ihn wieder heraus. Er leichtert aufatmend, stieg Richard vom Dach und inspizierte den Käfig. Es war grauenvoll.

Wenn Großaffen unter Streß stehen, scheiden sie gewaltige Mengen von Exkrementen und Urin aus, so daß Richards «Instant-Dschungel» jetzt ein einziger Misthaufen war. Er konnte nichts mehr tun, denn die Besucher waren gerade eingetroffen. Als er mir am nächsten Tag die Geschichte erzählte, fragte ich mich, wie ich die Konversation mit unserer Schirmherrin über die Runden gebracht hätte.

«Aber ja», hätte ich sagen können. «Wir lassen unsere Gorillas immer knietief in Exkrementen waten. Das mögen sie am liebsten. Und der kleine Kerl, der an den Gitterstäben baumelte wie an einem Galgen? Nun, Gorillas tun das häufig. Es ist eine… eine *Angewohnheit* von ihnen. Ja, wirklich sehr eigenartig.»

Es ist der Intelligenz Richards und seines Freundes Jambo zu verdanken, daß dieses entsetzliche Gespräch nicht stattfand.

Später, beim Festessen für die Trust-Mitglieder, mußte ich natürlich eine Rede halten. Es war eine der Reden, bei denen man hinterher sofort wünscht, man hätte sie nicht gehalten. Nach den letzten nichtssagenden Worten an das Publikum ließ ich mich erleichtert in den Sessel sinken. Aber dann kam eine Überraschung. Unsere Schirmherrin erhob sich und antwortete mit einer charmanten und schmeichelhaften Ansprache. Am Schluß wandte sie sich an mich und sagte:

«Aber insbesondere gratuliere ich dem Mann, der den Jersey Zoo und den Jersey Wildlife Preservation Trust zu weltweit geachteten und bewunderten Einrichtungen gemacht hat. Als Zeichen der Dankbarkeit möchte ich ihm ein kleines Geschenk von seinen Mitarbeitern überreichen. Ich brauche ihm die Bedeutung dieses Geschenks nicht zu erklären, aber wir alle verbinden damit unseren Dank und die besten Wünsche für die Zukunft.»

Sie überreichte mir dann einen kleinen Samtbeutel. Als ich ihn öffnete, fand ich darin die silberne Nachbildung einer Bryant-&-May-Zündholzschachtel. Mein erster Gedanke war: «Warum um alles in der Welt schenkt man mir eine Zündholzschachtel, wo jeder weiß, daß ich schon vor Jahren das Rauchen aufgegeben habe?» Dann öffnete ich die Schachtel und begriff. Im Inneren befand sich ein vergoldeter weiblicher Skorpion mit seinen Jungen. Das spielte natürlich an auf eine Szene in meinem Buch *My Family and Other Animals*, wo mein Bruder Larry versehentlich beim Mittagessen eine Zündholzschachtel öffnete, in die ich einen Skorpion mit seinen Jungen eingesperrt hatte. Den Tumult, der daraufhin am Mittagstisch losbrach, kann sich jeder vorstellen; danach war ich das unbeliebteste Mitglied der Familie. Ich erzählte den anderen Anwesenden, von denen die meisten das Buch gelesen hatten, was in der Schachtel war, und alle waren von dem passenden Geschenk entzückt.

Als ich später mit den Zuschauern das Fest der Tiere verfolgte, spürte ich in meiner Jackentasche den kleinen Quader der Zündholzschachtel. Was für ein Glück habe ich gehabt, dachte ich, umgeben von Freunden zu sein, die mir geholfen haben, den Zündholzschachtel-Zoo meiner Kindheit in eine Organisation umzuwandeln, die den Tieren beistehen kann und beistehen wird – jenen Tieren, die diese Welt zu einem so faszinierenden Ort machen, einem Ort, den wir alle hegen und pflegen sollten.

Schlußwort

Die Zündholzschachtel mit den kleinen vergoldeten Skorpionen war ein Geschenk, das mich tief bewegt hat, denn die Zündholzschachtel meiner Jugend, mein Kinderzoo, war zu einem Trust geworden, einer der führenden Organisationen der Welt, die sich der Aufzucht in Gefangenschaft zur Rettung bedrohter Arten verschrieben haben – mit zwei Schwesterorganisationen (einer in den USA und einer zweiten in Kanada), einer ganzen Reihe von Zuchtprogrammen und Absolventen der Ausbildungseinrichtungen in allen Teilen der Erde –, aufgebaut von einem Stab engagierter und rastlos tätiger Mitarbeiter. Wir haben viel erreicht, aber im Vergleich zu dem, was noch zu tun ist, ist es nur ein Tropfen im Ozean, ein Blatt in einem Wald. Ich habe kürzlich gesagt, daß es mein Ziel ist, den Jersey Zoo schließen und den Trust auflösen zu können – weil beide nicht mehr nötig sind. Aber ach, bis dahin ist es noch ein weiter Weg. Und bis dahin hoffe ich, daß wir weiter wachsen und gedeihen und unseren Teil dazu beitragen, die einzige Welt, die wir haben, zu bewahren.

Wenn Sie das Buch mit Interesse und einigem Vergnügen gelesen haben, habe ich Ihnen hoffentlich etwas von der Komplexität und den Schwierigkeiten vermittelt, die mit dem verbunden sind, was meiner Meinung nach das Wichtigste ist, was wir Menschen zu tun haben – die Erhaltung unseres Planeten. Wenn Sie mir zustimmen und unserem Trust beitreten möchten, werden wir Sie mit offenen Armen empfangen. Je mehr Mitglieder wir zählen, desto mehr können wir für den Naturschutz wirken. Wir sind bereits von einem winzigen Projekt zu einer weltweiten Kraft auf diesem Gebiet geworden, aber das ist uns nur durch die Unterstützung unserer über die ganze Erde verteilten Mitglieder gelungen. Wenn das Buch Ihnen Freude gemacht und Sie vielleicht nachdenklich gestimmt hat, möchte ich Sie herzlich bitten, uns zu unterstützen. Wir glauben, daß das, was wir tun, wichtig ist. Wir hoffen, daß auch Sie dieser Meinung sind – bitte schreiben Sie an eine der folgenden Adressen:

Jersey Wildlife Preservation Trust
Les Augres Manor
Trinity
Jersey JE3 5BP
Channel Islands

Wildlife Preservation Trust International
3400 West Girard Avenue
Philadelphia
Pennsylvania 19104
USA

Wildlife Preservation Trust Canada
56 The Esplanade
Suite 205, Toronto
Ontario
Canada M5E 1A7

«Eine Welt ohne Vögel, ohne Wälder, ohne Tiere aller Art und Größe wäre für mich persönlich nicht lebenswert.»

Gerald Durrell

tomate

Georg K. Berres
Gibt es ein Leben nachdem 40.? *Trost und Rat für die zweite Lebenshälfte*
(tomate 12913)
O Solo Mio *Das Single-Buch*
(tomate 13144)

Wolfgang Brenneisen
Das endgültige Autofahrer-Handbuch *Von A wie Abschleppen bis Z wie Zigarettenanzünder*
(tomate 13134)
Das endgültige Tennis-Handbuch *Von A wie Abziehen bis Z wie Zuschauer*
(tomate 13022)
So sind die Schüler! *Das hilfreiche Buch für Lehrer und Mitschüler*
(tomate 12846)

Jan Cornelius
Pack die Koffer, Liebling! *Ein verrücktes Reisebuch*
(tomate 13197)
Das schaffst du mit links! *Überleben im Alltagsstreß*
(tomate 12670)

Frank Ekkes
... du mich auch? *Ein heiteres Brevier für Verliebte*
(tomate 12847)

Kapitän Jacques Gombert
Das endgültige Segler-Handbuch *Die andere Seemannschaft*
(tomate 13239)

Wolf A. Hanisch (Hg.)
Sie müssen nur die Welle durch die Tülle schieben *Kuriose Gebrauchsanweisungen*
(tomate 13287)

Peter Menningen
Das endgültige Bauherren-Handbuch *Von A wie Architekt bis Z wie Zwangsversteigerung*
(tomate 13151)

rororo Unterhaltung

Jackie Niebisch
(Großformate)
Der kleene Punker aus Berlin
(tomate 5525)
Die Erlebnisse des kleinen Trampers Jackie
(tomate 5552)
Die kleenen Punker sind wieder da
(tomate 5932)
Die kleenen Punker im Cartoon
(tomate 12533)
Die kleine Schule der Vampire *unter Mitwirkung von Zähnchen, Fletscher, Ollie, Krümel und Tinto*
(tomate 5532)

Claus Vanderborg
Sport ist Mord *Das definitive Trostbuch für alle Sportmuffel*
(tomate 12695)

rororo tomate wird herausgegeben von Klaus Waller. Ein Gesamtverzeichnis der Reihe finden Sie fin der *Rowohlt Revue*. Jedes Vierteljahr neu Kostenlos in Ihrer Buchhandlung.

Rabenschwarz

Roald Dahl
Roald Dahl's Buch der Schauergeschichten
(rororo 12629)
Die Zimmertemperatur sinkt? Nach Meinung des Experten Harry Price («Spukhäuser in England») ist das ein sicheres Anzeichen dafür, daß ein Gespenst im Raum ist. - Wer aber könnte ein besserer Führer durch die schaurige Welt der Geister sein als Roald Dahl, dessen literarische «Wechselbäder zwischen Gruseln und Schmunzeln» (Hessischer Rundfunk) bereits Millionen Lesern wohlige Schauer über den Rücken laufen ließen?

John Collier
Mitternachtsblaue Geschichten
(rororo 1559)
Diese fünfzehn merkwürdigen Geschichten sind Glanzstücke durchtriebenen Einfallsreichtums, funkelnden Witzes und teuflischer Pointen.
«Mit den mitternachtsblauen Geschichten versüßt Collier die Lesestunden im fahlen Schein der Nachttischlampe... Zwischen Henry Slezar und Roald Dahl hat auch John Collier mit seinen doppelbödigen Geschichten einen festen Platz im Bücherregal.»
Berliner Morgenpost

Denk nichts Böses *Dreizehn neue mitternachtsblaue Geschichten*
(rororo 5751)
«Es gehört zu Colliers Talent, den Leser am Schluß seiner unterhaltsamen Kurzgeschichten jedesmal zu verblüffen.»
Hessische Allgemeine

rororo Unterhaltung

Harry Kressing
Der Koch *Roman*
(rororo 12300)
Wer Kochrezepte sucht, der wird sie in diesem Buch nicht finden. Was jene Gestalt, die sich in dem Städtchen Cobb als Koch verdingt, unter den Mitgliedern zweier Familien mit ihren Künsten anrichtet, das darf mit Fug als Satanswerk bezeichnet werden. Dabei beginnt alles ganz harmlos...
«Ein Musterstück schwarzer Unterhaltung!»
Die Zeit

3307/2

James Herriot

James Herriot, 1914 in Schottland geboren, lebt noch immer in den grünen Hügeln von Yorkshire, wo er als Tierarzt praktizierte. Wenn er nicht gerade damit beschäftigt war aufzuschreiben, was er mit den Vier- und Zweibeinern aus den vornehmen Herrenhäusern und den abgelegenen Gehöften erlebte.

Der Doktor und das liebe Vieh *Als Tierarzt in den grünen Hügeln von Yorkshire*
(rororo 4393)
Warmherzig und humorvoll, mit nie versiegendem Staunen vor dem immer wieder neuen Wunder des Lebens erzählt James Herriot in den amüsanten Erinnerungen von der Tierarztpraxis in der wilden, einsamen Landschaft der Yorkshire Dales.

Der Tierarzt *Die zweite Folge der heiteren Tierarztgeschichten*
(rororo 4579)
«Wie vertraut einem doch all diese Menschen sind, vertrauter als manche Personen, mit denen man täglich zu tun hat.» Neue Osnabrücker Zeitung

Der Tierarzt kommt *Die dritte Folge der heiteren Tierarztgeschichten*
(rororo 4910)
«Geschichten voller Heiterkeit, voller Witz und Nachdenklichkeit. Eine wunderschöne, entspannende Lektüre für den Sonntagvormittag auf dem Balkon oder für den Urlaub.» Norddeutscher Rundfunk

rororo Unterhaltung

Von Zweibeinern und Vierbeinern
Neue Geschichten vom Tierarzt
(rororo 5460)
«Das ist ein Herriot von der besten Sorte, ein Buster-Keaton der Tiermedizin. Er bringt uns zum Lachen und zum Weinen, und er führt uns manche kleine Wahrheiten vor Augen, denen wir nachdenklich zustimmen...» Washington Post

3237/1